"十三五"国家重点出版物出版规划项目

能源革命与绿色发展丛书

普通高等教育能源动力类系列教材

燃 烧 学

第 3 版

主　编　徐通模　惠世恩
参　编　周屈兰　谭厚章
　　　　阎维平　汪　军

机械工业出版社

本书共三篇，内容编排按三篇九章展开。第一篇为学习燃烧学必须掌握的燃烧化学反应动力学和以动量、热量、质量传递为核心的燃烧空气动力学，这是燃烧学的理论基础；第二篇为燃烧科学内在的基本原理和规律，着重介绍燃料着火理论，气、油、煤燃烧的过程和特点；第三篇为启迪读者深入思考的几个科学问题：燃烧过程中 NO_x 的生成和控制、催化燃烧、富氧燃烧、化学链燃烧，燃烧数值模拟及燃烧实验的相似原理和模化方法等。全书各章都附有思考题和习题，有些扫描二维码可查看参考答案和提示，以帮助读者理解和掌握书中的核心内容。

本书可作为高等学校能源与动力工程专业本科生的教材，也可作为燃烧科技领域的研究生和工程技术人员以及广大燃烧科学爱好者有益的参考书。

本书配有电子课件，向授课教师免费提供，需要者可登录机工教育服务网（www.cmpedu.com）下载。

图书在版编目（CIP）数据

燃烧学/徐通模，惠世恩主编. —3 版. —北京：机械工业出版社，2023.8（2024.6 重印）

（能源革命与绿色发展丛书）

"十三五"国家重点出版物出版规划项目　普通高等教育能源动力类系列教材

ISBN 978-7-111-72993-8

Ⅰ.①燃…　Ⅱ.①徐…　②惠…　Ⅲ.①燃烧学-高等学校-教材　Ⅳ.①O643.2

中国国家版本馆 CIP 数据核字（2023）第 064855 号

机械工业出版社（北京市百万庄大街22号　邮政编码100037）
策划编辑：段晓雅　　　　　　　责任编辑：段晓雅
责任校对：潘　蕊　于伟蓉　　　封面设计：张　静
责任印制：张　博
天津嘉恒印务有限公司印刷
2024 年 6 月第 3 版第 2 次印刷
184mm×260mm · 22.25 印张 · 551 千字
标准书号：ISBN 978-7-111-72993-8
定价：69.80 元

电话服务　　　　　　　　　　网络服务
客服电话：010-88361066　　　机　工　官　网：www.cmpbook.com
　　　　　010-88379833　　　机　工　官　博：weibo.com/cmp1952
　　　　　010-68326294　　　金　书　网：www.golden-book.com
封底无防伪标均为盗版　　机工教育服务网：www.cmpedu.com

第3版前言

党的二十大提出，"推动绿色发展，促进人与自然和谐共生"，并就加快发展方式绿色转型，深入推进环境污染防治，提升生态系统多样性、稳定性、持续性，积极稳妥推进碳达峰碳中和进行了战略布局。燃烧学系统诠释了化石燃料燃烧化学反应的全过程，系统的燃烧理论和新型燃烧科学技术是化石燃料高效转化、清洁利用、低碳排放的重要基础和本书的重要特征。

本书为能源与动力工程专业的基础课用书。第2版从2017年至今印刷册数超过10000册，有40多所学校使用。为使本书内容更加新颖充实，视野更加宽阔，有更强的可读性和更广的适应性，特组织再次修订。本次修订保留了第1、2版的基本指导思想和相对成熟的基本内容框架结构，由"燃烧科学基础""燃烧科学技术基本原理""燃烧科学技术新发展"三篇组成，主要修订内容如下：

1. 更新了数据、指标及各章内容，删减了"各种旋流器旋流强度的计算""液体燃料特性"和"煤粉气流的输送与分配"等部分内容，适当调整了部分内容的布置和相互衔接，表述上力求顺畅和易读。

2. 第三章增加了旋转射流研究的一些新成果介绍，第六章增加了"内燃机燃烧"一节，在第二篇中增加第八章"航空发动机中的燃烧"。

本书由西安交通大学徐通模教授和惠世恩教授主编。具体编写分工：第一章、第四章的第一至四节和第六节、第九章由西安交通大学教授周屈兰编写；第二章由华北电力大学教授阎维平编写；第三章由西安交通大学教授徐通模编写；第四章的第五节和第五章由原上海理工大学教授汪军编写；第六章、第八章由西安交通大学教授谭厚章编写；第七章由西安交通大学教授惠世恩编写。

由于编者知识、能力、阅历的局限性，书中难免存在疏漏，恳请使用本书的师生和广大读者给予关注和批评指正。

本书全体作者向本书参考文献的作者们及所有关心、支持和帮助本书出版的朋友们表示真诚的谢意。

编　者

第2版前言

本书是能源与动力工程专业的基础课用书。本次修订保留了第 1 版的基本指导思想和相对成熟的知识基本框架结构，由"燃烧科学基础""燃烧科学技术基本原理""燃烧科学技术新发展"三篇组成，主要修订内容如下：

1. 更新了书中一些技术法规数据，统一了常用物理量的表示符号等，便于读者阅读其他参考书时内容对接。

2. 适当调整了部分内容的布置和相互衔接，表述上力求顺畅和易读，同时删去了部分重复内容。

3. 增加了第一章"绪论"和第八章的第五节"富氧燃烧"与第六节"化学链燃烧"两节，简明、概括地介绍了常见的工程燃烧设备概貌和工作特点；从环境保护角度，介绍了当前国内外比较关注的新型燃烧技术的基本工作过程及研究现状，力图启发初学者对燃烧科技的想象力，激发他们拓展知识面、探索未来的激情。

4. 部分章后的思考题和习题附有参考答案和提示，第八章有部分彩图等资源，均可通过扫描二维码查看。

以上修订来自作者多年教学实践的一些感悟，也是一次新的探索和尝试。恳请使用本书的高校师生和读者给予关注和批评指正。

本书第一章、第四章的第一至四节和第六、第八章由西安交通大学教授周屈兰编写；第二章由华北电力大学教授阎维平编写；第三章由西安交通大学教授徐通模编写；第四章的第五节和第五章由原上海理工大学教授汪军编写；第六章由西安交通大学教授谭厚章编写；第七章由西安交通大学教授惠世恩编写。全书特请西安交通大学燃烧学专家许晋源教授审阅。

本书全体作者向本书参考文献的作者们及所有关心、支持和帮助本书出版的朋友们表示真诚的谢意。

编　者

第1版前言

本书是在西安交通大学许晋源、徐通模合编的《燃烧学》1980年初版和1990年修订版的基础上，根据近年来燃烧科学技术的发展和人们对燃烧科学知识的需求，并充分考虑到多年来燃烧学课程教学实践的经验体会和热能工程专业大学生学习的感受，重新组织编写的全新版"燃烧学"教材。本书的编写和内容安排有如下思考和探索：

1. 本书的编者，除西安交通大学能源与动力工程学院热能工程系多年从事燃烧科学技术教学、科研和新技术开发的教师外，还特别组织了华北电力大学和上海理工大学的燃烧专家参加合作编写。其目的是进一步凝聚各个类型的、有特色的高校在燃烧科学方面教学、科研的成果及教学实践的成功经验，使本书的内容更加充实，视野更加宽阔，可读性更强，同时更能充分地反映相关学科读者的需求。

2. 本书在内容组织和编排上，既充分考虑到燃烧科学的内在规律性和知识的交互性，又充分考虑到有利于读者对燃烧科学基本内容的学习、了解和掌握。坚持循序渐进、启迪思维、引人入门、提高可读性的基本原则。本书分三篇，共七章。第一篇为"燃烧基础"，重点讲解了燃烧化学反应动力学和动量、热量、质量传递（即"三传"）的燃烧空气动力学基础知识；第二篇为"燃烧原理"，分别对着火理论和气、液、煤三类燃料的燃烧特点、基本规律及解决工程问题的科学方法进行了比较全面、完整、实际的描述和介绍；第三篇为"燃烧科学技术的新发展"，重点对当今燃烧科学技术发展中的四个科学问题，即 NO_x 的燃烧控制、催化燃烧、燃烧模化实验方法和燃烧数值模拟等进行了最基础性的阐述和介绍，以扩大读者的视野，激发读者的探索精神，唤起读者研究上述科学问题和相关燃烧新科学问题的兴趣以及下决心攻克科学难题的激情。

本书由西安交通大学徐通模任主编、惠世恩任副主编。第一章由华北电力大学阎维平教授编写，第二章由徐通模教授编写，第三章和第七章由西安交通大学周屈兰教授编写，第四章由上海理工大学汪军教授编写，第五章由西安交通大学谭厚章教授编写，第六章由惠世恩教授编写。全书特请西安交通大学燃烧学专家许晋源教授审阅，使编者深受教益，在此表示诚挚的谢意。

编者还要特别向本书参考文献的所有作者，向支持、关心本书出版的西安交通大学能源与动力工程学院院长助理李军副教授，向广大读者及所有给予帮助的朋友们表示深深的敬意。

由于编者知识、能力、阅历的局限性，恳请各位同行、同事和朋友们以及其他读者提出宝贵意见和建议。

编 者

目录

第二篇　燃烧科学技术基本原理

第三篇　燃烧科学技术新发展

第一篇

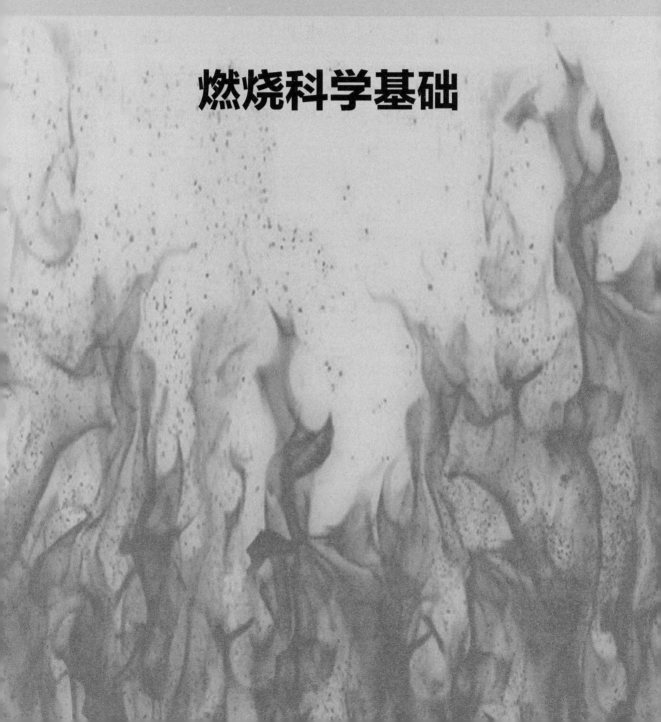

燃烧科学基础

第一章

绪论

第一节 燃烧概述

燃烧是燃料与氧气发生剧烈化学反应并伴随着发光发热的现象。通过燃烧反应可以将燃料的化学能转化为热能。诸如锅炉、内燃机、燃气轮机等能量转换设备，均是以燃烧的形式实现化学能向热能，进而向机械能转换。氧化反应是燃烧现象的基本过程。氧化反应及燃烧现象的分类如下图所示。

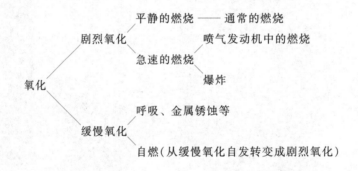

燃烧的应用有着悠久的历史。远古时代，火的使用使人类从野蛮状态走向文明，燃烧可以说是人类社会进步重要的推动力量。人类使用火的历史虽然很久远，但是，对燃烧的认识却经历了漫长的过程。

10世纪以前，人们认为燃烧取决于一种特殊的物质"燃素"。1703年，奥尔格·恩斯特·斯塔尔提出，能燃烧的物质都含有燃素，当物质燃烧时燃素就分离出来，燃烧时产生的热、光、火焰都是燃素逸出时的剧烈现象。燃素论部分地解释了燃烧的现象，但是，"燃素"学说最终被证明不能完全解释清楚各种燃烧现象。

18世纪中叶，法国化学家拉瓦锡和俄国科学家罗蒙诺索夫根据他们的实验，分别提出燃烧是物质氧化的理论。1773年10月，英国化学家普里斯特里向拉瓦锡介绍了自己的实验：氧化汞加热时，可得到脱燃素气，这种气体使蜡烛燃烧得更明亮，还能帮助呼吸。拉瓦锡重复了普里斯特里的实验，得到了相同的结果。拉瓦锡认为这种气体是一种元素，1777年正式把这种气体命名为Oxygen（中译名氧）。拉瓦锡还通过精确的定量实验，证明物质虽然在一系列化学反应中改变了状态，但参与反应的物质的总量在反应前后是相同的。于是拉瓦锡用实验证明了化学反应中的质量守恒定律。拉瓦锡的氧化学说彻底地推翻了燃素说，使化学开始蓬勃地发展起来。

19 世纪，热化学和热力学研究方法蓬勃发展，发现了燃烧热、绝热燃烧温度和燃烧产物平衡成分等重要特性，有力地推动了燃烧科学的发展。

20 世纪初，苏联化学家谢苗诺夫和美国化学家刘易斯等人发现，影响燃烧速率的重要因素是反应动力学，而且燃烧反应有分支链式反应的特点，即中间生成物可以加速燃烧过程。20 世纪 20 年代，苏联科学家捷里多维奇、弗兰克·卡梅涅茨基和美国的刘易斯等人又进一步发现，燃烧现象，无论是着火、熄灭和火焰传播，还是缓燃和爆燃等，都是化学反应动力学和传热传质等物理因素的相互作用。人们认识到，燃烧过程的主导因素往往不仅仅是化学反应动力学，还有流动和传热传质因素，初步形成了现代的燃烧理论。

20 世纪 40~50 年代，航空、航天技术迅猛发展，使燃烧的研究由一般动力机械扩展到喷气发动机、火箭发动机等领域，并取得了迅速的发展。因此，美籍犹太裔力学家冯·卡门和中国的钱学森建议用连续介质力学方法来研究燃烧，提出了"化学流体力学"这一名称。此后，许多科学家运用黏性流体力学和边界层理论对层流燃烧、湍流燃烧、着火、火焰稳定和燃烧振荡等问题进行了更深入的定量分析。

到了 20 世纪 70 年代初，由于高速电子计算机的出现，英国科学家斯波尔丁等人提出了一系列流动、传热传质和燃烧的数学模型和数值计算方法，把燃烧学的基本概念、化学流体力学理论、计算流体力学方法和燃烧科学有机地结合起来，形成了"计算燃烧学"，开辟了研究燃烧理论及其应用的新途径。而 20 世纪 70 年代中期以来，应用激光技术测量燃烧过程中气体和颗粒的速度、温度和浓度等，加深了对燃烧现象的认识。

燃烧学的进一步发展将与湍流理论、多相流体力学、辐射传热学和复杂反应的化学动力学等学科的发展相互渗透、相互促进。燃烧学是一门正在发展中的学科。能源、航空航天、环境工程和火灾防治等方面都提出了许多有待解决的重大问题，仍需进行大量的深入研究工作，所以燃烧学具有广阔的发展前景。

第二节 常见的燃烧设备

一、煤粉炉

煤粉炉是指以煤粉为燃料的悬浮燃烧炉，典型的煤粉炉系统如图 1-1 所示。它的炉膛是用水冷壁炉墙围成的大空间，磨碎的煤粉（颗粒直径约为 $0.05\sim0.1\mathrm{mm}$）和空气经燃烧器混合后，喷入炉膛燃烧。煤粉的燃烧分着火前的准备阶段、燃烧阶段和燃尽阶段。与此相对应，炉膛也可以分为三个区域：燃烧器出口附近为着火区，出口的上方为燃烧区，燃烧区上部一直到炉膛出口为燃尽区。煤粉炉适用的煤种多，是现代燃煤锅炉的主要形式，特别适合于发电厂的大型锅炉，容量较大（$D \geqslant 35\mathrm{t/h}$）的工业锅炉也常常采用。煤粉炉需要配备磨煤设备和相应的除尘装置，燃烧工况的组织比较复杂，影响燃烧稳定性的因素较多。

二、链条炉

链条炉是机械化程度较高的一种层燃炉，因其炉排类似于链条式履带而得名（图 1-2）。

链条炉是工业锅炉中使用较广泛的一种炉型。在 10~65t/h 中等容量，甚至 1~2t/h 的小容量锅炉中都有采用。煤的燃烧过程是在移动中完成的，它的燃烧工况稳定，热效率较高，运行操作方便，劳动强度低，烟尘排放浓度较低。它属于单面着火方式，运行时燃料无自身扰动，沿炉排长度方向燃料层有明显的分区。为使燃料中的可燃物和飞灰可燃物燃尽，可以采用"二次风"。由于着火条件不好，拨火又必须人工操作，因此它不适于燃烧水分很大、灰分又多、结焦性强的煤。它的另一个缺点是金属耗量大。

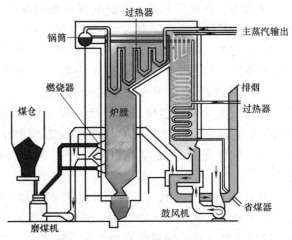

图 1-1　电站煤粉炉系统

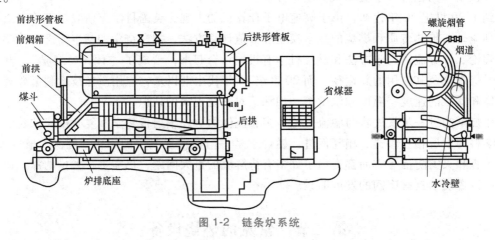

图 1-2　链条炉系统

三、内燃机

内燃机是一种动力机械，它是使燃料在机器内部燃烧，并将其放出的热能直接转换为动力的热力发动机。广义上的内燃机不仅包括往复活塞式内燃机、旋转活塞式发动机和自由活塞式发动机，也包括旋转叶轮式的喷气式发动机，但通常所说的内燃机是指活塞式内燃机。

活塞式内燃机以往复活塞式最为常见，如图 1-3 所示。活塞式内燃机将燃料和空气混合，在其气缸内燃烧，释放出的热能使气缸内产生高温高压的燃气。燃气膨胀推动活塞做功，再通过曲柄连杆机构或其他机构将机械功输出，驱动从动机械工作。常见的内燃机有柴油机和汽油机。

四、燃气轮机

燃气轮机（Gas Turbine）是一种以连续流动的气体作为工质、把热能转换为机械功的旋转式动力机械，燃气轮机结构如图 1-4 所示。在空气和燃气的主要流程中，只有压气机（Compressor）、燃烧器（Combustor）和燃气透平（Turbine）这三大部件组成的燃气轮机循

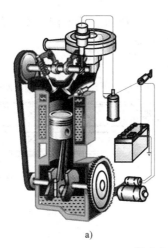

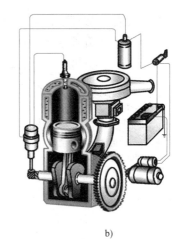

a)

b)

图 1-3 内燃机结构

a）四行程 b）二行程

环，通称为简单循环。大多数燃气轮机均采用简单循环方案。因为它的结构最简单，而且最能体现出燃气轮机所特有的体积小、重量轻、起动快、少用或不用冷却水等一系列优点。

外界大气环境的空气被压气机吸入，并经过轴流式压气机逐级压缩使之增压，同时空气温度也相应提高；压缩空气被压送到燃烧器，与喷入的燃料混合燃烧，生成高温高压的燃气，然后再进入到透平中膨胀做功，推动透平带动压气机和外负荷转子一起高速旋转，实现了气体或液体燃料的化学能部分转化为机械功。从透平

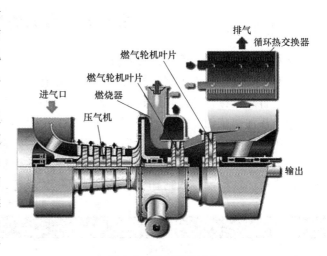

图 1-4 燃气轮机结构

中排出的废气排至大气自然放热，这样，燃气轮机就把燃料的化学能转化为热能，又把部分热能转变成机械能。通常在燃气轮机中，压气机是由燃气透平膨胀做功来带动的，它是透平的负载。在简单循环中，透平发出的机械功有 1/2~2/3 用来带动压气机，其余 1/3~1/2 的机械功用来驱动发电机。在燃气轮机起动的时候，首先需要外界动力，一般是起动机带动压气机，直到燃气透平发出的机械功大于压气机消耗的机械功时，外界起动机脱扣，燃气轮机才能自身独立工作。

五、火箭发动机

火箭发动机就是利用冲量原理，自带推进剂，不依赖外界空气的喷气发动机。同空气喷气发动机相比较，火箭发动机的最大特点是：它自身既带燃料，又带氧化剂，靠氧化剂来助燃，不需要从周围的大气层中汲取氧气。所以它不但能在大气层内，也可在大气层之外的宇宙真空中工作。这是任何空气喷气发动机都做不到的。发射的人造卫星、月球飞船以及各种

宇宙飞行器所用的推进装置，都是火箭发动机。根据燃料的品种不同，常见的火箭发动机又分为液体火箭发动机和固体火箭发动机，如图1-5所示。

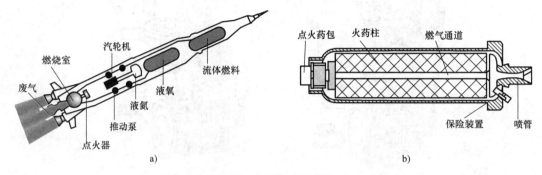

图 1-5 火箭发动机结构

a）液体火箭发动机 b）固体火箭发动机

第三节 常见的燃料

常见的燃料有气、液、固三种形态，见表1-1。自然界存在的气体燃料主要是天然气、煤层气和页岩气，而人工制造的气体燃料主要有高炉煤气、发生炉煤气、焦炉煤气、液化石油气等。自然界存在的液体燃料主要是石油，而人工制造的液体燃料主要是石油提炼物，包括汽油、煤油、柴油、重油等。近些年，从煤或者生物质中制取的替代液体燃料甲醇、乙醇、二甲醚、水煤浆等也开始得到一定范围的使用。自然界存在的固体燃料主要是煤和生物质，而人工制造的固体燃料品种繁多，包括木炭、焦炭、泥煤砖、煤矸石等，而人类的工农业活动产生的副产品，如秸秆、甘蔗渣、可燃垃圾等，也可归入固体燃料的范围。

表 1-1 常见的燃料

类　别	天然燃料	人工燃料
气体燃料	天然气、煤层气、页岩气	高炉煤气、发生炉煤气、焦炉煤气、液化石油气
液体燃料	石油	汽油、煤油、柴油、甲醇、乙醇、二甲醚、水煤浆
固体燃料	木柴、泥煤、烟煤、无烟煤、石煤、油页岩等（可燃冰）	木炭、焦炭、泥煤砖、煤矸石、秸秆、甘蔗渣、可燃垃圾等

以上只是燃料品种一种大致的划分。实际上，即使是同属于气体燃料的甲烷和氢气燃烧，其规律都有很大的差异。虽然燃烧过程的核心是化学反应，但燃烧学不等同于化学，燃烧过程与流动、传热、传质密切相关，涉及大量物质和能量的转化、传递过程。学习"燃烧学"需要具备融汇多个学科知识的能力。"燃烧学"同时还是一门实践性极强的学科，需要较好的形象思维能力和动手能力。

思考题和习题

1-1 请简述电站锅炉发电过程中，从燃料（煤）开始，到终端用电器（例如电灯）的过程中，能量转化和损耗的过程。

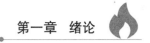
1-2 描述家用天然气灶中，能源转化的源头和中间转化过程。

1-3 试讨论化石能源的勘探、开采和应用前景。

1-4 试讨论发电和驱动汽车这两种供能技术的发展前景。

参 考 文 献

［1］ 许晋源，徐通模. 燃烧学［M］. 2版. 北京：机械工业出版社，1990.

［2］ 常弘哲，张永廉，沈际群. 燃料与燃烧［M］. 上海：上海交通大学出版社，1993.

［3］ 徐通模，金定安，温龙. 锅炉燃烧设备［M］. 西安：西安交通大学出版社，1990.

［4］ 林宗虎，徐通模. 实用锅炉手册［M］. 2版. 北京：化学工业出版社，2009.

［5］ 陈立勋，曹子栋. 锅炉本体布置及计算［M］. 西安：西安交通大学出版社，1990.

［6］ 周龙保. 内燃机学［M］. 2版. 北京：机械工业出版社，2005.

［7］ 姚秀平. 燃气轮机与联合循环［M］. 北京：中国电力出版社，2010.

［8］ 萨顿 G P，比布拉兹 O. 火箭发动机基础［M］. 洪鑫，张宝炯，等译. 北京：科学出版社，2003.

第二章

燃烧化学反应动力学基础

第一节 燃烧化学反应动力学概述

化学反应是燃烧现象的基本过程，分为单相燃烧化学反应与异相燃烧化学反应。

研究燃烧化学反应过程主要用化学反应动力学法。化学反应动力学研究化学反应机理与化学反应速率，涉及基元反应、链式反应、总包反应及异相反应中有固体参与的表面反应等。分子碰撞理论与链式反应理论是化学反应动力学的基础。

燃料在动力燃烧装置中的停留时间一般不超过 2s，譬如燃煤粉的大型电站锅炉；最短时间仅为数毫秒，譬如燃气轮机；也有长达数分钟的，譬如燃煤循环流化床锅炉。燃料在动力燃烧装置中的压力从常压至数兆帕不等，还有在诸如微尺度、微重力等极端物理条件下的燃烧。在各种条件下，不仅要在燃烧室内完成燃烧反应、释放热量，还要抑制与燃烧有关的污染物的产生。污染物也发生各种化学反应，这也是本学科的研究对象。

在相当一部分燃烧过程中，化学反应速率对燃烧过程起着控制作用，譬如，着火、熄火及火焰传播等过程与化学反应动力学过程密切相关，并且，化学反应动力学过程决定了所有燃烧过程中污染物的生成与破坏。因此，在分析实际燃烧问题、抑制污染物生成、燃烧过程数值模拟以及设计各种动力燃烧装置中，均需要详细了解各种燃烧化学反应动力学机理以及影响燃烧反应速率的规律。得益于近 20 年来化学各领域的研究成果，在探明反应物到反应产物的化学反应途径、基元化学反应、揭示 NO 等的生成机理及测定反应速率等方面，积累了大量实验与分析数据，丰富了燃烧化学反应动力学的内容。

化学反应动力学的研究对象是理想掺混、温度均匀的化学反应系统，而绝大多数实际燃烧过程为湍流燃烧，流动、传热与传质效应将发挥作用，因此，解决实际燃烧问题要依赖于燃烧化学动力学与湍流流体力学的紧密耦合，前者为一阶常微分方程描述的反应动力学方程，而后者为二阶偏微分方程组描述的湍流流体力学方程。目前，采用基于计算流体动力学的计算机数值求解方法，联立并求解反应动力学方程与质量、动量及能量平衡方程组，虽然已经能够为解决许多实际燃烧问题提供有价值的参考，但还大大依赖于完善的燃烧模型、详细可靠的数据及燃烧化学反应动力学的发展。

第二节 燃烧化学反应速率

在燃烧化学反应进行过程中，燃料、氧气与燃烧产物的浓度或质量都是不断变化的，反应进行得越快，单位体积、单位时间内燃料与氧气消耗的量越多，产生的燃烧产物也越多，因此，采用化学反应速率来描述燃烧化学反应进行的快慢。

一、浓度

化学反应速率的描述首先与参与反应的物质的浓度有关。一般情况下，参加反应的气态物质均采用物质的浓度来表示。物质的浓度是以单位体积内所含的物质的量来确定的，物质的量用质量、物质的量表示，对应的物质的浓度就有质量浓度（kg/m³）、物质的量浓度（mol/m³），不同浓度之间可以进行换算。用质量、物质的量的相对值来表示某物质在混合物中的含量时，则相应有质量分数（%）、摩尔分数（%）。

1. 质量浓度

质量浓度是指单位体积的混合物中所含有的某一组分 A 的质量，可以表示为

$$\rho_A = \frac{m_A}{V} \tag{2-1}$$

式中，ρ_A 是 A 组分的质量浓度（kg/m³）；m_A 是 A 组分的质量（kg）；V 是混合物的体积（m³）。

2. 物质的量浓度

物质的量浓度简称浓度，可以表示为

$$c_A = \frac{n_A}{V} \tag{2-2}$$

式中，c_A 是 A 组分的物质的量浓度（mol/m³）；n_A 是 A 组分的物质的量（mol）；V 是混合物的体积（m³）。

在混合气体中，某组成气体的状态方程式为

$$p_A V = n_A RT \tag{2-3}$$

式中，R 是摩尔气体常数，$R = 8.314 \text{J}/(\text{mol} \cdot \text{K})$。

引入物质的量浓度的定义，可得

$$c_A = \frac{n_A}{V} = \frac{p_A}{RT} \tag{2-4}$$

式（2-4）表明气体的物质的量浓度与其分压力成正比。

3. 摩尔分数

摩尔分数为某物质的物质的量与同一容积内混合物的物质的量的比值，即

$$x_A = \frac{n_A}{n_A + n_B + \cdots} \tag{2-5}$$

式中，n_A、n_B 是组分 A、B 的物质的量。

对于混合气体来说，摩尔分数与物质的量浓度之间的关系为

$$x_A = c_A \frac{RT}{p} \tag{2-6}$$

二、化学反应速率

在单相化学反应中，化学反应速率是指单位时间内参与反应的初始反应物或反应产物的浓度变化量，其数学表达式为

$$w = \pm \frac{\Delta c_A}{\Delta \tau} \tag{2-7}$$

式中，w 是化学反应速率；Δc_A 是初始反应物或反应产物的浓度变化量；$\Delta \tau$ 是时间间隔。

如果采用初始反应物的浓度变化来计算，由于其浓度随反应进程而不断减少，为了使 w 为正值，则在式前加"－"号。

式（2-7）所表示的化学反应速率是化学反应的平均速率，是指在某一时间间隔内反应物浓度的平均变化值。如果时间间隔 $\Delta \tau \to 0$ 而速率趋于极限，则可以得到反应的瞬时速率为

$$w = \pm \lim_{\Delta \tau \to 0} \frac{\Delta c_A}{\Delta \tau} = \pm \frac{dc_A}{d\tau} \tag{2-8}$$

在很多情况下，通常直接采用 $\pm dc_A / d\tau$ 的形式表示化学反应速率。

在化学反应中常有几种反应物同时参加反应，且生成一种或几种反应产物。在反应进程中，反应物的消耗与反应产物的生成是按一定的规律对应变化的，因此，化学反应速率可以用任一参与反应的物质浓度变化来表示。

对某一燃烧化学反应，可以表示为

$$\nu'_a A + \nu'_b B \to \nu''_g G + \nu''_h H \tag{2-9}$$

式中，A、B 是参与燃烧反应的物质；G、H 是反应产物；ν'_a、ν'_b、ν''_g、ν''_h 是各物质的化学计量系数。

在反应过程中，各物质的浓度变化不同，各物质的燃烧反应速率各不相等，用表达式可表示为

$$\left. \begin{array}{ll} w_A = -\dfrac{dc_A}{d\tau}, & w_B = -\dfrac{dc_B}{d\tau} \\[3mm] w_G = \dfrac{dc_G}{d\tau}, & w_H = \dfrac{dc_H}{d\tau} \end{array} \right\} \tag{2-10}$$

各物质燃烧反应速率之间的关系为

$$-\frac{1}{\nu'_a}\frac{dc_A}{d\tau} = -\frac{1}{\nu'_b}\frac{dc_B}{d\tau} = \frac{1}{\nu''_g}\frac{dc_G}{d\tau} = \frac{1}{\nu''_h}\frac{dc_H}{d\tau} \tag{2-11}$$

因此，化学反应速率可以按反应中任一物质的浓度变化来确定，其他可根据式（2-11）互相推算。

对于异相反应（即固态与气态同时存在），其反应速率是指在单位时间内、单位表面积上参加反应的物质的量。

在燃烧工程上，燃烧反应速率一般用单位时间、单位体积内烧掉的燃料量或消耗的氧气量来表示。锅炉炉膛的一个重要设计参数是炉膛容积热负荷，定义为单位时间与单位容积内烧掉的燃料所释放的热量，由于采用了理想掺混的假设，因此也表征了燃烧反应速率。

测定某一反应的化学反应速率是分析燃烧过程及设计燃烧设备的重要基础，对任一给定的化学反应，反应速率即为反应物消失的速率或者是反应产物生成的速率，由于某些反应速

率很快（几毫秒）或很慢（数小时），因此，测量并非易事。目前，尚没有可以直接测定其反应速率的简单方法，通常是在反应进程中测定反应物与反应产物的浓度。图2-1所示为反应物与反应产物的浓度随时间变化的平滑曲线，c_A是反应物的初始浓度，c_x是反应产物在任一时刻的浓度，任一时刻的反应速率可由反应物浓度变化曲线的斜率$-\mathrm{d}(c_A-c_x)/\mathrm{d}\tau$确定。化学反应速率也可由反应产物浓度变化曲线的斜率确定，特别是在接近$\tau=0$时的初始斜率，可以得到对应于实验开始时浓度的反应速率。

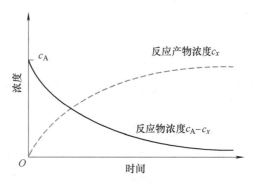

图2-1 反应物与反应产物的浓度随时间变化的平滑曲线

三、基元反应与总包反应

物质的化学变化是物质的一种质的变化，一些物质经化学反应变化成另一些性质迥然不同的物质。绝大多数化学反应为复杂化学反应，所谓复杂化学反应，是指并非一步完成，而需要经过若干相继的中间反应，涉及若干中间反应产物才能生成最终反应产物的反应。一步完成的简单化学反应很少见。组成复杂反应的各个反应被称为基元反应，也称简单反应。它们是由反应物分子、原子或原子团直接碰撞而发生的化学反应，表明了化学反应的实际历程。总包反应也称为总的化学反应或整体化学反应，是一系列若干基元反应的物质平衡结果，并不代表实际的反应历程。

多数燃烧反应都可以写出其总包化学反应方程式，从整体上表征反应物与反应产物之间的关系。譬如，式（2-12）表示的是氢气与氧气燃烧的总包反应方程式，但这仅仅表明了反应的总体效果，不能反映化学反应的真实过程与机理。

$$2H_2+O_2 \longrightarrow 2H_2O \tag{2-12}$$

采用总包反应来表示某一特定过程的化学反应机理是一种"黑箱"方法，虽然可以有效地用于某些燃烧反应的热平衡与质量平衡计算，但是，并不有助于理解化学反应机理以及进一步解决控制化学反应过程的问题。

四、质量作用定律

质量作用定律阐明了反应物浓度对化学反应速率的影响规律。化学反应起因于能发生反应的各组成分子、原子或原子团间的碰撞，反应物的浓度越大，亦即单位体积内的分子数越多，分子碰撞次数越多，反应速率就越快。

在一定温度下，基元反应在任何瞬间的反应速率与该瞬间参与反应的反应物浓度幂的乘积成正比。该规律称为质量作用定律，由挪威科学家古尔德贝格（Guldberg）和瓦格（Waage）在1864年经实验发现并证实。反应物浓度的幂次在数值上等于化学反应方程式中该反应物的化学计量系数。质量作用定律只能用于基元反应，而不能直接应用于总包反应。

如果式（2-9）为一步完成的化学反应，针对该式左侧的反应物

$$\nu'_a A+\nu'_b B \longrightarrow \cdots \tag{2-13}$$

相当于

$$\underbrace{A+A+\cdots+A}_{\nu'_a}+\underbrace{B+B+\cdots+B}_{\nu'_b} \longrightarrow \nu''_g G + \nu''_h H$$

则根据质量作用定律，反应速率与反应物浓度间的关系为

$$w = k c_A^{\nu'_a} c_B^{\nu'_b} \tag{2-14}$$

式中，k 是化学反应速率常数。

实际上 k 并非是常数，有文献称之为速率系数或比反应速率。化学反应速率常数 k 反映了化学反应的难易程度，与反应的种类和温度有关，它也表示各反应物均为单位浓度时的反应速率，因此，化学反应速率常数也可以表示化学反应速率。式（2-14）中的浓度指数与所讨论的反应的反应级数有关。

对一个化学反应过程来说，可直接观察到的现象只是系统中化学组分的净变化率。对任意复杂的一步化学反应（总包反应或基元反应），均可以由一般化学反应方程式表示为

$$\sum_{i=1}^{N} \nu'_i M_i \longrightarrow \sum_{i=1}^{N} \nu''_i M_i \tag{2-15}$$

式中，ν'_i、ν''_i 分别是反应组分 i 与反应产物的化学计量系数；M_i 是第 i 个化学组分，可出现在方程式一侧，也可以出现在两侧；N 是参与反应的总的组分数目。

根据质量作用定律，M_i 的净生成速率为

$$\frac{dM_i}{d\tau} = (\nu''_i - \nu'_i) k \prod_{i=1}^{N} M_i^{\nu'_i} \tag{2-16}$$

如果 M_i 代表的某一组分没有作为反应物在方程左侧出现，则 $\nu'_i = 0$；如果 M_i 代表的某一组分没有作为反应产物在方程右侧出现，则 $\nu''_i = 0$。

质量作用定律表达式的内涵是浓度的改变仅是由化学反应所引起的，其他可以引起浓度变化的因素还包括系统体积的变化、组分流入或流出系统等情况。

严格地讲，质量作用定律仅适用于气体化学反应（即单相反应），且为理想气体。实际中，只要是气相反应，一般均可假设气体为理想气体，因而，可以应用质量作用定律及其推论。

在很多实际燃烧工程中，参与燃烧的反应物是气相与固相共存的两相系统（即异相反应），应用最广泛的典型示例是煤粉燃烧设备。异相反应的机理非常复杂，但是，反应速率与参与反应的反应物的浓度乘积成正比的规律还是适用的。

五、反应级数

反应级数定量地表示了反应物浓度变化对化学反应速率的影响程度，常被用来进行燃烧过程的化学动力学分析。

对一步完成的简单化学反应与所有的基元反应，反应速率表达式中的反应物浓度指数之和为该反应的反应级数，基元反应的反应级数总为整数。如果化学反应速率与反应物浓度的一次方成正比，该反应就是一级反应；如果化学反应速率与反应物浓度的二次方成正比，或者与两种物质浓度的一次方的乘积成正比，该反应就是二级反应；以此类推。三级反应很少见，在气相反应中，仅有若干与 NO 有关的反应为三级反应。三级以上的反应几乎没有。

以 n 表示反应级数，对于一般化学反应方程式（2-15），则反应级数一般表达为

$$n = \sum_{i=1}^{N} \nu'_i \tag{2-17}$$

譬如，对基元反应 $\qquad\qquad\qquad$ H+H+H $\longrightarrow$ H$_2$+H

两个 H 原子在第三个 H 原子存在的条件下反应生成一个 H$_2$，第三个 H 原子在碰撞中获得能量。H 原子与 H$_2$ 的反应速率表达式为

$$\frac{dc_{\mathrm{H}}}{d\tau} = (1-3)k_{\mathrm{f}}c_{\mathrm{H}}^3 = -2k_{\mathrm{f}}c_{\mathrm{H}}^3 \tag{2-18}$$

式中，k_{f} 是正向反应速率常数。

$$\frac{dc_{\mathrm{H_2}}}{d\tau} = (1-0)k_{\mathrm{f}}c_{\mathrm{H}}^3 = k_{\mathrm{f}}c_{\mathrm{H}}^3 \tag{2-19}$$

因此 $\qquad\qquad\qquad$
$$\frac{dc_{\mathrm{H}}}{d\tau} = -2\frac{dc_{\mathrm{H_2}}}{d\tau} = -2k_{\mathrm{f}}c_{\mathrm{H}}^3 \tag{2-20}$$

式（2-20）表明，H 原子的消耗速率是 H$_2$ 的形成速率的两倍。该基元反应的反应级数为

$$n = \sum_{i=1}^{N} \nu'_i = 3$$

由化学反应速率表达式（2-14）可得，速率常数的单位为

$$\frac{1}{\mathrm{s}}\frac{\mathrm{kmol}}{\mathrm{m}^3} \cdot \frac{1}{(\mathrm{kmol/m}^3)^n} = \mathrm{kmol}^{1-n} \cdot \mathrm{m}^{3n-3} \cdot \mathrm{s}^{-1} \tag{2-21}$$

式中，n 是反应级数。

对一级反应，速率常数的单位为 s^{-1}；对二级反应，速率常数的单位为 $\mathrm{kmol}^{1-2} \cdot \mathrm{m}^{6-3} \cdot \mathrm{s}^{-1} = \mathrm{m}^3/(\mathrm{kmol} \cdot \mathrm{s})$；依次类推。因此，化学反应速率常数的单位与反应级数有关。

总包反应由一系列简单的基元反应所组成，它的反应级数不能直接按总包反应方程式所表示的参与反应的分子数目来确定，一般低于其参与反应的分子数，可以是整数，也可以是分数，其具体数值需要根据实验测得的反应速率与反应物浓度的关系来确定。对某些化学反应，实验得到的反应级数与化学反应方程式的反应物分子数相等的情况仅是巧合。

对于异相反应，譬如煤粉燃烧，其燃烧反应速率与 O$_2$ 浓度及参与反应的煤粉表面积成正比，可借用质量作用定律近似表示为

$$w = kS_{\mathrm{A}}c_{\mathrm{O_2}}^n \tag{2-22}$$

式中，S_{A} 是单位容积煤粉与空气混合物内的煤粉表面积。

反应级数也只能由实验或工程经验求得。一般燃烧反应级数见表 2-1。

表 2-1　燃烧反应级数

燃用燃料	反应级数的大概数值	燃用燃料	反应级数的大概数值
煤气	2	重油	1
轻油	1.5~2	煤粉	≤1

六、基元反应的化学反应速率

由分子直接碰撞而发生的反应是基元反应，基元反应发生在分子、原子、离子和自由基水平，并严格符合质量作用定律。每一个基元反应的反应速率均源于各自分子间的碰撞，并不取决于混合物的环境因素，因此，在比较理想的实验条件下（压力不高，仅存在反应物等）测定的基元反应速率可以直接应用到压力较高且存在其他成分的场合。

基元反应的化学计量系数代表参与反应组分的物质的量，基元反应分为以下三种形式。

1. 双分子反应

燃烧中发生的大多数基元反应是双分子反应，即两个分子碰撞发生的化学反应，分子碰撞理论可以比较合理地解释双分子化学反应。譬如，化学反应

$$A+B \longrightarrow C+D$$

其反应速率与两个参与反应的组分的浓度成正比，设反应速率常数为 k_{bi}，则有

$$\frac{\mathrm{d}c_A}{\mathrm{d}\tau} = -k_{bi}c_A c_B \tag{2-23}$$

所有的双分子基元反应均为整体上的二级反应，对每一反应物来说为一级反应。速率常数是温度的函数，是基于分子碰撞理论得出的，与总包反应的速率常数不同。

譬如，对 H_2 与 O_2 的燃烧，其总包反应的化学反应方程式见式（2-12），但是，为了使 H_2 与 O_2 反应生成 H_2O，要发生一系列的基元反应，其中，主要的双分子反应式为

$$H_2+O_2 \longrightarrow HO_2+H \tag{a}$$

$$H+O_2 \longrightarrow OH+O \tag{b}$$

$$OH+H_2 \longrightarrow H_2O+H \tag{c}$$

由反应式（a）可知，当 O_2 与 H_2 碰撞时，并没有形成 H_2O，而是形成中间反应产物 HO_2 与氢原子 H，即所谓的自由基，该反应只需要断裂一个化学键、形成一个化学键。在反应式（b）中，产生的 H 原子与 O_2 反应生成另外两个自由基 OH 与 O；在反应式（c）中，OH 基与 H_2 反应形成 H_2O。事实上，描述 H_2 与 O_2 燃烧的完整过程需要考虑 20 多个基元反应。

用于描述一个化学反应过程的全部基元反应构成其反应机理，反应机理可以少则只有几步基元反应，多则数百个基元反应。对某一特定的化学反应，选择最少数目的关键基元反应来合理描述化学反应机理也是一个重要的研究领域。

2. 单分子反应

单一组分发生化学分解，形成一个或两个产物组分，譬如

$$A \longrightarrow B$$

$$A \longrightarrow B+C$$

与燃烧有关的典型的单分子基元反应如

$$O_2 \longrightarrow O+O$$

$$H_2 \longrightarrow H+H$$

单分子反应在较高压力下是一级反应，即

$$\frac{dc_A}{d\tau} = -k_{uni}c_A \tag{2-24}$$

在较低压力下，反应速率还取决于任一其他高能分子 M 的浓度，M 分子是任意可与反应组分碰撞的分子，反应速率为

$$\frac{dc_A}{d\tau} = -k_{uni}c_A c_M \tag{2-25}$$

式中，k_{uni} 是单分子反应速率常数。

3. 三分子反应

三分子反应的化学方程式可表达为

$$A+B+M \longrightarrow C+M$$

诸如

$$H+H+M \longrightarrow H_2+M$$
$$H+OH+M \longrightarrow H_2O+M$$
$$H+O_2+M \longrightarrow HO_2+M$$

等基元反应均是燃烧中发生的三分子反应的重要例子，三分子反应是三级反应，其反应速率常数为 k_{ter}，反应速率表示为

$$\frac{dc_A}{d\tau} = -k_{ter}c_A c_B c_M \tag{2-26}$$

在基-基之间的基元反应中，两个分子消失而形成组分 C，需要"第三者"参与才能完成该反应过程。在碰撞期间，新生成的分子的热力学能传递给分子 M，并表现为 M 的动能，以带走形成稳定组分的能量，如果没有这一能量传递过程，新形成的分子会分解形成它的组成原子。

实际上，在三分子反应中三个分子相互碰撞的概率很小，因此，化学反应速率极低。在气相反应中，三分子反应很少见，属于这类反应的只有 NO 参加的某些反应。目前还没有发现三分子以上的碰撞反应。

只有经过实验的方法才能确定化学反应的机理，得到反应途径、中间组分并写出反应过程中的各个基元反应方程式，之后才能应用质量作用定律来正确地表达反应物浓度影响反应速率的幂次。

气相燃烧，尤其是详细的基元反应的化学反应动力学的研究，在近 20 年积累了大量的数据，研究文献数以万计，众多气相燃烧过程中发生的基元反应的活化能与前置因子等化学反应动力学参数都已经由科学实验测定，并可由相关文献或数据库检索查询，可应用于处理与计算燃烧过程中的气相化学反应动力学问题。

七、总包反应的化学反应速率

对总包反应，不能按照其总的反应方程式直接应用质量作用定律来表征反应速率与反应物浓度的关系，写出的反应速率表达式并无重要的意义，质量作用定律只有应用于描述正确反应机理的基元反应方程式时才具有意义。

对最常用的碳氢燃料来说，基元反应十分复杂，目前，只有为数不多的燃料燃烧可以写出描述其反应机理的基元反应，譬如，H_2、CO、甲烷（CH_4）、甲醇（CH_3OH）、乙烯（C_2H_4）等。因此，在分析实际燃烧系统时，全面考虑所有的化学反应组分及其反应速率通常是不现实的。为了简化起见，基于总包反应的概念，写出碳氢燃料燃烧的总反应方程式，并借用质量作用定律的形式写出其反应速率表达式。在将燃烧反应动力学模型应用于燃烧过程分析时，一般采用一步整体反应方程。

对碳氢燃料，一摩尔的燃料与 α 摩尔的 O_2 发生燃烧反应，生成 β 摩尔的 CO_2 与 γ 摩尔的 H_2O，α、β、γ 为化学计量系数，一步整体反应方程表达式为

$$F + \alpha O_2 \longrightarrow \beta CO_2 + \gamma H_2O \tag{2-27}$$

事实上，认为 α 个氧化剂分子瞬时与一个燃料分子碰撞而形成 $\beta + \gamma$ 个反应产物分子是完全不真实的，因为这要求同时断裂若干化学键并马上形成若干新化学键。一步整体反应仅是一种不计所有中间反应及中间反应产物的简化处理方法。

根据质量作用定律，燃料的消耗速率可以表示为

$$\frac{dc_F}{d\tau} = -kc_F^a c_{O_2}^b \tag{2-28}$$

式中，负号 "−" 代表燃料的浓度在随时间减少。

一步整体反应方法将燃烧产物的反应处理为完全彻底的，而在实际燃烧过程中，CO 的氧化要持续到所有燃料全部氧化之后，因此，在一步整体反应的基础上，也可以采用两步整体反应模型，即

$$\left. \begin{array}{l} F + \alpha O_2 \longrightarrow \beta CO + \gamma H_2O \\ CO + \dfrac{1}{2} O_2 \longrightarrow CO_2 \end{array} \right\} \tag{2-29}$$

此时，燃料的消耗速率仍采用式（2-28）表达。

对总包化学反应，指数 a、b 与反应级数有关，但未必是整数，是由实验曲线拟合而得的。一般来说，上述形式的特定整体反应表达式仅在实验限定的温度、压力范围内成立，并还可能取决于测定速率常数的手段，速率常数通常不能应用到实验限定范围以外。在不同的温度区间，需要采用不同的速率表达式及不同的 a、b 值。

第三节　影响化学反应速率的因素

不论何种化学反应，其反应速率主要与反应的温度、反应物的性质（活化能）、反应物的浓度及压力等因素有关。

一、温度对化学反应速率的影响——阿累尼乌斯定律

在影响化学反应速率的诸多因素中，温度对反应速率的影响最为显著。实验表明，大多数化学反应速率随温度升高而急剧加快。根据范特荷夫由实验数据归纳的反应速率与温度的近似关系，在温度升高 10℃ 且其他条件不变的情况下，化学反应速率将加快 1~3 倍；当温

度提高 100℃，化学反应速率将随之加快 $2^{10} \sim 4^{10}$ 倍，平均为 3^{10} 倍。也就是说，当温度以算术级数升高时，反应速率将呈几何级数增加。例如，氢与氧在室温条件下的反应异常缓慢，以至于无法检测到，然而当温度提高到一定数值后（600～700℃），反应就成为爆炸反应，瞬间就可完成。

　　如果在化学反应的反应物浓度相等的条件下考察化学反应速率与温度的关系，则温度对化学反应速率的巨大影响主要体现在反应速率常数 k 上。1889 年瑞典科学家阿累尼乌斯（Arrhenius）由实验总结出一个温度对反应速率影响的经验关联式，该式被称为阿累尼乌斯定律，后又基于理论加以论证，该表达式为

$$k = k_0 \exp\left(-\frac{E}{RT}\right) \tag{2-30}$$

式中，k 是化学反应速率常数，其单位与反应级数有关，见式（2-21）；k_0 是前置因子，也称为指前因子或频率因子；R 是摩尔气体常数；E 是活化能（J/mol），可由实验测定；T 是热力学温度（K）。

　　式（2-30）又称为阿累尼乌斯方程或速率常数表达式。

　　对式（2-30）两侧取自然对数，则阿累尼乌斯方程改写为

$$\ln k = \ln k_0 - \frac{E}{RT} \tag{2-31}$$

　　在 $\ln k$ 对 $1/T$ 的坐标上就得到如图 2-2 所示的直线，即化学反应速率常数 k 值的自然对数与温度 T 的倒数成直线关系，化学反应速率常数决定直线在纵坐标轴上的截距，而其斜率为 $\tan\theta = -E/R$。这一关系正确地反映出反应速率随温度的变化，大量实验结果均符合这一规律。因此，将各个温度下测定的速率常数值取其自然对数后，与温度的倒数共同绘制出图 2-2，便可求出活化能 E。

　　图 2-3 所示为实际中测量的化学反应速率常数与温度的变化关系曲线，在很大的温度范围内完全符合阿累尼乌斯定律。当温度由低到高逐渐升高时，反应速率常数不断增加，而且增加的速率越来越快，符合等比数列增加的规律。但是，反应速率的增加速率最终将减慢下来，因此，存在着一个转变点（数学上称为拐点），其对应的反应温度采用二次求导的方法求解为 $E/(2R)$。通常该点的温度为 2500～25000K，因此，温度对反应速率的影响在温度 $T < E/(2R)$ 时比较显著，这一拐点温度在一般燃烧设备上是不可能达到的，因此，通常只关注拐点前的曲线区间。

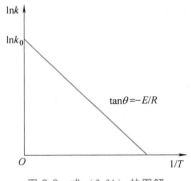

图 2-2　式（2-31）的图解

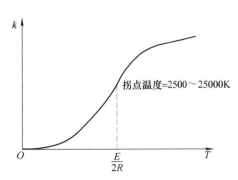

图 2-3　反应速率常数与温度的关系

提高温度对化学反应速率的影响可由下式看出，即

$$\frac{\mathrm{d}(\ln k)}{\mathrm{d}T} = \frac{E}{RT^2} \tag{2-32}$$

因此，对于活化能数值较大的化学反应来说，温度对化学反应速率的影响比活化能数值较小的化学反应更为显著。

碳在燃烧过程中会发生碳的氧化反应

$$C + O_2 = CO_2$$

与还原反应

$$C + CO_2 = 2CO$$

还原反应的活化能比氧化反应约大 2.2 倍，因此，只有到温度很高且缺氧时，还原反应才会占优势，实践也证明了这一点。

严格意义上，前置因子并非常数，根据分子碰撞理论，它取决于温度的平方根 $\sqrt{T}$。

在实验研究中常采用的另一种阿累尼乌斯定律表达式为三参数函数表达式，即

$$k = k_0 T^m \exp\left(-\frac{E}{RT}\right) \tag{2-33}$$

式中，k_0、m 与 E 是三个实验关联参数。

对碳氢燃料与 O_2 发生燃烧反应的化学方程式（2-27）与式（2-29），燃料的化学反应速率可表示为

$$\frac{\mathrm{d}c_\mathrm{F}}{\mathrm{d}\tau} = -k_0 T^m \exp\left(-\frac{E}{RT}\right) c_\mathrm{F}^a c_{O_2}^b \tag{2-34}$$

大多数情况下，$m = 0$。

对甲烷 CH_4 及丙烷 C_3H_8 燃烧反应，采用一步或两步反应模型的总包反应的动力学常数见表 2-2。

表 2-2　CH_4 及 C_3H_8 燃烧总包反应的动力学常数

燃料	k_0（一步反应）	k_0（两步反应）	活化能 $E/(\mathrm{J/mol})$	指数 a	指数 b
CH_4	1.3×10^9	2.8×10^9	48.4×4.18	-0.3	1.3
C_3H_8	8.6×10^{11}	1.0×10^{12}	30.0×4.18	0.1	1.65

特别值得注意的是，速率常数不仅取决于温度，还取决于温度范围，某一特定表达式只适用于一定的温度区间。阿累尼乌斯方程一般不能够描述很大温度范围的燃烧过程，按较低温度范围实验数据拟合的阿累尼乌斯方程则可能完全不适用高温范围的实验数据，如图 2-4 所示。因此，不能轻易将速率常数外推到实验温度区间以外。

有两类反应并不遵守阿累尼乌斯定律：一类是活化能很小的基元反应，在这些反应中，温度的影响主要体现在前置因子；另一类是自由基化合反应，当简单自由基化形成一个产物时需要释放能量，以形成稳定的分子，因此必须要有"第三者"带走这部分能量，这种第三者参与化合反应的速率不符合阿累尼乌斯定律，而与系统压力密切相关。

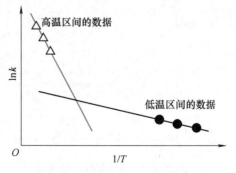

图 2-4　速率常数与温度的关系

二、活化能 E 对化学反应速率的影响

化学反应活化能是阿累尼乌斯在解释反应速率常数与温度关系的经验关联式时提出的。为了揭示阿累尼乌斯定律的本质，需要进一步了解化学反应活化能的物理意义。目前，关于化学反应活化能的解释主要基于两种理论，即活化分子碰撞理论与过渡状态理论。

根据气体分子运动学说的理论，分子时时刻刻都在做无规则的热运动。分子之间发生化学反应的必要条件是相互接触、碰撞并破坏物质原有的化学键，这样才有可能形成新的化学键，产生新的物质。分子之间的碰撞次数是很大的，例如，1s 内每个分子与其他分子互相碰撞的机会是很多的，可达十几亿次。如果所有的碰撞都能引起化学反应，那么即使在低温条件下，无论什么反应都会在瞬间完成，甚至爆炸。但事实上并非如此，化学反应是以有限的速率进行的，不是所有的分子碰撞都能破坏原有的化学键并形成新的化学键，只有在所谓的"活化分子"之间的碰撞才会引起反应。在一定温度下，活化分子的能量较其他分子所具有的平均能量大，正是这些超过一定数值的能量才能破坏原有分子内部的化学键，使分子中的原子重新组合排列而形成新的反应产物，如果撞击分子的能量小于这一能量，就不发生反应。分子发生化学反应所必须达到的最低能量称为活化能 E。能量达到或超过 E 的分子，被称为活化分子。不同的反应，活化能是不相同的。

在解释活化能的物理意义时过渡状态理论认为：化学反应之所以发生，是因为具有足够大能量的反应物分子在有效碰撞（能使反应物分子转变成反应产物分子的碰撞）后先形成了一种活化配合物，它处于不稳定的、高度活性的过渡状态，再最终形成反应产物。例如，基元反应

$$CO+NO_2 \longrightarrow NO+CO_2$$

按照过渡状态理论，该基元反应的历程为

$$\begin{matrix} O & O \\ & \diagdown \diagup \\ & N \end{matrix} + C\!-\!O \rightleftharpoons \left[\begin{matrix} & N \\ O & \diagup \diagdown \\ & O\cdots C\!-\!O \end{matrix} \right] = N\!-\!O + O\!-\!C\!-\!O$$

反应物（初始态）　　　活化配合物（过渡状态）　　　产物（最终态）

具有足够大能量的反应物 NO_2 与 CO 分子发生有效碰撞后，首先形成活化配合物 ONOCO。在该活化配合物中，原有的靠近 C 原子的 N—O 键被拉长并断裂，新的化学键（C—O）将形成而尚未完全形成。在这种不稳定的过渡状态下，既可以生成反应产物，又有可能转变回原反应物。当活化配合物 ONOCO 中靠近 C 原子的 N—O 键完全断开时，新形成的 C—O 键中，C 与 O 间的距离进一步缩短而形成键，即有产物 NO 和 CO_2 形成，达到反应的终态。

反应的活化能是衡量反应物反应能力的一个主要参数，活化能较小的化学反应速率较快。普通化学反应的活化能在 40~400kJ/mol 之间，活化能小于 40kJ/mol 时，化学反应速率极快，以至于瞬间可完成。活化能大于 400kJ/mol 的化学反应速率极慢，可以认为不发生化学反应。

活化分子发生化学反应过程中的能量变化如图 2-5 所示，反应物 A 与反应产物 C 之间存在一个活化态 B，在化学反应之初，反应物 A 的分子要吸收一定能量，在克服化学反应的能量 E 后，才能达到活化态，E 就是该反应的活化能。随着反应的进行，生成 C，放出大量能

量，释放出的能量除抵消活化能以外，其余的能量就是化学反应的反应热 Q，或称为发热量。

基于过渡状态理论的化学反应进程中能量变化也可用图 2-5 做出类似的说明。

活化能 E 是通过实验测定不同温度下的反应速率常数而得到的。

将实验中测定的某一反应在各个温度下的反应速率常数绘制成 $\ln k$-$1/T$ 曲线，拟合直线，计算其斜率 $-E/R$，便可由图 2-2 求出活化能的数值。

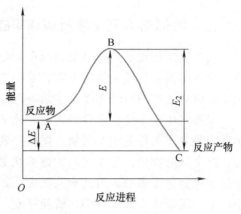

图 2-5 活化能示意图

某一反应的活化能还可以直接由两个不同温度下测定的速率常数计算得到，在温度 T_1 时

$$\ln k_1 = \ln k_0 - \frac{E}{RT_1}$$

在温度 T_2 时

$$\ln k_2 = \ln k_0 - \frac{E}{RT_2}$$

两式相减得到

$$\ln \frac{k_1}{k_2} = \frac{E}{R}\left(\frac{1}{T_2} - \frac{1}{T_1}\right)$$

整理得

$$E = \frac{RT_1 T_2}{T_1 - T_2} \ln \frac{k_1}{k_2} \tag{2-35}$$

将两温度值及其对应的速率常数值代入，即可计算得到活化能。还可以再由同一组 k、T 及计算得到的 E，计算速率常数表达式中的前置因子 k_0。

通过实验测量得到的活化能数值显然与实验的温度区间有关，因为速率常数与温度的关系在不同的温度区间是不同的，如图 2-4 所示。因此，不同文献对同一反应过程给出的活化能数值常常出入很大，除了实验方法的差异外，温度区间不同也是一个重要原因，在采用时需要考察其实验温度区间。

三、压力对化学反应速率的影响

在很多实际燃烧工程中，考虑压力对化学反应速率的影响是很重要的。

由热力学知，对于理想气体混合物中的每一组分（譬如 A、B）均可写出其状态方程式

$$p_A V = n_A RT$$
$$p_B V = n_B RT$$

式中，p_A、p_B 分别是两组分的分压力；V 是总体积；n_A、n_B 分别是两组分的物质的量。

反应物的组分浓度分别为

$$c_A = \frac{n_A}{V}, \quad c_B = \frac{n_B}{V}$$

将组分浓度代入各自的状态方程可知，在等温条件下，气体组分的浓度与气体的分压力

成正比。根据质量作用定律，即式（2-14）表达的反应速率与反应物浓度之间的关系，反应速率与反应物分压力之间的关系为

$$w \propto p_A^{\nu_a'} p_B^{\nu_b'} \tag{2-36}$$

当系统的总压力 p 变化而各组分的物质的量保持不变时，分压力也与 p 成比例变化。所以，在等温条件下，系统压力变化对反应速率的影响与其反应级数 n 成指数关系，即

$$w \propto p^n \tag{2-37}$$

因此，根据质量作用定律，提高系统压力就能增加气体的浓度，提高反应速率，而且，压力对不同级数的化学反应速率的影响程度是不同的。

如果采用气体的摩尔分数随时间的变化率来表示反应速率时，则

$$w = -\frac{dx_A}{d\tau} \tag{2-38}$$

将式（2-6）代入式（2-38）得到

$$w = -\frac{RT}{p}\frac{dc_A}{d\tau}$$

式中，$-dc_A/d\tau$ 是以浓度表示的化学反应速率。

由于反应速率与压力成 n 次方关系，则以摩尔分数表示的化学反应速率与系统压力的关系为

$$w \propto p^{n-1} \tag{2-39}$$

因此，在温度不变的条件下，以摩尔分数表示的反应速率与压力的 $(n-1)$ 次方成正比。

压力对化学反应速率的影响，有时也会用燃尽时间来描述。压力与燃尽时间的关系可做如下分析。

设有某一定量的燃料空气混合物，当压力 p 变化时，其体积 V 就会变化，两者之间的关系为

$$V \propto p^{-1} \tag{2-40}$$

因此在这一定质量的混合物中，单位时间内烧掉的反应物与压力之间的关系为

$$wV \propto p^{n-1} \tag{2-41}$$

燃尽时间 τ_0 与 wV 成反比，所以就与 p^{n-1} 成反比，即

$$\tau_0 \propto p^{-(n-1)} \tag{2-42}$$

四、反应物浓度和摩尔分数对化学反应速率的影响

质量作用定律描述了反应物浓度对反应速率的影响。在化学反应系统中，反应物的相对组成也对反应速率具有重要的影响。譬如，对双分子反应 $A+B \rightarrow C+D$，其反应速率表达式为

$$w = -k_{bi}c_A c_B$$

组分 A、B 的摩尔分数分别为 x_A 与 x_B，$x_A + x_B = 1$，且两反应物的相对组成互等，将

$$c_A = x_A p/(RT) \text{ 与 } c_B = x_B p/(RT)$$

代入反应速率表达式，得到

$$w = -k_{bi}x_A x_B \left(\frac{p}{RT}\right)^2 \tag{2-43}$$

在一定的温度与压力下，式（2-43）中的 $-k_{bi}\left(\dfrac{p}{RT}\right)^2$ 是一定值，取为 e，并将 $x_B = 1-x_A$ 代入，得

$$w = ex_A(1-x_A) \qquad (2\text{-}44)$$

可见，化学反应速率仅随反应物的摩尔分数 x_A 而变化。欲使反应速率最大，则令 $dw/dx_A = 0$，由此可得

$$x_A = x_B = 0.5$$

这说明当反应物的相对组成符合化学当量比时，化学反应速率为最大。当 $x_A = 1$ 或 $x_B = 1$ 时，反应速率均等于零，如图 2-6 所示。

大多数工程燃烧装置均采用空气作为氧化剂，因此，空气中的氮气将作为惰性气体掺杂在反应混合气中。

以燃料气 A 与空气 B 组成的可燃混合气体为例，分析在反应物中掺有惰性气体的情况下，反应物含量对反应速率的影响。仍采用摩尔分数，且 $x_A + x_B = 1$，采用 ε 表示 O_2 在 B 中所占的份额，β 表示不可燃气体所占份额，则 $\varepsilon + \beta = 1$。仍考察双分子反应，反应速率可以写为

$$w = e\varepsilon x_A(1-x_A) \qquad (2\text{-}45)$$

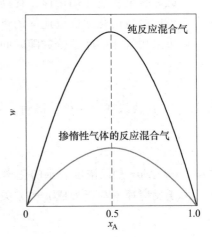

图 2-6　反应速率与混合气组成的关系

化学反应速率要下降到原来的 ε 倍，但化学反应最大速率对应的燃料气 A 与空气 B 混合气体的相对组成关系仍然与纯混合气相同，即 $x_A = x_B = 0.5$。

值得注意的是，如果系统温度变化，混合气组成对反应速率的影响要复杂得多。

五、催化作用对化学反应速率的影响

催化剂是能够改变化学反应速率而其本身在反应前后的组成、数量和化学性质保持不变的一种物质，催化剂对反应速率所起的作用称为催化作用。催化也是化工领域应用最多的关键技术环节。催化剂分为均相催化剂和多相催化剂，均相催化剂与反应物同处一相，通常作为溶质存在于液体反应混合物中；多相催化剂一般自成一相，通常是用固体物质催化气相或液相中的反应。催化剂之所以能加快反应速率，是因为降低了化学反应的活化能。对均相催化反应，一般认为催化剂加快反应速率的原因是形成了"中间活化配合物"。

有固体物质参与的催化反应，是一种表面与反应气体间的化学反应，属于表面反应的一种。表面反应速率会因为存在很少量具有催化作用的其他物质而显著增大或减小，一般用"吸附作用"来说明。表面催化反应的关键是气体分子或原子必须先被表面所吸附，然后才能发生反应，反应产物再从表面解吸。

催化反应的一个例子是氨（NH_3）燃烧氧化得到 NO。如果 NH_3 燃烧发生在金属 Pt 的表面时，发生的反应为

$$4NH_3 + 5O_2 \longrightarrow 4NO + 6H_2O$$

反应中几乎所有的 NH_3 全部转化为 NO，气体反应能力的增加是由于气体分子被吸附在

Pt 的表面，Pt 起到催化剂的作用。当不存在催化剂时，几乎得不到 NO，而是得到 N_2，反应式为

$$4NH_3+3O_2 \rightarrow 2N_2+6H_2O$$

气体分子被吸附在表面，气体分子与表面分子间发生化学反应以及反应产物从表面解吸的过程均为化学动力学过程。因此，吸附反应速率常数 k_{ads} 与解吸反应速率常数 k_{des} 均可写成阿累尼乌斯定律的形式，即

$$k_{ads} = k_{0,ads} \exp\left(-\frac{E_{ads}}{RT}\right) \tag{2-46}$$

$$k_{des} = k_{0,des} \exp\left(-\frac{E_{des}}{RT}\right) \tag{2-47}$$

式中，$k_{0,ads}$ 与 $k_{0,des}$ 是前置因子；E_{ads} 与 E_{des} 分别是吸附与解吸动力学过程的活化能。

气体分子在表面的吸附率存在一个上限值，不可能超过气相分子与表面的碰撞率。吸附与解吸是同一化学过程的正反应过程与逆反应过程，吸附、解吸与化学反应并存，同时发生。

第四节　链式化学反应

许多气相反应都是在较低的反应温度下发生的，几乎所有的燃烧反应都不是简单地遵守质量作用定律和阿累尼乌斯定律。这些反应的许多特点根本无法用活化分子碰撞理论解释。例如，H_2 与空气的混合物在某些温度和压力下会发生爆炸，而在另一些温度与压力下则不发生爆炸；又如，干燥的 CO 与 O_2 的混合物很难发生反应，但是少量水蒸气的介入将会使反应大大加速；再如，乙醚蒸气、磷等物质在较低温度下就会氧化而产生冷焰，就是其温度尚未达到着火温度却已出现火焰而达到很高的反应速率。这些现象均不能用活化分子碰撞理论给出合理的解释，因此产生了链式反应理论。链式反应理论是化学反应机理的两个基础理论之一。

一、链式反应的特点

链式反应理论认为，很多化学反应不是一步就能完成从反应物向反应产物的转化，而是由于形成极其活跃的组分而引发一系列连续、竞争的中间反应，导致从反应物转化形成反应产物。中间反应会生成若干不稳定的自由基或自由原子，称为活性中心，这些活性中心以很高的化学反应速率与原始反应物分子进行化学反应，本身消失，同时也会产生新的活化中心，使反应一直进行下去直至结束，生成最终反应产物，活化中心起到了中间链节的作用，所以称之为链式反应。

链式反应是化学反应中最普通、最复杂的反应形式，其各个中间反应均属于基元反应，各个反应具有各自不同的反应速率常数，是燃烧过程中必然发生的复杂化学反应。虽然链式反应的概念尚难以详细地应用于复杂反应系统的分析，但有助于认识反应机理。

链式反应经历链的激发、传播与终止。链的激发是在外界因素（热力、高能分子碰撞）作用下，由稳定的组分产生一个基或若干个基（也称为自由基、根或游基），在链的传播过

程中，接着又产生一个或若干个新的基，这一过程一直持续到由两个基形成一个稳定的组分，直至反应物浓度消耗殆尽，或者由于基销毁的速度大于基生成的速度，导致链的终止。产生基的基元反应为启链反应，而基被破坏的基元反应为终链反应。

基可以是一个原子或一组原子，是由气体分子的化合键断裂而形成的，具有不匹配的电子，带电荷或不带电荷，在化学反应中以一个独立的组分存在，能与其他分子迅速发生反应。最具反应活性的组分通常为原子（如 H、O、N、F 与 Cl）或者原子团（如 CH_3、OH、CH 与 C_2H_5 等）。

如 H 原子由 H_2 断键分解而得，H 在失去其电子后就成为一个带正电荷的自由基。

又如碳氢燃料 CH_4 分解，CH_4 分子分离出一个 H 原子，则形成两个基，即

$$CH_4 \longrightarrow CH_3 + H$$

又如，CH_4 与 O_2 反应生成两个基，即

$$CH_4 + O_2 \longrightarrow CH_3 + HO_2$$

再如，氮氧化物在高能分子作用下，产生 N 原子与 O 原子两个基，即

$$NO + M \longrightarrow N + O + M$$

在链的传播过程中，如果反应产物中基的数目与反应物中基的数目的比值 $\alpha = 1$，称为不分支链式反应；如果 $\alpha > 1$，则称为分支链式反应。分支链式反应具有更高的化学反应速率，即爆炸性。

链式反应过程总结为以下步骤：

1）链激发。

2）不分支，$\alpha = 1$。

3）分支，$\alpha > 1$。

4）终止，形成稳定的反应产物。

5）终止，与器壁碰撞消失。

二、不分支链式反应

以 Cl_2 和 H_2 化合为例，实验研究表明，尽管其总包反应方程式可写为式（2-48），但其反应机理并非简单反应，而是复杂的不分支链式反应。

$$Cl_2 + H_2 \longrightarrow 2HCl \tag{2-48}$$

在该链式反应中，Cl 原子充当了活性中心的作用，Cl 原子的产生可以源自热力活化或光作用等。譬如，反应式（a），它起到链的激发作用，导致反应开始，对应的速率常数为 k_1。

$$Cl_2 + M \longrightarrow Cl + Cl + M \tag{a}$$

Cl 原子很容易与 H_2 发生反应（活化能很小，25.12kJ/mol），对应的速率常数为 k_2。

$$Cl + H_2 \longrightarrow HCl + H \tag{b}$$

式（b）中所产生的 H 原子很快与 Cl_2 发生化学反应而产生 Cl 原子，该反应的活化能更小，反应更快，几乎在瞬间完成，对应的速率常数为 k_3，即

$$H + Cl_2 \longrightarrow HCl + Cl \tag{c}$$

将式（b）与式（c）相加，得到

$$Cl + H_2 + Cl_2 \longrightarrow 2HCl + Cl \tag{2-49}$$

式（2-49）表明，一个活性中心（Cl 原子）在反应产物生成过程中仍形成一个活性中心，因此这种反应是不分支链式反应。实际上，基元反应式（b）与式（c）本身即为不分支链式反应。Cl 原子在不发生链中断的情况下可以继续存在下去，直到系统中反应混合物完全耗尽为止。如果发生了链的中断，则链式反应就会终止。链的激发环节的反应速率是整体反应过程的控制环节。

Cl 原子或 H 原子会与器壁碰撞，或与惰性气体分子碰撞而失去能量，使活性分子销毁，而形成对应的分子，即反应式（d）与反应式（e），对应的速率常数分别为 k_4 与 k_5。

$$Cl+Cl \longrightarrow Cl_2 \tag{d}$$

$$H+H \longrightarrow H_2 \tag{e}$$

根据上述反应机理，可写出反应产物 HCl 的生成速率，即

$$\frac{dc_{HCl}}{d\tau} = k_2 c_{Cl} c_{H_2} + k_3 c_H c_{Cl_2} \tag{2-50}$$

由于 Cl 原子和 H 原子的浓度很难测量，所以采用此式计算反应速率是很难的，需要进行合理的简化。

在分析由高反应中间组分（譬如自由基）形成的复杂化学反应系统时，可以采用稳态近似方法进行简化。在这些组分的浓度经过快速初始积累后，其销毁与形成将同样迅速，因此，销毁速度与形成速度相等。这通常发生在形成中间反应产物的反应相对缓慢，而消耗该中间反应产物的反应极其迅速的场合，所以，该组分的浓度与其他反应物与反应产物相比很小。

以下采用稳态近似方法估算 Cl 原子和 H 原子的浓度。

由于式（c）比式（b）的反应速率快得多，式（b）消耗一个 Cl 原子后，式（c）将很快产生一个 Cl 原子补充上来，因此，可近似认为系统中 Cl 原子的浓度不变，即

$$\frac{dc_{Cl}}{d\tau} = k_3 c_H c_{Cl_2} - k_2 c_{Cl} c_{H_2} = 0 \tag{2-51}$$

由此得到 H 原子的浓度为

$$c_H = \frac{k_2 c_{Cl} c_{H_2}}{k_3 c_{Cl_2}} \tag{2-52}$$

在反应稳定进行（链传递）中，可以近似认为 Cl_2 由于外界因素形成 Cl 原子的速率与 Cl 原子销毁而形成 Cl_2 的速率相等，即

$$k_1 c_{Cl_2} = k_4 c_{Cl}^2$$

由此得到 Cl 原子的浓度为

$$c_{Cl} = \sqrt{\frac{k_1}{k_4} c_{Cl_2}} \tag{2-53}$$

将 Cl 原子和 H 原子的浓度表达式代入反应产物 HCl 生成速率的表达式（2-50），得到

$$\frac{dc_{HCl}}{d\tau} = k_2 c_{Cl} c_{H_2} + k_3 c_H c_{Cl_2} = 2k_2 \left(\frac{k_1}{k_4}\right)^{\frac{1}{2}} c_{H_2} c_{Cl_2}^{\frac{1}{2}} \tag{2-54}$$

对总包反应方程式（2-48），可写出总包反应的速率表达式，即

$$\frac{dc_{HCl}}{d\tau} = k_G c_{Cl_2}^a c_{H_2}^b \qquad (2\text{-}55)$$

比较以上两式可得到 Cl_2 与 H_2 反应生成 HCl 的总包反应动力学参数，即速率常数 k_G、a 与 b，其值为

$$k_G = 2k_2\left(\frac{k_1}{k_4}\right)^{\frac{1}{2}}, \quad a = \frac{1}{2}, \quad b = 1$$

式中，k_G 是与温度有关的该链式反应的速率常数，包括了 Cl_2 离解的因素。

总的反应级数为 $n = 1.5$，显然，其值并不等于总包反应中反应物的化学计量系数之和。从式（2-55）可知，不分支链式反应速率所遵循的规律类似于阿累尼乌斯定律，即反应速率随温度升高按指数规律急剧增大。

根据式（2-54）计算的 HCl 生成速率值与实际反应速率接近，但远大于直接按总包反应方程计算的速率值，实际的反应速率会因混合气体中含有杂质和器壁的存在有所降低。

三、分支链式反应

在链式反应过程中，如果一个基元反应中消耗一个基的同时生成两个或多个新的基，则视为存在分支反应步骤，该总的反应过程即被称为分支链式反应，基的浓度会呈指数关系累积，迅速形成反应产物，且具有爆炸效应。此时分支基元反应步骤的反应速率是总体反应的控制环节，而不是链的激发环节的反应速率。分支链式反应是火焰自行传播的动力，是火焰化学动力学机理中的基本内容。譬如，以下三个基元反应均为反应产物中基的数目大于反应物中基的数目的例子。

$$CH_4 + O \longrightarrow CH_3 + OH$$
$$H_2 + O_2 \longrightarrow OH + O$$
$$O + H_2 \longrightarrow OH + H$$

在反应过程中，还存在基被破坏而消失的情况，譬如，发生气相反应而形成稳定的正常分子，或与器壁碰撞而消失。如果基被销毁的速度大于基的生成速度，则发生链终止。基被销毁的基元反应示例有

$$H + OH + M \longrightarrow H_2O + M$$
$$H + O_2 + M \longrightarrow HO_2 \xrightarrow{\text{wall}} \frac{1}{2}H_2 + O_2$$
$$2O + M \longrightarrow O_2 + M$$
$$M + 2H \longrightarrow H_2 + M$$

式中，M 是高能量的活化分子或其他高能量分子，高能量分子的碰撞激发反应，其自身继续存在或销毁。

研究链终止的反应机理对确定可燃混合物的爆炸极限是很重要的。

以下分别以 H_2、碳氢化合物、CO 与 O_2 的燃烧过程来比较详细地说明分支链式反应的机理。

1. H_2 与 O_2 燃烧

氢的氧化反应是最典型的、研究最多并理解最深入的分支链式反应。氢燃烧的总的化学反应方程式为

$$2H_2 + O_2 \longrightarrow 2H_2O$$

假如该反应的实际进程与反应方程式一致，则应该是三个分子之间的碰撞反应，但三个分子同时碰撞并反应的概率极小，几乎为零，因此，其反应速率理应很低。但事实上，在某些条件下，氢的氧化反应速率极高，会发生爆炸。目前的研究结果一致认为，其反应过程是按分支链式反应形式进行的，需要20余个基元反应描述其反应机理。

（1）活化中心 H 原子的产生——链的激发

$$H_2 + M \longrightarrow H + H + M$$

高能量分子 M 与 H_2 碰撞使 H_2 断键分解成 H 原子，成为最初的活性中心 H。也有观点认为，由于热力活化等作用发生以下反应，同样产生了活性中心 H。H 原子形成了链式反应的起源。

$$H_2 + O_2 \longrightarrow HO_2 + H$$

（2）链式反应的基本环节——链的传播　　H 原子与 O_2 发生反应，即

$$H + O_2 \longrightarrow OH + O \tag{a}$$

该反应是吸热反应，热效应 $Q = 71.2kJ/mol$，所需要的活化能为 75.4kJ/mol，所产生的 O 原子与 H_2 发生反应，即

$$O + H_2 \longrightarrow OH + H \tag{b}$$

该反应是放热反应，热效应 $Q = 2.1kJ/mol$，所需要的活化能为 25.1kJ/mol。式（a）、式（b）所产生的两个 OH 基与 H_2 发生反应，形成最终产物 H_2O，即

$$OH + H_2 \longrightarrow H_2O + H \tag{c}$$

$$OH + H_2 \longrightarrow H_2O + H \tag{d}$$

式（c）、式（d）均为放热反应，热效应 $Q = 50.2kJ/mol$，所需要的活化能为 42.0kJ/mol。

比较各个反应方程式两侧活性中心的数目可以看出，式（a）与式（b）为分支反应，式（c）与式（d）为不分支反应。

吸热反应式（a）所需活化能最大，因此反应速率最慢，限制了整体的反应速率，在 H_2 的燃烧中，OH 基在链传播进程中起到了突出的作用。

将上述四个反应综合后得到

$$H + 3H_2 + O_2 \longrightarrow 2H_2O + 3H \tag{2-56}$$

一个 H 原子参加反应，在经过一个基本环节链后，形成最终产物 H_2O，并同时产生三个 H 原子；这三个 H 原子又会重复上述基本环节，产生九个 H 原子……随着反应的进行，活性中心 H 原子的数目以指数形式增加，反应不断加速，直至爆炸。这种活性中心不断繁殖的反应就是分支链式反应。反应链的分支示意如图 2-7 所示。

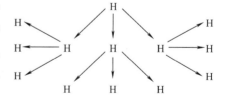

图 2-7　反应链的分支示意

（3）链的终止　　在分支链式反应中，因为随着活性中心的浓度不断增加，碰撞的概率也会越来越大，形成稳定分子的机会也越来越大；另外，活性中心也会由于在空中互相碰撞使其能量被夺走，或撞到器壁等原因而销毁，使它失去活性而成为正常分子，因此活性中心的数目不会无限制地增加，甚至会出现撞到器壁而被销毁的活性中心数目大于产生的活性中心数目，销毁速度大于繁殖速度，造成链的终止，从而不会发生化学反应。

抑制链式反应的理论基础就是促进链终止，其主要技术措施包括：

1）增大反应容器的表面积与容积的比值，以提供更多的表面积（器壁）充当第三者物体来吸收两活性中心碰撞时所释放的能量。

2）提高反应系统中的气体压力，在较高压力下，两个活性中心与第三者物体碰撞的机会增多，促进链终止。

3）在系统中引入易于和活性中心起作用的抑制剂，也可以促进链终止。

虽然质量作用定律与阿累尼乌斯定律不能直接应用于氢被氧化的总包化学反应方程式（2-12），但对于链式反应的每一步基元反应是适用的。

由于化学反应速率取决于反应基本环节中最慢的反应[式（a）]，所以，以形成水表示氢燃烧的化学反应速率可以写为

$$w_m = \frac{dc_{H_2O}}{d\tau} = 2kc_H c_{O_2} = 2k_0 \exp\left(-\frac{7.54\times10^4}{RT}\right)c_H c_{O_2} \tag{2-57}$$

可以看出，氢燃烧化学反应速率，除了与温度、氧浓度等存在一定关系外，还与 H 原子的浓度成比例。式中的系数 2 是考虑每一环节链产生两个水分子而引入的。

2. CO 的燃烧

CO 燃烧总包反应方程式为

$$CO + \frac{1}{2}O_2 \longrightarrow CO_2 \tag{2-58}$$

但是，真实的 CO 和 O_2 的氧化反应与 H_2 和 O_2 的氧化反应类似，是由一系列基元反应组成的分支链式反应。CO 和 O_2 混合物发生链式反应的必要条件是其中含有一定数量的 H 原子或水蒸气，即所谓"潮湿"条件。

在"干燥"无水的条件下，其基元反应是

$$CO + O_2 \longrightarrow CO_2 + O$$

$$CO + O + M \longrightarrow CO_2 + M$$

及氧气离解形成附加的 O 原子

$$O_2 + M \longrightarrow O + O + M$$

干燥的 CO 和纯氧混合物要在 660～740℃以上才会发生缓慢的反应。

在"潮湿"条件下，如混合物中存在 H 原子，H 原子与 O_2 发生反应

$$H + O_2 \longrightarrow O + OH$$

$$H + O_2 + M \longrightarrow HO_2 + M$$

O 原子与 OH 基分别与 H_2 发生的化学反应为

$$O + H_2 \longrightarrow H + OH$$

$$OH + H_2 \longrightarrow H_2O + H$$

最重要的基元反应是 CO 分别与 OH 基及 HO_2 发生的反应，即

$$CO + OH \longrightarrow CO_2 + H$$

$$CO + HO_2 \longrightarrow CO_2 + OH$$

如果掺在混合物中的不是 H_2，而是水蒸气，H_2O 将会有一部分转化成 OH 基，也会引发上述反应过程。H、O 和 OH 基作为活性中心的基元反应，大大加速了 CO 的氧化过程，所导致的燃烧速率要快得多。目前，比较详细的机理描述需要 20 余个基元反应，涉及 H、

OH、HO_2、H_2O_2、O、H_2O、H_2 与 O_2。

3. 碳氢化合物的燃烧

碳氢化合物的燃烧化学反应比 H_2 及 CO 的分支链式反应更为复杂，目前尚无明确一致的动力学机理描述。一般情况下，碳氢化合物的燃烧化学反应大都属于分支链式反应，其反应的特殊性在于新的链式环节要依靠中间反应产物分子的分解才能发生，因此，其化学反应速率不仅比 H_2 燃烧慢，也比 CO 燃烧慢。

碳氢化合物的种类繁多，可简化写作 RH，某一个具有足够能量的 O_2 使 RH 中的一个 $C—H$ 化学键断开而形成基时，氧化反应开始进行，即

$$RH+O_2 \longrightarrow R\cdot+HO_2$$

式中，$R\cdot$ 是碳氢基（具有自由键，以"·"表示）；HO_2 是过氧化氢。

另一种认为可以激发链式反应的机理为某一高能分子 M 导致一个 $C—H$ 化学键断开而形成两个不同的碳氢基 $R'\cdot$ 与 $R''\cdot$ 的反应，即

$$RH+M \longrightarrow R'\cdot+R''\cdot+M$$

碳氢基与 O_2 迅速反应产生过氧化基，即

$$R\cdot+O_2 \longrightarrow RO_2$$

过氧化基在高温下发生分解形成醛与 OH 基，即

$$RO_2 \longrightarrow RCHO+OH$$

醛与 O_2 反应是一个分支反应，基的数目增加，即

$$RCHO+O_2 \longrightarrow RCO+HO_2$$

RCO 热分解形成 CO，即

$$RCO+M \longrightarrow R\cdot+CO+M$$

CO 氧化为 CO_2 是碳氢燃料燃烧的最后一步，即

$$CO+OH \longrightarrow CO_2+H$$

对某一特定的碳氢化合物，其详细的氧化机理会涉及数百个基元反应，反应途径也很复杂。

甲烷 CH_4 属于一种最简单的碳氢化合物，CH_4 燃烧也是一种分支链式反应。由于天然气的广泛应用，因此，对 CH_4 氧化反应的研究比较深入。目前的研究表明，CH_4 燃烧的化学反应动力学模型包括了 200 余个基元反应，涉及 40 余个中间反应产物，本书介绍基本的基元反应机理。

链的激发反应式为

$$CH_4+O_2 \longrightarrow CH_3+HO_2$$

在链传播中，发生不分支反应，式中基的数目不变，但产生不同的基，即

$$CH_4+OH \longrightarrow CH_3+H_2O$$

对 CH_4 的主要碰撞反应来自 OH，生成甲烷基 CH_3 和水。同时也发生分支反应，O 原子销毁，而生成甲烷基 CH_3 和 OH 基，即

$$CH_4+O \longrightarrow CH_3+OH$$

CH_3 的氧化主要是与 HO_2 反应，即

$$CH_3+HO_2 \longrightarrow CH_3O+OH$$

丙烷 C_3H_8 的燃烧应用也很广泛。C_3H_8 及高级碳氢化合物的动力学机理与 CH_4 不同，

因为形成了比甲烷基 CH_3 更易氧化的乙烷基 C_2H_5，乙烷基迅速分解产生 C_2H_4 与 H 原子，H 原子发生的分支链式反应为

$$H+O_2 \longrightarrow O+OH$$

然后，H、O 与 OH 将加速 C_3H_8 及高级碳氢化合物的脱氢反应，导致迅速的链式反应，该反应机理也包括了数百个基元反应。

大致地简化后，可认为碳氢燃料的基本反应途径为

$$RH \longrightarrow R\cdot \longrightarrow HCHO \longrightarrow HCO \longrightarrow CO \longrightarrow CO_2$$

目前，在工程燃烧分析上，通常根据此反应途径将其处理为若干个总包反应。

对以上所述的各个反应机理的理解在不同的文献中有不尽相同的论述，有待于更先进的实验分析手段、大量实验数据的积累与理论模型的进一步发展。

四、分支链式反应的孕育与爆炸特点

分支链式反应在开始阶段的反应速率很小，当活性中心积累到一定程度后，反应速率才会急剧增大，从反应开始到化学反应速率增大到可以感知到的程度时的这段时间称为孕育期。孕育期不是反映混合气体的物理化学常数，其长短取决于活性中心的浓度、温度、容器形状以及壁面材料等，它的数值不是一个确定值。经过一段孕育期后，当活化中心浓度迅速增大时，反应速率也急剧上升，一直到活化中心的浓度达到最大值，形成所谓分支反应的爆炸现象。在这之后，虽然活性中心仍然非常多，但反应物的浓度都已显著减小，反应速率过了最大点后还要下降，如图2-8所示。

这种分支链式反应的爆炸现象与热爆炸有本质的区别，热爆炸是由于温度的升高而使活化分子增多，链式爆炸则是活性中间反应产物迅速繁殖的结果，这种爆炸即使在等温下也会发生。

碳氢化合物与空气的混合物在 $100\sim300℃$ 的温度下就会发生链式反应，但由于某种机理仍使活性中心的销毁速度大于繁殖速度，这时的链式反应还不能引起爆炸，这种现象称为冷焰。可燃性液体燃料（燃料油）受热后在表面产生的蒸气

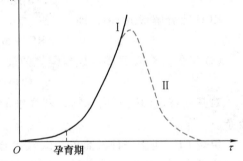

图 2-8　爆炸过程中反应速率的变化

与周围空气的混合物与火焰接触，会出现蓝色火焰的闪光，即以上所述的冷焰，初次出现闪光对应的温度称为闪点。

达到一定条件时，冷焰也会导致爆炸。液体燃料在无压或非密闭容器中加热时，加热温度不得超过其闪点，以免发生爆炸。但在密闭且受压系统中加热时可不受此限制，可以加热到雾化所要求的黏度的对应温度。

在工程燃烧装置中，如果系统的热损失较小，则可将反应视为在绝热条件下进行的。由于系统内不仅存在活性中心的增殖，同时还有热量积累使温度逐渐升高，因此，其孕育期明显缩短。另外，实际的燃烧装置一般均为稳定燃烧，由于燃料与氧化剂是连续不断送入的，因此，燃烧反应将保持最大的化学反应速率。

目前，链式反应理论尚局限于等温分支链式反应的机理分析，实际燃烧过程的温度是持续升高的，要比等温分支链式反应复杂得多，在不同温度与压力下的反应机理可能都不同，

而且热爆炸与链式爆炸等因素是同时存在且相互促进的。

第五节　燃烧化学反应中的化学平衡

燃烧过程中常包含许多可逆反应，其中，总包反应中可逆反应的例子有

$$2CO+O_2 \Longleftrightarrow 2CO_2$$

$$C+CO_2 \Longleftrightarrow 2CO$$

$$C+H_2O \Longleftrightarrow CO+H_2$$

另外，基元反应都是可逆反应。可逆反应最终必然达到化学平衡，此时的正向反应速率与逆向反应速率相等，系统内的组分浓度不再变化，除非温度或压力改变，或者增减某一组分的量而破坏了化学平衡。

譬如，对任一可逆反应

$$\nu'_a A + \nu'_b B \Longleftrightarrow \nu''_g G + \nu''_h H$$

正向反应速率常数与逆向反应速率常数分别为 k_f 与 k_b，组分 A 和 B 的消耗速率与组分 G 和 H 的生成速率可写为

$$\frac{dc_A}{d\tau} = -\nu'_a k_f c_A^{\nu'_a} c_B^{\nu'_b}, \qquad \frac{dc_B}{d\tau} = -\nu'_b k_f c_A^{\nu'_a} c_B^{\nu'_b}$$

$$\frac{dc_G}{d\tau} = \nu''_g k_f c_A^{\nu'_a} c_B^{\nu'_b}, \qquad \frac{dc_H}{d\tau} = \nu''_h k_f c_A^{\nu'_a} c_B^{\nu'_b}$$

以组分 A 为例，其逆向反应速率为

$$\frac{dc_A}{d\tau} = \nu'_a k_b c_G^{\nu''_g} c_H^{\nu''_h}$$

结合正向反应与逆向反应，组分 A 的净反应速率为

$$\frac{dc_A}{d\tau} = \nu'_a \left(k_b c_G^{\nu''_g} c_H^{\nu''_h} - k_f c_A^{\nu'_a} c_B^{\nu'_b} \right) \tag{2-59}$$

在平衡条件下，$dc_A/d\tau = 0$，得到

$$\frac{c_G^{\nu''_g} c_H^{\nu''_h}}{c_A^{\nu'_a} c_B^{\nu'_b}} = \frac{k_f}{k_b} = K_c \tag{2-60}$$

式中，K_c 是该可逆反应在该温度下基于组分的物质的量浓度的平衡常数，等于正向反应速率常数与逆向反应速率常数之比。

式（2-60）表明，如果系统各个组分的浓度满足该式，则系统处于化学平衡状态；如果不满足，反应将继续进行，直至组分浓度变化到满足该式而达到化学平衡为止。

由于反应速率常数不随浓度变化而只取决于温度，因此，平衡常数 K_c 也只与温度有关。

根据热力学原理，对任一处于平衡状态的反应，基于组分分压力定义的平衡常数 K_p 可写为

$$K_p = \frac{(p_G/p^0)^{\nu''_g} (p_H/p^0)^{\nu''_h}}{(p_A/p^0)^{\nu'_a} (p_B/p^0)^{\nu'_b}}$$

式中，p_A、p_B、p_G、p_H 分别是对应于组分 A、B、G、H 的分压力；p^0 是系统压力。

组分的物质的量浓度与该组分的分压力之间的关系可表示为

$$c_i = \frac{p_i}{RT}$$

代入式（2-60），可以得到用组分分压力表示的平衡常数 K_p 与 K_c 之间的关系，即

$$K_c = K_p (RT/p^0)^{\nu'_a + \nu'_b - \nu''_g - \nu''_h}$$

（2-61）

K_p 与 K_c 之间的关系也可写为

$$K_p = K_c (RT/p^0)^{\nu''_g + \nu''_h - \nu'_a - \nu'_b}$$

可知 K_p 也只是温度的函数。

以上推导所建立的反应速率常数与平衡常数的关系的重要意义在于：已知某反应的一个方向的反应速率常数时，就可以求出另一反应速率常数，而不必同时测定两个反应速率常数。化学反应速率常数是由实验测定的，过程复杂，难度很大，且实验条件难以统一，测量结果具有较大的不确定度。不同文献给出的数据差距较大，甚至会相差一倍，选用时应在所研究的温度区间采用相对准确可靠的反应速率常数测量值，而平衡常数是基于热力学的测量或计算得到的，属于较准确的热力学基础数据，这样计算得到的另一反应速率常数值也会比较准确。

因此，在解决化学动力学问题时，如果能够确定该反应处于平衡状态，根据反应速率常数及平衡常数的关系［式（2-60）］，通过已知的正向（或逆向）反应速率常数及平衡常数，就可以计算得到逆向（或正向）反应速率常数。譬如，燃烧过程中形成热力 NO 的某基元反应式为

$$NO + O \longrightarrow N + O_2$$

其反应速率常数为

$$k_f = 3.80 \times 10^9 T^{1.0} \exp(-20820/T)$$

在温度 2300K 下，其反应速率常数为

$$k_f = 3.80 \times 10^9 \times 2300 \exp(-20820/2300) = 1.024 \times 10^9$$

逆向反应为

$$N + O_2 \longrightarrow NO + O$$

由热力学原理计算得到 K_p，$K_p = 1.94 \times 10^{-4}$，由式（2-61）知，$K_p = K_c$，因此，逆向反应速率常数为

$$k_b = k_f / K_c = \frac{1.024 \times 10^9}{1.94 \times 10^{-4}} = 5.28 \times 10^{12}$$

思考题和习题

2-1 试述反应级数和反应分子数的异同。

2-2 何谓链式反应？简述链式反应的机理。链式反应主要分为哪几个阶段？各阶段的特点是什么？

2-3 试解释质量作用定律。为什么质量作用定律只能用于基元反应，而不能直接应用于总包反应？

2-4 分析影响燃烧反应速率的各种因素。

2-5　试解释基元反应与总包反应的异同。两者的反应级数是如何确定的？

2-6　解释化学反应速率常数的单位与反应级数的关系，给出三级化学反应速率常数的单位。

2-7　某一特定反应的活化能 E 与前置因子是如何得到的？

2-8　解释燃烧反应速率的稳态近似分析法以及适用条件。

2-9　NO_2 的分解反应为

$$2NO_2 \xrightarrow{k_f} 2NO + O_2$$

式中，k_f 是反应速率常数。

1）给出该反应的反应级数，根据质量作用定律写出该反应的反应速率表达式，给出反应速率常数的单位。

2）在 592K 时，$k_f = 498 cm^3/(mol \cdot s)$，如果 NO_2 的浓度为 $3 \times 10^{-6} mol/cm^3$，求 NO_2 的分解速率。

3）该反应在不同温度下的反应速率常数见下表，求该反应的活化能。

T/K	$k_f/[cm^3/(mol \cdot s)]$
603.5	775
627.0	1810
651.5	4110
656.0	4740

参 考 文 献

［1］　许晋源，徐通模. 燃烧学［M］. 2 版. 北京：机械工业出版社，1990.

［2］　GARY L B，Kenneth W Ragland. Combustion Engineering［M］. Boston：WCB/McGraw-Hill，1998.

［3］　STEPHEN R T. An Introduction to Combustion［M］. Boston：WCB/McGraw-Hill，2000.

［4］　KENNETH K K. Principles of Combustion［M］. 2nd ed. Hoboken：John Wiley & Sons，Inc，2005.

［5］　杨宏秀，傅希贤，宋宽秀. 大学化学［M］. 2 版，天津：天津大学出版社，2004.

第三章

燃烧空气动力学基础——混合与传质

第一节 湍流的物理本质和数学描写

一、湍流脉动

早在 19 世纪中叶，科学家们在管内水流实验中就发现，当流速超过某一数值时，管内的流动模型就会发生急剧的变化。1883 年，英国物理学家雷诺（O. Reynolds）在自己的科学实验中，发现并确立了黏性流体的流动存在着两种不同物理本质的流动状态，即层流和湍流，并且提出了一个用流体速度 w、流体运动黏度 ν 和定性尺寸 d（或 l）组成量纲指数为零的"量纲一"（过去称为无量纲）的特征量——雷诺数 Re（$Re = wd/\nu$），作为黏性流体流动状态的判别特征数。

当流动的雷诺数 Re 大于或等于某一个临界值 Re_{1j} 时，定常的层流流动将转变为一种不稳定的紊乱的运动状态——湍流。在湍流状态下，流体质点的参数——速度 w 的大小、方向，压力 p 以及其他状态参数，都将随时间 τ 不断地、无规律地变化着。由于流体微团还会绕其瞬时轴做无规则的、经常被扰乱的有旋运动，所以在流动中还明显地出现很多集中的涡旋，这些涡旋同时又受某些偶然因素的影响，不断地发展或消灭。这种流体质点参数随时间 τ 的瞬息变化的现象称为脉动。通常，通过实验观测可以发现，湍流状态下的速度和压力在一个平均值的上下不断地、无规则地脉动着（图 3-1）。其脉动值可正也可负，且都是时间 τ 和坐标位置（x，y，z）的函数。当 $Re \gg Re_{1j}$ 时，速度脉动 w' 往往相互叠加，其振幅值甚至可以与平均速度值达到同样的数量级。

从图 3-1 可见，流体中任意点的瞬时真实速度 w（或压力 p）与时间平均速度（简称时均速度）$\bar{w}$（或时均压力 $\bar{p}$）的差就是速度脉动 w'（或压力脉动 p'），则有

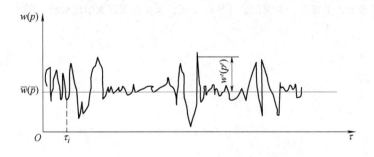

图 3-1　定常湍流状态下速度（或压力）的脉动

$$w' = w - \overline{w} = f(x, y, z, \tau) \atop p' = p - \overline{p} = f(x, y, z, \tau) \Biggr\} \qquad (3\text{-}1)$$

式中，$\overline{w}$ 和 $\overline{p}$ 分别是真实速度 w 和压力 p 在 $0 \sim \tau$ 时间内的平均值，即

$$\overline{w} = \frac{1}{\tau} \int_0^\tau w \mathrm{d}\tau \atop \overline{p} = \frac{1}{\tau} \int_0^\tau p \mathrm{d}\tau \Biggr\} \qquad (3\text{-}2)$$

从以上可知，对于湍流，在特定的主流方向上的流动，仅仅在时间平均的意义上才反映出一定的规律性。因此，湍流运动的理论具有统计的意义和性质。

1. 湍流脉动的特性

脉动是湍流状态的物理本质，正是脉动决定了湍流具有如下基本特性：

1）脉动是湍流流场中，实现动量、热量和质量传递（通常称为"三传"）的动力源。无论是传递量还是传递强度，湍流状态下的"三传"比层流状态下依靠分子运动扩散实现的"三传"都要强烈得多，至少高 $2 \sim 3$ 个数量级。因此，湍流脉动不仅影响着流场的结构和分布，同时对流场中的燃料燃烧过程有着直接的影响和强化作用。

2）湍流能量的不断产生和耗散是流体湍流运动的两个最基本的特征过程。在湍流状态下，流体具有足够大的雷诺数 Re 和足够大的湍流尺度 l，可以在更大的尺度空间中实现"三传"。但是，大尺度湍流运动是不稳定的，它会通过大尺度旋涡的不断破碎，产生更多更小尺度的旋涡，直到形成稳定的最小尺度的湍流运动，此时雷诺数的数量级约等于1，流体的黏性作用大大增强，促使运动趋于稳定。与此同时，大尺度湍流运动的能量随着旋涡的破碎，不断向小尺度运动中传递，以维持最小尺度运动的稳定，而其能量最终耗散为热。显然，大尺度湍流运动的能量越强，维持运动稳定的最小旋涡尺度越小。这种湍流脉动能量的产生和耗散，对燃烧动力学过程本质的分析和研究十分关键。

2. 速度脉动 w' 的特性

（1）速度脉动 w' 的时均值 $\overline{w'}$（即 w' 对时间的平均值）为 0　即

$$\overline{w'} = \frac{1}{\tau} \int_0^\tau w' \mathrm{d}\tau = \frac{1}{\tau} \int_0^\tau (w - \overline{w}) \mathrm{d}\tau = \overline{w} - \overline{w} = 0 \qquad (3\text{-}3)$$

同理，压力脉动 p' 的时均值 $\overline{p'}$ 也为 0。从式（3-3）也得到一个时均化运算的规律，即特征量和（或差）的时均值等于各自时均值的和（或差）。

（2）速度脉动的时均方根 $\sqrt{\overline{w'^2}}$ 不等于 0　按定义可得

$$\sqrt{\overline{w'^2}} = \sqrt{\frac{1}{\tau} \int_0^\tau w'^2 \mathrm{d}\tau} = \sqrt{\frac{1}{\tau} \int_0^\tau (w - \overline{w})^2 \mathrm{d}\tau} \neq 0 \qquad (3\text{-}4)$$

（3）湍流脉动的相关性　在湍流流场中，任意两点的脉动量之间存在着统计意义上的相关关系。如图 3-2 所示，设流场中的两个流体质点 1 和 2 的间距为 y，各自的速度脉动分别为 w'_1 和 w'_2。它们之间的相关系数 e_{12} 定义为

$$e_{12} = \frac{\overline{w_1' w_2'}}{\sqrt{\overline{w_1'^2}}\sqrt{\overline{w_2'^2}}} \qquad (3-5)$$

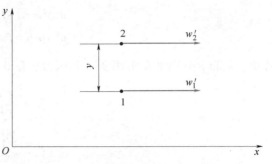

图 3-2 湍流脉动相关性示意图

式中，$\overline{w_1' w_2'} = \dfrac{1}{\tau}\displaystyle\int_0^\tau w_1' w_2' \mathrm{d}\tau$，是流场中任意两点速度脉动乘积的时均值；$\sqrt{\overline{w_1'^2}}$ 和 $\sqrt{\overline{w_2'^2}}$ 分别为流场中 1 和 2 点处的速度脉动的时均方根值。

按脉动的本质，总是存在着 $\overline{w_1' w_2'} \leqslant \sqrt{\overline{w_1'^2}}\sqrt{\overline{w_2'^2}}$，所以，湍流的相关系数 e_{12} 总是 $\leqslant 1$。

当两质点无限接近时，其间距 $y=0$，此时 $w_1' = w_2' = w'$，按式（3-5）可得两质点的相关系数 $e_{12}=1$，即湍流相关性最强。图 3-3 所示为泰勒对流场中湍流相关系数 e_{12} 与质点间距 y 和流动雷诺数 Re 的关系的实验结果。图中 $e_{12(x)}$ 和 $e_{12(y)}$ 是流场中 1 和 2 两点间分别用纵向速度脉动和横向速度脉动表示的相关系数，即

$$e_{12(x)} = \frac{\overline{w_{1x}' w_{2x}'}}{\sqrt{\overline{w_{1x}'^2}}\sqrt{\overline{w_{2x}'^2}}}$$

$$e_{12(y)} = \frac{\overline{w_{1y}' w_{2y}'}}{\sqrt{\overline{w_{1y}'^2}}\sqrt{\overline{w_{2y}'^2}}}$$

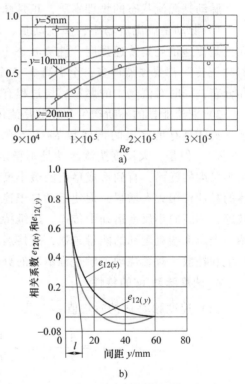

图 3-3 相关系数的实验结果

a）e_{12} 与 Re 的关系　b）e_{12} 与间距 y 的关系

从图 3-3 中可知：

1）流场中任意两点间的湍流相关性取决于两点的间距 y。很明显，随着 y 的减小，相关性增强。图 3-3b 的实验数据表明：当 $y \leqslant 20\mathrm{mm}$ 时，随着 y 减小到 0，e_{12} 急剧增加到 1.0；当 y 增加到一定程度时，$e_{12}=0$，此时已处于湍流无关状态。这说明，湍流脉动的有效影响区仅存在于一个极小的且有限的范围 l 内，图 3-3b 中的间距 l 就是"湍流尺度"大小的度量。

2）在同样的间距 y 下，纵向和横向两个相关系数 $e_{12(x)}$ 和 $e_{12(y)}$ 相差不大。特别当 $y<5\mathrm{mm}$ 后，两个值已十分接近。所以，在工程上可以认为，在小尺度运动中它们是各向同性的。

3）e_{12} 随 Re 增加而增大。在 y 值一定时，Re 越大，则流场的初始湍流脉动越强，因此湍流相关性越强。当 Re 达到一定值时，发现 e_{12} 也趋近于一个定值，尽管 e_{12} 不再变化，但是在高 Re 的流场中，此时湍流脉动的影响范围也越大。

3. 湍流混合与热、质传递中的基本动力学特性参数

（1）动量传递中的特征参数

1）湍流正应力 $\rho\overline{w'^2}$。湍流流场中任意一点速度脉动的时均方值 $\overline{w'^2}$ 与流体密度 ρ 的乘积称为湍流正应力。它具有应力的单位 N/m^2，即

$$\rho\overline{w'^2} = \rho\frac{1}{\tau}\int_0^\tau (w - \overline{w})^2 d\tau = \rho\overline{(w - \overline{w})^2} \tag{3-6}$$

在 x、y、z 三个坐标方向上分别为

$$\rho\overline{w_x'^2} = \rho\overline{(w_x - \overline{w_x})^2}$$
$$\rho\overline{w_y'^2} = \rho\overline{(w_y - \overline{w_y})^2}$$
$$\rho\overline{w_z'^2} = \rho\overline{(w_z - \overline{w_z})^2}$$

2）湍流切应力 $\rho\overline{w_i'w_j'}$。在流场中，任意一点不同方向上的速度脉动乘积的时均值与流体密度 ρ 的乘积，称为湍流切应力，即

$$\rho\overline{w_i'w_j'} = \rho\frac{1}{\tau}\int_0^\tau (w_i - \overline{w_i})(w_j - \overline{w_j}) d\tau = \rho\overline{(w_i - \overline{w_i})(w_j - \overline{w_j})} \tag{3-7}$$

式中，i、j 分别是 x、y、z 三个坐标方向中的任意两个方向。因此，湍流切应力有三个，分别为

$$\rho\overline{w_x'w_y'} = \rho\overline{(w_x - \overline{w_x})(w_y - \overline{w_y})}$$
$$\rho\overline{w_x'w_z'} = \rho\overline{(w_x - \overline{w_x})(w_z - \overline{w_z})}$$
$$\rho\overline{w_y'w_z'} = \rho\overline{(w_y - \overline{w_y})(w_z - \overline{w_z})}$$

3）湍动度 E。湍动度 E（又称湍流强度）的定义为流场中某点速度脉动的时均方根值与某一特征速度的比值。工程中常用流动的平均速度作为该特征速度。其定义式为

$$E = \frac{\sqrt{\frac{1}{3}\overline{w'^2}}}{w^*} = \frac{\sqrt{\frac{1}{3}(\overline{w_x'^2} + \overline{w_y'^2} + \overline{w_z'^2})}}{w^*} \tag{3-8}$$

湍动度 E 是一个极其重要的量纲一的特征参数，它决定了流场中由于速度脉动引起的动量、热量和质量的传递能力，直接影响到边界层的过渡及边界层脱离等过程的发生。在湍流模化实验中，它和雷诺数 Re 一样是同等重要而必须遵循的动力学相似准则，即不仅要求模型和原型的 Re 相等（或进入第二自模化区），而且要求湍动度 E 相等。

（2）热、质传递中的特征参数

1）热通量 $c\rho\overline{T'w_y'}$。热通量（传热通量或热传递通量）是单位时间内通过单位面积传递的热量，单位是 W/m^2，定义式为

$$c\rho\overline{T'w_y'} = c\rho\overline{(T - \overline{T})(w_y - \overline{w_y})} \tag{3-9}$$

式中，c 是流体的比热容 [$J/(kg \cdot \text{℃})$]；ρ 是流体密度（kg/m^3）；T' 是热量传递中的温度脉动量（℃），$T' = T - \overline{T}$；w_y' 是横向速度脉动（m/s）。

2）传质通量 $\rho\overline{m'w_y'}$。传质通量（质量传递通量）是单位时间内通过单位面积传递的物质量，单位是 $kg/(m^2 \cdot s)$，传质通量定义式 $\rho\overline{m'w_y'}$ 中，m' 是某一种组分质量分数的脉动量（kg/kg）；w_y' 是横向速度脉动（m/s）。

湍流热通量、传质通量以及湍流切应力反映了湍流流场中，在横向尺度的范围内，流体微团间热量、质量和动量交换的强度。

3）湍流动能 k。通常用单位体积流体的时均动能 $\bar{k}$ 来反映湍流动能的大小，它的单位是 J/m^3。表达式为

$$\bar{k} = \frac{1}{2}\rho\overline{(w_x^2 + w_y^2 + w_z^2)}$$

$$= \frac{1}{2}\rho\overline{\left[(\overline{w_x} + w_x')^2 + (\overline{w_y} + w_y')^2 + (\overline{w_z} + w_z')^2\right]}$$

$$= \frac{1}{2}\rho\overline{\left[(\overline{w_x}^2 + 2\overline{w_x}w_x' + w_x'^2) + (\overline{w_y}^2 + 2\overline{w_y}w_y' + w_y'^2) + (\overline{w_z}^2 + 2\overline{w_z}w_z' + w_z'^2)\right]}$$

其中

$$\overline{\overline{w_x}w_x'} = \overline{w_x}\,\overline{w_x'} = 0$$

$$\overline{\overline{w_y}w_y'} = \overline{w_y}\,\overline{w_y'} = 0$$

$$\overline{\overline{w_z}w_z'} = \overline{w_z}\,\overline{w_z'} = 0$$

所以

$$\bar{k} = \frac{1}{2}\rho\left[(\overline{w_x}^2 + \overline{w_y}^2 + \overline{w_z}^2) + (\overline{w_x'^2} + \overline{w_y'^2} + \overline{w_z'^2})\right] \tag{3-10}$$

从式（3-10）中可以清楚地看到，湍流动能的计算可由两部分组成。等式右端第一项为以时均速度计算的部分，第二项是以速度脉动计算的部分。在湍流运动的研究和数值计算中，湍流动能 k 和能量耗散率 ε 是反映湍流运动中能量产生和耗散的十分重要的两个环节。大尺度的湍动从平均运动获取动能，并不断传递给小尺度湍动，最终湍流脉动的动能克服黏性而耗散在维持小尺度运动之中。从这里可以看到，速度脉动量的时均方根值 $\sqrt{\overline{w_x'^2} + \overline{w_y'^2} + \overline{w_z'^2}}$ 是一个十分重要的物理量。

二、湍流的数学描写——雷诺方程组

1. 黏性不可压缩流体运动的基本方程

从流体力学中可知，黏性不可压缩流体运动的基本方程由两部分组成，即

连续性方程式

$$\left.\begin{array}{l}\dfrac{\partial w_x}{\partial x} + \dfrac{\partial w_y}{\partial y} + \dfrac{\partial w_z}{\partial z} = 0 \\[2mm] \mathrm{div}w = 0\end{array}\right\} \tag{3-11}$$

或

运动微分方程式

$$\left.\begin{array}{lll} x\,方向 & \rho\dfrac{\mathrm{d}w_x}{\mathrm{d}\tau} = \rho g_x - \dfrac{\partial p}{\partial x} + \mu\nabla^2 w_x \\[2mm] y\,方向 & \rho\dfrac{\mathrm{d}w_y}{\mathrm{d}\tau} = \rho g_y - \dfrac{\partial p}{\partial y} + \mu\nabla^2 w_y \\[2mm] z\,方向 & \rho\dfrac{\mathrm{d}w_z}{\mathrm{d}\tau} = \rho g_z - \dfrac{\partial p}{\partial z} + \mu\nabla^2 w_z \end{array}\right\} \tag{3-12}$$

式中，w_x、w_y、w_z 分别是速度 w 在 x、y、z 方向上的分量；g_x、g_y、g_z 分别是重力在 x、y、z 方向上的分量；p 是压力；ρ 是流体密度；μ 是流体的动力黏度（过去称动力黏性系数），

$\mu = \rho\nu$，ν 为运动黏度（过去称运动黏性系数）；∇^2 是拉普拉斯算子，$\nabla^2 = \dfrac{\partial^2}{\partial x^2} + \dfrac{\partial^2}{\partial y^2} + \dfrac{\partial^2}{\partial z^2}$。

对于真实（实际）的流体运动，当其流动状态从层流转变为湍流时，有如下三个鲜明特点：

1）流体的物理性质并不改变，流体对剪切作用力的抵抗属性——流体的黏性，依然存在。

2）流体运动的连续性并不改变。

3）作用在流体上的力的种类并不改变，仍然是有势的外质量力、作用在流体微团表面上的法向压力和切向黏性力三者的联合作用。

因此，可以认为牛顿关于流体的内摩擦定律对湍流中真实流体运动仍然是适用的，也就是说，摩擦的切应力仍然正比于流体微团的剪切角变形速度。所以，湍流状态下的黏性不可压缩流体的真实运动也遵守式（3-11）和式（3-12）。但是，考虑到真实运动的瞬时参数，速度场和压力场的测量还很难实施，所以对式（3-11）和式（3-12）中各瞬时变化的参数进行时间平均（即时均化）处理，以建立时均运动方程组——雷诺方程组，这是湍流流场数值计算的基本方程组。

2. 时均运动方程组——雷诺方程组

（1）时均连续方程 对式（3-11）中的瞬时速度 w_x、w_y、w_z 按式（3-2）的方法进行时均化处理，得到的时均连续方程为

$$\frac{\partial \overline{w_x}}{\partial x} + \frac{\partial \overline{w_y}}{\partial y} + \frac{\partial \overline{w_z}}{\partial z} = 0$$

（2）时均运动微分方程 对式（3-12）中的各项分别按式（3-2）和式（3-3）的方法和原则进行时均化处理。

1）惯性力 $\mathrm{d}w_x / \mathrm{d}\tau$。

$$\frac{\mathrm{d}w_x}{\mathrm{d}\tau} = \left(\frac{\partial w_x}{\partial \tau} + w_x \frac{\partial w_x}{\partial x} + w_y \frac{\partial w_x}{\partial y} + w_z \frac{\partial w_x}{\partial z} \right) \pm \left(w_x \frac{\partial w_x}{\partial x} + w_x \frac{\partial w_y}{\partial y} + w_x \frac{\partial w_z}{\partial z} \right)$$

$$= \frac{\partial w_x}{\partial \tau} + \frac{\partial}{\partial x}(w_x w_x) + \frac{\partial}{\partial y}(w_y w_x) + \frac{\partial}{\partial z}(w_z w_x) \pm w_x \left(\frac{\partial w_x}{\partial x} + \frac{\partial w_y}{\partial y} + \frac{\partial w_z}{\partial z} \right)$$

$$= \frac{\partial w_x}{\partial \tau} + \frac{\partial}{\partial x}(w_x w_x) + \frac{\partial}{\partial y}(w_y w_x) + \frac{\partial}{\partial z}(w_z w_x)$$

式中，"±"是为整理方程式的方便，在等式右侧同时加和减式子 $\left(w_x \dfrac{\partial w_x}{\partial x} + w_x \dfrac{\partial w_y}{\partial y} + w_x \dfrac{\partial w_z}{\partial z} \right)$。

对惯性力等式右端各项分别进行时均化处理，即

第一项 $\dfrac{\partial}{\partial \tau}(\overline{w_x}) = \dfrac{\partial}{\partial \tau}\left(\dfrac{1}{\tau} \displaystyle\int_0^\tau w_x \mathrm{d}\tau \right)$ $\left(\text{对时均速度恒定的定常湍流流动，} \dfrac{\partial \overline{w_x}}{\partial \tau} = 0 \right)$

第二项 $\dfrac{\partial}{\partial x}(\overline{w_x w_x}) = \dfrac{\partial}{\partial x}\left(\dfrac{1}{\tau} \displaystyle\int_0^\tau w_x w_x \mathrm{d}\tau \right) = \dfrac{\partial}{\partial x}\left[\dfrac{1}{\tau} \displaystyle\int_0^\tau (\overline{w_x} + w_x')(\overline{w_x} + w_x')\mathrm{d}\tau \right] = \dfrac{\partial}{\partial x}(\overline{w_x}\ \overline{w_x}) + \dfrac{\partial}{\partial x}(\overline{w_x'^2})$

第三项 $\dfrac{\partial}{\partial y}(\overline{w_y w_x}) = \dfrac{\partial}{\partial y}\left(\dfrac{1}{\tau} \displaystyle\int_0^\tau w_y w_x \mathrm{d}\tau \right) = \dfrac{\partial}{\partial y}(\overline{w_y}\ \overline{w_x}) + \dfrac{\partial}{\partial y}(\overline{w_y' w_x'})$

第四项 $\dfrac{\partial}{\partial z}(\overline{w_z w_x}) = \dfrac{\partial}{\partial z}\left(\dfrac{1}{\tau} \displaystyle\int_0^\tau w_z w_x \mathrm{d}\tau \right) = \dfrac{\partial}{\partial z}(\overline{w_z}\ \overline{w_x}) + \dfrac{\partial}{\partial z}(\overline{w_z' w_x'})$

2）重力 g_x。

$$\frac{1}{\tau}\int_0^\tau g_x \mathrm{d}x = \overline{g_x}$$

3）压力 $\partial p/\partial x$。

$$\frac{\partial}{\partial x}\left(\frac{1}{\tau}\int_0^\tau p\,\mathrm{d}\tau\right) = \frac{\partial \overline{p}}{\partial x}$$

4）黏性力 $\mu\nabla^2 w_x$。

$$\mu\nabla^2\left(\frac{1}{\tau}\int_0^\tau w_x\,\mathrm{d}\tau\right) = \mu\nabla^2\overline{w_x} = \mu\left(\frac{\partial^2\overline{w_x}}{\partial x^2} + \frac{\partial^2\overline{w_x}}{\partial y^2} + \frac{\partial^2\overline{w_x}}{\partial z^2}\right)$$

由此得到式（3-12） x 方向上的时均运动微分方程为

$$\rho\left[\frac{\partial}{\partial x}(\overline{w_x}\ \overline{w_x}) + \frac{\partial}{\partial y}(\overline{w_y}\ \overline{w_x}) + \frac{\partial}{\partial z}(\overline{w_z}\ \overline{w_x})\right]$$

$$= \rho\overline{g_x} - \frac{\partial\overline{p}}{\partial x} + \left[\frac{\partial}{\partial x}\left(\mu\frac{\partial\overline{w_x}}{\partial x} - \rho\overline{w_x'^2}\right) + \frac{\partial}{\partial y}\left(\mu\frac{\partial\overline{w_x}}{\partial y} - \rho\overline{w_x'w_y'}\right) + \frac{\partial}{\partial z}\left(\mu\frac{\partial\overline{w_x}}{\partial z} - \rho\overline{w_x'w_z'}\right)\right]$$

$$= \rho\overline{g_x} - \frac{\partial\overline{p}}{\partial x} + \mu\nabla^2\overline{w_x} - \rho\underbrace{\left(\frac{\partial\overline{w_x'^2}}{\partial x} + \frac{\partial\overline{w_x'w_y'}}{\partial y} + \frac{\partial\overline{w_x'w_z'}}{\partial z}\right)}_{\text{湍流附加应力}}$$

同理，可以得到 y、z 方向上的时均运动微分方程。最后，由时均连续方程和 x、y、z 三个方向上的时均运动微分方程组成了雷诺方程组，即

$$① \quad \frac{\partial\overline{w_x}}{\partial x} + \frac{\partial\overline{w_y}}{\partial y} + \frac{\partial\overline{w_z}}{\partial z} = 0$$

$$② \quad \rho\left[\frac{\partial}{\partial x}(\overline{w_x}\ \overline{w_x}) + \frac{\partial}{\partial y}(\overline{w_y}\ \overline{w_x}) + \frac{\partial}{\partial z}(\overline{w_z}\ \overline{w_x})\right]$$

$$= \rho\overline{g_x} - \frac{\partial\overline{p}}{\partial x} + \mu\nabla^2\overline{w_x} - \rho\left(\frac{\partial\overline{w_x'^2}}{\partial x} + \frac{\partial\overline{w_x'w_y'}}{\partial y} + \frac{\partial\overline{w_x'w_z'}}{\partial z}\right)$$

$$= \rho\overline{g_x} - \frac{\partial\overline{p}}{\partial x} + \frac{\partial}{\partial x}\left(\mu\frac{\partial\overline{w_x}}{\partial x} - \rho\overline{w_x'^2}\right) + \frac{\partial}{\partial y}\left(\mu\frac{\partial\overline{w_x}}{\partial y} - \rho\overline{w_x'w_y'}\right) + \frac{\partial}{\partial z}\left(\mu\frac{\partial\overline{w_x}}{\partial z} - \rho\overline{w_x'w_z'}\right)$$

$$③ \quad \rho\left[\frac{\partial}{\partial x}(\overline{w_x}\ \overline{w_y}) + \frac{\partial}{\partial y}(\overline{w_y}\ \overline{w_y}) + \frac{\partial}{\partial z}(\overline{w_z}\ \overline{w_y})\right]$$

$$= \rho\overline{g_y} - \frac{\partial\overline{p}}{\partial y} + \mu\nabla^2\overline{w_y} - \rho\left(\frac{\partial\overline{w_y'^2}}{\partial y} + \frac{\partial\overline{w_z'w_y'}}{\partial z} + \frac{\partial\overline{w_x'w_y'}}{\partial x}\right)$$

$$= \rho\overline{g_y} - \frac{\partial\overline{p}}{\partial y} + \frac{\partial}{\partial x}\left(\mu\frac{\partial\overline{w_y}}{\partial x} - \rho\overline{w_x'w_y'}\right) + \frac{\partial}{\partial y}\left(\mu\frac{\partial\overline{w_y}}{\partial y} - \rho\overline{w_y'^2}\right) + \frac{\partial}{\partial z}\left(\mu\frac{\partial\overline{w_y}}{\partial z} - \rho\overline{w_y'w_z'}\right)$$

$$④ \quad \rho\left[\frac{\partial}{\partial x}(\overline{w_x}\ \overline{w_z}) + \frac{\partial}{\partial y}(\overline{w_y}\ \overline{w_z}) + \frac{\partial}{\partial z}(\overline{w_z}\ \overline{w_z})\right]$$

$$= \rho\overline{g_z} - \frac{\partial\overline{p}}{\partial z} + \mu\nabla^2\overline{w_z} - \rho\left(\frac{\partial\overline{w_z'^2}}{\partial z} + \frac{\partial\overline{w_z'w_x'}}{\partial x} + \frac{\partial\overline{w_z'w_y'}}{\partial y}\right)$$

$$= \rho\overline{g_z} - \frac{\partial\overline{p}}{\partial z} + \frac{\partial}{\partial x}\left(\mu\frac{\partial\overline{w_z}}{\partial x} - \rho\overline{w_z'w_x'}\right) + \frac{\partial}{\partial y}\left(\mu\frac{\partial\overline{w_z}}{\partial y} - \rho\overline{w_y'w_z'}\right) + \frac{\partial}{\partial z}\left(\mu\frac{\partial\overline{w_z}}{\partial z} - \rho\overline{w_z'^2}\right)$$

$$(3-13)$$

在时均化处理中，惯性力项中新出现了 $\rho\overline{w_x'^2}$、$\rho\overline{w_y'^2}$、$\rho\overline{w_z'^2}$ 三项湍流正应力和 $\rho\overline{w_x'w_y'}$、$\rho\overline{w_y'w_z'}$、$\rho\overline{w_z'w_x'}$ 三项湍流切应力，统称为湍流附加应力，又称雷诺应力。六个附加应力加上三个时均速度 $\overline{w_x}$、$\overline{w_y}$、$\overline{w_z}$ 和一个时均压力 $\overline{p}$ 共十个未知数，方程组［式（3-13）］不封闭。为求解方程组，必须确定湍流附加应力。

三、湍流附加应力的假定

到目前为止，由于湍流流动的复杂性以及湍流统计的理论还未完善，对湍流问题的研究和计算还必须借助于半经验的理论方法来处理。各种半经验的理论模型都有待于进一步完善和发展，并接受科学实践的检验。在各种理论模型中，尤以普朗特（L. Prandtl）于 1925 年创立的半经验的混合长度理论为代表。

1. 普朗特混合长度理论

普朗特混合长度理论所建立起来的关于湍流物理模型认为：湍流切应力的数值大小是由流体微团速度脉动引起的动量横向转移量来确定的，因此，又称其为动量转移理论，即在流体内部相邻流动层之间横向脉动使单位时间内通过流体层上单位面积的流体质量为 $\rho w_y'$，在混合长度 l 内，流体质点的纵向速度脉动为 w_x'，那么横向脉动引起的动量转移是 $\rho\overline{w_x'w_y'}$，这就是湍流附加切应力。

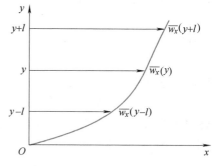

图 3-4 混合长度理论说明图

普朗特在其理论模型中，首先提出了一个混合长度 l 的概念。图 3-4 所示为在流体内部取 y、$y+l$、$y-l$ 三层流体，各自的速度分别为 $\overline{w_x}(y)$、$\overline{w_x}(y+l)$ 和 $\overline{w_x}(y-l)$，各层间隔为 l。其物理意义是，设流体内部任意两层之间的速度差 Δw 分别为

$$\left.\begin{array}{l}\Delta w_1 = \overline{w_x}(y+l) - \overline{w_x}(y)\\ \Delta w_2 = \overline{w_x}(y) - \overline{w_x}(y-l)\end{array}\right\} \tag{3-14}$$

当平均速度差 $\Delta\overline{w}$ 正好等于纵向速度脉动的绝对值 $|w_x'|$ 时，即

$$\Delta\overline{w} = \frac{1}{2}(|\Delta w_1| + |\Delta w_2|) = |w_x'| \tag{3-15}$$

则两流体层间的距离 l 就是混合长度。也可以把混合长度 l 理解为流场中由于横向速度脉动 w_y' 引起动量 $\rho\overline{w_x'w_y'}$ 横向传递的有效空间范围。

其次，普朗特还认为，横向速度脉动 w_y' 与纵向速度脉动 w_x' 具有同样的数量级，即

$$w_y' \approx w_x' \tag{3-16}$$

现对 $y+l$ 层的速度 $\overline{w_x}(y+l)$ 用泰勒级数展开，即

$$\overline{w_x}(y+l) = \overline{w_x}(y) + \frac{d\overline{w_x}}{dy}(+l) + \frac{1}{2!}\frac{d^2\overline{w_x}}{dy^2}(+l)^2 + \frac{1}{3!}\frac{d^3\overline{w_x}}{dy^3}(+l)^3 + \cdots$$

略去高阶无穷小，则得到从 $y+l$ 层流体微团向 y 层脉动后，两层流体间的速度差 Δw_1 为

$$\Delta w_1 = \overline{w_x}(y+l) - \overline{w_x}(y) = l\frac{d\overline{w_x}}{dy} \tag{3-17}$$

同样，可以得到从 $y-l$ 层流体微团向 y 层脉动后，两层流体层间的速度差 Δw_2 为

$$\Delta w_2 = \overline{w_x}(y) - \overline{w_x}(y-l) = l\frac{\mathrm{d}\overline{w_x}}{\mathrm{d}y} \tag{3-18}$$

把式（3-17）、式（3-18）代入式（3-15），并考虑到 $w_y' \approx w_x'$ 的关系，最后得到

$$|w_x'| = \frac{1}{2}(|\Delta w_1| + |\Delta w_2|) = l\left|\frac{\mathrm{d}\overline{w_x}}{\mathrm{d}y}\right| \approx |w_y'| \tag{3-19}$$

最后，湍流附加切应力为

$$\sigma_t = \rho\overline{w_x'w_y'} = \rho l^2\left(\frac{\mathrm{d}\overline{w_x}}{\mathrm{d}y}\right)^2 \tag{3-20}$$

若能求得流动中混合长度 l 的数值，则湍流附加应力 $\rho\overline{w_i'w_j'}$ 就可以求解了。但是，在实际计算中要确定 l 的数值往往是非常困难的。因此，一般的方法是根据经验和实验研究的结果，针对各个具体不同的湍流条件和状况先假定一个 l 数值进行计算，最终接受实践的检验。

在管内流动中，靠近边壁的边界层内（特别是黏性的层流底层内）速度梯度很大，因此，越靠近壁面，混合长度 l 就越小。直至壁面时，$l=0$。相反，在管流中心部分的充分湍流区内，速度梯度很小，故混合长度 l 的值很大。湍流自由射流的情况是不同的（图3-7）。由于没有固体边壁的限制和阻滞作用，在射流的外边界处和轴心部分的速度梯度都较小，而两处的速度梯度也相差不大，所以可以认为在湍流自由射流中主要段的各个断面上，混合长度 l 是一个常数，即 $\partial l/\partial y = 0$。但是，沿着流动的 x 方向，射流轴心速度 w_{zx} 逐渐减少（对轴对称射流，$w_{zx} \propto 1/x$；对平面射流，$w_{zx} \propto 1/\sqrt{x}$），射流混合边界层的厚度 R（或 b）则随轴向距离 x 的增加而增加 ［即 $R(b)/x = $ 常数］，从外边界到轴心线上的平均速度梯度 w_{zx}/R 则越来越小，所以混合长度 l 将随轴向距离 x 的增加而增加，即

$$\frac{l}{x} = K \tag{3-21}$$

$$\frac{l}{R} = K_1 \tag{3-22}$$

式中，K、K_1 是常数。

混合长度 l 与边界层厚度 R 的比例常数经验数据见表3-1。可见，普朗特混合长度 l 与射流平均流动的混合边界层厚度 $2R$（或 $2b$）成正比，其值约为边界层厚度的 $1/10$。把式（3-21）代入式（3-20），并考虑到湍流切应力的符号与 $\mathrm{d}\overline{w_x}/\mathrm{d}y$ 一致，则可写成

$$\sigma_t = \rho K^2 x^2\left|\frac{\mathrm{d}\overline{w_x}}{\mathrm{d}y}\right|\frac{\mathrm{d}\overline{w_x}}{\mathrm{d}y} \tag{3-23}$$

表 3-1　湍流自由射流中 l/R 的经验数据

湍流自由射流	轴对称射流	平面湍流射流 （矩形喷口，长宽比<5）	平面平行射流 （缝形喷口，长宽比>5~10）	平面尾迹流
l/R	≈ 0.075	≈ 0.09	≈ 0.07	≈ 0.16

根据湍流动力学的研究，可以归纳出如下几点：

1）湍流切应力的大小与垂直于流动方向的特征速度梯度 $\mathrm{d}\overline{w_x}/\mathrm{d}y$ 或平均速度差 $\Delta\overline{w}$ 的平方成正比。

2）在 $\mathrm{d}\overline{w_x}/\mathrm{d}y=0$ 的壁面上，湍流切应力为零。

3）除壁面附近流动外，湍流切应力的最大值和速度梯度的最大值差不多出现在同一个区域。

4）湍流切应力的符号与速度梯度的符号相同。

2. 泰勒涡量理论

在湍流理论中，涡量理论同样有着重要的地位。该理论认为：湍流切应力 σ_{t} 是由于涡量横向转移所引起的。

以二元平面流动来进行说明，根据斯托克斯定理，单位时间内在单位面积上因为脉动引起的旋涡量（旋涡强度）等于旋转角速度脉动 ω' 的 2 倍。那么，通过某一横向距离 l' 由横向速度脉动 w'_y 而转移的涡量为 $\rho\times2\omega'w'_y$，因此有

$$\frac{\partial\sigma_{\mathrm{t}}}{\partial y}=\rho\times2\overline{\omega'w'_y} \tag{3-24}$$

可以设想，旋涡的旋转角速度脉动量 ω' 与流体层间的某一个横向尺寸 l' 有关，即

$$\omega'=l'\left|\frac{\partial\overline{\omega}}{\partial y}\right| \tag{3-25}$$

又因为旋转角速度

$$\omega=\frac{1}{2}\left(\frac{\partial w_y}{\partial x}-\frac{\partial w_x}{\partial y}\right)$$

如果研究的流动是 $\overline{w_x}=\overline{w_x}(y)$，而 $\overline{w_y}=0$，那么时均角速度为

$$|\overline{\omega}|=\frac{1}{2}\frac{\mathrm{d}\overline{w_x}}{\mathrm{d}y} \tag{3-26}$$

把式（3-26）代入式（3-25），则

$$\omega'=l'\frac{\partial}{\partial y}\left(\frac{1}{2}\frac{\mathrm{d}\overline{w_x}}{\mathrm{d}y}\right)=\frac{1}{2}l'\frac{\partial}{\partial y}\left(\frac{\mathrm{d}\overline{w_x}}{\mathrm{d}y}\right)$$

把上式代入式（3-24），同时考虑到式（3-19）的关系，得到

$$\frac{\partial\sigma_{\mathrm{t}}}{\partial y}=\rho\times2\left[\frac{1}{2}l'\frac{\partial}{\partial y}\left(\frac{\mathrm{d}\overline{w_x}}{\mathrm{d}y}\right)\right]l\frac{\mathrm{d}\overline{w_x}}{\mathrm{d}y}$$

令 $l'l=l_{\mathrm{t}}^2$，则

$$\frac{\partial \sigma_t}{\partial y} = \rho l_t^2 \frac{d\overline{w_x}}{dy} \frac{\partial}{\partial y}\left(\frac{d\overline{w_x}}{dy}\right)$$

积分，最后得到

$$\sigma_t = \frac{1}{2}\rho l_t^2\left(\frac{d\overline{w_x}}{dy}\right)^2 \tag{3-27}$$

这就是由泰勒涡量理论推导出的湍流切应力 σ_t 的计算式。从结果上看，它与由普朗特混合长度理论所推导出的计算式是完全一致的。只不过泰勒理论中的某一横向尺寸 l_t 是普朗特混合长度 l 的 $\sqrt{2}$ 倍，即 $l_t = \sqrt{2}\,l$。

3. 等效湍流黏性力假设

在湍流理论中，直到现在还没有找到用于描写湍流切应力与平均速度分布间相互关系的可解方程组。因此，不少科学家曾多次用假设一个公式来找出湍流切应力与平均速度之间的关系。最早提出的是布西尼克，他类比层流运动，仿照牛顿内摩擦定律假定湍流切应力也是正比于平均横向速度梯度，并引进了等效湍流动力黏度 μ_t 和等效湍流运动黏度 ν_t 的概念。其表达式为

$$\sigma_t = \mu_t \frac{d\overline{w_x}}{dy} = \rho\nu_t \frac{d\overline{w_x}}{dy} \tag{3-28}$$

将布西尼克的假定式（3-28）与普朗特混合长度理论式（3-20）相比较，并考虑式（3-19）可以得到 ν_t 与 w_x' 之间的关系式，即

$$\nu_t = l^2 \frac{d\overline{w_x}}{dy} = l\left(l \frac{d\overline{w_x}}{dy}\right) = lw_x' \tag{3-29}$$

根据等效湍流黏性力的假设，可以把雷诺方程组式（3-13）中的湍流附加应力项用等效湍流黏性力来表示：

x 方向

$$\left.\begin{array}{l} -\rho\left(\dfrac{\partial \overline{w_x'^2}}{\partial x} + \dfrac{\partial \overline{w_x'w_y'}}{\partial y} + \dfrac{\partial \overline{w_x'w_z'}}{\partial z}\right) = \mu_t\left(\dfrac{\partial^2 \overline{w_x}}{\partial x^2} + \dfrac{\partial^2 \overline{w_x}}{\partial y^2} + \dfrac{\partial^2 \overline{w_x}}{\partial z^2}\right) = \mu_t \nabla^2 \overline{w_x} \\[4mm] \\[-2mm] -\rho\left(\dfrac{\partial \overline{w_y'^2}}{\partial y} + \dfrac{\partial \overline{w_y'w_z'}}{\partial z} + \dfrac{\partial \overline{w_y'w_x'}}{\partial x}\right) = \mu_t\left(\dfrac{\partial^2 \overline{w_y}}{\partial x^2} + \dfrac{\partial^2 \overline{w_y}}{\partial y^2} + \dfrac{\partial^2 \overline{w_y}}{\partial z^2}\right) = \mu_t \nabla^2 \overline{w_y} \\[4mm] \\[-2mm] -\rho\left(\dfrac{\partial \overline{w_z'^2}}{\partial z} + \dfrac{\partial \overline{w_z'w_x'}}{\partial x} + \dfrac{\partial \overline{w_z'w_y'}}{\partial y}\right) = \mu_t\left(\dfrac{\partial^2 \overline{w_z}}{\partial x^2} + \dfrac{\partial^2 \overline{w_z}}{\partial y^2} + \dfrac{\partial^2 \overline{w_z}}{\partial z^2}\right) = \mu_t \nabla^2 \overline{w_z} \end{array}\right\} \tag{3-30}$$

y 方向

z 方向

$$\underbrace{}_{\text{湍流附加应力}} \quad \underbrace{}_{\text{等效湍流黏性力}}$$

把式（3-30）代入式（3-13），便可得到用等效湍流黏性力代替湍流附加应力的雷诺方程，即

$$\rho\left[\frac{\partial}{\partial x}(\overline{w_x}\,\overline{w_x})+\frac{\partial}{\partial y}(\overline{w_x}\,\overline{w_y})+\frac{\partial}{\partial z}(\overline{w_x}\,\overline{w_z})\right]$$

$$=\rho\overline{g_x}-\frac{\partial\overline{p}}{\partial x}+(\mu+\mu_t)\left(\frac{\partial^2\overline{w_x}}{\partial x^2}+\frac{\partial^2\overline{w_x}}{\partial y^2}+\frac{\partial^2\overline{w_x}}{\partial z^2}\right)$$

$$\rho\left[\frac{\partial}{\partial x}(\overline{w_y}\,\overline{w_x})+\frac{\partial}{\partial y}(\overline{w_y}\,\overline{w_y})+\frac{\partial}{\partial z}(\overline{w_y}\,\overline{w_z})\right]$$

$$=\rho\overline{g_y}-\frac{\partial\overline{p}}{\partial y}+(\mu+\mu_t)\left(\frac{\partial^2\overline{w_y}}{\partial x^2}+\frac{\partial^2\overline{w_y}}{\partial y^2}+\frac{\partial^2\overline{w_y}}{\partial z^2}\right) \qquad (3\text{-}31)$$

$$\rho\left[\frac{\partial}{\partial x}(\overline{w_z}\,\overline{w_x})+\frac{\partial}{\partial y}(\overline{w_z}\,\overline{w_y})+\frac{\partial}{\partial z}(\overline{w_z}\,\overline{w_z})\right]$$

$$=\rho\overline{g_z}-\frac{\partial\overline{p}}{\partial z}+(\mu+\mu_t)\left(\frac{\partial^2\overline{w_z}}{\partial x^2}+\frac{\partial^2\overline{w_z}}{\partial y^2}+\frac{\partial^2\overline{w_z}}{\partial z^2}\right)$$

必须指出，式（3-31）中的 μ 和 μ_t 分别是流体的动力黏度和等效湍流动力黏度，两者是性质完全不同的参数。μ 是流体的物性参数，其数值大小取决于流体的种类和流体的温度。对气体，μ 随温度的升高而增大；对液体，则随温度的升高而减小。流体的物性 μ 与流体的速度场及坐标位置无关。对于等效湍流动力黏度 μ_t，它并不是流体自身的物性参数，而是由流场中流体微团所处的不同坐标位置、速度场分布以及流场边壁粗糙度 Δ 等因素决定的湍流附加应力参数，即

$$\mu_t=f(Re,\ x,\ y,\ z,\ \Delta)$$

要求得 μ_t，最合适、最有效的办法就是科学实验。

根据以上湍流附加应力的各种假定方法，雷诺方程组即可封闭，理论上就可以求解了。

第二节　动量、热量和质量传递的比拟

一、分子运动扩散和湍流运动扩散

运动的流体与周围介质间的相互作用，是通过分子运动扩散和湍流运动扩散两种基本方式来进行的。当流体运动速度不太大时，确切地说，当 $Re<Re_{1j}$ 时，流体之间完全靠分子运动扩散来实现分子间的动量、热量及质量的交换（统称为内迁移现象），从而形成一定厚度的层流混合边界层。通常用运动黏度 ν、热扩散率 a 及扩散系数 D 来反映分子间动量、热量及质量交换能力的大小。根据气体动理论的观点，对上述三种内迁移现象进行分析和理论推导，可以得到的关系式为

$$\nu=a=D=\frac{1}{3}\bar{l}\,\bar{w}$$

式中，$\bar{l}$ 是气体分子运动的平均自由程；$\bar{w}$ 是气体分子热运动的平均速度。

为了表明内迁移现象的相互关系，人们采用量纲一的普朗特数 Pr、施密特数 Sc 和路易

斯数 Le，来分别反映动量和热量交换能力大小、动量和质量交换能力大小以及热量和质量交换能力大小的比拟关系。用数学式可表示为

$$\left.\begin{array}{l} Pr = \dfrac{\nu}{a} = 1 \\[3mm] Sc = \dfrac{\nu}{D} = 1 \\[3mm] Le = \dfrac{Sc}{Pr} = \dfrac{a}{D} = 1 \end{array}\right\} \qquad (3\text{-}32)$$

由此可知，在分子运动扩散的层流流动中，动量、热量及质量交换所引起流动中的速度场、温度场及浓度场的分布规律是完全一致的，按照气体动理论推导的上述结果与实验结果很相符。一般在热动力设备中，气体的动力黏度和热导率均与压力 p 关系不大；而扩散系数 D、运动黏度 ν 和热扩散率 $a[a = \lambda/(\rho c_p)]$ 在温度一定时，与压力 p 成反比。

随着流体运动速度的增加，当 Re 达到并超过临界值 Re_{1j} 时，层流的混合边界层丧失其稳定性，而出现速度脉动和旋涡。这时，流体间的动量、热量及质量的交换是同时靠分子运动扩散和湍流运动扩散两种方式来进行的。但是，随着 Re 的不断增大及进入流体充分湍流区域内，湍流运动扩散要比分子运动扩散强烈得多。湍流运动黏度 ν_t 将达到分子运动黏度 ν 的 $100 \sim 1000$ 倍，甚至上千倍。在湍流流动中，因流体物性引起的黏性切应力相对于湍流切应力往往是可以忽略不计的。

在湍流状态下，可以采用湍流普朗特数 Pr_t、湍流施密特数 Sc_t 和湍流路易斯数 Le_t 来反映湍流运动扩散所引起的动量、热量和质量三种交换过程的关系，则有

$$Pr_t = \frac{\nu_t}{a_t}$$

$$Sc_t = \frac{\nu_t}{D_t}$$

$$Le_t = \frac{Sc_t}{Pr_t} = \frac{a_t}{D_t}$$

式中，ν_t、a_t、D_t 分别是湍流运动黏度、湍流热扩散率、湍流扩散系数。

由于热量和质量的交换是与动量的交换同时进行的，而其三种交换过程的内在联系就是速度脉动，考虑到式（3-29）的关系后，可以近似地认为

$$a_t \approx D_t \approx \nu_t = l w_x'$$

于是，理论上可以认为

$$Pr_t \approx Sc_t \approx Le_t = 1 \qquad (3\text{-}33)$$

由此可以认为，流体在湍流状态下，动量、热量、质量交换三个过程都近似服从于同一个规律。这个结果在工程上的近似计算中很有用，统称为"三传"的可比拟性。

从更准确的角度来看，在工程湍流燃烧状态下，普朗特数 Pr_t 和施密特数 Sc_t 都不等于 1，而是小于 1，$Pr_t \approx 0.75$，$Sc_t \approx 0.70 \sim 0.75$。而实验表明，在多数情况下，湍流路易斯数十分接近于 1.0。

尤肯对多原子气体热导率 λ 提出的计算公式为

$$\lambda = \frac{1}{4}\mu c_V(9\kappa - 5) \tag{3-34}$$

式中，μ 是气体的动力黏度；c_V 是气体的比定容热容；κ 是气体的等熵指数，$\kappa = c_p/c_V$，c_p 是气体的比定压热容。

把式（3-34）代入普朗特数 Pr 中，则有

$$Pr = \frac{\nu}{a} = \frac{\nu}{\left(\dfrac{\lambda}{\rho c_p}\right)} = \frac{4\kappa}{9\kappa - 5}$$

对于双原子气体（如空气），$\kappa = 1.4$，那么

$$Pr = 0.74 < 1.0$$

对于三原子气体（如燃烧中的 CO_2 等），$\kappa = 1.3$，那么

$$Pr = 0.78 < 1.0$$

上述研究结果表明：

1）在动量、热量、质量传递的可比拟性研究中发现，$Le_t \approx 1.0$，$Pr_t < 1.0$，可见热量和质量两过程的传递规律及其边界层发展更加相近，且都比动量传递过程进行得强烈。因此温度和浓度的湍流混合边界层也比速度边界层发展得快一些。

2）"三传"的可比拟性见表 3-2。特别是热、质传递的可比拟性，在工程上，对解决可燃混合气体燃料的燃烧问题及燃烧过程的理论分析都有重要的理论和实用价值。可以用一个类似的传递方程式来描写该三个过程。

$$G = KY \tag{3-35}$$

式中，G 是通过单位面积的传递通量；K 是"三传"的特征参数；Y 是"三传"的传递动力。

表 3-2 动量、热量、质量传递的比拟关系

| 传递通量 $G=KY$ | | "三传"的特征参数 $K/(m^2/s)$ | "三传"的传递动力 Y | 动 力 源 |
性　质	单　位			
动量传递	N/m^2	运动黏度 ν	$\rho\dfrac{dw}{dy}$	速度差 Δw
热量传递	W/m^2 或 $J/(m^2 \cdot s)$	热扩散率 a	$c_p\rho\dfrac{dT}{dy}$	温度差 ΔT
质量传递	$kg/(m^2 \cdot s)$ 或 $mol/(m^2 \cdot s)$	扩散系数 D	$\dfrac{dc}{dy}$	浓度差 Δc

二、热量交换和质量交换的比拟

1. 对流传质的努塞尔数 Nu 准则方程

当流体绕流过一个固体表面并做定常流动时，在固体表面上形成边界层，在与流动相垂直的方向上（即边界层的厚度方向），速度和温度的变化均比流动方向上的变化大得多。当主流体温度 T_1 大于固体表面温度 T_0 时，沿物体边界层法线方向上的温度分布曲线如图3-5所示。在边界层厚度方向上，温度逐渐达到主流体温度，温度边界层的厚度将随着主流体流速的增加而减小。按傅里叶导热方程式，穿过贴壁流体层的导热量与法线方向温度梯度成正比，又按牛顿公式对流热交换量与流体和固体表面之间的温度差成正比的关系，根据质量、热量交换过程的可比拟性，可以写出类似于傅里叶公式和牛顿公式的关于质量交换量的方程式，即菲克定律

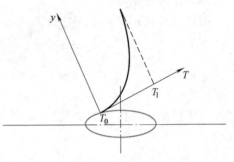

图3-5　沿物体边界层法线方向上的温度分布曲线

$$\dot{m} = -D\frac{dc}{dy}A_f \tag{3-36}$$

式中，D 是流体扩散系数（m^2/s）；符号"$-$"是指质量传递的方向与浓度梯度 dc/dy 的符号相反。

流体与固体表面质量交换方程为

$$\dot{m} = \alpha_{zl}(c_\infty - c_0)A_f \tag{3-37}$$

式中，$\dot{m}$ 是流体向固体表面的质量扩散量（kg/s 或 mol/s）；α_{zl} 是质量交换系数，又称对流传质系数（m/s）；c_∞ 是主流体浓度（kg/m^3 或 mol/m^3）；c_0 是固体表面的流体浓度（kg/m^3 或 mol/m^3）；A_f 是进行质量交换的面积（m^2）。

根据热、质传递的可比拟性，可以仿照对流换热的准则方程 $Nu = \alpha L/\lambda = f(Re, Pr)$ 写出对流传质的努塞尔数 Nu_{zl} 准则方程，即

$$Nu_{zl} = Sh = \frac{\alpha_{zl}L}{D} = f(Re, Sc)$$

式中，Sh 是舍伍德（Sherwood）数，就是对流传质的 Nu_{zl}。

在煤粉（或焦炭、油滴）燃烧过程中，氧气向颗粒表面的质量扩散对燃烧有重要的影响。把颗粒近似按小球体处理，对流传质的努塞尔数的方程为

$$Nu_{zl} = Nu_0 + cRe^n Sc^{\frac{1}{3}} \tag{3-38}$$

式中，Nu_0 是由分子运动扩散引起的传质努塞尔数，当颗粒与气体间相对 $Re \approx 0$（或很小）时，$Nu_{zl} \approx Nu_0 = 2.0$（见表3-3）；$cRe^n Sc^{\frac{1}{3}}$ 是受迫（强制）对流引起的量纲一的传质量，其中的 c 和 n 是不同流动条件下的实验值，见表3-3。

因此，式（3-38）通常写成

$$Nu_{zl} = 2 + cRe^n Sc^{\frac{1}{3}}$$

表 3-3　受迫对流传质公式（3-38）中的实验值 c、n 和 Nu_0

Re	c	n	Nu_{zl}
0(或很小)	—	—	$Nu_0 = 2.0$
<200	0.6	0.5	$Nu_{zl} = 2 + 0.6Re^{0.5}Sc^{\frac{1}{3}}$
<15000	0.37	0.6	$Nu_{zl} = 2 + 0.37Re^{0.6}Sc^{\frac{1}{3}}$

2. 颗粒在静止空间中对流传质的特性

现在，对图 3-6 所示的一个燃料颗粒球进入大容器静止流体空间中，或者颗粒随气流一起运动状态下（即相对 $Re \approx 0$ 时），由分子运动扩散引起的传质 $Nu_0 = 2$ 做理论推导。

已知燃料颗粒球直径为 $d_0 = 2r_0$，主流体中氧浓度为 c_∞，颗粒球表面的氧浓度为 c_0。按式（3-36），氧气向颗粒球的扩散量为

$$\dot{m} = D \frac{dc}{dr} 4\pi r^2$$

由于点汇流中，质量流量不变，所以上式中的 $\dot{m}$ 为常数。

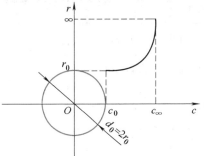

图 3-6　颗粒球表面的浓度分布

对上式移项，并在积分区间（c 从 $c_\infty \to c_0$，r 从 $\infty \to r_0$）内积分，则

$$\int_{c_\infty}^{c_0} dc = \frac{\dot{m}}{4\pi D} \int_{\infty}^{r_0} \frac{1}{r^2} dr$$

得到

$$c_\infty - c_0 = \frac{\dot{m}}{4\pi r_0 D}$$

按式（3-37），在颗粒球表面上的氧气质量扩散量为

$$\dot{m} = \alpha_{zl}(c_\infty - c_0) 4\pi r_0^2$$

代入积分结果 $c_\infty - c_0 = \dfrac{\dot{m}}{4\pi r_0 D}$ 中，并整理得到

$$Nu_0 = \frac{\alpha_{zl} d_0}{D} = 2 \tag{3-39}$$

或

$$\alpha_{zl} = \frac{2D}{d_0}$$

这个结果在燃烧工程中有非常重要的意义。显然，氧气向颗粒球表面的扩散与颗粒球的直径 d_0 成反比。在悬浮燃烧中，燃料颗粒的直径越小，"三传"进行得就越强烈。

为了帮助读者进一步掌握热、质传递过程中的比拟关系，表 3-4 给出了热、质传递过程中的传递源动力、遵守的基本规律、相应的特征数以及相应物理量量纲等的比拟关系。

质、热交换过程的可比拟性还可以用来研究流体之间的湍流混合过程。在实践中，人们可以利用湍流状态下的路易斯数 $Le_t \approx 1.0$ 的关系，通过具有相同浓度（即 $c_1 = c_2$）、不同温度（即 $T_1 \neq T_2$）的两股射流之间的混合实验，用实测混合点的温度 T 整理的量纲一的剩余温度 $(T - T_2)/(T_1 - T_2)$，推知具有相同温度（即 $T_1 = T_2$）但不同浓度（即 $c_1 \neq c_2$）的两股

实际射流之间湍流混合点处的量纲一的剩余浓度 $(c-c_2)/(c_1-c_2)$。此时的两个量纲一的剩余温度与剩余浓度相等，即

$$\frac{T-T_2}{T_1-T_2}=\frac{c-c_2}{c_1-c_2} \tag{3-40}$$

混合点处经质量交换后的浓度 c 即可求出。在具体组织实验时，根据实验与测量的方便及精确度的要求，反过来实验也是允许的。

表 3-4　热、质传递过程的比拟关系

项目		热量传递 Q		质量传递 $\dot{m}$	
		名　称	公式及单位	名　称	公式及单位
源动力		温度差	ΔT	浓度差	Δc
基本规律	I	傅里叶导热定律	$Q=-\lambda\dfrac{\mathrm{d}T}{\mathrm{d}y}A_f$	菲克定律	$\dot{m}=-D\dfrac{\mathrm{d}c}{\mathrm{d}y}A_f$
	II	牛顿对流传热	$Q=\alpha A_f\Delta T$	对流传质	$\dot{m}=\alpha_{zl}A_f\Delta c$
特征数		努塞尔数	$Nu=\dfrac{\alpha L}{\lambda}=f(Re,Pr)$	传质努塞尔数或舍伍德数	$Nu_{zl}=Sh=\dfrac{\alpha_{zl}L}{D}=f(Re,Sc)$
符号		传热量	$Q=qf$　　W	质量扩散量	$\dot{m}$　　kg/s 或 mol/s
		热通量	$q=Q/f$　　W/m^2	传质通量	$\dfrac{\dot{m}}{f}$　　kg/(m^2·s) 或 mol/(m^2·s)
		热导率	λ　　W/(m·K)	扩散系数	D　　m^2/s
		温度梯度	$\dfrac{\mathrm{d}T}{\mathrm{d}y}$　　K/m	浓度梯度	$\dfrac{\mathrm{d}c}{\mathrm{d}y}$　　kg/m^4 或 mol/m^4
		表面传热系数	α　　W/(m^2·K)	质量交换系数	α_{zl}　　m/s
		温度差	ΔT　　K	浓度差	Δc　　kg/m^3 或 mol/m^3
		传热面积	A_f　　m^2	传质面积	A_f　　m^2

第三节　湍流射流中的积分守恒条件

一、湍流自由射流的特性

一股湍流射流，当它从喷口射入无限大空间中与周围静止流体进行湍流混合和传质的过程，以及流体绕过物体在其后部的尾迹流动中，流体都不与固体壁面接触，不受任何固体壁面的黏性阻滞，黏性力影响的层流底层不再存在，这类流动统称为湍流自由射流，图 3-7 所示为湍流自由射流结构尺寸和速度分布示意图。如果射流流体与大空间中的流体是相同的介质，则称为淹没湍流自由射流。在动力设备的各种燃烧室中，各类直流式燃烧器或喷嘴、二次风等很接近自由射流的流动。因此，射流的理论对燃烧室中燃烧工况的组织及混合传质过程的控制有重要的理论和实践价值。

1. 湍流自由射流的外形结构特征

（1）射流极点　射流外边界线的汇合点称为射流极点。外边界线的夹角称为射流扩展

角，用 2α 表示。射流外边界上的气流速度等于周围介质的速度，对淹没湍流自由射流，外边界上的速度为 0。从射流极点到射流任一断面的轴向距离用 x 表示，从喷口到任一断面的轴向距离用 s 表示。

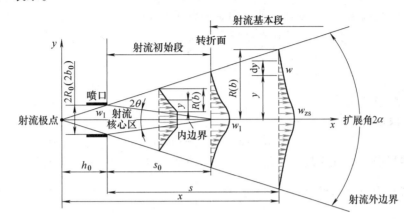

图 3-7　湍流自由射流结构尺寸和速度分布示意图

（2）射流初始段　射流从当量直径为 $2R_0$ 的轴对称喷口（平面喷口为高度 $2b_0$）射出时，出口断面上的初始速度 w_1 是均匀的，一路上与周围介质湍流混合，射流中心速度等于初始速度 w_1 的区域逐渐缩小。射流速度等于初始速度 w_1 的区域称为射流核心区，其边界称为射流内边界。只有射流中心线上一点的速度仍保持为 w_1 的射流断面称为转折（断）面。从喷口至转折面的区段就是射流初始段。射流初始段的特点是射流内外边界间的区域就是湍流混合边界层 R。外边界的速度为 0，内边界的速度为射流初始速度 w_1。

（3）射流基本段　转折面以后的射流区域称为射流基本段。射流基本段的特点是射流中心线上的速度 w_{zs} 随射流一路减小，从外边界到射流中心（或轴心）线的区域为射流基本段的湍流混合边界层。射流基本段的速度分布呈单峰形，在外边界和轴心线处的速度梯度 $\mathrm{d}w/\mathrm{d}y = 0$。

（4）混合边界层厚度 R ［或 b，用 $R(b)$ 表示，以下同］

1）对射流基本段，有

$$\tan\alpha = \frac{R(b)}{x} = \frac{R_0(b_0)}{h_0} = a\varphi \tag{3-41}$$

或

$$\left.\begin{array}{l} R(b) = ax\varphi \\ R_0(b_0) = ah_0\varphi \end{array}\right\}$$

式中，a 和 φ 都是由实验研究整理的经验系数，见表 3-5。

表 3-5　a 和 φ 的实验结果

喷　口　形　状	喷口形状系数 φ	湍流结构系数 a	射流扩展角 2α
轴对称喷口 $2R_0$	3.4	0.066（收缩良好[1]）	$\approx 25°20'$
（包括圆形及长宽比 <3~4 的矩形喷口）	（$R = 3.4ax$）	0.076（普通直喷口[2]）	$\approx 29°$
平面喷口 $2b_0$	2.4	0.108（收缩良好[1]）	$\approx 29°30'$
（指长宽比 ≥5 的矩形喷口）	（$b = 2.4ax$）	0.118（普通直喷口[2]）	$\approx 30°10'$

[1] 收缩良好是指喷口处速度分布均匀，即最大速度 w_{max} 与平均速度 w_1 的比为 1。

[2] 普通直喷口是指喷口出口速度分布均匀性差，即最大速度 w_{max} 与平均速度 w_1 的比为 1.25。

　　湍流结构系数 a 不仅取决于射流出口的速度分布均匀性，也取决于射流初始湍动度。苏联学者舒尔金和略霍夫斯基用人工方法提高圆形喷口射流的初始湍动度，使湍流结构系数 a 明显增大。如在圆形射流喷口处用圆棍做扰乱气流的网格，使 a 值达到 0.089，继而在圆管内加装与管轴线成 45°的导流片，使 a 值提高到了 0.27。

　　2）射流初始段的射流核心区存在如下几何关系，即

$$\tan\theta = \frac{R_0(b_0)}{s_0}$$

式中，s_0 是转折面至喷口的距离。

　　射流初始段边界层厚度 R 为

$$R = x\tan\alpha - (x_0 - x)\tan\theta \tag{3-42}$$

式中，x_0 是转折面至极点的距离，$x_0 = h_0 + s_0$；x 是射流初始段中任一截面至极点的距离。

　　（5）湍流自由射流的量纲一的射程距离 $\dfrac{ax}{R_0(b_0)}$　从式（3-41）中可得到射流极点到喷口出口处的量纲一的距离为

$$\frac{ah_0}{R_0(b_0)} = \frac{1}{\varphi} = \begin{cases} 0.29 \text{（轴对称喷口）} \\ 0.41 \text{（平面喷口）} \end{cases}$$

对圆形喷口射流的量纲一的射程　$\dfrac{ax}{R_0} = \dfrac{a(s+h_0)}{R_0} = \dfrac{as}{R_0} + 0.29$

对平面喷口射流的量纲一的射程　$\dfrac{ax}{b_0} = \dfrac{as}{b_0} + 0.41$ $\left.\rule{0cm}{1.2cm}\right\}$ (3-43)

2. 湍流自由射流的基本特性

从流体力学中对湍流自由射流的研究中可以得知它有两个基本的特点：

　　1）自由射流中任意断面上，横向速度分量 w_y 与轴向（纵向）速度分量 w_x 相比，总是小到可以忽略不计。因此，可以认为射流的速度 w 就等于它的轴向分速度 w_x，在 y 方向上没有动量变化，即

$$w_x \gg w_y \approx 0$$
$$w = w_x$$

　　2）在无限大空间里流动的自由射流，因为其压力梯度很小，故在很多情况下都可以认为自由射流内部的压力 p 是不变的，处处相等，且等于周围介质的压力 p_0，即 $p = p_0$。

　　根据这两个基本特征，下面可以推导出在自由射流的任一断面上，射流总动量（流率）保持不变的重要结果，这就是动量（即动量流率，简称动量）守恒条件，它是研究自由射流的理论基础。

3. 湍流自由射流的自模化特性

　　自由射流射入周围静止的大空间中，一面与周围介质进行着湍流混合，并把介质卷吸进射流之中，同时，射流的外边界宽度随着离开喷口的轴向距离 x 成正比例增大。射流断面上的速度分布从轴心线 x 向外边界逐渐减小至 0。在很大的雷诺数范围内，自由射流任一断面上的流动参数可以用一个与雷诺数无关的、普遍的量纲一的坐标 y/R 来描写（图 3-7），即式（3-44）。湍流自由射流的这个特性称为速度等参数分布的相似性，也就是湍流射流的自模化特性。

　　根据阿勃拉莫维奇的实验研究，各断面上的速度、温度、浓度等参数分布的相似性，用

如下半经验公式表示，即

$$\sqrt{\frac{w}{w_{zs}}} = \frac{\Delta T}{\Delta T_{zs}} = \frac{\Delta c}{\Delta c_{zs}} = 1 - \left(\frac{y}{R}\right)^{1.5} \tag{3-44}$$

式中，w 是射流任一断面上任一点（其坐标位置为 y，以下同）的速度；w_{zs} 是射流任一断面轴心线上的速度；ΔT 是射流任一断面上任一点的温度 T 与周围介质温度 T_2 之差，即 $\Delta T = T - T_2$；ΔT_{zs} 是射流任一断面轴心线上的温度 T_{zs} 与 T_2 之差，即 $\Delta T_{zs} = T_{zs} - T_2$；$\Delta c$ 是射流任一断面上任一点浓度 c 与周围介质浓度 c_2 之差，即 $\Delta c = c - c_2$；Δc_{zs} 是射流任一断面轴心线上的浓度 c_{zs} 与 c_2 之差，即 $\Delta c_{zs} = c_{zs} - c_2$；$y$ 是射流断面上任一点的坐标位置，对射流基本段，y 是任一点到轴心线的距离，对射流初始段，y 是任一点到射流核心区内边界的距离；R 是射流断面的尺寸大小，对射流基本段，R 是射流半径，即射流外边界到轴心线的距离，也就是湍流混合边界层厚度，对射流初始段，R 是射流内、外边界的距离，即混合边界层厚度。

53

二、伴随流射流中的积分守恒条件

伴随流射流是指由主射流与其平行流动流体（即伴随流）的组合流动。其特点在于：两者的流动方向相同或相反，且平行，所以又称平行射流。

1. 不等温伴随流射流的动量差积分守恒条件

伴随流射流的简图如图 3-8 所示。设主射流出口断面尺寸为 $2R_0$（对平面喷口为 $2b_0$），出口速度为 w_1，射流密度为 ρ_1，射流扩展角为 2α；伴随流的速度为 w_2，与主射流 w_1 平行，密度为 ρ_2。研究对象为隔离体 12341。断面 2—3 的尺寸就是湍流混合边界层厚度 $2R$，速度 w 是坐标 y 的函数，即 $w_x = w = w(y)$。混合后的流体密度为 ρ。

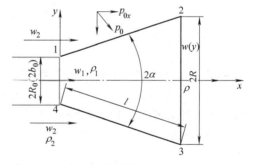

图 3-8 伴随流射流的简图

按动量定律，流体动量的变化 ΔM 等于外力的合力 $\sum F$，即

$$\Delta M = \sum F \tag{3-45}$$

现分析如下：

（1）隔离体 12341 的动量分析 进、出隔离体 12341 的动量有三个。

从 2—3 断面流出的动量为

$$M_{2-3} = \int_{A_f} \rho w^2 \mathrm{d}A_f$$

从 1—4 断面流入的动量为

$$M_{1-4} = \rho_1 w_1^2 A_{f1}$$

从外边界 1—2 和 3—4 带入的动量为

$$M_2 = q_{m2} w_2$$

$$q_{m2} = q_{m2-3} - q_{m1-4} = \int_{A_f} \rho w \mathrm{d}A_f - \rho_1 w_1 A_{f1}$$

式中，q_{m2} 是在湍流混合作用下，伴随流 w_2 混入主射流中的质量流量；q_{m2-3} 是从隔离体 12341 的断面 2—3 流出的质量流量，$q_{m2-3} = \int_{A_f} \rho w \mathrm{d}A_f$；$q_{m1-4}$ 是从断面 1—4 流入隔离体

12341 的质量流量，$q_{m1-4}=\rho_1 w_1 A_{f1}$。

那么，由 q_{m2} 流体带入隔离体 12341 的动量 M_2 应为

$$M_2 = q_{m2}w_2 = \int_{A_f}\rho w w_2 \mathrm{d}A_f - \rho_1 w_1 w_2 A_{f1}$$

一般设定，带入隔离体中的动量为负，带出隔离体的动量为正，所以隔离体 12341 的动量变化为

$$\Delta M = M_{2-3} - M_{1-4} - M_2 = \int_{A_f}\rho w(w-w_2)\mathrm{d}A_f - \rho_1 w_1(w_1-w_2)A_{f1} \tag{3-46}$$

（2）隔离体 12341 所受外力分析

1）摩擦切应力。在射流的外边界（即与伴随流混合的边界）上，当 $y=R$（或 b）时，则

$$w=w_2 \quad 且 \frac{\mathrm{d}w}{\mathrm{d}y}=0$$

也就是说，射流外边界上的速度梯度为 0。因此，隔离体 12341 在周界面上所受的总摩擦切应力也应为 0，即

$$\sigma = \mu\frac{\mathrm{d}w}{\mathrm{d}y} + \rho l^2\left(\frac{\mathrm{d}w}{\mathrm{d}y}\right)^2 = 0$$

2）压力。由于摩擦切应力为 0，所以，隔离体所受到的外力只有压力一项。利用射流的第二个特点，设周围介质的压力为 p_0，则有

1—4 断面上的总压力为

$$p_{1-4} = p_0 A_{f1}$$

2—3 断面上的总压力为

$$p_{2-3} = p_0 A_f$$

隔离体 12341 侧面上所受外压力在 x 方向上的分量为

$$p_{12341} = p_0 S\sin\alpha = p_0(A_f - A_{f1})$$

式中，S 是隔离体 12341 的侧面积，其值为 $S=(A_f-A_{f1})/\sin\alpha$。

所以，外力的合力为

$$\sum F_x = p_{1-4} + p_{12341} - p_{2-3} = p_0 A_{f1} + p_0(A_f - A_{f1}) - p_0 A_f = 0 \tag{3-47}$$

把式（3-46）和式（3-47）代入式（3-45），得到

$$\left.\begin{array}{r} \int_{A_f}\rho w(w-w_2)\mathrm{d}A_f - \rho_1 w_1(w_1-w_2)A_{f1} = 0 \\[3mm] \int_{A_f}\rho w(w-w_2)\mathrm{d}A_f = \rho_1 w_1(w_1-w_2)A_{f1} = 常数 \end{array}\right\} \tag{3-48}$$

或

式（3-48）就是不等温伴随流射流动量差积分守恒条件（简称动量差守恒条件）的普遍关系式。

工程上常用的喷口结构有两种，即轴对称（圆形）喷口和平面喷口。下面介绍式（3-48）中的 A_{f1} 和 $\mathrm{d}A_f$ 在两种喷口结构下的计算方法（图 3-7）。

轴对称（圆形）喷口

$$A_{f1} = \pi R_0^2, \quad \mathrm{d}A_f = 2\pi y\mathrm{d}y$$

平面喷口

$$A_{f1} = 2b_0, \quad \mathrm{d}A_f = 2\mathrm{d}y$$

把两种喷口的 A_{f1} 与 dA_f 代入式（3-48），经整理，就可得到通用于轴对称射流和平面射流的守恒式，即

$$\int_0^{R(b)} \rho w(w - w_2) y^k dy = \frac{1}{2^k} \rho_1 w_1(w_1 - w_2) R_0^{k+1}(b_0^{k+1}) = 常数 \qquad (3\text{-}49)$$

式中，k 是特定常数，对于轴对称射流，$k=1$，对于平面射流，$k=0$；$R(b)$ 是射流主要段混合边界层的厚度；$R_0(b_0)$ 是射流出口断面的半径（或半高度）。

由此得出重要结论：沿伴随流射流的轴线方向，在任意断面上，以射流的速度 w 与伴随流的速度 w_2 之差 $(w-w_2)$ 计算的动量是一个不变的常数，其值恒等于主射流喷口断面 1—4 上以出口速度 w_1 与伴随流速度 w_2 之差 (w_1-w_2) 计算的射流初始动量。这就是通用的伴随流射流动量差积分守恒条件。

2. 小温差不等温伴随流射流焓差及浓度差积分守恒条件

按照"三传"的可比拟性，根据式（3-48）和式（3-49）可以得到焓差守恒条件和浓度差守恒条件。

（1）焓差守恒条件

$$\left.\begin{array}{l} \displaystyle\int_{A_f} \rho w(h - h_2) dA_f = \rho_1 w_1(h_1 - h_2) A_{f1} = 常数 \\[3mm] 或 \quad \displaystyle\int_0^{R(b)} \rho w(h - h_2) y^k dy = \frac{1}{2^k} \rho_1 w_1(h_1 - h_2) R_0^{k+1}(b_0^{k+1}) = 常数 \end{array}\right\} \qquad (3\text{-}50)$$

式中，h_1、h_2、h 分别是主射流出口断面 1—4、伴随流（即周围介质）及射流任意断面上的焓。

对射流出口温度 T_1 和伴随流温度 T_2 相差不太大的同一种介质（即 $T_2/T_1 \approx 1$），则可当作不可压缩流体处理。式（3-50）又可写成

$$\left.\begin{array}{l} \displaystyle\int_{A_f} \rho w(T - T_2) dA_f = \rho_1 w_1(T_1 - T_2) A_{f1} = 常数 \\[3mm] 或 \quad \displaystyle\int_0^{R(b)} \rho w(T - T_2) y^k dy = \frac{1}{2^k} \rho_1 w_1(T_1 - T_2) R_0^{k+1}(b_0^{k+1}) = 常数 \end{array}\right\} \qquad (3\text{-}51)$$

（2）浓度差守恒条件

$$\left.\begin{array}{l} \displaystyle\int_{A_f} \rho w(c - c_2) dA_f = \rho_1 w_1(c_1 - c_2) A_{f1} = 常数 \\[3mm] 或 \quad \displaystyle\int_0^{R(b)} \rho w(c - c_2) y^k dy = \frac{1}{2^k} \rho_1 w_1(c_1 - c_2) R_0^{k+1}(b_0^{k+1}) = 常数 \end{array}\right\} \qquad (3\text{-}52)$$

式中，c_1、c_2、c 分别是主射流出口断面 1—4、伴随流及射流任意断面上的浓度。

显然，式（3-50）~式（3-52）是式（3-48）的推论。因为，以焓差（温度差）及浓度差来计算射流所具有的热量和浓度时，伴随流（即周围介质）相对于它自己的焓值和浓度值都为 0，即 $h_2-h_2=0$，$c_2-c_2=0$。也就是说，伴随流（即周围介质）混入主射流中的那一部分流体不带有热量和浓度。所以，射流任意断面上的焓差和浓度差都是不变的数，且恒等于出口断面上射流与伴随流（即周围介质）之间的焓差和浓度差。

式（3-48）~式（3-52）中的动量差、焓差及浓度差守恒条件是湍流射流理论中最基本的积分守恒条件。

3. 等温伴随流射流的积分守恒条件

等温伴随流射流中，$\rho = \rho_1 = \rho_2 =$ 常数。

（1）等温伴随流射流的动量差积分守恒条件　根据动量差积分守恒条件式（3-48）和式（3-49）可得到

$$\left.\begin{aligned}
\int_{A_f}^{0} w(w - w_2)\mathrm{d}A_f &= w_1(w_1 - w_2)A_{f1} = 常数 \\
\int_0^{R(b)} w(w - w_2)y^k\mathrm{d}y &= \frac{1}{2^k}w_1(w_1 - w_2)R_0^{k+1}(b_0^{k+1}) = 常数
\end{aligned}\right\} \tag{3-53}$$

或

（2）等温伴随流射流的焓差和浓度差积分守恒条件　按式（3-50）~式（3-52）变为

焓差积分守恒条件为

$$\left.\begin{aligned}
\int_{A_f} w(h - h_2)\mathrm{d}A_f &= w_1(h_1 - h_2)A_{f1} = 常数 \\
\int_0^{R(b)} w(h - h_2)y^k\mathrm{d}y &= \frac{1}{2^k}w_1(h_1 - h_2)R_0^{k+1}(b_0^{k+1}) = 常数
\end{aligned}\right\} \tag{3-54}$$

或

浓度差积分守恒条件为

$$\left.\begin{aligned}
\int_{A_f} w(c - c_2)\mathrm{d}A_f &= w_1(c_1 - c_2)A_{f1} = 常数 \\
\int_0^{R(b)} w(c - c_2)y^k\mathrm{d}y &= \frac{1}{2^k}w_1(c_1 - c_2)R_0^{k+1}(b_0^{k+1}) = 常数
\end{aligned}\right\} \tag{3-55}$$

或

三、自由射流的积分守恒条件

对不等温自由射流，$\rho \neq \rho_1 \neq \rho_2 \neq$ 常数，$w_2 = 0$，那么，动量差积分守恒条件由式（3-49）变为

$$\int_0^{R(b)} \rho w^2 y^k \mathrm{d}y = \frac{1}{2^k}\rho_1 w_1^2 R_0^{k+1}(b_0^{k+1}) = 常数 \tag{3-56}$$

对等温自由射流，$\rho = \rho_1 = \rho_2 =$ 常数，$w_2 = 0$，则动量差积分守恒条件由式（3-56）变为

$$\int_0^{R(b)} w^2 y^k \mathrm{d}y = \frac{1}{2^k}w_1^2 R_0^{k+1}(b_0^{k+1}) = 常数 \tag{3-57}$$

四、"三传"过程中普遍适用的二元微分方程组

为了更普遍地指导湍流射流中的动量、热量及质量交换研究，根据湍流射流的两个基本特性及混合边界层的特性，用数量级分析的方法可以得到描述湍流射流中动量、热量及质量交换过程普遍适用的二元（平面）微分方程式和连续性方程式，即

$$\left.\begin{aligned}
\rho\left(w_x \frac{\partial w_x}{\partial x} + w_y \frac{\partial w_x}{\partial y}\right) &= \frac{1}{y^k}\frac{\partial}{\partial y}\left(y^k \rho \nu_t \frac{\partial w_x}{\partial y}\right) \\
\rho\left(w_x \frac{\partial h}{\partial x} + w_y \frac{\partial h}{\partial y}\right) &= \frac{1}{y^k}\frac{\partial}{\partial y}\left(y^k \rho a_t \frac{\partial h}{\partial y}\right) \\
\rho\left(w_x \frac{\partial c}{\partial x} + w_y \frac{\partial c}{\partial y}\right) &= \frac{1}{y^k}\frac{\partial}{\partial y}\left(y^k \rho D_t \frac{\partial c}{\partial y}\right) \\
\frac{\partial}{\partial x}(\rho w_x y^k) + \frac{\partial}{\partial y}(\rho w_y y^k) &= 0
\end{aligned}\right\} \tag{3-58}$$

式中，h 和 c 分别是比焓和浓度；ν_t 是湍流运动黏度，见式（3-29）；a_t 是湍流热扩散率，$a_t = \nu_t / Pr_t$；D_t 是湍流扩散系数，$D_t = \nu_t / Sc_t$；对轴对称射流，$k=1$，平面射流，$k=0$。

式（3-58）的边界条件必须根据具体的问题，通过必要的实验来确定。一般讲，对于伴随流射流的情况，其边界条件可以归纳如下：

当 $y=0$、$w=w_{zs}$、$h=h_{zs}$ 及 $c=c_{zs}$ 时

$$\frac{\partial w}{\partial y} = 0, \quad \frac{dh}{dy} = 0 \text{ 及} \frac{\partial c}{\partial y} = 0$$

当 $y=R$（或 b）、$w=w_2$、$h=h_2$ 及 $c=c_2$ 时

$$\frac{\partial w}{\partial y} = 0, \quad \frac{dh}{dy} = 0 \text{ 及} \frac{\partial c}{\partial y} = 0$$

式中，下标 zs 是射流轴心线上的参数；下标 2 是伴随流的参数。

第四节 湍流自由射流中的混合与传质

一、湍流自由射流轴心线上参数的变化规律

根据射流的积分守恒条件及断面速度分布的相似性，可推导出湍流自由射流与周围介质间湍流混合引起沿射流轴心线上动量、热量和质量交换的变化规律。

1. 轴对称射流轴心线上 w_{zs}/w_1、$\Delta T_{zs}/\Delta T_1$ 和 $\Delta c_{zs}/\Delta c_1$ 的变化规律

对于轴对称自由射流（$k=1$），由式（3-57）可得

$$\int_0^R w^2 y dy = \frac{1}{2} w_1^2 R_0^2 = \text{常数}$$

等式两端同除以 $w_{zs}^2 R^2$，并移项得

$$2\left(\frac{w_{zs}}{w_1}\right)^2 \left(\frac{R}{R_0}\right)^2 \int_0^1 \left(\frac{w}{w_{zs}}\right)^2 \frac{y}{R} d\left(\frac{y}{R}\right) = 1 \tag{3-59}$$

将断面速度分布相似性半经验公式（3-44）代入式（3-59）并进行积分。该定积分 $\int_0^1 \left(\frac{w}{w_{zs}}\right)^2 \frac{y}{R} d\left(\frac{y}{R}\right)$ 的值为 0.0668，考虑到半经验公式的误差，用实验结果对其修正后，取值为 0.0464，并代入式（3-59）最后得到

$$2\left(\frac{w_{zs}}{w_1}\right)^2 \left(\frac{R}{R_0}\right)^2 \times 0.0464 = 1$$

变换后为

或

$$\left.\begin{array}{l} \dfrac{w_{zs}}{w_1} \dfrac{R}{R_0} = 3.3 \\[3mm] \dfrac{R}{R_0} = \dfrac{3.3}{w_{zs}/w_1} = 3.3 \dfrac{w_1}{w_{zs}} \end{array}\right\} \tag{3-60}$$

按式（3-60），在转折面上，$w_{zs} = w_1$，故 $R/R_0 = 3.3$。

由此得出结论：轴对称射流转折面上的射流半宽度（或湍流混合边界层厚度）R 是喷口半径 R_0 的 3.3 倍。

（1）射流轴心线上的量纲一的速度 w_{zs}/w_1 沿射流方向 x（或 s）的变化规律 把式（3-41）代入式（3-60），则

$$\frac{w_{zs}}{w_1} = \frac{3.3}{\dfrac{R}{R_0}} = \frac{3.3}{\dfrac{x\tan\alpha}{R_0}} = \frac{3.3}{\dfrac{ax}{R_0}}\varphi$$

对轴对称喷口 $\qquad \varphi = 3.4, \quad \dfrac{ax}{R_0} = \dfrac{as}{R_0} + 0.29$

最后得 $\qquad \dfrac{w_{zs}}{w_1} = \dfrac{0.96}{\dfrac{ax}{R_0}} = \dfrac{0.96}{\dfrac{as}{R_0} + 0.29}$ （3-61）

讨论：

1）当 $s = s_0$ 或 $x = x_0$ 时，此时在射流转折面上 $w_{zs} = w_1$，代入式（3-61）可得

$$\frac{ax_0}{R_0} = \frac{as_0}{R_0} + 0.29 = 0.96$$

那么

$$\frac{as_0}{R_0} = 0.96 - 0.29 = 0.67$$ （3-62）

2）射流核心区的内夹角 2θ。按几何关系和式（3-62）则有

$$\tan\theta = \frac{R_0}{s_0} = \frac{a}{0.67} = 1.49a$$ （3-63）

对普通圆形直喷口，从表 3-5 可知，$a = 0.076$，所以，射流核心区内半角 $\theta \approx 6.5°$。

（2）射流轴心线上量纲一的剩余温度 $\Delta T_{zs}/\Delta T_1$ 和量纲一的剩余浓度 $\Delta c_{zs}/\Delta c_1$ 的变化规律 根据射流焓差及浓度差积分守恒条件及断面速度分布相似性，同样可推导出轴对称射流的量纲一的轴心线剩余温度 $\dfrac{\Delta T_{zs}}{\Delta T_1} = \dfrac{T_{zs} - T_2}{T_1 - T_2}$ 和剩余浓度 $\dfrac{\Delta c_{zs}}{\Delta c_1} = \dfrac{c_{zs} - c_2}{c_1 - c_2}$ 随量纲一的距离 ax/R_0 的变化规律为

$$\frac{\Delta T_{zs}}{\Delta T_1} = \frac{\Delta c_{zs}}{\Delta c_1} = \frac{0.70}{\dfrac{ax}{R_0}} = \frac{0.70}{\dfrac{as}{R_0} + 0.29}$$ （3-64）

从式（3-61）和式（3-64）可知，在轴对称射流中，速度、温度和浓度三个量纲一的量的变化与距离 x/R_0 成反比。

2. 平面射流轴心线上 w_{zs}/w_1、$\Delta T_{zs}/\Delta T_1$ 和 $\Delta c_{zs}/\Delta c_1$ 的变化规律

同样，根据积分守恒条件和射流断面速度相似性，在平面射流积分守恒条件中，$k = 0$，按式（3-57）得

$$\int_0^b w^2 \mathrm{d}y = w_1^2 b_0$$

经变换后

$$\left(\frac{w_{zs}}{w_1}\right)^2 \frac{b}{b_0} \int_0^1 \left(\frac{w}{w_{zs}}\right)^2 \mathrm{d}\left(\frac{y}{b}\right) = 1$$

把式（3-44）速度相似性规律代入定积分中，其积分值经实验结果修正后为 0.289，最后得

$$\frac{b}{b_0} = 3.46\left(\frac{w_1}{w_{zs}}\right)^2 \tag{3-65}$$

在平面湍流射流的转折面上，$w_{zs} = w_1$，所以 $b/b_0 = 3.46$，即转折面上射流半宽度 b（即混合边界厚度）是平面喷口半高度 b_0 的 3.46 倍。变化式（3-65），并根据表 3-5 的关系，有

$$\left(\frac{w_{zs}}{w_1}\right)^2 = \frac{3.46}{b/b_0} = \frac{3.46}{a\varphi x/b_0} = \frac{1.44}{ax/b_0}$$

$$\frac{w_{zs}}{w_1} = \frac{1.20}{\sqrt{ax/b_0}} = \frac{1.20}{\sqrt{as/b_0 + 0.41}} \tag{3-66}$$

根据焓差及浓度差积分守恒条件和断面速度分布相似原理，同样可以得到量纲一的轴心线上剩余温度 $\Delta T_{zs}/\Delta T_1$ 和剩余浓度 $\Delta c_{zs}/\Delta c_1$ 的变化规律，即

$$\frac{\Delta T_{zs}}{\Delta T_1} = \frac{\Delta c_{zs}}{\Delta c_1} = \frac{1.032}{\sqrt{ax/b_0}} = \frac{1.032}{\sqrt{as/b_0 + 0.41}} \tag{3-67}$$

式中，b_0 是平面喷口的半高度。

从式（3-66）和式（3-67）可知：在平面自由射流中，量纲一的速度、温度和浓度与距离 x/b 的平方根成反比。

3. 湍流射流基本段各断面上的卷吸特性

（1）轴对称等温射流基本段任一断面上的体积流量 q_V 的变化规律　主射流与周围环境为同一种介质且等温时，其密度相同，即 $\rho_1 = \rho_2 = \rho$。任一断面上的体积流量 q_V 的计算公式为

$$q_V = \int_0^R w \times 2\pi y\,\mathrm{d}y = 2\pi w_{zs}R^2 \int_0^1 \frac{w}{w_{zs}}\frac{y}{R}\mathrm{d}\left(\frac{y}{R}\right) = 2\pi w_{zs}R^2 \int_0^1 \left[1 - \left(\frac{y}{R}\right)^{1.5}\right]^2 \frac{y}{R}\mathrm{d}\left(\frac{y}{R}\right)$$

定积分值经实验结果修正为 0.0985，最后有

$$q_V = 0.62 w_{zs}R^2 \tag{3-68}$$

喷口流出的体积流量为

$$q_{V1} = \pi R_0^2 w_1$$

两式相除得

$$\frac{q_V}{q_{V1}} = 0.197\frac{w_{zs}}{w_1}\left(\frac{R}{R_0}\right)^2 \tag{3-69}$$

把式（3-60）和式（3-41）代入，得到射流基本段中任一断面上体积流量 q_V 与出口断面体积流量 q_{V1} 的比值随量纲一的距离 ax/R_0（或 as/R_0）的变化规律，即

$$\frac{q_V}{q_{V1}} = 2.15\frac{w_1}{w_{zs}} = 2.22\frac{ax}{R_0} = 2.22\left(\frac{as}{R_0} + 0.29\right) \tag{3-70}$$

讨论：

1）湍流轴对称射流转折面上的量纲一的流量 $q_V/q_{V1} = 2.15$。也就是说从射流喷口到转折面上，射流卷吸周围介质的体积流量是出口流量的 1.15 倍。

2）在射流基本段上，任一断面上的量纲一的流量 q_V/q_{V1} 与量纲一的距离 ax/R_0 成正比。对等温、等密度的介质，量纲一的流量 q_V/q_{V1} 在数值上就等于量纲一的质量流量

q_m/q_{m1}（q_m 是任一断面上的质量流量，q_{m1} 是喷口流出的质量流量），即

$$\frac{q_m}{q_{m1}} = \frac{q_V}{q_{V1}} \tag{3-71}$$

3）对不等温（射流密度 $\rho_1 \neq$ 周围介质密度 $\rho_2 \neq$ 混合后的密度 ρ）轴对称射流基本段卷吸后质量流量比 q_m/q_{m1} 的讨论。

根据式（3-68）和式（3-70）可知，任一断面上卷吸进来的体积流量 q_{V2} 为

$$q_{V2} = q_V - q_{V1} = 0.62 w_{zs} R^2 - \pi R_0^2 w_1$$

则质量流量为

$$q_{m2} = \rho_2 q_{V2} = 0.62 \rho_2 w_{zs} R^2 - \rho_2 \pi R_0^2 w_1$$

喷口流出的质量流量为

$$q_{m1} = \rho_1 q_{V1} = \rho_1 \pi R_0^2 w_1$$

那么

$$\frac{q_m}{q_{m1}} = \frac{q_{m1} + q_{m2}}{q_{m1}} = 1 + \frac{q_{m2}}{q_{m1}} = 1 + \frac{\rho_2}{\rho_1} \left[2.22 \left(\frac{as}{R_0} + 0.29 \right) - 1 \right] \tag{3-72}$$

（2）轴对称射流基本段任一断面上的面积平均速度 $\overline{w}$ 和质量平均速度 $\overline{w_m}$

1）定义任一断面上的体积流量 q_V 除以该断面的面积 A_f 为面积平均速度 $\overline{w}$，则有 $\overline{w} = q_V/A_f$，这就是通常所用的平均速度。所以，射流出口的平均速度 w_1（即 $w_1 = q_{V1}/A_{f1}$）也就等于面积平均速度。那么，射流任一断面与出口断面上两面积平均速度的比为

$$\frac{\overline{w}}{w_1} = \frac{q_V/A_f}{q_{V1}/A_{f1}} = \frac{q_V}{q_{V1}} \left(\frac{R_0}{R} \right)^2$$

把式（3-69）代入上式，得到

$$\left. \begin{array}{l} \dfrac{\overline{w}}{w_1} = 0.197 \dfrac{w_{zs}}{w_1} \approx 0.2 \dfrac{w_{zs}}{w_1} \\[2mm] \overline{w} \approx 0.2 w_{zs} \end{array} \right\} \tag{3-73}$$

则

由此可得到重要结论：轴对称射流基本段中，任一断面上的面积平均速度 $\overline{w}$ 约为该断面轴心线上速度 w_{zs} 的20%。

2）定义任一断面上的动量 M 除以该断面通过的流体质量流量 q_m 为质量（流量）平均速度 $\overline{w_m}$，即

$$\overline{w_m} = \frac{M}{q_m}$$

按此定义，射流出口断面上的质量平均速度为

$$\overline{w_{m1}} = \frac{M_1}{q_{m1}} = w_1$$

两式相除得

$$\frac{\overline{w_m}}{w_{m1}} = \frac{\overline{w_m}}{w_1} = \frac{M}{M_1} \frac{q_{m1}}{q_m}$$

式中，M 是任一断面上的动量，$M = q_m \overline{w_m} = \rho q_V \overline{w_m}$；$M_1$ 是射流出口断面上的动量，$M_1 = q_{m1} w_1 = \rho_1 q_{V1} w_1$。

根据积分动量守恒条件，则 $M = M_1$。对等温、等密度的射流，由式（3-71）和式（3-70）可得

$$
\left.
\begin{aligned}
\frac{\overline{w_m}}{w_1} &= \frac{q_{V1}}{q_V} = \frac{1}{2.15} \frac{w_{zs}}{w_1} \approx 0.48 \frac{w_{zs}}{w_1} \\
\frac{q_V}{q_{V1}} \frac{\overline{w_m}}{w_1} &= 1
\end{aligned}
\right\}
\tag{3-74}
$$

或

由此得到

$$
\overline{w_m} \approx 0.48 w_{zs}
$$

结论：轴对称湍流射流基本段中任一断面上的质量平均速度 $\overline{w_m}$ 约为该断面轴心线上速度 w_{zs} 的48%。

（3）平面喷口等温射流基本段任一断面上体积流量 q_V 的变化规律　任意断面上的体积流量 q_V 为

$$
q_V = \int_0^b w \times 2 \mathrm{d}y = 2 w_{zs} b \int_0^1 \frac{w}{w_{zs}} \mathrm{d}\left(\frac{y}{b}\right)
$$

平面喷口出口体积流量为

$$
q_{V1} = 2 b_0 w_1
$$

量纲一的体积流量为

$$
\frac{q_V}{q_{V1}} = \frac{w_{zs}}{w_1} \frac{b}{b_0} \int_0^1 \frac{w}{w_{zs}} \mathrm{d}\left(\frac{y}{b}\right) = \frac{w_{zs}}{w_1} \frac{b}{b_0} \int_0^1 \left[1 - \left(\frac{y}{b}\right)^{1.5}\right]^2 \mathrm{d}\left(\frac{y}{b}\right)
\tag{3-75}
$$

式（3-75）中定积分的值经实验结果修正后为 0.41。把式（3-65）代入式（3-75），最后得

$$
\frac{q_V}{q_{V1}} = \frac{w_{zs}}{w_1} \times 3.46 \left(\frac{w_1}{w_{zs}}\right)^2 \times 0.41 = 1.42 \frac{w_1}{w_{zs}} = 1.18 \sqrt{\frac{ax}{b_0}} = 1.18 \sqrt{\frac{as}{b_0} + 0.41}
\tag{3-76}
$$

讨论：

1）平面射流在转折面上的量纲一的体积流量 $q_V/q_{V1} = 1.42$。也就是说，射流初始段从周围介质卷吸的体积流量 q_V 是出口流量 q_{V1} 的42%。

2）平面射流基本段上 $q_V/q_{V1} \propto \sqrt{ax/b_0}$，即 q_V/q_{V1} 与射流量纲一的距离 ax/b_0 的平方根成正比。对等温、等密度介质，q_V/q_{V1} 在数值上就等于量纲一的质量流量比 q_m/q_{m1}（q_m 和 q_{m1} 分别为平面射流基本段任一断面的质量流量和射流出口断面的质量流量）。

3）不等温、不等密度介质的 q_m/q_{m1}。此时，射流密度 $\rho_1 \neq$ 周围介质密度 $\rho_2 \neq$ 混合后的密度 ρ，且

$$
\frac{q_m}{q_{m1}} = \frac{q_{m1} + q_{m2}}{q_{m1}} = 1 + \frac{q_{m2}}{q_{m1}}
$$

式中，q_{m2} 是平面射流卷吸周围介质的质量流量，$q_{m2} = \rho_2 (q_V - q_{V1})$；$q_{m1}$ 是平面射流出口的质量流量，$q_{m1} = \rho_1 q_{V1}$。

此时

$$\frac{q_m}{q_{m1}} = 1 + \frac{\rho_2(q_V - q_{V1})}{\rho_1 q_{V1}} = 1 + \frac{\rho_2}{\rho_1}\left(\frac{q_V}{q_{V1}} - 1\right)$$

把式（3-76）代入上式，最后得

$$\frac{q_m}{q_{m1}} = 1 + \frac{\rho_2}{\rho_1}\left(1.18\sqrt{\frac{ax}{b_0}} - 1\right) = 1 + \frac{\rho_2}{\rho_1}\left(1.18\sqrt{\frac{as}{b_0} + 0.41} - 1\right) \tag{3-77}$$

（4）平面喷口等温射流基本段的面积平均速度 $\overline{w}$ 和质量平均速度 $\overline{w_m}$

1）面积平均速度 $\overline{w}$

$$\frac{\overline{w}}{w_1} = \frac{q_V/A_f}{q_{V1}/A_{f1}} = \frac{q_V}{q_{V1}}\frac{A_{f1}}{A_f} = \frac{q_V}{q_{V1}}\frac{b_0}{b}$$

把式（3-65）和式（3-76）代入上式，最后得到

$$\overline{w} = 0.41 w_{zs} \tag{3-78}$$

2）质量（流量）平均速度 $\overline{w_m}$

$$\frac{\overline{w_m}}{w_1} = \frac{M/q_m}{M_1/q_{m1}} = \frac{M}{M_1}\frac{q_{m1}}{q_m} = \frac{q_{m1}}{q_m} = \frac{q_{V1}}{q_V}$$

于是

$$\frac{\overline{w_m}}{w_1} = \frac{q_{V1}}{q_V} = \frac{1}{1.42 w_1/w_{zs}} = 0.7\frac{w_{zs}}{w_1} \tag{3-79}$$

最后得

$$\overline{w_m} = 0.7 w_{zs}$$

由此可得到重要结论：平面射流基本段任一断面上的面积平均速度 $\overline{w}$ 是该断面轴心线速度 w_{zs} 的 41%，而质量（流量）平均速度 $\overline{w_m}$ 是 w_{zs} 的 70%。

4. 湍流自由射流中的其他特性

前面根据动量守恒条件，得到等温、等密度射流任一断面上质量平均速度 $\overline{w_m}$ 与体积流量 q_V 的关系式（3-74）和式（3-79），即

$$\frac{q_V}{q_{V1}}\frac{\overline{w_m}}{w_1} = 1$$

同样，根据焓差和浓度差守恒条件式（3-51）和式（3-52），得到等温、等密度射流任意断面上流过的质量 ρq_V 与对质量流量而言的平均温度差 $\Delta\overline{T_m} = \overline{T} - T_2$（或平均浓度差 $\Delta\overline{c_m} = \overline{c} - c_2$）的乘积不变，即

$$\rho q_V \Delta\overline{T_m} = \rho q_{V1} \Delta T_1$$

或

$$\rho q_V \Delta\overline{c_m} = \rho q_{V1} \Delta c_1$$

则有

$$\frac{\Delta\overline{T_m}}{\Delta T_1} = \frac{\Delta\overline{c_m}}{\Delta c_1} = \frac{q_{V1}}{q_V} = \frac{\overline{w_m}}{w_1} \tag{3-80}$$

为助于读者深入思考和研究，现将湍流自由射流的基本特性关系及一部分重要数据汇总在一起，见表 3-6。

表 3-6 湍流自由射流的基本特性

物 理 量	轴对称射流	平 面 射 流
量纲一的断面速度分布相似性	$\sqrt{\dfrac{w}{w_{zs}}}=\dfrac{\Delta T}{\Delta T_{zs}}=\dfrac{\Delta c}{\Delta c_{zs}}=1-\left[\dfrac{y}{R(b)}\right]^{1.5}$	
射流半扩展角的正切函数值 $\tan\alpha$	$R/x=3.4a$	$b/x=2.4a$
射流核心区半角的正切函数值 $\tan\theta$	$1.49a$	$0.97a$
极点深度 $\dfrac{ah_0}{R_0(b_0)}$	0.29	0.41
量纲一的核心区长度 $\dfrac{as_0}{R_0(b_0)}$	0.67	1.032
量纲一的轴心线速度 $\dfrac{w_{zs}}{w_1}$	$\dfrac{0.96}{ax/R_0}=\dfrac{0.96}{as/R_0+0.29}$	$\dfrac{1.20}{\sqrt{ax/b_0}}=\dfrac{1.20}{\sqrt{as/b_0+0.41}}$
量纲一的轴心线剩余温度和浓度 $\dfrac{\Delta T_{zs}}{\Delta T_1}=\dfrac{\Delta c_{zs}}{\Delta c_1}$	$\dfrac{0.70}{\dfrac{ax}{R_0}}=\dfrac{0.70}{\dfrac{as}{R_0}+0.29}$	$\dfrac{1.032}{\sqrt{\dfrac{ax}{b_0}}}=\dfrac{1.032}{\sqrt{\dfrac{as}{b_0}+0.41}}$
量纲一的外边界 $\dfrac{R(b)}{R_0(b_0)}$	$3.3\dfrac{w_1}{w_{zs}}$	$3.46\left(\dfrac{w_1}{w_{zs}}\right)^2$
量纲一的断面流量 $\dfrac{q_V}{q_{V1}}$	$2.15\dfrac{w_1}{w_{zs}}=2.22\dfrac{ax}{R_0}$	$1.42\dfrac{w_1}{w_{zs}}=1.18\sqrt{\dfrac{ax}{b_0}}$
面积平均速度 $\overline{w}$	$0.2w_{zs}$	$0.41w_{zs}$
质量平均速度 $\overline{w_m}$	$0.48w_{zs}$	$0.70w_{zs}$
湍流结构系数 a	$0.066\sim0.076$	$0.108\sim0.118$

二、大温差不等温自由射流的湍流混合与传质

下面以轴对称射流为例，讨论温差较大的可压缩性气体的速度和温度沿射流轴心线的变化。分别按式（3-49）和式（3-51）变换后，其动量守恒条件可写成

$$2\left(\frac{w_{zs}}{w_1}\right)^2\left(\frac{R}{R_0}\right)^2\int_0^1\frac{\rho}{\rho_1}\left(\frac{w}{w_{zs}}\right)^2\frac{y}{R}\mathrm{d}\left(\frac{y}{R}\right)=1$$

焓差守恒条件可写成

$$2\frac{w_{zs}}{w_1}\frac{\Delta T_{zs}}{\Delta T_1}\left(\frac{R}{R_0}\right)^2\int_0^1\frac{\rho}{\rho_1}\frac{w}{w_{zs}}\frac{\Delta T}{\Delta T_{zs}}\frac{y}{R}\mathrm{d}\left(\frac{y}{R}\right)=1$$

式中，$\Delta T=T-T_2$，T 为混合点的温度，T_2 为周围介质的温度（介质温度）；$\Delta T_1=T_1-T_2$，T_1 为主射流出口的温度（射流温度）；$\Delta T_{zs}=T_{zs}-T_2$，T_{zs} 为轴心线上混合流体的温度。

在射流中，由于压力不变，则气体状态方程为

$$\frac{\rho}{\rho_1}=\frac{T_1}{T}=\frac{T_1}{T_2}\frac{1}{1+\dfrac{\Delta T}{T_2}}=\frac{\theta}{1+(\theta-1)\dfrac{\Delta T_{zs}}{\Delta T_1}\dfrac{\Delta T}{\Delta T_{zs}}}$$

其中

$$\theta=\frac{T_1}{T_2}$$

把 ρ/ρ_1 分别代入动量守恒条件及焓差守恒条件中，得

$$\left.\begin{array}{l} 2\theta\left(\dfrac{w_{zs}}{w_1}\right)^2\left(\dfrac{R}{R_0}\right)^2\displaystyle\int_0^1\dfrac{\left(\dfrac{w}{w_{zs}}\right)^2}{1+(\theta-1)\dfrac{\Delta T_{zs}}{\Delta T_1}\dfrac{\Delta T}{\Delta T_{zs}}}\mathrm{d}\left(\dfrac{y}{R}\right)=1 \\[4mm] 2\theta\dfrac{w_{zs}}{w_1}\dfrac{\Delta T_{zs}}{\Delta T_1}\left(\dfrac{R}{R_0}\right)^2\displaystyle\int_0^1\dfrac{\dfrac{w}{w_{zs}}\dfrac{\Delta T}{\Delta T_{zs}}\dfrac{y}{R}}{1+(\theta-1)\dfrac{\Delta T_{zs}}{\Delta T_1}\dfrac{\Delta T}{\Delta T_{zs}}}\mathrm{d}\left(\dfrac{y}{R}\right)=1 \end{array}\right\} \tag{3-81}$$

在小温差下，即射流温度 T_1 与介质温度 T_2 之比 $T_1/T_2=\theta\approx1$ 时，即射流与周围介质之间加热十分微弱，可以把式（3-61）与式（3-64）两式相除，得到

$$\frac{\Delta T_{zs}}{\Delta T_1}=0.72\frac{w_{zs}}{w_1} \tag{3-82}$$

当 $\theta\to\infty$ 时，即射流与周围介质间加热趋向于无限多，此时按式（3-81）可以推导出

$$\frac{\Delta T_{zs}}{\Delta T_1}=0.65\frac{w_{zs}}{w_1} \tag{3-83}$$

综合式（3-82）和式（3-83）所反映的极端情况，可得到综合关系式

$$\frac{\Delta c_{zs}}{\Delta c_1}=\frac{\Delta T_{zs}}{\Delta T_1}=B\frac{w_{zs}}{w_1} \tag{3-84}$$

考虑到 θ 为 1 和 ∞ 两种情况时，B 值相差仅 10%，所以，工程上完全可以采用不可压缩性气体时的系数（即 $B=0.72$）来描述量纲一的轴心线速度 w_{zs}/w_1 与量纲一的轴心线温差 $\Delta T_{zs}/\Delta T_1$（或浓度差 $\Delta c_{zs}/\Delta c_1$）之间的关系。

如果按普朗特混合长度理论近似得到 $Pr_t\approx1$ 的关系，则可以假定炽热射流的外边界线仍为直线，并与温度边界线相重合。射流断面的混合边界层厚度 R 仍与轴心线距离 x 成正比，即射流扩展角 α 与射流的加热情况 θ 无关。对于轴对称射流，考虑到 $R=3.4ax$，同时令

$$A=\theta\left(\frac{w_{zs}}{w_1}\right)^2\left(\frac{ax}{R_0}\right)^2 \quad 及 \quad E=(\theta-1)\frac{w_{zs}}{w_1}$$

并代入式（3-81）的第一式，得到

$$\frac{1}{A}=2\times3.4^2\int_0^1\frac{(w/w_{zs})^2y/R}{1+0.72E\sqrt{w/w_{zs}}}\mathrm{d}\left(\frac{y}{R}\right)$$

对于不同的 E 值，可以通过计算求得对应的 A 值。再经过回归分析发现，A 和 E 之间是单值的线性关系，即

$$A\approx0.5E+0.935$$

把 A 和 E 代入，则有

$$\theta\left(\frac{w_{zs}}{w_1}\right)^2\left(\frac{ax}{R_0}\right)^2=0.5(\theta-1)\frac{w_{zs}}{w_1}+0.935$$

最后得到

$$\frac{ax}{R_0}=\frac{0.96}{w_{zs}/w_1}\sqrt{\frac{1+0.535(\theta-1)w_{zs}/w_1}{\theta}} \tag{3-85}$$

按式（3-85）作曲线如图 3-9 所示。

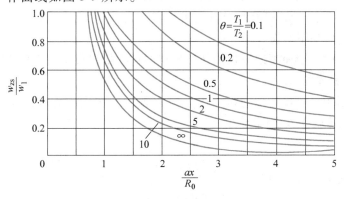

图 3-9　沿炽热射流轴心线量纲一的速度的变化

从图 3-9 中可以看出，射流出口的量纲一的温度 $\theta = T_1/T_2$ 越大，即主射流温度 T_1 越高，则速度沿射流轴心线下降得越快，射流初始段越短。这说明炽热射流射入冷空间，其速度衰减越快，射程越短。

把式（3-84）代入式（3-85），可以得到炽热射流轴心线上量纲一的剩余温度 $\Delta T_{zs}/\Delta T_1$ 和量纲一的剩余浓度 $\Delta c_{zs}/\Delta c_1$ 的变化，即

$$
\left.
\begin{aligned}
\frac{ax}{R_0} &= \frac{0.70}{\Delta T_{zs}/\Delta T_1}\sqrt{\frac{1+0.735(\theta-1)\Delta T_{zs}/\Delta T_1}{\theta}} \\[2mm]
\frac{ax}{R_0} &= \frac{0.70}{\Delta c_{zs}/\Delta c_1}\sqrt{\frac{1+0.735(\theta-1)\Delta c_{zs}/\Delta c_1}{\theta}}
\end{aligned}
\right\}
\tag{3-86}
$$

按式（3-86）作曲线如图 3-10 所示。

从图 3-10 中可知，提高主射流的量纲一初始温度 θ（即增大 T_1），则沿轴心线上量纲一的剩余温度和剩余浓度衰减加快，量纲一的温度和浓度保持定值的核心区缩短，这说明射流与周围介质的质、热交换加快。

三、射流本身因燃烧而不断升温情况下的混合与传质

前面讨论的不等温情况，是指射流在喷口初始温度 T_1 与不变的外界温度 T_2 之间，由于 $\theta = T_1/T_2 \neq 1$ 的情况下的混合与传质过程。在气体燃烧器中，往往是燃料空气混合物离开喷口后，一路加热并着火燃烧，同时放出大量热量。此时就应该考虑射流本身因燃烧而引起温度的升高对混合和传质的影响。

现以轴对称喷口为例进行分析和讨论。图 3-11 所示，设主射流喷口 0—0 断面的当量

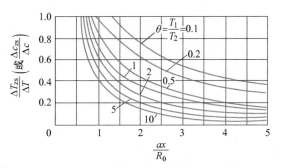

图 3-10　沿炽热射流轴心线量纲一的剩余温度及剩余浓度的变化

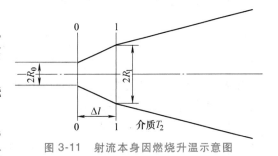

图 3-11　射流本身因燃烧升温示意图

半径为 R_0，其他热力及流动参数分别为密度 ρ、温度 T_0、压力 p_0 和出口流速 w_0，并已知 1—1 断面的流体温度为 T_1（即燃料气流的着火温度）。

为简化问题，做如下假设：

1）主射流从 0—0 断面喷出，被加热并燃烧的过程是在很短的距离 Δl 内（即从 0—0 断面至 1—1 断面）完成的。

2）由于 Δl 很短，可以近似地认为在 0—1 区段内流体内压力和流体质量流量不变。此即为 $p_1 = p_0$，按气体状态方程则有

$$\frac{\rho_0}{\rho_1} = \frac{T_1}{T_0}$$

考虑到流体质量流量不变，则有

$$\rho_0 q_{V0} = \rho_1 q_{V1}$$
$$\rho_0 w_0 A_{f0} = \rho_1 w_1 A_{f1}$$

或

$$\rho_0 w_0 R_0^2 = \rho_1 w_1 R_1^2$$

根据动量守恒条件

$$\rho_0 q_{V0} w_0 = \rho_1 q_{V1} w_1$$

所以，可以得到

$$w_0 = w_1 \tag{3-87}$$

代入质量流量不变方程式，得

$$\rho_0 A_{f0} = \rho_1 A_{f1}$$

或

$$\left.\begin{aligned} \frac{\rho_0}{\rho_1} &= \frac{A_{f1}}{A_{f0}} = \frac{R_1^2}{R_0^2} \\ R_1 &= R_0 \sqrt{\frac{\rho_0}{\rho_1}} = R_0 \sqrt{\frac{T_1}{T_0}} \end{aligned}\right\} \tag{3-88}$$

于是，可以把自身有燃烧的射流，在断面 1—1 处作为一个假想的喷口，从这里开始进行不等温的射流流动，则可应用式（3-85）~式（3-86）来进行计算。

把断面 1—1 上的参数代入式（3-85）得

$$\left.\begin{aligned} \frac{ax}{R_1} &= \frac{0.96 w_1}{w_{zs}} \sqrt{\frac{T_2}{T_1} + 0.535\left(1 - \frac{T_2}{T_1}\right)\left(\frac{w_{zs}}{w_1}\right)} \\ \frac{ax}{R_0} &= \frac{0.96 w_0}{w_{zs}} \sqrt{\frac{T_2}{T_0} + 0.535\left(\frac{T_1 - T_2}{T_0}\right)\left(\frac{w_{zs}}{w_0}\right)} \end{aligned}\right\} \tag{3-89}$$

或把式（3-87）和式（3-88）代入上式，得

若射流初始温度 $T_0 = T_2$，上式又变成

$$\frac{ax}{R_0} = \frac{0.96 w_0}{w_{zs}} \sqrt{1 + 0.535\left(\frac{T_1}{T_0} - 1\right)\left(\frac{w_{zs}}{w_0}\right)} \tag{3-90}$$

按式（3-90）作曲线图 3-12，并得出如下结论：由于主射流离开喷口 R_0 后，不断加热燃烧，温度从 T_0 升高到 1—1 断面上的 T_1，从图 3-12 可看出，当 T_0 一定时，T_1/T_0 越高，则射流沿轴心线上的速度衰减越缓慢（即在相同的量纲一的距离 ax/R_0 下，w_{zs}/w_0 越大），与周围介质间的湍流混合越弱。相反，如果提高射流出口初始温度 T_0，对某一特定的燃料，

其着火燃烧温度 T_1 一定，这样 T_1/T_0 随 T_0 的增加而减小，射流的衰减加快，与周围介质间的湍流混合加强。显然，从着火燃烧的角度来看，提高射流初始温度 T_0，对改善着火燃烧条件是十分有利的。

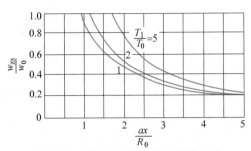

图 3-12　射流本身有燃烧时沿轴心线上量纲一的速度的变化

如果把断面 1—1 上的参数代入式（3-86），可得到射流因本身燃烧而不断加热升温条件下，炽热射流轴心线上量纲一的剩余温度 $\Delta T_{zs}/\Delta T_1$ 和量纲一的剩余浓度 $\Delta c_{zs}/\Delta c_1$ 的变化规律，即

$$\left. \begin{array}{l} \dfrac{ax}{R_1}=\dfrac{0.70\Delta T_1}{\Delta T_{zs}}\sqrt{\dfrac{T_2}{T_1}+0.735\left(1-\dfrac{T_2}{T_1}\right)\dfrac{\Delta T_{zs}}{\Delta T_1}} \\[4mm] \text{或把式（3-88）代入上式，则} \\[2mm] \dfrac{ax}{R_0}=\dfrac{0.70\Delta T_1}{\Delta T_{zs}}\sqrt{\dfrac{T_2}{T_0}+0.735\left(\dfrac{T_1-T_2}{T_0}\right)\dfrac{\Delta T_{zs}}{\Delta T_1}} \end{array} \right\} \qquad (3\text{-}91)$$

以及

$$\left. \begin{array}{l} \dfrac{ax}{R_1}=0.70\dfrac{\Delta c_1}{\Delta c_{zs}}\sqrt{\dfrac{T_2}{T_1}+0.735\left(1-\dfrac{T_2}{T_1}\right)\dfrac{\Delta c_{zs}}{\Delta c_1}} \\[4mm] \text{或} \\[2mm] \dfrac{ax}{R_0}=0.70\dfrac{\Delta c_1}{\Delta c_{zs}}\sqrt{\dfrac{T_2}{T_0}+0.735\left(\dfrac{T_1-T_2}{T_0}\right)\dfrac{\Delta c_{zs}}{\Delta c_1}} \end{array} \right\} \qquad (3\text{-}92)$$

若 $T_0=T_2$，则式（3-91）和式（3-92）变成

$$\left. \begin{array}{l} \dfrac{ax}{R_0}=0.70\dfrac{\Delta T_1}{\Delta T_{zs}}\sqrt{1+0.735\left(\dfrac{T_1}{T_0}-1\right)\dfrac{\Delta T_{zs}}{\Delta T_1}} \\[4mm] \dfrac{ax}{R_0}=0.70\dfrac{\Delta c_1}{\Delta c_{zs}}\sqrt{1+0.735\left(\dfrac{T_1}{T_0}-1\right)\dfrac{\Delta c_{zs}}{\Delta c_1}} \end{array} \right\} \qquad (3\text{-}93)$$

按式（3-93）作曲线图 3-13，由此可得出与图 3-12 相同的结论，即 T_1 增大（一般对于难着火燃烧的燃料），当射流初始温度 T_0 一定时，T_1/T_0 增大，则本身有燃烧的射流与周围介质的热、质交换减弱。对某一特定的燃料，如果提高射流初始温度 T_0，T_1/T_0 减小，则主射流与周围介质的热、质交换增强。显然，提高主射流初始温度 T_0 对改善着火燃烧是十分有利的。比较图 3-12 和图 3-13，也证实了在动量、热量、质量交换的"三传"过程中，热、质传递的强度高于动量的传递。

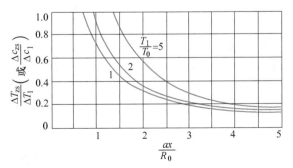

图 3-13　射流本身有燃烧时沿轴心线上量纲一的剩余温度和剩余浓度的变化

67

四、气-固（液）两相射流中的混合与传质

1. 两相射流轴心线上量纲一的速度 w_{zs}/w_1 和浓度 c_{zs}/c_1 的变化规律

在这里，还要讨论一下射流中带有固体（或液体）颗粒时的射流流动。不过，此时射流周围介质不带有这种颗粒，即周围介质中的颗粒浓度 $c_2 = 0$，如锅炉煤粉或油燃烧时的一次风射流就是如此。由于这些颗粒很细微（绝大部分粒径 d 均小于 $100\mu m$），且在射流中占有的空间也很小，为简化问题的研究，可以假定：

1）固（液）体颗粒随射流以同样的速度运动，即颗粒运动速度等于颗粒所在处的气流速度，这样就可以把这种两相射流近似当作单相自由射流来处理。

2）颗粒对射流界面上的速度分布几乎没有影响，即这种流动遵守断面速度分布相似性规律式（3-44）。按积分动量守恒条件，则有

$$\int_{A_f} \rho(1+c)w^2 dA_f = q_{mq}w_1 + q_{mk}w_1 = 常数 \tag{3-94}$$

式中，ρ 是主射流的气体密度；c 是射流任意断面中，某混合点上的固（液）体颗粒浓度，主射流出口断面上的平均浓度 $c_1 = q_{mk}/q_{mq}$；q_{mk} 是主射流出口断面上颗粒的质量流量；q_{mq} 是主射流出口断面上气体的质量流量；w 是射流任意断面上某混合点的速度；dA_f 是射流任意断面上的微元面积，对轴对称射流，$dA_f = 2\pi y dy$，出口面积 $A_{f1} = \pi R_0^2$，对平面平行射流，$dA_f = 2dy$，出口面积 $A_{f1} = 2b_0$；w_1 是主射流出口断面上的速度。

对轴对称射流，气-固（液）两相射流的积分动量守恒条件式（3-94）的左侧部分变为

$$\int_{A_f} \rho(1+c)w^2 dA_f = 2\pi\rho R^2 w_{zs}^2 \left[\int_0^1 \left(\frac{w}{w_{zs}}\right)^2 \frac{y}{R} d\left(\frac{y}{R}\right) + \int_0^1 c\left(\frac{w}{w_{zs}}\right)^2 \frac{y}{R} d\left(\frac{y}{R}\right) \right] \tag{3-95a}$$

其中，$R = ax\varphi$，对轴对称喷口，$\varphi = 3.4$。

按速度分布相似性式（3-44），并考虑到周围介质的 $c_2 = 0$，则有

$$\sqrt{\frac{w}{w_{zs}}} = \frac{\Delta c}{\Delta c_{zs}} = \frac{c-c_2}{c_{zs}-c_2} = \frac{c}{c_{zs}}$$

或

$$c = c_{zs}\sqrt{\frac{w}{w_{zs}}}$$

按式（3-84）可得

$$\Delta c_{zs} = c_{zs} = 0.72c_1 \frac{w_{zs}}{w_1}$$

将上式代入 $c = c_{zs}\sqrt{w/w_{zs}}$ 中得

$$c = 0.72c_1 \frac{w_{zs}}{w_1}\sqrt{\frac{w}{w_{zs}}}$$

将上式代入式（3-95a）中得

$$\int_{A_f} \rho(1+c)w^2 dA_f$$

$$= 72.63\rho(ax)^2 w_{zs}^2 \left[\int_0^1 \left(\frac{w}{w_{zs}}\right)^2 \frac{y}{R} d\left(\frac{y}{R}\right) + 0.72c_1 \frac{w_{zs}}{w_1} \int_0^1 \left(\frac{w}{w_{zs}}\right)^{2.5} \frac{y}{R} d\left(\frac{y}{R}\right) \right]$$

等式右侧第一、二个定积分经实验修正后的结果分别为 0.0464 和 0.0359。

最后

$$\int_{A_f} \rho(1+c)w^2 dA_f = 3.37\rho(ax)^2 w_{zs}^2 \left(1 + 0.56c_1\frac{w_{zs}}{w_1}\right) \tag{3-95b}$$

式（3-94）右侧部分

$$q_{mq}w_1 + q_{mk}w_1 = q_{mq}w_1(1+c_1) = \rho\pi R_0^2 w_1^2(1+c_1) \tag{3-95c}$$

把式（3-95b）和式（3-95c）代入式（3-94），并经过整理后，可得到气-固（液）两相射流中，量纲一的速度 w_{zs}/w_1 和浓度 c_{zs}/c_1 随量纲一的轴心线距离 ax/R_0 的变化规律，即

$$\frac{ax}{R_0} = 0.96\frac{w_1}{w_{zs}}\sqrt{\frac{1+c_1}{1+0.56c_1 w_{zs}/w_1}} = 0.70\frac{c_1}{c_{zs}}\sqrt{\frac{1+c_1}{1+0.77c_{zs}}} \tag{3-96}$$

按式（3-96）分别作曲线如图 3-14 和图 3-15 所示。

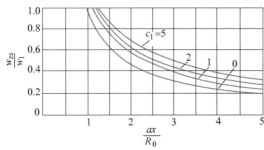

图 3-14 两相射流中量纲一的速度随射流
轴心线的变化

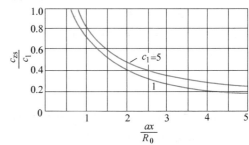

图 3-15 两相射流中量纲一的浓度随射流
轴心线的变化

从图 3-14 和图 3-15 中看出：随着射流出口断面上固（液）体颗粒浓度 c_1 的增加，整个射流沿轴心线的速度 w_{zs}/w_1 衰减和浓度 c_{zs}/c_1 衰减都减慢，湍流混合减弱。当初始断面上的浓度 $c_1 = 0$（即单相自由射流）时，速度衰减最快。

2. 理论燃尽燃料浓度 c_{lr} 和理论燃尽火焰长度 $(ax/R_0)_{lr}$

燃烧原理说明，要实现燃料的完全燃烧，理论上必须保证过量空气系数 $\alpha = 1$，这就意味着提供给燃料燃烧的空气量 q_{mq}，应等于实际燃料量 q_{mk} 达到完全燃尽所必需的理论空气量 q_{mq}^0，即 $q_{mq} = q_{mq}^0$。此时，过量空气系数 $\alpha = q_{mq}/q_{mq}^0 = 1$。人们把 $\alpha = 1$ 下的燃料浓度称为理论燃尽燃料浓度（质量比，下同），用 c_{lr} 表示，即 $c_{lr} = q_{mk}/q_{mq}^0$。也就是说，只有当燃料浓度 c 达到理论燃尽燃料浓度 c_{lr} 时，才可以认为，此时达到了理论上的完全燃烧。

在实际的燃烧组织中，煤粉或油燃烧器的一次风射流中，实际供燃烧的空气量 q_{mq} 远小于被输送燃料量 q_{mk} 达到完全燃烧所需的空气量，即 $q_{mq} < q_{mq}^0$。所以，一次风中实际燃料的初始浓度 $c_1 = q_{mk}/q_{mq} > c_{lr}$（即燃料太浓，空气不足）。随着主射流的不断发展，燃料与周围空气介质湍流混合，燃料的实际浓度 c 也沿着轴心线方向逐渐下降。

当某断面轴心线上的浓度 $c_{zs} = c_{lr}$ 时，认为该断面达到了理论上的完全燃烧，并把该断面到射流极点的量纲一的距离称为理论燃尽火焰长度 $(ax/R_0)_{lr}$。从式（3-96）可得到

$$\left(\frac{ax}{R_0}\right)_{lr} = 0.70\frac{c_1}{c_{lr}}\sqrt{\frac{1+c_1}{1+0.77c_{lr}}} \tag{3-97}$$

从式（3-97）可知：喷口燃料初始浓度 c_1 越大，即燃料量越大或一次风率越小，或者理论燃尽燃料浓度 c_{lr} 越小时，从供氧的角度来看，都会使理论燃尽火焰长度 $(ax/R_0)_{lr}$ 拖长。对某一种特定的燃料，c_{lr} 是一个确定值，燃烧的理论燃尽火焰长度 $(ax/R_0)_{lr}$ 的大小

完全取决于一次风中燃料的初始浓度 c_1。

对于空气-汽油的混合射流，$c_{1r} \approx 0.067$，此时

$$\left(\frac{ax}{R_0}\right)_{1r} \approx 10.5 c_1 \sqrt{1+c_1}$$

3. 气-固（液）两相射流任意断面上平均浓度 $\bar{c}$ 与轴心线上浓度 c_{zs} 的关系

根据式（3-80），有

$$\frac{\overline{w_m}}{w_1} = \frac{\Delta \overline{c_m}}{\Delta c_1} = \frac{\overline{c_m}}{c_1} \tag{3-98}$$

其中

$$\Delta \overline{c_m} = \overline{c_m} - c_2 = \overline{c_m} \quad (因为周围介质颗粒浓度 c_2 = 0)$$

$$\Delta c_1 = c_1 - c_2 = c_1$$

$$\overline{w_m} = 0.48 w_{zs}$$

又根据式（3-84）可得

$$\frac{w_{zs}}{w_1} = \frac{1}{0.72} \frac{\Delta c_{zs}}{\Delta c_1} = \frac{1}{0.72} \frac{c_{zs}}{c_1} \tag{3-99}$$

把以上结果代入式（3-98），最后得到十分重要的结论：射流断面上的质量平均浓度 $\overline{c_m}$ 是轴心线上浓度 c_{zs} 的67%，即

$$\left. \begin{array}{l} \overline{c_m} = \dfrac{2}{3} c_{zs} = 0.67 c_{zs} \\[2mm] c_{zs} = 1.5 \overline{c_m} \end{array} \right\} \tag{3-100}$$

或

该结论的重要性在于：它揭示了气-固（液）两相射流任意断面轴心线上的颗粒浓度 c_{zs} 是该断面质量平均浓度 $\overline{c_m}$ 的1.5倍的重要关系，对指导工程中实现充分燃尽有重要的理论意义。它说明，要实现射流火焰的充分燃烧，关键是分布在轴心线上的颗粒的完全燃烧，因为轴心线上浓度比断面平均浓度高50%，对燃烧供氧的需求量也要高50%，工程上主要是靠二次风来强化对主射流的湍流供氧的。

随着燃烧设备向大容量高参数发展，一次风喷口的尺寸会有所增大，但对某一确定的燃料，初始浓度 c_1 一定，如果轴心线上的浓度达到同样的 c_{zs} 时，按照式（3-96）可知，ax/R_0 也是一个确定值。这时，如果喷口尺寸 R_0 越大，则达到 c_{zs} 浓度的断面距离 x 的绝对值将与 R_0 成比例地增大，从合理组织燃烧来看是不允许的。所以，一次风口不能随锅炉容量的增加而成比例地增大。为保证大容量机组上燃料的有效燃尽，在喷口燃料初始浓度 c_1 和理论燃尽燃料浓度 c_{1r} 确定的情况下，使单个一次风喷口的尺寸 R_0 减小，则可以有效地缩短燃尽火焰长度。因此，在燃烧的组织上，可以把尺寸较大的一次风喷口分割成几个小尺寸喷口，同时在各个分隔开的喷口之间按一定的空气动力参数和结构参数设置中心风（又称夹心风），从中心保证供氧，这对促进燃料的燃尽是十分必要和有效的。

第五节　旋转射流中的混合与传质

一、旋转射流的动力学特性

如图3-16所示，当从喷口喷出来的射流同时存在着向前的轴向分速度 w_x、圆周向的切

向分速度 w_{φ} 和沿半径方向的径向分速度 w_r 时，这样的射流称为旋转射流。当旋转射流一脱离喷口射入大空间时，不再受喷口固体边壁的约束和限制而自由扩展，称自由旋转射流，通常简称为旋转射流。此时流体在离心力和惯性力的联合作用下，与周围介质进行动量、热量和质量的交换，一面扩展，一面向前，形成了一个圆台的外形。旋转射流最重要的流体动力学特征在于，轴向、切向和径向三个方向上的速度大小都有相当的数量级而不容忽略。更重要的是，这三个方向的速度沿射流半径方向上的分布都不均匀，使得射流内部沿径向和轴向的静压力分布也不均匀，也不等于周围介质的静压力。旋转射流的这种速度特征和静压力特征与直流自由射流是完全不同的。图 3-16 中的 α 是喷口的半扩张角，2θ 是旋转射流的扩展角。在三个速度的联合作用下，强烈旋转的气流内部将形成回流区，而外部边界与周围介质间产生着强烈的外卷吸回流，使射流一边向前运动一边向外周扩展，形成了射流扩展角。

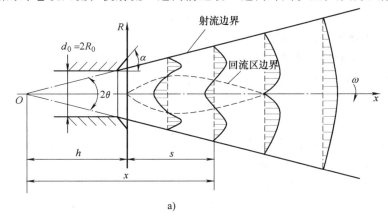

a)

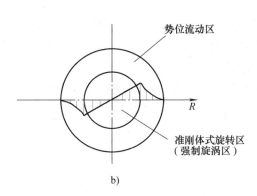

b)

图 3-16 旋转射流场结构示意图

a）轴向分速度分布 b）切向分速度分布

旋转射流也是一种轴对称射流，其轴向分速度沿径向分布的不均匀性，造成射流内部分别形成了正流区和回流（逆流）区的流动结构；切向分速度分布的不均匀性，造成射流内部形成了势流旋转区和准刚体式旋转区两个速度分布规律完全不同的流动结构；径向分速度分布的不均匀性，形成了点汇（源）流动的特点，这种复杂的流场结构特征表明了旋转射流的研究要比自由射流复杂得多，目前还不可能对各种射流旋转进行精确的理论计算，一些理论也带有半经验的性质。因此，工程上更多是依靠实验来研究它的特性和规律的。

1. 势流旋转区和准刚体式旋转区的速度分布特征

实验研究发现（图 3-16b），切向分速度沿径向分布的不均匀性，形成了两个性质完全不同的流场结构。其中，在旋转射流内部的核心区是有旋的强制涡流动，在流体力学中又称为准刚体式旋转，其切向分速度 w_φ 沿半径 R 线性增加，分布规律为

$$w_\varphi = \omega R \qquad\qquad (3\text{-}101)$$

式中，ω 是流体的旋转角速度；R 是离射流轴心线的半径距离。

另一种流动结构处于准刚体旋转的外周部分，是直接与周围介质发生强烈湍流混合的边界区，由于受到周围介质的黏性阻滞，这种旋转运动是无旋的势位流动，其切向速度 w_φ 随半径 R 增加而减小，分布规律为

$$w_\varphi = \frac{常数}{R} \qquad\qquad (3\text{-}102a)$$

2. 旋转射流内部压力分布特征

图 3-16 所示，设旋转射流外边界的夹角（又称扩展角）为 2θ，其初始速度环量为 Γ。从旋涡理论可知，在该旋涡边界上任一点的切向速度 w_φ 为

$$w_\varphi = \frac{\Gamma}{2\pi R} \qquad\qquad (3\text{-}102b)$$

若射流边界层外未受干扰的周围介质的压力为 p_∞，那么，可以根据欧拉运动微分方程式求得该旋涡内部压力 p 的计算公式为

$$p = p_\infty - \frac{1}{2}\rho w_\varphi^2 = p_\infty - \frac{\rho}{2}\left(\frac{\Gamma}{2\pi R}\right)^2 = p_\infty - \frac{\rho}{8\pi^2}\left(\frac{\Gamma}{x\tan\theta}\right)^2 \qquad (3\text{-}103)$$

式中，ρ 是气流的密度。

从式（3-103）中可以得到重要结论：流体做旋转运动，导致了射流中径向和轴向反压力梯度的建立。在旋转射流的中心部分，形成一个低于周围介质压力 p_∞ 的负压区，该区域的压力将沿着轴心线 x 和半径 R 方向增加。于是，在这两个反向压力梯度的作用下，引起周围介质分别逆于射流轴线和半径方向运动，前者就是所谓的回流或内卷吸，后者就是射流外卷吸。这个反向压力梯度随着射流旋转的强烈程度增加而增加。反向回流既有利于旋流式燃烧器中液体燃料的雾化，又有利于燃料-空气间均匀混合。因为，在回流和外卷吸中进行着非常强烈的动量、热量和质量的交换，从燃烧的角度来说，对燃料的着火、燃烧稳定性起着十分重要的作用。这也正是旋流燃烧器强大生命力之所在。

二、旋转射流的特征参数及流动形式

工程上用旋流强度（或旋流数）来反映射流旋转的强弱程度。实验表明：在湍流自由旋转射流中，任一断面上角动量的轴向通量（或旋转动量矩）G_φ 与轴向动量 M_x 均遵守守恒条件，即都等于旋转射流出口断面上的相应值。则有

$$G_\varphi = \int_0^R w_\varphi r\rho w_x \times 2\pi \mathrm{d}r = 常数 \qquad (3\text{-}104)$$

$$M_x = \int_0^R \rho w_x^2 \times 2\pi r\mathrm{d}r + \int_0^R p \times 2\pi r\mathrm{d}r = 常数 \qquad (3\text{-}105)$$

式中，w_x 是射流任意断面中的轴向速度分量；w_φ 是射流任意断面中的切向速度分量；p 是射

流中任意断面中的静压力；R 是射流断面的半径；r 是气流做旋转运动的旋转半径（m）。

考虑到上述两个动量的通量值都可以反映旋转射流的空气动力学特性，因此用它们之比值组成一个量纲一的量来表征旋转射流的特征本质，这个特征量称为旋流强度准则，简称为旋流强度或旋流数，用 Ω 表示，其计算公式为

$$\Omega = \frac{G_\varphi}{M_x R} = f\left(\frac{w_\varphi}{w_x}\right) \tag{3-106}$$

式中，R 是定性尺寸，一般取射流出口半径 $d_0/2$。

在实际计算旋流强度 Ω 时，一般都用射流出口断面上的 G_φ 和 M_x 来计算，为简化起见，通常均假定射流出口断面上的轴向速度 w_x 和切向速度 w_φ 的分布是均匀的，所以 M_x 项中的压力项，即守恒条件式（3-105）中的第二项可以忽略。由此计算的 Ω 值实际上具有定性比较的价值，但在工程计算中，却非常方便。这样式（3-106）中的旋转动量矩 G_φ 和轴向动量 M_x 可以表示为

$$G_\varphi = q_m w_\varphi r$$
$$M_x = q_m w_x$$

式中，q_m 是气流的质量流量（kg/s）；r 是气流做旋转运动的旋转半径（m）。
于是

$$\Omega = \frac{G_\varphi}{M_x R} = \frac{w_\varphi r}{w_x R} \propto \frac{w_\varphi}{w_x} \tag{3-107}$$

从旋流强度 Ω 的物理意义来看，它本质上就是旋流器或旋转射流出口处切向速度 w_φ 与轴向速度 w_x 比值的反映。显然，切向速度越大，旋流强度越大，则气流旋转越强烈，气流扩展角 2θ 和回流区都增大。从燃烧角度看，回流到火焰根部和外卷吸的高温烟气量增加，气流早期湍流扩散加强，混合强烈。此时，射流轴向速度衰减加快，射流火焰的射程缩短。所以，有时也用 w_φ/w_x 来定性表征旋转射流的旋流特性。

旋流强度 Ω 也是几何相似的旋流器（如蜗壳、轴向叶片及切向旋转叶片等）所形成的旋转气流的重要相似准则数。在计算各种旋流器的旋流强度时，不同的研究者针对不同的旋流器结构，采用不同的定性尺寸 R，所以旋流强度的具体计算值是稍有不同的。

根据旋流强度 Ω 的大小不同，旋流射流有两种基本的流动形式：

（1）开放型气流　当旋流强度 Ω 很小时，射流中心形不成回流区或者产生极微弱的回流，这对着火燃烧起不到实质性有利的影响。随着 Ω 的增大，中心回流区产生，其宽度和长度增加，并随射流轴向距离发展到无量纲距离 $s/d_0 = 2.0 \sim 3.0$ 处，形成较佳的稳定流动工况，如图 3-17b 所示；最后形成一个圆截面的流线形回流区边界，回流区尾迹以后流体速度的分布呈比较平坦而均匀的单峰形，如图 3-16a 所示。

（2）飞边型气流（又称全扩散型气流）　如图 3-17c 所示，随着旋流强度的再增大，射流的外卷吸作用进一步增强，一旦射流外侧的补气条件不足，便形成外卷吸回流的局部极低压区。在气流中心压力作用下，射流向四周扩展，当射流扩展角 2θ 增加到某一值，气流突然充分扩展到 180°，形成全扩散的贴墙气流，此时气流外卷吸作用消失。

从燃烧工况的组织来看，飞边型气流是一种不正常工况，应避免发生，特别是在煤粉燃烧中，它不仅会影响"三传"过程的进行，还会导致燃烧工况恶化和炉墙结渣。

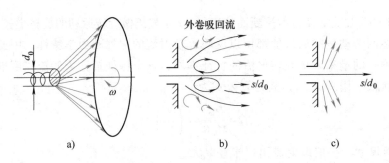

图 3-17 旋流气流形状

a）旋转气流外貌 b）开放型气流 c）飞边型气流

三、旋转射流的一些实验研究结果介绍

1. 弱旋转射流的特性

（1）速度分布

1）轴向速度分布。一般总是把旋流强度 $\Omega<0.6$ 的旋转射流称为弱旋转射流。在弱旋转射流中，射流轴向压力变化不大，以至于还不能形成射流中心的回流区，旋流的作用只能加强与射流外围介质的湍流混合和卷吸率。此时，射流速度的衰减相对地比直流射流大。实验发现，当 $\Omega<0.416$ 时，在 $s/d_0<15$ 的射流断面上，量纲一的轴向速度 w_x/w_{max} 近似呈对称型的高斯曲线分布，且具有断面速度相似性，如图 3-18a 所示，其关系为

$$\frac{w_x}{w_{max}} = \exp\left[-\frac{Kr^2}{(s+h)^2}\right] = \exp\left[-K\left(\frac{r}{x}\right)^2\right] \tag{3-108}$$

式中，K 是轴向速度分布的经验系数，$K=92/(1+6\Omega)$；w_{max} 是射流断面上轴向速度的最大值；s 是所取断面到喷口的距离；h 是射流原点到喷口的距离；r 是射流断面上轴向速度为 w_x 处到轴心线的径向距离；x 是射流断面到射流原点的距离，$x=s+h$。

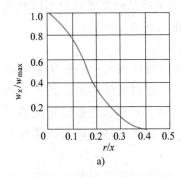
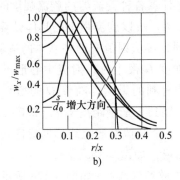
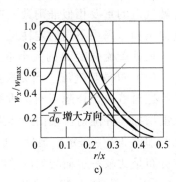

图 3-18 轴向速度的分布

a）$\Omega=0.416$ b）$\Omega=0.600$ c）$\Omega=0.640$

轴向距离 $s/d_0=2.0\sim15.0$

当旋流强度 $\Omega\geqslant0.6$ 时，射流断面上轴向速度的最大值 w_{max} 开始偏离轴心线形成双峰形

速度分布（图 3-18b、c），射流中心出现了低速流动。此时，射流核心区将比直射流更早被破坏。

2）弱旋转射流的切向速度分布。实验发现，从 $s/d_0 = 2$ 即开始出现切向速度分布的相似性。在射流断面的中心部分，切向速度基本上按强制涡运动呈线性分布，在外侧部分则按自由旋涡运动分布。如果用无因次尺寸 r/x 来反映强制涡运动的区域，当 $\Omega = 0.60 \sim 0.64$ 时，射流外边界明显增大，外卷吸作用增强，强制涡的径向范围 r/x 最大到 0.2 处。

切向速度断面分布的相似性可以用三阶多项式来描述，即

$$\frac{w_\varphi}{w_{\varphi max}} = C\left(\frac{r}{x}\right) + D\left(\frac{r}{x}\right)^2 + E\left(\frac{r}{x}\right)^3 \tag{3-109}$$

式中，w_φ 是射流断面某点的切向速度；$w_{\varphi max}$ 是射流断面上切向速度最大值；x 是射流断面到射流原点的距离，$x = s + h$；r 是射流断面上的径向坐标距离；C、D、E 是实验常数（表 3-7）。

表 3-7 实验常数 C、D、E

Ω	0.066	0.134	0.234	0.416	0.600	0.640
C	7.7	10.7	18.1	15.1	22.8	25.2
D	71.5	20.0	-98.8	-67.2	-155.0	-186.0
E	-542.0	-326.0	138.0	75.4	275.0	359.0

3）速度衰减的实验结果。量纲一的轴向速度 w_{max}/w_{x1} 及量纲一的切向速度 $w_{\varphi max}/w_{\varphi 1}$ 沿射流量纲一的轴向距离 s/d_0 衰减的实验结果如图 3-19 和图 3-20 所示。两个图中的 w_{max} 和 $w_{\varphi max}$ 分别为射流断面上轴向速度和切向速度的最大值，w_{x1} 和 $w_{\varphi 1}$ 分别为射流出口断面上的轴向速度和切向速度。s/d_0 是射流断面到喷口的量纲一的距离，d_0 为喷口直径。

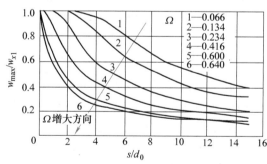

图 3-19 轴向速度最大值沿轴线的衰减

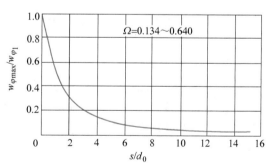

图 3-20 切向速度最大值沿轴线的衰减

图 3-19 中的实验结果表明，轴向速度的衰减与轴向距离 s/d_0 成反比，且随着旋流强度 Ω 的增加衰减加快。实验回归结果为

$$\frac{w_{max}}{w_{x1}} = \frac{6.8}{1+6.8\Omega^2} \frac{1}{s/d_0} \tag{3-110}$$

式中，旋流强度 Ω 的适用范围为 $0.066 \sim 0.640$。

从图 3-20 可知，切向速度衰减 $w_{\varphi max}/w_{\varphi 1}$ 与 $(s/d_0)^2$ 成反比，与旋流强度 Ω 无关。

（2）射流的半扩展角 θ 实验发现，在 $\Omega = 0 \sim 1.1$ 范围内，θ 随着旋流强度 Ω 成线性增加，如图 3-21 所示。回归结果为

$$\theta = 4.8 + 14\Omega \tag{3-111}$$

（3）弱旋转射流的外卷吸 实验研究指出，弱旋转射流在前进过程中与周围介质间发生的动量、热量和质量交换既取决于旋流强度 Ω 的大小，又随量纲一的距离 s/d_0 的增大而增大，且射流的速度一路衰减。量纲一的质量卷吸量 q_m/q_{m1} 的经验公式为

$$\frac{q_m}{q_{m1}} = K \frac{s}{d_0} \tag{3-112}$$

式中，K 是卷吸系数，K 的实验数据如图 3-22 所示，$K = 0.32 + 0.8\Omega$；q_m 是卷吸入射流中的质量流量；q_{m1} 是主旋转射流出口的质量流量；d_0 是射流喷口直径。

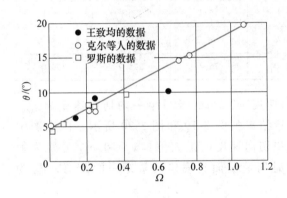

图 3-21　射流半扩展角 θ 的实验数据

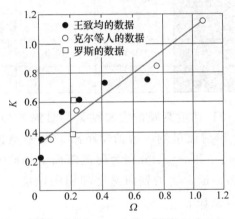

图 3-22　卷吸系数 K 的实验数据

2. 强旋转射流的特性

（1）强旋转射流的速度及压力分布 强旋转射流一般指旋流强度 $\Omega > 0.6$ 的旋转射流。燃烧工程中的旋转射流，其旋流强度一般均大于 0.6，属于强旋转射流。在强旋转射流中，沿射流轴心线上的轴向能量已不足以克服反压力梯度的作用，且在射流中心部分形成了反向流动的回流区。从燃烧的观点，这个回流区对火焰的稳定有着重要的意义，这是因为在回流区中储存了热量，增强了湍流混合。

随着射流旋流强度的增加，射流扩展角 2θ 相应增大，内外侧卷吸量也相应增加，从而射流的速度衰减和浓度衰减加剧。图 3-23 所示为旋转射流在不同旋流强度下沿轴向衰减的实验结果。图中速度纵坐标中的分子项分别为射流断面上的最大轴向、切向和径向速度；分母项分别为射流出口断面上的轴向、切向和径向速度。p_∞ 和 p_{zs} 分别为周围环境和射流轴心线上的绝对压力。速度和压力都按 x^{-k} 规律衰减。对轴向速度和径向速度，$k = 1$；对切向速度，$k = 2$；对压力，$k = 4$。

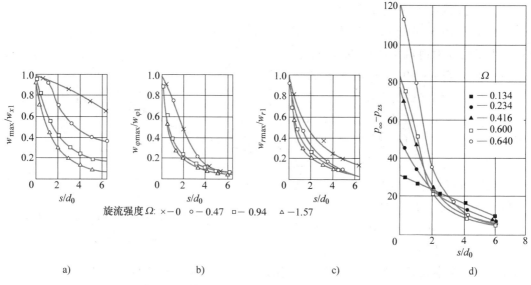

图 3-23　量纲一的轴向、切向、径向速度及压力沿射程 s/d_0 的衰减

a）轴向速度衰减　b）切向速度衰减　c）径向速度衰减　d）压力衰减

（2）射流喷口结构对强旋转射流特性的影响　常见的旋转射流喷口形状如图 3-24 所示。实践证明，喷口的形状对流动结构有很大的影响，图 3-25 给出了不同扩口半张角 α 下，射流中心相对截面最大回流率 $\overline{f}$ 的变化情况。

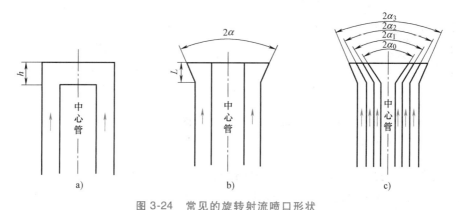

图 3-24　常见的旋转射流喷口形状

a）平直喷口　b）扩口结构中心管与扩口平齐　c）带扩口的同轴多股旋转射流

这里的相对截面最大回流率 $\overline{f}$ 是指沿射流前进方向上最大截面回流率与平直喷口下的最大截面回流率的比值。实验表明，随着扩口半张角 α 从 0°（即平直喷口）逐渐增加，$\overline{f}$ 是一路增加的，其趋势是当 $\alpha>25°$ 后开始趋缓。显然，不加扩口的平直喷口的回流卷吸量最小。在实际的燃烧工程实践中也证实：这种带扩口的强旋转射流，由于中心强有力的回流区存在，把炉膛中心的高温气流卷吸到射流喷口附近，为新鲜燃料提供充足的着火热，以保证及时着火，燃料燃烧火焰独立且非常稳定。所以，在工程上，旋转射流的喷口一般都采用带扩口的结构。并根据燃料的燃烧特性，α 角的取用范围最大为 25°～30°。

（3）旋流强度 Ω 对射流湍流混合与传质的影响　图 3-26 给出了旋流强度 Ω 和扩口半张角 α 对射流扩展角 2θ 的影响，从图中可知：当 $\alpha < 30°$ 时有很显著的影响。为了有效组织好旋转射流稳定的流场工况，一般情况下，旋流强度控制在 1.8 以下为宜。图 3-27 给出了直喷口（即 $\alpha = 0°$）结构下，旋流强度 Ω 对回流区长度 s/d（s 是回流区终点到喷口的距离，d 为喷口的当量直径）的影响。结合图 3-26 和图 3-27 可知，实际上包括扩口半张角 $\alpha \leqslant 10°$ 的小扩口角结构在内，对射流扩展

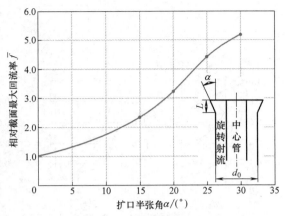

图 3-25　强旋转射流扩口半张角 α 对相对截面最大回流率 $\bar{f}$ 的影响

和回流卷吸有显著调控作用的手段就是气流的空气动力参数——旋流强度 Ω。

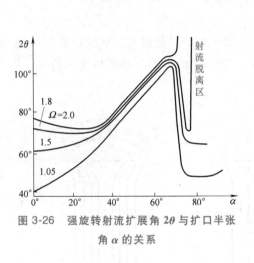

图 3-26　强旋转射流扩展角 2θ 与扩口半张角 α 的关系

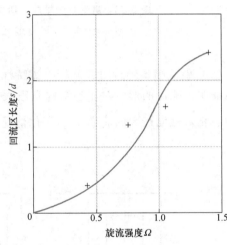

图 3-27　直喷口旋流强度 Ω 对回流区长度 s/d 的影响

（4）旋流强度 Ω 与扩口半张角 α 的协调配合　扩口半张角 α 与气流的旋流强度 Ω 之间应很好地协调和配合才能形成中心回流及外卷吸都很强烈的稳定燃烧工况。图 3-28 给出了临界旋流强度 Ω_{lj} 与扩口半张角 α 的配合关系。Ω_{lj} 是指旋转射流形成最佳燃烧工况时应该达到的最小旋流强度值，此时与其配合的扩口半张角应为 α 值。如果 Ω 太小，则 α 反而很大，这种不协调，很可能造成扩口中出现边界层脱离，导致稳定的流场受到破坏。

（5）同轴多股旋转射流实验启示　图 3-24c 所示为同轴三股强旋转射流，这种喷口组合结构，在实际的旋流燃烧器设计中是最常用的，图中三股旋转射流的扩口角分别为 $2\alpha_1$、$2\alpha_2$

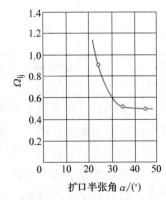

图 3-28　临界旋流强度 Ω_{lj} 与扩口半张角 α 的相互配合关系

和 $2\alpha_3$，由于喷口结构的复杂性，其流场结构更难以用理论计算方法确定，只能通过模型实验来找到各扩口角间的相互配合关系。实验在风量和旋流强度 Ω 一定的工况下，发现扩口角度间的组合关系对整体射流中心回流率有显著影响。主要启示如下：

1）当 $2\alpha_0$、$2\alpha_1$、$2\alpha_2$ 均为 $0°$，α_3 从 $15°$ 增加到 $30°$ 时，平均中心回流率和气流扩展角均随之增大。当 α_3 一定（如 $25°$），α_0、α_1 不变，只把 α_2 从 $0°$ 增加到 $25°$，发现 α_2 为 $15°$ 时，平均中心回流率达到最大值，约 38%，相邻两半扩口角之间，内侧角比外侧角小 $0°\sim 10°$，类似关系也出现在 α_1 与 α_2 角的组合结构中。

2）实验也发现，中心管无需加装扩口，即 $\alpha_0 = 0°$。内层风口不建议内缩。

第六节　钝体射流中的混合与传质

一、钝体射流的流动结构

在主射流喷口处设置有非流线形物体的绕流流动称为钝体射流，如图 3-29 所示，钝体尾迹的流动结构主要受钝体的形状及几何尺寸的影响。

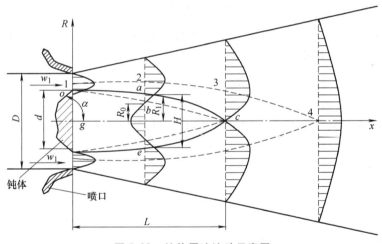

图 3-29　钝体尾迹流动示意图

射流绕过非流线形的钝体时，在钝体下游的减速扩压流动中，由于反压力梯度的作用，引起边界层脱离并在钝体尾迹中形成回流旋涡区。在回流区与主流区之间进行着强烈的动量、热量和质量交换。主射流绕过回流区后在 c 点汇合，到 4 点射流断面上的最大速度又处在轴心线上。射流各断面上的最大速度点 1、2、3、4 的连线称最大速度线，在此线上各点的速度梯度 $\mathrm{d}w/\mathrm{d}r = 0$。

oac 为钝体尾迹回流区的外边界线。在此边界线上的各点，正向流动的质量流量与轴心线处的反向流动的质量流量相等。该边界线与流函数 $\Psi = 0$ 的零流线相重合。零流线是按轴向速度的断面分布曲线积分求得的。已知流函数 Ψ 的空间分布后，就可以估算出回流区的尺寸和形状。从钝体表面至尾迹后驻点 c 的轴向距离 gc 称被为回流区的长度 L，零流线的最大径向尺寸 ae 被称为回流区的宽度 H。

obc 是各断面上轴向速度 $w = 0$ 的点的连线，又叫零速度线。obc 把回流区分割成与主射流方向相同的正流区和与主射流方向相反的反流区两部分。回流区外边界线与零速度线的首尾在钝体的外边界层脱离点 o 及下游驻点 c 分别重合。回流旋涡区的中心处在零速度线上，此处静压力最小。

在存在着燃烧的情况下，主流中燃烧产生的高温烟气被回流区卷吸，再带往上游加热新鲜的燃料空气混合物，促成燃料的着火。从这个观点看，钝体尾迹回流区不仅是一个强烈湍动的搅拌混合区，而且也是一个热量储存器。实验表明，它能够在主射流速度远大于火焰传播速度的情况下保持火焰的稳定性。

二、钝体射流的流动特性

1. 钝体射流流动的特征参数

（1）轴向总质量流量 q_{m1}

$$q_{m1} = 2\pi \int_0^R \rho w r \mathrm{d}r$$

回流区轴向回流质量流量 q_{mh} 的计算式为

$$q_{mh} = 2\pi \int_0^{R_0} \rho w r \mathrm{d}r$$

式中，w 是轴向速度分布，$w = w(r)$，由实验测量；R_0 是零速度线的径向坐标。

（2）射流出口的初始质量流量 q_{m0}

$$q_{m0} = \rho w_1 A_F (1-\varepsilon)$$

式中，w_1 是射流出口速度；A_F 是射流喷口的总截面面积；ε 是钝体的阻塞率，是射流喷口被钝体占据的截面面积 $A_f = A_F - A_{f0}$（A_{f0} 是射流出口的实际截面面积）与射流喷口总截面面积的比值，即 $\varepsilon = A_f / A_F$。

如图 3-29 所示，对于圆形喷口和轴对称钝体

$$\varepsilon = \left(\frac{d}{D}\right)^2$$

对于矩形喷口和矩形截面面积的钝体，当高度相同时

$$\varepsilon = \frac{b}{B}$$

式中，B 是喷口的宽度；b 是钝体在喷嘴出口断面上的宽度。

（3）卷吸量 q_m　环形射流离喷口轴向距离为 x 范围内，外边界对周围介质的卷吸量（质量流量）q_m 为

$$q_m = q_{m1} - q_{m0}$$

（4）回流质量流率 k　定义 k 为回流质量流量 q_{mh} 与射流出口初始质量流量 q_{m0} 的比值，即 $k = q_{mh} / q_{m0}$。k 可以看作回流强度的尺度。

2. 钝体几何参数对平均流动特性的影响

（1）钝体张角 2α 的影响　回流区的长度 L、宽度 H 及回流质量流率 k 对钝体张角的变化反应十分敏感。图 3-30 给出了在阻塞率 $\varepsilon = 0.25$ 下 α 影响的实验曲线。从图中可以看出，

随着 α 的增大，回流区的量纲一的长度 L/d、宽度 H/d 及回流质量流量 q_{mh}/q_{m0} 都显著地增加。这是由于 α 增大后，主射流动量 M 的径向分量 $M\sin\alpha$ 增加的结果。

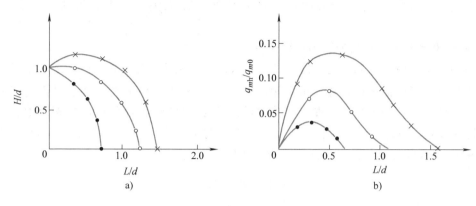

图 3-30　α 对回流特性的影响（$\varepsilon = 0.25$）

a）α 对 L/d 和 H/d 的影响　b）α 对 k 的影响

●—$\alpha = 0°$（圆柱）　○—$\alpha = 45°$（圆锥）　×—$\alpha = 90°$（圆盘）

（2）阻塞率 ε 的影响　当钝体半张角 α 一定时，改变阻塞率 ε 的实验结果如图 3-31 所示。实验表明，H/d 受 ε 的影响小，ε 主要是影响 L/d 和 k。很明显，阻塞率增大，L/d 减小，H/d 变化不大，但是 k 增加十分显著。

仅从燃料的着火和燃烧稳定性考虑，增大钝体半张角 α 和阻塞率 ε 是十分有效的，但是从工程上考虑，α 和 ε 的增大将会显著增大流动的阻力，所以工程上应综合优化考虑，既有利于着火燃烧，又不至于增加更多的阻力损失。

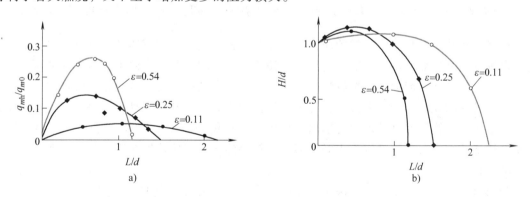

图 3-31　ε 对回流特性的影响

a）ε 对 k 的影响　b）ε 对 L/d 和 H/d 的影响

第七节　平行与相交射流中的混合与传质

一、混合与传质的动力参数条件

若有一组射流，它们的轴心线方向以一定的角度相交，这样的射流组为相交射流。相交射流有两个特殊情况：当两股射流轴心线相互平行时，也就是相交角为零，称其为平行射流；当其交角为180°时，称为反向射流（图3-32）。

平行与相交射流混合和传质的动力参数条件是什么呢？首先分析两股平行射流的情况。

1. 平行射流混合和传质的动力参数条件

设有两股平行射流，其平均速度分别为 w_1 和 w_2。在其混合边界层内，由于湍流运动扩散引起大尺度分子团的横向转移，可以用湍流切应力 σ 的大小来表征这个混合过程的强烈程度。从普朗特混合长度理论出发，并考虑普朗特在1942年提出的射流横断面中不仅混合长度 l 为一常数，而且湍流运动黏度 ν_t 也为常数。这样，可以用两股射流混合边界层上平均速度梯度 $\mathrm{d}w/\mathrm{d}y$ 来反映它们的"三传"强弱，即

$$\frac{\mathrm{d}w}{\mathrm{d}y} \propto \frac{w_1 - w_2}{R}$$

式中，R 是平行射流混合边界层发展厚度，即图3-32中的 b。

根据式（3-22），$\dfrac{l}{R} = K_1$，于是湍流切应力 σ 按式（3-20）可表示为

$$\sigma = \rho_1 l^2 \left(\frac{\mathrm{d}w}{\mathrm{d}y}\right)^2 = K_1 \rho_1 (w_1 - w_2)^2 = K_1 \rho_2 w_2^2 \left(\frac{\rho_1 w_1^2}{\rho_2 w_2^2} - 2\frac{\rho_1 w_1}{\rho_2 w_2} + \frac{\rho_1}{\rho_2}\right) \tag{3-113}$$

式中，K_1 是表征湍流运动和湍流结构的经验常数。

从式（3-113）可以得到以下重要结论：

1）两股平行射流湍流混合的强弱取决于两者的动压比 $\dfrac{\rho_1 w_1^2}{\rho_2 w_2^2}$。理论分析和实验都证明，两平行射流间动压差是湍流扩散的动力来源。动压相差越大，则流体微团可以在更大的尺度范围内进行湍流扩散，此时，混合边界层越偏于动压小的一侧。当两平行射流的动压值接近相等时，由动压差引起的湍流扩散将显著减小到十分微弱的程度，其间的湍流扩散只能靠射流本身所具有的原始扰动度来维持。在组织煤粉燃烧时，可利用大动压差使大块流体微团在远大于层流火焰锋面厚度的尺寸范围内进行动量、热量和质量的传递，这称为大尺度湍动。在悬浮燃烧组织中，保证稳定着火必需的着火热及焦炭燃尽阶段所必需的氧，主要是靠大尺度湍动迁移实现的。

2）射流本身的动压 $\rho_2 w_2^2$ 是决定湍流混合程度强弱的另一个重要空气动力参数，它的大小直接反映了射流本身所具有的湍流混合的能力，它是射流内部进行动量、热量和质量传递的动力源。一般说来，靠射流自身湍动的流体微团尺度范围比较小，总是小于层流火焰锋面的厚度，故称为小尺度湍动。小尺度湍动在组织煤粉燃烧过程中是不可缺少的，因为在大尺度湍动的流体微团中，煤粉与空气一起湍动，它们之间的相对速度很小，因此氧气在微团内还不得不依靠小尺度的湍动和分子运动扩散输运到煤粉表面上去。如要强化煤粉颗粒的燃烧，就应该设法制造一些小尺度湍动，才能使煤粉、空气共处的气流微团尽快地实现强烈而均匀的混合。在湍流流场中，大尺度流体微团总会自发地分裂破碎成小尺度微团，但是它受到的黏性阻力很大，寿命很短。要维持小尺度微团的存在，必须消耗足够大的能量。所以，

大尺度微团的破碎程度是受到可能提供能量的多少来决定的。显然，气流自身速度越高，动能越大，能够维持的湍动极限最小尺寸就越小。对于普通的煤粉燃烧，湍动极限最小尺度约为1mm，它比煤粉的粒径大一个数量级。所以，为促进煤粉的燃烧，应该采用高速而连续的气流，促进小尺度的湍动。

3）式（3-113）中的 K_1，从物理本质上分析，它实际上是射流流经喷口后的湍动度的反映，是由射流出口速度分布特征和射流喷口结构特征所决定的一个特定经验常数，通常用湍流结构系数 a 来反映它，a 的大小由实验测定。常用喷口的湍流结构系数 a 的数据见表3-8。

表3-8 常用喷口的湍流结构系数 a 的数据

喷嘴结构	湍流结构系数 a	喷嘴结构	湍流结构系数 a
收缩良好的轴对称喷口	$0.066 \sim 0.071$	普通平面直喷口	0.118
圆柱形管状直喷口	$0.076 \sim 0.08$	带金属网格的喷口	0.24
收缩良好的平面喷口	0.108	带45°轴向叶片的喷口	0.27

2. 相交射流混合和传质的动力参数条件

对于相交射流来说，情况就不同了。由于两股射流以一定的角度相交，两者在各自惯性力的作用下，相互碰撞和混合，直接进行着流体内的动量、热量和质量交换。这个惯性力相比湍流切应力要大数百倍以上，所以该过程将比靠流体微团间的横向速度脉动引起的湍流扩散要强烈得多。其原因是：①射流的等值核心区和最迟完成混合过程的射流轴心线区在惯性力的直接冲击下，迅速破坏，同时产生一系列附加的冲击旋涡，使混合过程大大加快，而波及的面也加大；②两股射流互撞后，将产生射流变形和压扁，在相交射流交角平面内，汇合射流的厚度大大减小，而湍流混合边界层就很容易地扩展到射流的轴心线上，从而使混合加快，显然，此时轴心线上的速度也很快衰减；③从两股射流轴心线交点开始的汇合射流断面具有最大的相对周界长度，在这个周界上可以吸入较多的周围介质，从而使混合过程强化。

因此，从动力学参数上看，决定相交射流混合过程的是两股射流动量流率（即惯性力）的比值 $M = \rho_1 w_1^2 f_1 / (\rho_2 w_2^2 f_2)$，以及射流具有的初始动量流率 $\rho w^2 f$ 的大小，而不再是决定平行射流混合过程的动压头之比和初始动压头了。

二、平行射流

1. 平行射流相邻区域湍流混合边界层厚度 b

（1）同向平面平行射流 图3-32所示为同向平行射流（即 w_1 与 w_2 平行且同向）和反向平行射流（即 w_1 与 w_2 平行但反向）混合边界层示意图。设平面平行射流混合边界层边界上的速度分别为 w_1 和 w_2，则边界层厚度 b 的增长速度 $db/d\tau$ 正比于横向速度脉动 w_y'，即

$$\frac{db}{d\tau} \propto w_y' = l\frac{dw}{dy}$$

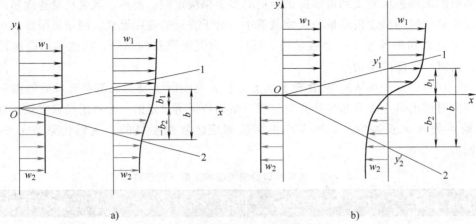

图 3-32 平面平行射流混合边界层

a) 同向平行射流 b) 反向平行射流

因为

$$w_y' \propto \frac{\mathrm{d}b}{\mathrm{d}\tau} = \frac{\mathrm{d}b}{\mathrm{d}x}\frac{\mathrm{d}x}{\mathrm{d}\tau}$$

设 $\mathrm{d}x/\mathrm{d}\tau = w_*$ 为平均的特征速度，对不可压缩流体，有

$$w_* = \frac{1}{2}(|w_1|+|w_2|)$$

那么

$$\frac{\mathrm{d}b}{\mathrm{d}x} \propto \frac{|w_y'|}{w_*} \propto \frac{|w_1-w_2|}{|w_1|+|w_2|}$$

式中，$\dfrac{|w_y'|}{w_*} = \varepsilon$，$\varepsilon$ 是湍流射流的湍动度。

注意：$|w_y'|$、$|w_*|$ 及 $|w_1-w_2|$ 等都用绝对值，这是因为边界层随射流的发展而增加，在任何情况下 $\mathrm{d}b/\mathrm{d}x$ 总是大于 0 的。

于是有

$$\frac{\mathrm{d}b}{\mathrm{d}x} = c\frac{|w_1-w_2|}{|w_1|+|w_2|}$$

积分后得

$$b = cx\frac{|w_1-w_2|}{|w_1|+|w_2|} \tag{3-114}$$

常数 c 可以按自由射流边界发展的实验结果取值。在自由射流中，从式（3-41）可知外边界 $R = a\varphi x = cx$，这里 $c = a\varphi$。对平面平行射流，按表 3-6 取平均湍流结构系数 a 为 0.113，则 $c = 0.113 \times 2.4 = 0.27$，于是，$R = cx = 0.27x$。

那么，式（3-114）可变成

$$\frac{b}{R} = \frac{|w_1-w_2|}{|w_1|+|w_2|}$$

对于同向平行伴随流的情况，边界上的速度 w_1 和 w_2 同向，则上式可写成

$$\frac{b}{R} = \pm \frac{w_1 - w_2}{w_1 + w_2} = \pm \frac{1-m}{1+m}$$

式中，$m = w_2/w_1$，当 $m>1$，即 $w_2 > w_1$ 时，等式前取负号。

最后得到同向平行射流混合边界层厚度 b 与速度比 m 和轴向距离 x 的关系式，即

$$\left.\begin{array}{l} b = \pm R \dfrac{w_1 - w_2}{w_1 + w_2} = \pm 0.27x\dfrac{1-m}{1+m} \\[3mm] \dfrac{b}{R} = \pm \dfrac{1-m}{1+m} \\[3mm] \dfrac{b}{x} = \pm 0.27\dfrac{1-m}{1+m} \end{array}\right\} \qquad (3\text{-}115)$$

或

或

（2）反向平面平行射流　对于反向射流，在边界层上的速度 w_1 和 w_2 反向，按式 (3-114)，则有

$$\frac{b}{R} = \frac{|w_1| + |w_2|}{|w_1| + |w_2|} = 1$$

此时

$$\left.\begin{array}{l} b = R = 0.27x \\[2mm] \dfrac{b}{x} = 0.27 \end{array}\right\} \qquad (3\text{-}116)$$

或

由此可得出重要结论：反向射流混合边界层厚度 b 与两射流的速度比 m 无关，仅随射流轴向距离 x 成线性增长，量纲一的边界层厚度 b/x 等于常数 0.27。

把式（3-115）和式（3-116）作曲线如图 3-33 所示。

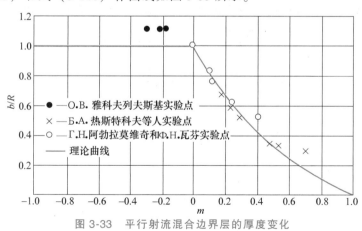

图 3-33　平行射流混合边界层的厚度变化

从图中看出，当 $-0.4 < m < 0.6$ 时，实验点与理论曲线能很好相符。

2. 平面平行射流各自侧的混合边界层厚度 b_1 和 b_2

在图 3-32 中，为使问题简化，做如下假设：

1）混合边界层厚度 $b=b_1+(-b_2)=b_1-b_2$ 以外的区域，即每股射流的主流区，其流体参数（速度和密度）都是常数。

2）两股平行射流为不可压缩的同类同温流体，则密度 $\rho_1=\rho_2=\rho$（ρ 是混合边界层内的流体密度）。

由此可知，流体通过边界 0—1 进入混合边界层的流体质量流量 q_{m1} 为

$$q_{m1}=\rho w_1 b_1+\rho(-w_{y1})x=\rho(w_1 b_1-w_{y1}x)$$

式中，第一项是纵向速度 w_1 引入的流量；第二项是横向速度 $-w_{y1}$ 引入的流量。

同样，通过边界 0—2 进入混合边界层的流体质量流量 q_{m2} 为

$$q_{m2}=\rho w_2(-b_2)+\rho w_{y2}x=\rho(-w_2 b_2+w_{y2}x)$$

根据质量流量不变定律，从 0—1 和 0—2 边界进入混合边界层的流体质量流量总和等于从边界 $b=b_1+(-b_2)=b_1-b_2$ 流出的总质量流量 q_m，即

$$q_m=q_{m1}+q_{m2}=\rho\left[(w_1 b_1-w_{y1}x)+(-w_2 b_2+w_{y2}x)\right]=\int_{-b_2}^{b_1}\rho w\,\mathrm{d}y \tag{3-117}$$

同样，从 0—1 和 0—2 边界进入边界层的流体动量和，也等于从边界层 $b=b_1-b_2$ 流出的流体所具有的总动量，于是可写出动量不变方程为

$$\left.\begin{aligned}\rho w_1(w_1 b_1-w_{y1}x)+\rho w_2(-w_2 b_2+w_{y2}x)&=\int_{-b_2}^{b_1}\rho w^2\,\mathrm{d}y\\ w_1(w_1 b_1-w_{y1}x)+w_2(-w_2 b_2+w_{y2}x)&=\int_{-b_2}^{b_1}w^2\,\mathrm{d}y\end{aligned}\right\} \tag{3-118}$$

或

由式（3-117）乘以 w_1，减式（3-118），得到

$$(w_1-w_2)(-w_2 b_2+w_{y2}x)=\int_{-b_2}^{b_1}w(w_1-w)\,\mathrm{d}y \tag{3-119}$$

由式（3-117）乘以 w_2，减式（3-118），得到

$$(w_1-w_2)(w_1 b_1-w_{y1}x)=\int_{-b_2}^{b_1}w(w-w_2)\,\mathrm{d}y \tag{3-120}$$

为了实际计算方便，采用量纲一的断面速度相似性的经验方程式，即

$$\frac{w_1-w}{w_1-w_2}=f(\eta)=(1-\eta^{1.5})^2$$

其中

$$\eta=\frac{y-b_2}{b}=\frac{y-b_2}{b_1-b_2}$$

令

$$m=\frac{w_2}{w_1}$$

则断面速度相似性方程变成

$$\left.\begin{aligned}\frac{1-w/w_1}{1-m}&=f(\eta)\\ \frac{w}{w_1}&=1-(1-m)f(\eta)\end{aligned}\right\} \tag{3-121}$$

或

将式（3-121）代入式（3-119），并令 $\overline{w_{y2}}=\dfrac{w_{y2}}{w_1-w_2}\dfrac{x}{b}$，于是得到

$$-\frac{m}{1-m}\frac{b_2}{b}+\overline{w_{y2}}=\frac{1}{1-m}\int_0^1 f(\eta)\,\mathrm{d}\eta-\int_0^1 f^2(\eta)\,\mathrm{d}\eta$$

$$=\frac{1}{1-m}\times 0.45-0.316 \tag{3-122}$$

式中，等式右侧的两个定积分，按断面速度分布相似性计算的结果为

$$\int_0^1 f(\eta)\,\mathrm{d}\eta=0.45$$

$$\int_0^1 f^2(\eta)\,\mathrm{d}\eta=0.316$$

将式（3-121）代入式（3-120），并令

$$\overline{w_{y1}}=\frac{w_{y1}}{w_1-w_2}\frac{x}{b}$$

得到

$$\frac{1}{1-m}\frac{b_1}{b}-\overline{w_{y1}}=\int_0^1[1-f(\eta)]^2\mathrm{d}\eta+\frac{m}{1-m}\int_0^1[1-f(\eta)]\mathrm{d}\eta$$

$$=0.416+\frac{m}{1-m}\times 0.55 \tag{3-123}$$

式中，等式右侧两个断面速度分布相似性的定积分计算结果为

$$\int_0^1[1-f(\eta)]^2\mathrm{d}\eta=0.416$$

$$\int_0^1[1-f(\eta)]\mathrm{d}\eta=0.55$$

式（3-122）和式（3-123）中共四个未知数，即 b_1/b、b_2/b、$\overline{w_{y1}}$、$\overline{w_{y2}}$。还必须补充两个方程式才能使方程组封闭，以便求解。

补充方程 1：根据混合边界层的边界条件可有

$$\left.\begin{array}{r}b=b_1-b_2\\[2mm]\dfrac{b_1}{b}-\dfrac{b_2}{b}=1\end{array}\right\} \tag{3-124}$$

或

补充方程 2：根据平面射流的具体情况，引入边界层横向平衡条件，即流体分别通过 0—1 和 0—2 边界所具有的动量在 y 坐标方向上的投影，其数值相等，方向相反。于是有

$$\rho(w_1 b_1-w_{y1}x)(-w_{y1})=\rho(-w_2 b_2+w_{y2}x)w_{y2}$$

变换后得

$$-\left(\frac{m}{1-m}\frac{b_1}{b}-\overline{w_{y1}}\right)\overline{w_{y1}}=\left(-\frac{m}{1-m}\frac{b_2}{b}+\overline{w_{y2}}\right)\overline{w_{y2}} \tag{3-125}$$

式（3-122）~式（3-125）联立求解，最后得到

$$\left.\begin{array}{l}\dfrac{b_1}{b}=0.37\dfrac{1+1.05m+1.52m^2}{1+0.64m+0.76m^2}\\[4mm]\dfrac{b_2}{b}=-0.63\dfrac{1+0.4m+0.31m^2}{1+0.64m+0.76m^2}\end{array}\right\} \tag{3-126}$$

87

式（3-126）为两平行射流混合边界层中各自侧的边界方程式。对其讨论如下：

（1）同向平行射流（$0 \leqslant m \leqslant 1$）　从式（3-115）可知，其混合边界层厚度 $b = \pm 0.27x\dfrac{1-m}{1+m}$，代入式（3-126），便可得到混合边界层边界线 0—1 和 0—2 的发展规律，即

0—1 边界层方程　　　$\dfrac{b_1}{x} = 0.1\dfrac{1+0.05m+0.47m^2-1.52m^3}{1+1.64m+1.4m^2+0.76m^3}$

0—2 边界层方程　　　$\dfrac{b_2}{x} = -0.17\dfrac{1-0.6m-0.09m^2-0.31m^3}{1+1.64m+1.4m^2+0.76m^3}$

$$\left.\right\} \qquad (3\text{-}127)$$

（2）反向平行射流（$-1 \leqslant m \leqslant 0$）　从式（3-116）可知，反向射流混合后边界层厚度 $b = 0.27x$，代入式（3-126）便可得到混合边界层边界线 0—1 和 0—2 的发展规律。其中

0—1 边界层方程　　　$\dfrac{b_1}{x} = 0.1\dfrac{1+1.05m+1.52m^2}{1+0.64m+0.76m^2}$

0—2 边界层方程　　　$\dfrac{b_2}{x} = -0.17\dfrac{1+0.4m+0.31m^2}{1+0.64m+0.76m^2}$

$$\left.\right\} \qquad (3\text{-}128)$$

按式（3-127）和式（3-128）作曲线如图 3-34 所示中的实线部分。

通过上述的研究和图 3-34，可以得出十分重要的结论：

1）反向平行射流混合边界层总厚度 b，要比同向平行射流（即 $m \geqslant 0$）的边界层总厚度大得多。从湍流混合与传质的角度来看，边界层越厚，显然两股射流间的混合与传质越强烈。

2）同向平行射流混合边界层总厚度 b 及各股射流与邻侧混合的边界层厚度 b_1 和 b_2 都随速度比 m 的增加而减小。当 $m = 1$ 时，混合边界层厚度 $b = b_1 = b_2 = 0$，说明两股同向同密度平行射流的速度（或动压）接近相等时，其间由速度（或动压）差引起的湍流混合已十分微弱。这一点与式（3-113）的结果是完全一致的。但是反向平行射流的情况与同向射流的情况完全不同。前者的混合边界层总厚度 b 与速度比 m 无关，即 b 不随 m 的变化而改变，保持着一个常数值。但是各侧的边界层厚度 b_1 和 b_2 却随速度比 m 呈近似平行的规律变化，即一侧边界层增厚，另一侧则相应减薄，始终保持 $b = b_1 - b_2 =$ 常数。

3）在平面平行射流流场中，平行流体之间的湍流混合边界层区域总是更多地偏向流速较小的流体一侧。从图 3-34 可知，在 $-1 \leqslant m = \dfrac{w_2}{w_1} \leqslant 0.7$ 的大速度比范围内，速度小的一侧的边界层厚度总是大于速度大的一侧，即 $\dfrac{b_2}{x} > \dfrac{b_1}{x}$。

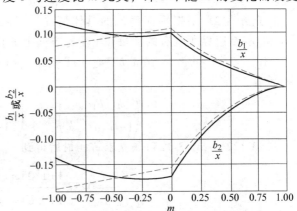

图 3-34　混合边界层厚度随 m 的变化
——平面平行射流　－－－平面伴随流射流

只有当反向平行流场 $m=-1$ 以及同向平行流场 $m \geqslant 0.7$ 时，两侧的边界层厚度才几乎相等。

　　3. 平面伴随流射流混合边界层厚度 b 和 b_1、b_2

　　以上是对平面平行射流混合边界层发展规律的讨论，但伴随流射流的情况有所不同。图 3-35 所示为伴随流射流的流动结构示意图。当主射流通过总高度为 $2b_0$（对轴对称喷口，其直径为 $2R_0$）的喷口，以 w_1 的速度射入同向平行流动且速度为 w_2 的伴随流射流中时，主射流与伴随流之间的湍流混合发生在主射流的上、下两侧对称的边界层中。

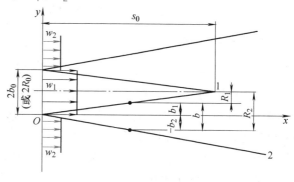

图 3-35　伴随流射流的流动结构示意图

　　在对平面伴随流射流混合边界层的数学求解中，前面平面平行流动计算中用到的质量流量不变方程式（3-117）、动量不变方程式（3-118）以及混合边界层边界条件式（3-124）仍适用。

　　这里必须引入一个新的边界条件，即主射流中除轴向速度 w_1 外，在 y 方向的速度都可以忽略，即

$$w_{y1}=0$$

那么

$$\overline{w_{y1}}=\frac{w_{y1}}{w_1-w_2}\frac{x}{b}=0$$

　　于是从式（3-123）直接得到 0—1 边界线的量纲一的边界层厚度 b_1/b，即

$$\frac{b_1}{b}=(1-m)\left(0.416+0.55\frac{m}{1-m}\right)=0.416+0.134m \tag{3-129}$$

　　将式（3-129）代入式（3-124），可得到 0—2 边界线的量纲一的边界层厚度 b_2/b

$$\frac{b_2}{b}=\frac{b_1}{b}-1=-0.584+0.134m \tag{3-130}$$

讨论：

　　1）同向平面伴随流射流（$0 \leqslant m \leqslant 1$）。把式（3-115）代入式（3-129）和式（3-130），可以得到混合边界层边界线 0—1 和 0—2 随轴向距离 x 的变化规律，即

$$\left.\begin{array}{ll}
\text{0—1 边界线方程} & \dfrac{b_1}{x}=0.112\dfrac{1-0.678m-0.322m^2}{1+m} \\[3mm]
\text{0—2 边界线方程} & \dfrac{b_2}{x}=-0.158\dfrac{1-1.23m+0.23m^2}{1+m}
\end{array}\right\} \tag{3-131}$$

　　2）反向平面伴随流射流（$-1 \leqslant m \leqslant 0$）。把式（3-116）代入式（3-129）和式（3-130），也可得到反向伴随流混合边界层边界线 0—1 和 0—2 随轴向距离 x 的变化规律，即

0—1 边界线方程

$$\frac{b_1}{x} = 0.112 + 0.036m$$

0—2 边界线方程

$$\frac{b_2}{x} = -0.158 + 0.036m$$

(3-132)

3）按式（3-131）和式（3-132）作曲线如图 3-34 中虚线所示。从图中可以看出：在 $0 \leqslant m \leqslant 1$ 的流动中，平面平行流与平面伴随流的各侧边界层厚度 b_1/x 和 b_2/x，随速度比 m 的变化趋势是一致的。但是值得注意的是，平面伴随流的主射流侧的边界层厚度 b_1/x 比平面平行流大。这说明，伴随流从主射流上、下两侧对主射流的湍流混合更加强烈。在伴随流反向流动中，即 $-1 \leqslant m \leqslant 0$，混合边界层 b 实质上是一个大旋涡区，且随 m 的减小（即反向速度 w_2 绝对值增加）伴随流侧的边界层厚度 b_2/x 增加，主射流侧的边界层厚度 b_1/x 减小。

三、相交射流

1. 相交射流汇合流的结构特征

当两股射流以一定角度 α 相交时，在惯性力（动量流率）的作用下，两股射流相互撞击并发生强烈的混合，然后又形成一股新的汇合流，如图 3-36 所示。该汇合流从相交到汇合，其射流的结构特征在于：

1）在相交射流的交角平面内，射流整体收缩、压扁，呈椭圆形断面，形成新的汇合流后又逐渐发展成轴对称的圆形断面。

2）两射流间的交角 α 越大，则汇合流的收缩和压扁越厉害，在一定的轴向距离 x 范围内，汇合流不存在像自由射流所有的直线外边界线。

汇合流的变形程度可以用横断面上水平方向的宽度 b 与垂直方向上的高度 h 的比值 b/h 来表征。但是单单用一个量还不能全面综合相交射流的研究成果，因而常使用一个主变形率 φ 的概念，它是汇合流横断面尺寸的增量 $b - d_x$ 与其初始喷口尺寸 d_1 的比值，即

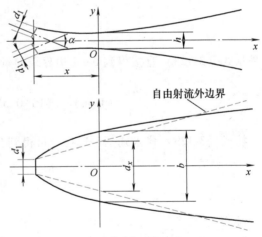

图 3-36 等直径相交射流的汇合流示意图

$$\varphi = \frac{b - d_x}{d_1}$$

(3-133)

式中，b 是离出口断面 x 处的汇合流宽度；d_1 是相交射流的喷口直径；d_x 是喷口直径为 d_1 的自由射流，在离喷口距离 x 处的横断面直径。

3）根据主变形率 φ 的变化情况，相交射流的流动可分为以下三个区段。

① 初始段。从射流喷口的出口断面到两射流内侧相邻的外边界线相交为止。这一段的流动结构特征是主变形率 $\varphi = 0$。也就是说，在相交射流初始段中，射流结构不存在变形。

初始段的长度取决于两喷口的间距、射流的交角 α 的大小以及每一股射流的喷口结构所决定的射流外边界扩展角的大小。所以，初始段的长度也可以用几何作图的方法求得。一般情况下，相交射流初始段很短。

② 过渡段。它是从初始段的终端（即主变形率 $\varphi = 0$ 的终点）一直发展到主变形率 φ 等于常数时为止。过渡段是相交射流中射流断面变形最大、最剧烈的区域，也是两股射流湍流混合最强烈的区域。图 3-37 所示为两股喷口直径相等（即 $d_1 = d_2$）且出口动量流率相等（即动量流率比 $M = M_2/M_1 = 1$）的相交射流，在不同的交角 α 下，其主变形率 φ 随出口量纲一的距离 x/d_1 变化的实验研究结果。从图中可以清楚地看到，两股相交射流的交角 α 对主变形率 φ 的影响十分敏感。显然，交角 α 越大，变形越大，湍流混合越强烈，且过渡段的长度也越长。图中的

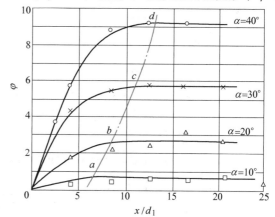

图 3-37　等直径相交射流主变形率 φ 的变化

a、b、c、d 四个点分别是交角为 10°、20°、30° 和 40° 情况下过渡段的终点。显然，交角 α 越大，则两股射流的撞击越强烈，所以能量损失越大，射流衰减加快，射程显著变短。

③主要段。从射流过渡段的终点开始进入射流主要段。主要段的基本流动结构特征在于射流任意断面上的主变形率 φ 不变。也就是说，进入主要段，标志着两股相交射流已经完成了两者的混合（或融合），而汇合成一股新的单一的自由射流。

2. 相交射流主变形率 φ 的实验研究结果介绍

（1）喷口直径和出口动量流率全相同的相交射流　对于出口直径相等、动量流率比 $M = 1$ 的相交射流，主变形率 φ 的实验曲线（图 3-37）可用方程描述为

$$\varphi = \varphi_0 \left[1 - \exp\left(-\frac{kx}{d_1} \right) \right]$$

式中，系数 φ_0 和 k 均是由实验确定的常数，见表 3-9。

表 3-9　两股相交射流的常数 φ_0 和 k

交角 α	10°	20°	30°	40°
φ_0	0.62	2.80	5.70	9.10
k	0.20	0.25	0.296	0.244

（2）喷口直径相同、出口动量流率不同的相交射流　图 3-38 给出了等喷口直径（$d_1 = d_2$），不同动量流率比 M 和不同交角 α 下的两相交射流主变形率 φ 的实验结果。

实验结果表明：

1）当交角 α 一定时，随着冲击射流出口动量流率 M_2 的增大（即 M_2/M_1 增大），相交射流的主变形率 φ 增大，两射流间的湍流混合增强。当 $M = 1$ 时，φ 达到最大。

2）当 M 一定时，随着交角 α 从 20° 增大到 30°，则 φ 增大，湍流混合增强。

（3）喷口直径不等（$d_1/d_2 \neq 1.0$）而出口动量流率相等的相交射流　图 3-39 给出了 $d_1/d_2 = 1.5$，$M_1 = M_2$ 时相交射流的流动结构及主变形率 φ 变化的实验结果。

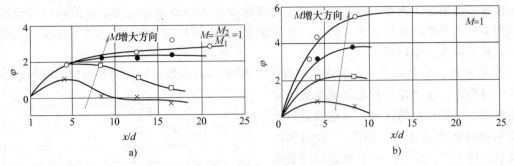

图 3-38　主变形率随出口动量流率比 M 的变化

a) α=20°　b) α=30°

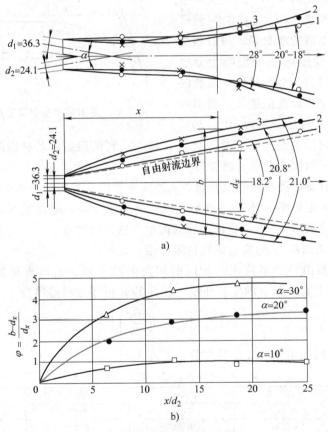

图 3-39　不等尺寸的相交射流

a) 流动结构　b) 主变形率 φ 的变化

1—α=10°　2—α=20°　3—α=30°

从实验结果可知：

1) 对不等喷口直径的相交射流，其流动结构与等直径相交射流的情况一样。两股射流相交后形成的汇合流，在离开喷口相当距离后也逐渐接近轴对称射流。

2) 射流交角 α 对不等直径相交射流的湍流混合也同样十分敏感。不过从这里的实验结果分析同时也发现，不等直径、等动量流率（$d_1 \neq d_2$、$M_1 = M_2$）下的湍流混合情况，不如等直径、等动量流率（$d_1 = d_2$、$M_1 = M_2$）情况下的湍流混合强烈。数据表明，不等直径的主变形率 φ，在过渡段明显小于等直径下的 φ 值。其原因在于不等直径情况下，两射流的名义动量流率相等，但是实际上，大喷口出口射流并没有全部参与到与小喷口射流撞击和混合之中，结果真正发生作用的实际动量流率比不等于 1，所以湍流混合减弱了。

下面对 $d_1/d_2 = 1.5$、$M_1 = M_2$、同类介质等温相交射流的情况用数字分析说明。

初始情况下

$$\frac{M_1}{M_2} = \frac{\rho w_1^2 d_1^2}{\rho w_2^2 d_2^2} = \left(\frac{w_1}{w_2}\right)^2 \left(\frac{d_1}{d_2}\right)^2 = 1$$

即

$$\left(\frac{w_1}{w_2}\right)^2 = \frac{1}{(d_1/d_2)^2} = \frac{1}{1.5^2} \approx 0.444$$

显然

$$w_2 = 1.5 w_1$$

实际上，d_1 射流中与 d_2 射流完全相交并发生作用的只是部分射流，这里假定发生作用的射流部分就等于 d_2，所以，此时两射流的实际动量流率比 M_{sj} 为

$$M_{sj} = \frac{\rho w_1^2 d_2^2}{\rho (1.5 w_1)^2 d_2^2} \approx 0.444 < 1$$

由此说明了不等喷口直径的相交射流，虽然理论动量流率比 $M = 1$，而实际发生作用的动量流率比 $M_{sj} < 1$。所以，混合情况反而比等直径减弱了。

关于不等直径相交射流中 d_1/d_2 对主变形率 φ 的影响，也有一组实验数据供参考，如图 3-40 所示。

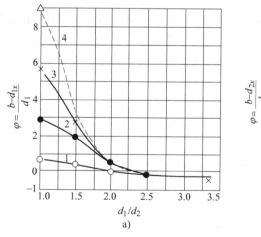
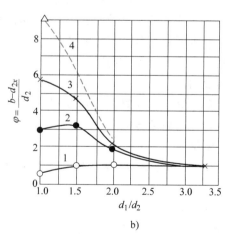

图 3-40　主变形率 φ 与 d_1/d_2 及交角 α 的关系

a）以喷口 d_1 为准计算主变形率 φ　　b）以喷口 d_2 为准计算主变形率 φ

1—$\alpha = 10°$　2—$\alpha = 20°$　3—$\alpha = 30°$　4—$\alpha = 40°$

图 3-40 中的 d_{1x} 和 d_{2x} 分别是以 d_1 和 d_2 为喷口的单股自由射流中，距离喷口 x 处的自由射流的断面直径，而 b 则是距离喷口 x 处的两股相交射流混合后断面被压扁的宽度，如

图 3-39a 所示。

从图 3-40 的这一组实验数据中可以看到，对不等直径相交射流，当 $d_1/d_2 > 2.5 \sim 3.0$ 后，射流间的撞击变形及混合基本不再随直径比 d_1/d_2 和交角 α 变化了。这个结论说明，初始射流尺寸相差很大的大直径比相交射流，在工程实际中已经没有什么应用价值了。

3. 相交射流汇合流的运动方向及速度衰减

（1）等直径喷口相交射流运动方向的确定　根据欧拉的理论，对等直径圆形喷口的相交射流可以用两射流动量流率矢量和的平行四边形法则来求得汇合流的流动方向。设汇合流的方向偏离主射流方向的偏角为 β，如图 3-41 所示，那么按平行四边形法则

$$\beta = \frac{\alpha}{2}\sqrt{5 - \left(2 - \frac{M_2}{M_1}\right)^2} - \frac{\alpha}{2} \qquad (3\text{-}134)$$

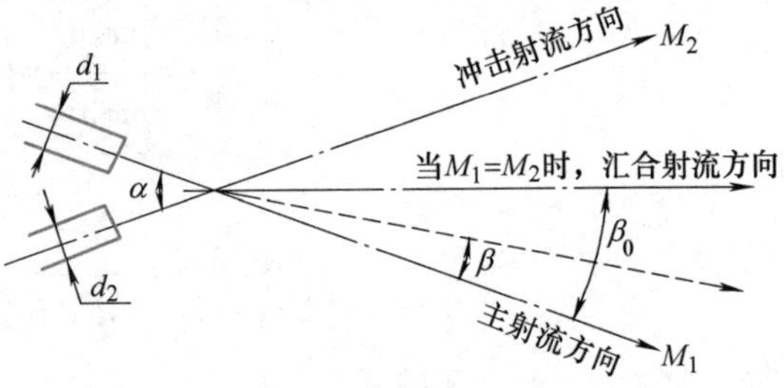

式中，M_1 和 M_2 分别是主射流和冲击射流的动量流率。

图 3-41　汇合流射流运动方向示意图

如果用量纲一的偏角来表示，则为

$$\frac{\beta}{\beta_0} = \sqrt{5 - \left(2 - \frac{M_2}{M_1}\right)^2} - 1$$

式中，β_0 是交角为 α 时，两相交射流在等喷口直径、等动量流率下，射流汇合流运动方向与主射流方向间的夹角，即

$$\beta_0 = \frac{1}{2}\alpha$$

实践证明，按平行四边形法则计算的结果与实验结果符合得很好。

（2）不等直径喷口相交射流运动方向的确定　考虑不等直径喷口的两股相交射流中，大喷口射流实际上只有一部分流体参与小喷口射流的撞击和混合。因此，对按动量矢量合成原则确定汇合流的运动方向时，应对大喷口的初始动量流率进行修正。

实验表明：

1）当 $d_1/d_2 \leqslant 1.5$ 时，可以不做修正，直接用射流的初始动量流率 M_1 和 M_2 代入式 (3-134) 计算出射流方向角 β，造成的误差是可以接受的。

2）当 $d_1/d_2 > 1.5$ 时，必须对大直径喷口射流的动量流率进行修正，用实际参与射流矢量合成作用的有效动量流率 M_{yx} 来代替大直径喷口的初始动量流率 M_1 进行矢量合成计算，即

$$M_{yx} = \psi M_1 \qquad (3\text{-}135)$$

式中，ψ 是动量流率修正系数，它是两喷口直径比 d_1/d_2 的函数，由实验确定，如图 3-42 所示。

上述结果对于正方形喷口以及长宽比 $\leqslant 1.8$ 长方形喷口的相交射流都是适用的。事实上，正方形喷口和长宽比 $\leqslant 1.8$ 的长方形喷口喷出的射流断面很快就会变成圆形。大量的实验研究表明，对正方形喷口，距离喷口的量纲一的距离 $x/d_d \geqslant 5$，对长方形喷口，$x/d_d \geqslant 19$ 时，其射流断面都逐渐恢复为圆形。（x 是指距离喷口出口断面的轴向距离，d_d 指非圆形喷口的当量直径）

对非圆形喷口的相交射流，必须强调指出：所用的喷口直径均指的是当量直径，其直径

比 d_1/d_2 也是当量直径比。

（3）相交射流汇合流在运动方向轴心线上的速度衰减　图 3-43 给出了等直径、等动量流率相交射流汇合流轴心线上量纲一的速度 w_{zs}/w_1 随量纲一的出口距离 x/d_1 衰减的实验曲线。

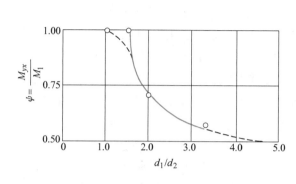

图 3-42　动量流率修正系数 ψ 与直径
比 d_1/d_2 的关系

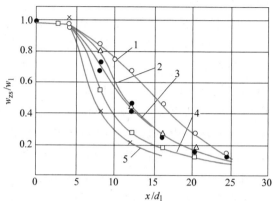

图 3-43　汇合流轴心线上量纲一的速度的变化

1—自由射流　2—$\alpha = 10°$　3—$\alpha = 20°$

4—$\alpha = 30°$　5—$\alpha = 40°$

实验结果表明：

1）随着两射流交角 α 的增加，速度衰减显著加快，混合强化，射程缩短。

2）当射流的量纲一的距离 $x/d_1 = 25$ 以后，各种工况下量纲一的轴心速度 w_{zs}/w_1 都很接近。

四、横向射流

1. 横向射流的流动结构

图 3-44 所示为常见的横向射流结构示意图。主气流以速度 w_1 运动，其横断面尺寸相对于横向射流的尺寸要大得多。现有一喷口直径为 d_0 的轴对称圆形射流或半高度为 b_0 的长方形喷口射流，以与主气流成一定交角 α 的方向射入主气流中，并与主气流发生着动量、热量、质量的交换，同时又在主气流的作用下，该横向射流射入主气流一定深度 h 后，随同主气流一起运动。当 $\alpha = 90°$ 时，称为垂直横向射流。

横向射流的射入对主气流是一个阻碍，近似于主气流绕圆柱体流动的情况。

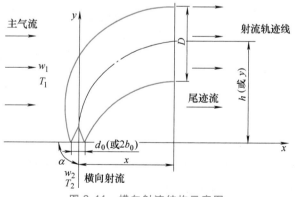

图 3-44　横向射流结构示意图

在横向射流射入的主气流上游区，主流体因受阻而成减速流动并形成一个正压区。然后，沿横向射流两侧压力逐渐降低。在下游区，受横向切应力的作用，气流分离而形成负压区和尾迹流动相结合的一种流动状态。在尾迹中，回流的介质沿着主流方向最后完全与主流混合。

2. 横向射流的速度衰减

图 3-45 所示是按图 3-44 的流动结构得到的垂直横向射流量纲一的轴心速度差 $\Delta w_{zs}/\Delta w_2 = (w_{zs}-w_1)/(w_2-w_1)$ 随横向射流轨迹线长度上量纲一的距离 h/d_0 衰减变化的曲线。从图中可以得到十分重要的结论：

1）横向射流的卷吸过程比自由射流单纯的湍流混合引起的卷吸过程要强烈得多，这是因为旋涡运动使大量流体回流进入射流之中而使卷吸强化。因此，横向射流轴向速度的衰减比自由射流更迅速，等速核心区也较短。射流衰减越快，意味着横向射流射入主气流中的深度 h 也越短。研究表明，垂直横向射入主气流中的湍流射流是比自由射流的流动更复杂的一种流动类型，不能简单地用自由湍流射流的结果来描述它。由于主气流与横向射流间的相互卷吸作用，产生了一对反向旋转的旋涡，它们对整个流动的发展有支配作用。横向射流的各个断面上基本上不存在断面速度分布相似性，特别当主气流与横向射流的速度比越大，则各断面速度分布的差别越大，这也给横向射入主气流流动的数学求解产生困难。不少研究者进行了许多的实验研究工作，最关心的问题是横向射流的射入深度 h 和运动轨迹。不同的研究者对射入深度有不同的定义，应用中应予注意。

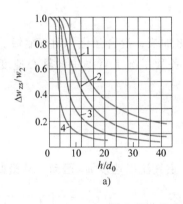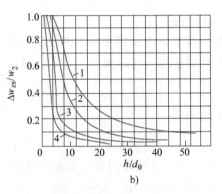

a)　　　　　　　　　　　b)

图 3-45　垂直横向射流的速度衰减

a)　$\dfrac{T_2}{T_1}=1$　　b)　$\dfrac{T_2}{T_1}=2$

1—自由射流（$w_1=0$）　2—$\dfrac{w_2}{w_1}=20$　3—$\dfrac{w_2}{w_1}=10$　4—$\dfrac{w_2}{w_1}=5$

2）横向射流速度 w_2 与主气流速度 w_1 的比值 w_2/w_1，对射流与主气流的湍流混合及射入深度 h 影响十分明显。从图中可以清楚地看到，随着比值的下降，射流轴心线速度衰减加快，也就是说横向射流更容易融入主气流当中。因此，要想使横向射流穿透主气流的深度 h 越深，那就必须提高速度比 w_2/w_1，也就是提高横向射流的初始速度 w_2。

3）图 3-45b 是不等密度垂直横向射流的情况。比较 a 和 b 两图可以清楚地看到，低密度（即温度高）射流射入高密度的主气流中，即使是速度比 w_2/w_1 不变，但热射流的实际动量流率 $\rho_2 w_2^2 \pi d_0^2/4$ 减少，衰减也加快。因此，若想要提高穿透深度 h，用冷射流射入比热射流射入更易实现。

3. 横向射流的射入深度 h 及运动轨迹

（1）横向射入深度 h 的确定 横向射入深度 h 主要有如下几种定义方法：

1）最小温度法。哈桑用一个宽度为 b 的长方形喷口，把一股冷射流横向射入热的主气流中，在喷口的下游方向 1.5 倍喷口宽度处，用主气流断面上温度最低点到喷口出口平面的垂直距离作为射入深度 h。实验结果归纳为

$$\frac{h}{b} = k_1 + k_2 \frac{M_j/M}{1 + q_{V_j}/q_V}$$

式中，M_j 是横向射流的动量流率；M 是主气流的动量流率；q_{V_j} 是横向射流的体积流量；q_V 是主气流的体积流量；k_1 和 k_2 是实验常数。

实验还发现，当动力参数条件一定时，无论采用圆形喷口还是方形喷口，其射入深度 h 基本相同。长边与主流方向一致的纵向长方形喷口，射入深度大；反之，横向长方形喷口的射入深度小。

罗斯特也用最小温度法确定了横向射流轨迹的经验公式，即

$$\frac{y}{y_{max}} = 1 - 0.7 \exp\left(-\frac{kx}{y_{max}}\right)$$

式中，y 是最小温度点到射流喷口平面的垂直距离；y_{max} 是横向射流的最大射入深度；x 是从喷口中心处起始的主气流方向上的坐标距离（图 3-44）；k 是实验常数，取决于横向射流与主气流的流动状况。

其量纲一的最大射入深度 y_{max}/d_0 取决于横向射流出口和主气流断面上单位面积的动量流率比 $(\rho w^2)_2/(\rho w^2)_1$，其经验公式为

$$\frac{y_{max}}{d_0} = 1.224 \frac{(\rho w^2)_2}{(\rho w^2)_1} \tag{3-136}$$

式中，d_0 是横向射流的喷口直径（对于非圆形喷口，用当量直径）。

由于最小温度法定义射入深度 h 的实验数据还不够丰富，一般使用较少。

2）最大速度法。当横向射流射入后，其流动方向与主气流流动方向一致时，用射流断面上的最大速度点到喷口平面间的垂直距离作为射入深度 h。可按如下经验公式计算，即

$$\frac{h}{d_0} = k \sqrt{\frac{(\rho w^2)_2}{(\rho w^2)_1}} \tag{3-137}$$

式中，d_0 是横向射流喷口的定性尺寸，对轴对称喷口或方形、长宽比不大的矩形喷口，d_0 是当量直径，对平面缝形喷口，d_0 是缝隙的半宽度 b_0；k 是实验常数，对于垂直横向射流的轴对称圆形喷口，$k = 2.2$，对于垂直横向射流的平面缝形喷口，$k = 1.2/a$（a 是湍流结构系数），对于横向射流与主气流交角 $\alpha = 30° \sim 45°$ 的倾斜射入射流（图 3-44），不论喷口是圆形、方形还是长方形，$k = 1.85$；$(\rho w^2)_1$ 和 $(\rho w^2)_2$ 分别是主气流和横向射流单位面积的动量流率。

对于主气流和横向射流为不同温度的同类介质时，式（3-137）可以简化为

$$\frac{h}{d_0} = k\frac{w_2}{w_1}\sqrt{\frac{T_1}{T_2}}$$

如果同温流动，则 $T_1 = T_2$，上式再简化为

$$\frac{h}{d_0} = k\frac{w_2}{w_1}$$

在动力工程中，一般多采用最大速度法来确定横向射流的最大射入深度 h。

（2）横向射流运动轨迹方程式 图 3-44 所示，根据对实验数据的归纳，伊万诺夫按最大速度法提出了半经验性的横向射流运动轨迹方程式。对于轴对称圆形喷口，则

$$\frac{ax}{d_0} = 195\left[\frac{(\rho w^2)_1}{(\rho w^2)_2}\right]^{1.3}\left(\frac{ay}{d_0}\right)^3 + \left(\frac{ay}{d_0}\right)\tan(90°-\alpha) \tag{3-138}$$

式中，y 是横向射流断面上最大速度点到喷口平面的垂直坐标距离，即图 3-44 中的 h；x 是沿主气流方向上的坐标距离；α 是横向射流与主射流间的夹角；d_0 是喷口当量直径；a 是湍流结构系数，见表 3-5。

式（3-138）适用 $\alpha = 45° \sim 135°$ 及单位面积动量流率比 $(\rho w^2)_1/(\rho w^2)_2 = 0.00145 \sim 0.08$ 的范围内。

对于平面缝形喷口（喷口厚度为 b_0），则

$$\frac{ax}{b_0} = 1.9\frac{(\rho w^2)_1}{(\rho w^2)_2}\left(\frac{ay}{b_0}\right)^{2.5} + \left(\frac{ay}{b_0}\right)\tan(90°-\alpha) \tag{3-139}$$

式中，符号含义如图 3-44 所示，该式适用于 $\alpha = 60° \sim 120°$ 的情况。

除以上半经验轨迹运动方程外，帕特里克还提出了用横向射流各等浓度（质量比）线上 y 坐标最大点的连线方程作为横向射流的运动轨迹方程，如图 3-46 中的 OD 线所示，即

$$\frac{y}{d_0} = \left(\frac{w_2}{w_1}\right)^{0.85}\left(\frac{x}{d_0}\right)^n$$

式中，n 是实验系数，对等浓度轨迹方程，$n = 0.34$，对按等速度线最大 y 坐标点确定的轨迹方程，$n = 0.38$；w_2/w_1 是横向射流与主气流的速度比，对该经验方程，适用于 $w_2/w_1 \geq 6.58$ 的场合。

帕特里克等浓度轨迹方程的优点在于可以直接从浓度分布图来确定射流的轨迹，而不需要测量全部的速度场和浓度场。

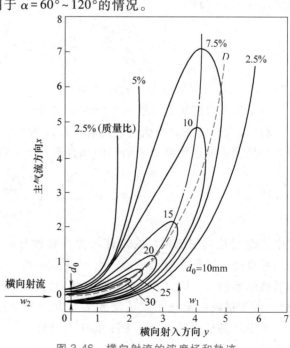

图 3-46 横向射流的浓度场和轨迹

思考题和习题

选择思考题

3-1~3-15 题可供选择的答案：

a) -4　b) -2　c) -1　d) $-1/2$　e) 0　f) $\dfrac{\sqrt{2}}{2}$　g) 1　h) $\sqrt{2}$　i) 1.5　j) 2　k) ∞

3-1　速度脉动 w' 的时均值为_____。

3-2　湍流切应力 σ 的大小与垂直于流动方向的速度梯度 $\mathrm{d}w/\mathrm{d}y$ 的_____次方成正比。

3-3　普朗特混合长度 l 与湍流射流混合边界层厚度 R（或 b）的_____次方成正比。l 的数量级约为边界层厚度 R（或 b）的 10^k，k 为_____。

3-4　固（液）体燃烧颗粒随气流一起运动，其质量交换的特征数 Nu_{zl} 为_____。质量交换系数 α_{zl} 与颗粒直径 δ_0^k 成比例，k 为_____。

3-5　湍流自由射流任一断面上的量纲一的剩余温度（$\Delta T/\Delta T_{zs}$）（或量纲一的剩余浓度 $\Delta c/\Delta c_{zs}$）等于量纲一的速度比 $(w/w_{zs})^k$，k 为_____。

3-6　湍流自由射流轴心线上的量纲一的速度 w_{zs}/w_1、量纲一的剩余温度 $\Delta T_{zs}/\Delta T$（或量纲一的剩余浓度 $\Delta c_{zs}/\Delta c$）与量纲一的距离 $(x/R_0)^k$ 成比例，对轴对称射流，k 为_____；对平面射流，k 为_____。

3-7　在不等温的湍流射流运动中，存在着如下关系：

$$\frac{\Delta T_{zs}}{\Delta T}=\frac{\Delta c_{zs}}{\Delta c}=B\,\frac{w_{zs}}{w_1}$$

工程中常取 $B=0.72$，它适用于 $\theta=T_1/T_2=k$ 的状况，k 为_____、_____、_____。

3-8　在气-固（液）两相的一次风射流中，射流基本段任意断面上轴心线上的燃料浓度 c_{zs} 是断面上燃料质量平均浓度 $\overline{c_m}$ 的 k 倍，k 为_____。

3-9　在强旋转射流中，实验发现，射流的速度和压力都随距离 x 呈 x^k 规律衰减。对轴向速度 w_x、径向速度 w_r、切向速度 w_φ 及压力 p，k 分别为_____、_____、_____、_____。

3-10　钝体射流尾迹中（图 3-29），最大速度线 1234 上各点的速度梯度 $\mathrm{d}w/\mathrm{d}r$ 以及回流区外边界线 oac 的流函数 Ψ 分别为_____、_____。

3-11　平行射流湍流混合最强烈时的动压比 $\rho_1 w_1^2/(\rho_2 w_2^2)$ 及相交射流湍流混合最强烈时的动量流率比 M_2/M_1 分别为_____、_____。

3-12　同向平面平行射流和伴随流射流的湍流混合边界层 b 最厚和最薄（即 $b=0$）时的速度比 $m=w_2/w_1$，m 分别为_____、_____。反向射流时，边界层厚度 b 与 m^k 的关系中，k 为_____。

3-13　不等直径（即 $d_1/d_2\neq 1$）的相交射流动量合成中，$d_1/d_2>k$ 时必须对大尺寸喷口的初始动量进行修正，其中，k 为_____。

3-14　试判断平面射流中，流量不变条件下，轴向距离为 x 的某一断面上轴心线速度

w_{zs} 的变化。当喷口速度 w_1 增大一倍时，以及当喷口高度 $2b_0$ 增大一倍时，w_{zs} 分别为原来的_____倍和_____倍。

3-15 湍流射流的混合长度 l 和湍流切应力 σ_t 与轴向距离 x^k 成比例。其中，k 分别为_____、_____。

计算思考题

3-16 设有射流实验台，如图 3-47 所示。空气射流出口温度为 57℃，环境空气温度为 27℃，实测自由射流某断面上的温度分布见下表。

测 点	a	b	c	d	e
温度/℃	40	38.4	35.4	31.6	27

用质、热交换的可比拟性原理推算出口射流浓度（质量比）为 0.6kg/kg、环境浓度为 0 时，等温自由射流该断面上各点的浓度分布。

3-17 设煤粉燃烧器一次风出口煤粉浓度 $c_1 = 0.62$kg/kg，一次风口分别采用 0.4m×0.4m 的正方形喷口及把该正方形喷口分成两个等面积的圆形喷口、两个正方形喷口和两个 0.2m×0.4m 的矩形喷口。设湍流结构系数均为 0.08，在某射流断面轴心线上达到完全燃烧理论燃尽燃料浓度 $c_{1r} = 0.2$kg/kg，试计算各种喷口下，理论燃尽火焰长度 x。

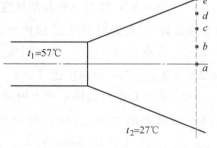

图 3-47 习题 3-16 图

3-18 在空气实验台上做煤粉燃烧器一、二次风混合特性实验，如图 3-48 所示。用铜-考铜热电偶测得电位差 ΔV，数据见下表（铜-考铜热电偶的电位差值与温度呈良好的线性关系）。

	s/B	0.5	1.0	1.5
第一组测量数据/mV	$\Delta V_1 = V_1 - V_3$	249.5	249.5	249.5
	$\Delta V_2 = V_2 - V_3$	97	97	97
	$\Delta V = V - V_3$	233	194	78
第二组测量数据/mV	$\Delta V_1' = V_1' - V_3$	168.5	168.5	168.5
	$\Delta V_2' = V_2' - V_3$	98	98	98
	$\Delta V' = V' - V_3$	158	138	68

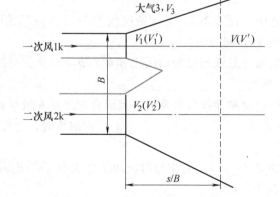

图 3-48 习题 3-18 图

求 s/B 分别为 0.5、1.0、1.5 时，三个断面的一次风轴心线上三种气体成分混合后，各自所占的质量分数 x_1、x_2、x_3。假设实验台上空气的比热容不变。

3-19　某二次风射流出口风速为 50m/s，已知湍流结构系数 $a=0.08$，喷口尺寸为 40mm×40mm。求射流转折面及 $x/d_0=8$ 断面上的湍流混合长度 l。

3-20　有空气二次风与水平线成 45°射入层燃锅炉炉膛中，空气温度为 27℃，二次风喷口直径 $d_0=50$mm，喷口速度为 60m/s。炉内烟气平均密度为 0.5kg/m^3，上升速度为 5m/s。计算横向射流的轨迹并作图。

参 考 文 献

［1］　许晋源，徐通模. 燃烧学［M］. 北京：机械工业出版社，1979.

［2］　巴特勒雪夫 А Н. 流体力学：下册［M］. 戴昌晖，等译. 北京：高等教育出版社，1959.

［3］　阿勃拉莫维奇 Г Н. 实用气体动力学［M］. 梁秀彦，译. 北京：高等教育出版社，1955.

［4］　谢象春. 湍流射流理论与计算［M］. 北京：科学出版社，1975.

［5］　徐旭常，周力行. 燃烧技术手册［M］. 北京：化学工业出版社，2008.

［6］　郑洽馀，鲁钟琪. 流体力学［M］. 北京：机械工业出版社，1980.

［7］　杨世铭. 传热学［M］. 2 版. 北京：高等教育出版社，1987.

［8］　王致均. 炉内空气动力学译文集［M］. 北京：水利电力出版社，1984.

［9］　斯柏尔丁 D B. 燃烧与传质［M］. 常弘哲，译. 北京：国防工业出版社，1984.

［10］　威尔特 J R，等. 动量、热量、质量传递原理［M］. 李为正，叶路，译. 北京：国防工业出版社，1984.

［11］　李澎. 喷口结构变化对旋流燃烧器出口流场影响的冷态试验研究［D］. 西安：西安交通大学，2008.

第二篇

燃烧科学技术基本原理

第四章

着火理论

燃烧过程是发光放热的化学反应过程，当燃料从未燃状态过渡到燃烧状态的时候，存在两个基本阶段：着火阶段、着火后燃烧阶段。从燃烧的化学动力学可知，任何一个燃烧反应，都存在一个从反应的引发到开始剧烈反应的加速过程，这个过程是燃烧的孕育期。这个孕育期就是着火阶段，它是一种过渡过程。孕育期结束以后，就进入了燃烧阶段，这个阶段一般可以认为是一种稳定过程。

第一节 着火的基本概念

一、着火过程

燃料和氧化剂混合后，由无化学反应、缓慢的化学反应向稳定的强烈放热状态的过渡过程，最终在某个瞬间、空间中某个部分出现火焰的现象称为着火。着火过程是化学反应速率出现跃变的临界过程，即化学反应从低速状态在短时间内加速到极高速的状态。根据这个定义，爆炸也是一种着火过程。当然，爆炸的概念不限于燃烧过程，是一个更广泛的概念。相对常规的着火过程，爆炸除了反应速率从低速瞬间加速到高速以外，整个反应都在极短的时间内完成。而对于常规的着火过程，在着火孕育期完成之后，则转向持续、稳定的燃烧过程。

影响着火的因素很多，如燃料的性质、燃料与氧化剂的混合比例、环境的压力与温度、气流的速度、燃烧室的尺寸和保温情况等。但是，归纳起来只有两类实质性的因素：化学动力学因素和传热学因素。

二、着火方式与机理

1. 着火分类

从微观机理来划分，着火可以分为热着火和链式着火（又称链锁着火）两类。

（1）**热着火** 可燃混合物由于本身氧化反应放热大于散热，或由于外部热源加热，温度不断升高导致化学反应不断自动加速，积累更多能量最终导致着火的现象称为热着火。大多数燃料着火特征符合热着火的特征。可以看出，根据热着火中热量的来源，又可以把热着火分为热自燃和强迫点燃两类。其中，热自燃的着火热量完全来自于系统自身的热量积累，而强迫点燃的热量来源于系统之外供给的热量。柴油机燃烧室中燃料喷雾着火、烟煤因长期堆积通风不好而着火，都是热自燃的实例。

（2）**链式着火** 由于某种原因，可燃混合物中存在活化中心，活化中心产生速率大于销毁速率时，在分支链式反应的作用下，导致化学反应不断加速，最终实现着火的现象称为链式着火。金属钠在空气中的着火属于链式着火。某些低压下着火实验（如 H_2+O_2，$CO+O_2$ 的着火）和低温下的"冷焰"现象符合链式着火的特征。

2. 热着火与链式着火的区别

热着火过程与链式着火过程的区别如下：

（1）热着火和链式着火的微观机理不同　热着火过程中，传递能量（也就是微观动能）并使得化学反应继续进行的载体是系统中所有的反应物分子，而链式着火有效的反应能量只在活化中心之间传递。

（2）热着火通常比链式着火过程强烈得多　这是因为热着火的过程中，系统中的温度整体上升，这就意味着所有分子的平均动能是整体同步提高的，将使得系统中整体的分子动能增加，超过活化能的活化分子数按指数规律增加，导致整个系统的化学反应速率会急剧上升。而链式着火只是系统中的活化中心局部增加并加速繁殖引起的，并不是所有分子的动能整体提高，所以，不能导致所有分子的反应能力都增强，化学反应速率只在局部的区域或特定的活化分子之间提高，不是系统整体的化学反应速率提高。所以链式着火通常局限在活化中心的繁殖速率大于销毁速率的区域，而不引起整个系统的温度大幅度升高，形成"冷焰"。

（3）热着火和链式着火的外部条件也有所不同　热着火通常需要良好的保温条件，使得系统中化学反应产生的热量能够逐渐积聚，最终引起整个系统温度的升高，从而反过来使得化学反应加速。而链式着火则一般不需要严格的保温条件，在常温下就能进行，主要依靠合适的活化中心产生的条件，使得活化中心的生成率高于销毁率，维持自身的链式反应不断进行，使化学反应自动地加速而着火。

3. 热着火与链式着火的共同点

不论是热着火还是链式着火，都是在初始的较低的化学反应速率下，利用某种方式（保温或保持活化中心生成的条件），积聚某种可以使得化学反应加速的因素（例如系统的温度或者系统中总的活性分子数目），从而使得化学反应速率实现自动加速，最终形成火焰。

另外还需要注意到，在链式着火过程中，由于活化中心会被销毁，所以通常着火后燃烧的强度不高。但是，如果活化中心能够在整个系统内加速繁殖并引起系统能量的整体增加，就可能形成爆炸。

需要指出的是，上述着火方式的分类不能十分准确地反映它们之间的联系和差别。如链锁自燃和热自燃中都可能涉及链反应的作用，同时也都涉及热量的作用，只不过热自燃所需要的热量较多，或热自燃中链式反应程度不如链锁自燃强烈而已。实际燃烧过程中不可能有单纯的热着火或单纯的链式着火的情况，而往往是同时存在的，且相互促进。可燃物质的自行加热不仅加强了热活化，而且也加强了每个链式反应中的基元反应。在低温时，链式反应的进行可使可燃物质逐渐加热，从而也可加强分子的活化。因此，自燃现象就不可能仅用某一种着火机理来解释。即使是对同一种可燃物质，某一阶段可用热自燃机理来解释，而另一阶段则需要用链锁自燃机理来解释。一般来说，在高温下，热自燃是着火的主要原因，而在低温下，链锁自燃则是着火的主要原因。而热自燃与强迫点燃的差别只是整体加热与局部加热的不同。因此，重要的是掌握各种着火方式的实质。

三、着火条件的数学描述

在燃烧学中，着火条件应描述如下：如果在一定的初始条件（系统的初始温度、初始物质浓度）、边界条件（系统的散热或者物质的交换情况）和内部条件（系统内物质的反应特性）的共同作用之下，系统的化学反应速率由缓慢反应过渡到剧烈加速的状态，使系统在某个瞬间或空间某部分达到高温反应态（即燃烧态），那么，实现这个过渡过程的初始条件、边界条件和内部条件的集合，便称为着火条件。需要强调的是，着火条件应具备以下两个基本的效果：

1) 能够使得系统的化学反应速率自动地、持续地加速，直至达到一个较高的化学反应速率。

2) 实际的化学反应速率不会趋于无穷大，而最终会到达某个有限的数值，但是，在这个有限的化学反应速率的数值下，系统在空间中存在剧烈发光发热（也就是燃烧）的现象。

着火这一概念只能包含定解条件的含义，而不能预示最后的稳定燃烧处于什么状态。着火这一现象是对系统的初态（闭口系统）而言的，它的临界性质不能错误地解释为化学反应速率随温度的变化有突跃的性质，即如图 4-1 中所示，横坐标所代表的温度不是反应进行的温度，而是系统的初始温度。着火条件不是一个简单的初始条件，而是化学动力参数和传热学参数的综合函数。例如，对于一定种类的可燃预混合气而言，在闭口系统条件下，着火条件可用函数关系表示为

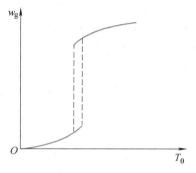

图 4-1 着火过程的外部标志

$$f(T_0, \alpha, p, d, w_g) = 0 \tag{4-1}$$

式中，T_0 是预混合气的初始温度；α 是表面传热系数；p 是预混合气的压力；d 是容器直径；w_g 是环境气流速度。

在开口系统中，着火的临界边界条件经常用着火距离 x_i 表示，这时其着火条件可以用综合函数关系式表示为

$$f(x_i, T_0, \alpha, p, d, w_g) = 0 \tag{4-2}$$

第二节　热自燃理论

一、热自燃条件

在自然界或者工程中，很多时候可燃物的燃烧可以视为在有限的空间内进行。因此，下面将以封闭容器内可燃物质的着火过程为例，来分析热自燃问题。为使问题简化，做如下假设：

1) 只有热反应，不存在链式反应，化学反应速率遵守阿累尼乌斯定律。

2) 容器的体积 V 和表面积 A_F 为定值。

3) 容器内的参数，例如成分、温度、浓度（或压力）以及反应速率等处处相同。

4) 在反应开始时，系统的温度和容器的壁温与环境温度 T_0 相同。

5) 在反应过程中，系统的温度、容器壁温与可燃物质温度相同，均为 T。

6）容器与环境之间仅存在对流换热，表面传热系数 α 为定值。

7）可燃物质的反应热 Q 为定值。

8）在整个着火过程中，可燃物质浓度变化很小，视为不变。

热自燃简化模型如图 4-2 所示。

单位时间内容器内可燃物质化学反应的放热量 Q_f 为

$$Q_f = wQV \qquad (4-3)$$

式中，w 是化学反应速率；Q 是单位体积内可燃物质的反应热；V 是容器的容积。

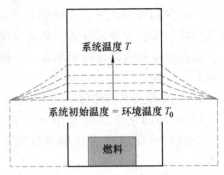

图 4-2 热自燃简化模型

由燃烧化学动力学知，化学反应速率为

$$w = kc^n = k_0 e^{-\frac{E}{RT}} c^n \qquad (4-4)$$

式中，c 是可燃物质的浓度；n 是可燃物质总体反应的反应级数；E 是可燃物质总体反应的活化能；k_0 是频率因子；k 是化学反应速率常数；R 是摩尔气体常数，其值为 8.314J/(mol·K)；T 是热力学温度（K）。

将式（4-4）代入式（4-3）得

$$Q_f = VQk_0 c^n e^{-\frac{E}{RT}} \qquad (4-5)$$

单位时间内容器壁对环境的散热量 Q_s 为

$$Q_s = \alpha A_F (T - T_0) \qquad (4-6)$$

单位时间内容器内积累的热量 Q_L 为

$$Q_L = c_V V \frac{dT}{dt} \qquad (4-7)$$

式中，c_V 是单位体积内可燃物质的比定容热容。

根据能量守恒定律知，容器内积累的热量等于可燃物质反应放出的热量与器壁对环境的散热量之差。即有

$$Q_L = Q_f - Q_s \qquad (4-8)$$

或

$$c_V V \frac{dT}{dt} = VQk_0 c^n e^{-\frac{E}{RT}} - \alpha A_F (T - T_0) \qquad (4-9)$$

着火问题的本质取决于单位时间内的放热量 Q_f 和散热量 Q_s 的相互作用及其随温度变化而变化的程度。分析式（4-8）随温度变化的关系，可以看出可燃物质的着火特点，并推导出着火的临界条件。将 Q_f、Q_s 和 Q_L 随温度的变化曲线画在同一张图上，从图上来讨论着火条件将更直观。

由式（4-5）和式（4-6）可知，Q_f 与温度 T 呈指数关系，而 Q_s 和 T 呈直线关系，如图

4-3 所示。从图 4-3a 可以看出，Q_s 直线在横坐标上的截距即为环境温度 T_0，也可看出环境温度 T_0 对 Q_s 和 Q_L 的影响。当其他参数不变时，Q_s 直线随环境温度的升高向右移动，Q_L 随温度 T 的变化如图 4-3b 所示。Q_L 曲线随环境温度的升高向上移动。

分析图 4-3a，Q_f 曲线与 Q_s 直线之间的关系有三种可能的情况：第一种情况是 Q_f 曲线与 Q_s 直线有两个交点，即曲线与直线相交，交点为 A 和 B；第二种情况是 Q_f 曲线与 Q_s 直线有一个交点，即曲线与直线相切，切点为 C；第三种情况是 Q_f 曲线和 Q_s 直线无交点，即曲线与直线既不相交，也不相切。

（1）放热曲线与散热直线之间有两个交点　当环境温度 $T_0 = T_{01}$ 时，放热曲线 Q_f 与散热直线 Q_s 有两个交点 A 和 B，即 A 和 B 两种工况可能出现。下面分别进行讨论。

首先看 A 点工况。反应开始时，由于可燃物质温度等于环境温度，即 $T = T_{01}$，则 $Q_s = 0$，所以此时没有散热损失。但这时化学反应是在缓慢地进行的，因为有一定的初温。随着化学反应的进行，可燃物质便释放出少量的热量，使可燃物质的温度上升。这时 $T > T_{01}$，则 $Q_s > 0$，因而也就产生了散热损失。由于这时温差较小，散热损失也较小，则放热量大于散热量，即 $Q_L > 0$，所以使可燃物质的温度不断升高，一直到两条曲线的交点 A。当可燃物质温度为 T_A 时，$Q_f = Q_s$，即 $Q_L = 0$，达到了放热与散热的平衡状态。当可燃物质由于某种原因使温度略低于 T_A 时，则由于 $Q_f > Q_s$，温度将上升，从而使系统又恢复到 A 状态。反之，由于某种原因使系统温度略高于 T_A 时，则由于 $Q_f < Q_s$，温度将下降，系统也恢复到 A 状态。因此，A 状态是一个稳定的状态。在这个状态下，反应不会自动加速而着火。实际上 A 状态是一个反应速率很小的缓慢氧化工况。由此可见，放热量与散热量平衡仅是热自燃的必要条件，而不是充分条件。

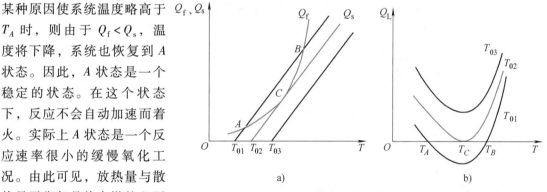

图 4-3　热自燃中的热量平衡关系

再来看 B 点工况。当可燃物质由于某种原因使温度略低于 T_B 时，则由于放热量总是小于散热量，系统温度将不断下降，系统工况离 B 点越来越远，直到达到 A 点为止。因此，反应不可能着火。反之，当可燃物质由于某种原因温度略高于 T_B 时，则因为放热量总是大于散热量，温度将不断升高，因而反应不断加速，直至产生着火。由此可见，B 状态是不稳定的。实际上 B 点工况是不可能出现的。因为 B 点温度很高，而从 A 到 B 的过程中放热量一直小于散热量，因此，可燃物质从初温 T_{01} 开始逐渐升温到 T_A 后，不可能越过 A 状态自动升温到 T_B，除非有外界强热源向系统提供大量的热量才能使可燃物质从 A 状态过渡到 B 状态。然而，这已经不属于热自燃的范畴了，所以 B 状态是达不到的。

（2）放热曲线与散热直线无交点　当环境温度 $T_0 = T_{03}$ 时，放热曲线 Q_f 与散热直线 Q_s 永不相交，因此，无论在什么温度下，放热量总是大于散热量，系统内将不断积累热量，可燃物质温度不断升高，化学反应不断加速，最后必然导致着火。

（3）放热曲线与散热直线有一个交点　当环境温度由 T_{01} 逐渐升高时，散热直线向右移动。

当 $T_0 = T_{02}$ 时，放热曲线 Q_f 与散热直线 Q_s 相切，这时只有一个切点 C。这种工况是一种临界工况。可燃物质从初温 T_{02} 开始逐渐升温到 C 状态后，若由于某个原因使温度略低于 T_C 时，则由于 $Q_f > Q_s$，系统能自动地恢复到 C 状态。但若由于某个原因使可燃物质温度略高于 T_C 时，则由于 $Q_f > Q_s$，系统温度将不断上升，因此一定会引起着火。所以 C 状态也是不稳定的，尽管在 C 点放热量与散热量也达到了平衡。但是 C 状态是能够达到的。它不同于 B 点，因为 C 点以前放热量总是大于散热量，并不需要外界补充能量，可燃物质完全依靠自身反应的能量积累就能自动地到达 C 点。因此，C 点将标志着由低温缓慢的反应态到不可能维持这种状态的过渡。根据前面讨论过的关于着火条件的定义，则产生这种过渡过程的初始条件就是着火条件。所以 C 点称为热自燃点，T_C 称为热自燃温度。而对于该反应的初始温度 T_{02} 为引起热自燃的最低环境温度。

对于一定条件下的可燃物质，欲使其产生热自燃不仅可以用上述提高环境温度 T_0 致 Q_s 向右移动与 Q_f 相切的方式来实现，在同样的环境温度 T_0 下，也可以通过改变其他参数的方式来实现热自燃。例如当 Q_f 不动时，由式（4-6）可知，减小表面传热系数，即可减小散热量，散热直线 Q_s 的斜率将减小，Q_s 直线将以横轴上 T_0 点为轴心向右转动。当 α 减小到一定程度时，放热曲线 Q_f 就会与散热直线 Q_s 相切，满足产生热自燃的临界条件，如图 4-4 所示。减小容器的散热面积 A_F 也可以达到同样的效果。当 Q_s 直线不动时，由式（4-5）知，通过增大可燃物质的浓度，即可增加放热量，放热量曲线 Q_f 将向左上方移动。因为浓度与压力 p 成正比，所以当 p 增大到一定程度时，放热曲线 Q_f 就会与散热直线 Q_s 相切，也能满足产生热自燃的临界条件，如图 4-5 所示。改变可燃物质成分也能得到类似结果。

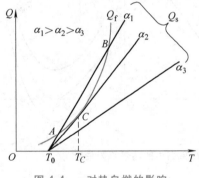

图 4-4　α 对热自燃的影响

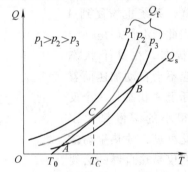

图 4-5　压力对热自燃的影响

通过上述详细的分析，可找到产生热自燃的充分必要条件。该充要条件是：不仅放热量和散热量要相等，而且两者随温度的变化率也要相等。其数学表达式为

$$Q_f |_{T=T_C} = Q_s |_{T=T_C} \tag{4-10}$$

$$\frac{dQ_f}{dT}\Big|_{T=T_C} = \frac{dQ_s}{dT}\Big|_{T=T_C} \tag{4-11}$$

二、热自燃温度

将式（4-5）和式（4-6）代入式（4-10）可得

$$VQk_0 c^n e^{-\frac{E}{RT_C}} = \alpha A_F (T_C - T_0) \tag{4-12}$$

将式（4-5）和式（4-6）求导后代入式（4-11）可得

$$VQk_0c^n e^{-\frac{E}{RT_C}}\frac{E}{RT_C^2} = \alpha A_F \qquad (4\text{-}13)$$

或

$$VQw\frac{E}{RT_C^2} = \alpha A_F$$

将式（4-12）除以式（4-13）可得 T_C 的一元二次方程为

$$\frac{R}{E}T_C^2 - T_C + T_0 = 0 \qquad (4\text{-}14)$$

解此方程可得

$$T_C = \frac{E}{2R}\left(1 \pm \sqrt{1 - \frac{4RT_0}{E}}\right) \qquad (4\text{-}15)$$

式中，加号是无意义的，否则 T_C 的数值很大，实际上是不可能有这么高的自燃温度的，因此取减号，即

$$T_C = \frac{E}{2R}\left(1 - \sqrt{1 - \frac{4RT_0}{E}}\right) \qquad (4\text{-}16)$$

该式即为著名的谢苗诺夫公式。实际上 $4RT_0/E \ll 1$，所以可把 $\sqrt{1-4RT_0/E}$ 展开成级数，略去高次项，则

$$\sqrt{1 - \frac{4RT_0}{E}} \approx 1 - 2\frac{RT_0}{E} - 2\left(\frac{RT_0}{E}\right)^2 \qquad (4\text{-}17)$$

将式（4-17）代入式（4-16）得

$$T_C = T_0 + \frac{R}{E}T_0^2 \qquad (4\text{-}18)$$

$$\Delta T_C = T_C - T_0 \approx \frac{R}{E}T_0^2 \qquad (4\text{-}19)$$

若 $E = 167.2\text{kJ/mol}$，$T_0 = 1000\text{K}$，则

$$T_C - T_0 \approx 50\text{K} \ll T_0 \qquad (4\text{-}20)$$

所以

$$T_C \approx T_0 \qquad (4\text{-}21)$$

这就是说在着火的情况下，自燃温度在数量上与给定的初始环境温度相差不多，因此在近似计算中不需要去测量真正的自燃温度，因为测量它比较困难。在实际应用中，常常把 T_0 当作自燃温度。

但是必须注意，自燃温度 T_C 并不是可燃物质的某种物理化学常数，而是和外界条件，如环境温度、容器形状和尺寸以及散热情况等有关的一个参数。因此，即使是同一种可燃物质，其着火温度也会不同。例如，对某种可燃物质，当其压力由 p_1 提高到 p_2 时，放热曲线 Q_{f1} 向左上方移动到 Q_{f2} 位置（图4-6）。由于压力升高时反应加速，这将有利于自燃而使自燃温度变得低一些。所以 $T_{C1} > T_{C2}$，或 $T_{02} < T_{01}$。图4-7所示为散热条件对自燃温度的影响。从图4-7可以看出，散热条件减弱时（表面传热系数 α 减小或容器表面积 A_F 减小），散热直线 Q_{s1} 移到 Q_{s2} 位置，因此自燃温度降低，即 $T_{C2} < T_{C1}$，或 $T_{02} < T_{01}$。

某些气体和液体燃料与空气混合物在大气压力和通常条件下的着火温度见表4-1。炔的活性比烯强，烷的活性比烯弱，因而由表4-1可知，烷的着火温度高于烯，而炔的着火温度低于烯。液体燃料的着火温度一般低于气体燃料。

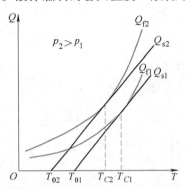

图4-6　压力对自燃温度的影响

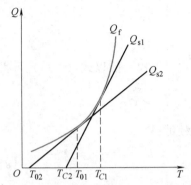

图4-7　散热条件对自燃温度的影响

表4-1　某些气体和液体燃料与空气混合物在大气压力和通常条件下的着火温度

名　称	分　子　式	着火温度/℃	名　称	分　子　式	着火温度/℃
氢	H_2	530~590	苯	C_6H_6	580~740
一氧化碳	CO	654~658	航空汽油	—	390~685
甲烷	CH_4	658~750	原油	—	360~367
乙烷	C_2H_6	520~630	重油	—	336
乙烯	C_2H_4	542~547	煤油		250~609
乙炔	C_2H_2	406~480			

一些固体燃料的着火温度见表4-2。虽然固体燃料与氧的燃烧是异相化学反应，但是上述的自燃过程与着火温度还可以近似地用于固体燃料。

表4-2　一些固体燃料的着火温度

种　类	着火温度/℃	种　类		着火温度/℃
木柴	250~350	烟煤	高挥发分	200~400
泥炭	225~280	烟煤	低挥发分	300~500
褐煤	200~350	焦炭		700
无烟煤	600~700	炭黑		560~600

三、热自燃界限

由前面的讨论可知，某种可燃物质在一定条件下，对于其每个自燃温度 T_C 必然对应有自燃临界压力 p_C，因此可以利用 $p\text{-}T$ 图来表示热自燃界限。

大多数碳氢化合物燃料的燃烧反应都接近于二级反应，所以下面讨论二级反应的情况。二级反应的反应速率为

$$w = kx_f x_{ox} \frac{p^2}{(RT)^2} = k_0 e^{-\frac{E}{RT}} x_f x_{ox} \frac{p^2}{R^2 T^2} \tag{4-22}$$

式中，x_f 是燃料的摩尔分数；x_{ox} 是氧化剂的摩尔分数；p 是可燃物质的总压力。

将上式代入式（4-13）得相应的热自燃条件，即

$$VQk_0 e^{-\frac{E}{RT_C}} x_f x_{ox} \frac{p_C^2}{R^2 T_C^2} \frac{E}{RT_C^2} = \alpha A_F \tag{4-23}$$

或

$$\frac{VQk_0 E x_f x_{ox} p_C^2}{\alpha A_F R^3 T_C^4} e^{-\frac{E}{RT_C}} = 1 \tag{4-24}$$

式中，p_C 是自燃的临界压力。

在其他参数不变的情况下，由上式可建立自燃温度与自燃临界压力之间的关系。图 4-8 所示为 p_C-T_C 之间的关系，称其为热自燃界限。由图可知，当混合气压力增大时，自燃温度降低，混合气热自燃容易发生。反之，如果压力下降，则自燃温度升高，表示混合气不易着火。所以内燃机在高原地区及航空发动机在高空时着火性能都将变坏。

将式（4-21）代入式（4-24）得

$$\frac{VQk_0 E x_f x_{ox} p_C^2}{\alpha A_F R^3 T_0^4} e^{-\frac{E}{RT_0}} = 1 \tag{4-25}$$

将上式变形得

$$\frac{p_C^2}{T_0^4} = e^{\frac{E}{RT_0}} \frac{\alpha A_F R^3}{VQk_0 E x_f x_{ox}} \tag{4-26}$$

两边取自然对数得

$$\ln \frac{p_C}{T_0^2} = \frac{E}{2R} \frac{1}{T_0} + \frac{1}{2} \ln \frac{\alpha A_F R^3}{VQk_0 E x_f x_{ox}} \tag{4-27}$$

上式称为谢苗诺夫方程。如果令

$$A = \frac{E}{2R} \tag{4-28}$$

$$B = \frac{1}{2} \ln \frac{\alpha A_F R^3}{VQk_0 E x_f x_{ox}} \tag{4-29}$$

则

$$\ln \frac{p_C}{T_0^2} = A \frac{1}{T_0} + B \tag{4-30}$$

将上述函数关系画在 $\ln(p_C/T_0^2)$-$1/T_0$ 坐标图上则可得到一条直线，如图 4-9 所示，其斜率为 A，截距为 B。由于斜率 $A = E/(2R)$，所以谢苗诺夫方程提供了一种测量活化能的简单方法。

许多实验结果已经证明了谢苗诺夫方程的正确性。图 4-10 和图 4-11 分别给出了 ClO_2 分解及 H_2 与 Cl_2 化

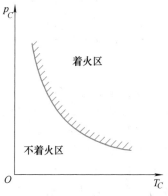

图 4-8 热自燃界限

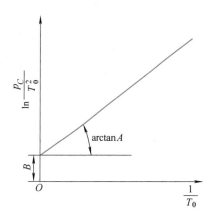

图 4-9 临界压力与温度的关系

合时的热自燃的实验结果。这些实验结果表明，用热自燃理论来解释封闭空间的热自燃机理是合理的。

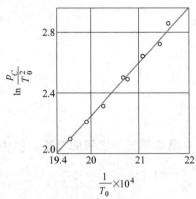

图 4-10　ClO_2 分解的自燃界限

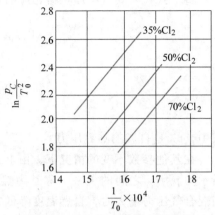

图 4-11　Cl_2+H_2 化合的自燃界限

（图中百分数为体积分数）

自燃温度还和燃料与氧化剂的混合比相关。如果取 p_C 为定值，则可得自燃温度与混合气成分的关系，如图 4-12 所示。如果取 T_0 为定值，则可得自燃临界压力与混合气成分的关系，如图 4-13 所示。这些关系说明了在一定的温度（或压力）下，并非所有混合气成分都能着火，而是有一定的含量（摩尔分数）范围。超过这一范围，混合气就不能着火。例如在图 4-12 和图 4-13 中，只有在 $x_1 \sim x_2$ 的范围内混合气才可能着火。其中，x_2（即含燃料量多的）称为上限（或富燃料），x_1（即含燃料量少的）称为下限（或贫燃料）。

从图 4-12 和图 4-13 中可以看出，当温度（或压力）下降时，着火界限缩小。当温度或压力下降到某一值时，着火界限下降成一点。当温度或压力继续下降时，则任何混合气成分都不能着火。研究温度或压力对着火界限的影响，对许多发动机燃烧室的着火是十分重要的，尤其是对发动机在高空点火更有意义。

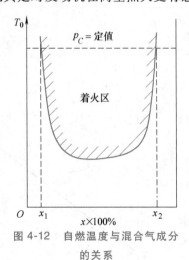

图 4-12　自燃温度与混合气成分
的关系

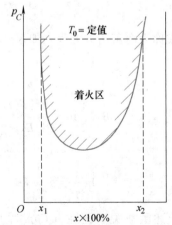

图 4-13　自燃临界压力与混合气
成分的关系

由式（4-24）知

$$\frac{VQk_0Ex_f x_{ox} p_C^2}{\alpha A_F R^3 T_C^4}e^{-\frac{E}{RT_C}} = 1$$

保持其他参数不变，则有

$$p_C^2 \frac{V}{A_F} = 常数 \tag{4-31}$$

对直径 d 的球形容器，则有

$$\frac{V}{A_F} = \frac{\pi d^3 / 6}{\pi d^2} \tag{4-32}$$

将式（4-32）代入式（4-31）得

$$p_C^2 d = 常数 \tag{4-33}$$

从式（4-33）可以看出，增大容器尺寸，可以降低着火压力，从而提高可燃物质的着火性能。由此可见，在小尺寸的燃烧设备中，自燃比较困难。这也正是小缸径柴油机往往采用较高的压缩比来提高压缩压力的重要原因。

四、热自燃孕育期

热自燃孕育期即为着火延迟期，它的直观意义是指可燃物质由可以反应到燃烧出现的一段时间。更确切的定义是：在可燃物质已达到着火的条件下，由初始状态到温度骤升的瞬间所需的时间。与图 4-3 相对应的温度变化情况如图 4-14 所示。从图 4-14 中可以看出，着火孕育期即为可燃物质由初温 T_0 自动升温到着火温度 T_C 所需要的时间。

（1）当环境温度 $T_0 = T_{01}$ 时 从图 4-3 可以看出，反应开始后，由于 $Q_L > 0$，即由式（4-7）知 $dT/dt > 0$，所以温度 T 随时间 t 将不断上升。又由于 Q_L 随温度上升变得越来越小，则有 $dQ_L/dt < 0$，即 $d^2T/dt^2 < 0$，所以温度曲线向下凹，温度的变化是减速缓慢升高的，最后趋近于极限值 T_A，如图 4-14 曲线 I 所示。

（2）当环境温度 $T_0 = T_{02}$ 时 从图 4-3 可以看出，在到达温度 T_C 以前，可燃物质的温度变化情况与图 4-14 中曲线 I 类似，即温度曲线单调上升，曲线向下凹。但当温度越过 T_C 后，由于 $Q_L > 0$ 一直存在，$dT/dt > 0$，所以温度将继续单调上升。但由于 Q_L 随温

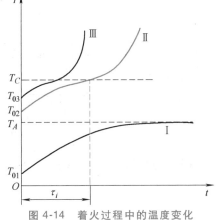

图 4-14　着火过程中的温度变化

度上升变得越来越快，则有 $dQ_L/dt > 0$，即 $d^2T/dt^2 > 0$，所以温度曲线向上凹。因为这时已经开始燃烧，所以温度的变化是增速升高的。在 $T = T_C$ 时，$dQ_L/dt = 0$，温度曲线出现拐点。温度的变化过程如图 4-14 曲线 II 所示。通常规定这个拐点出现的时间为着火孕育期 τ_i。

（3）当环境温度升高到 $T_0 = T_{03}$ 时 则温度变化过程如图 4-14 曲线 III 所示。从图中可以看到，由于初温升高，着火孕育期会缩短。

着火孕育期 τ_i 可由下式计算，即

$$\tau_i = \frac{c_0 - c_C}{w_{C0}} \tag{4-34}$$

式中，c_0 是可燃物质初始物质的量浓度；c_C 是可燃物质着火时的物质的量浓度；w_{C0} 是以物

113

质的量浓度表示的初始反应速率。

假设容器壁对环境没有散热损失，则可燃物质燃烧产生的热全部用于系统升温，因此温度与浓度之间存在的关系为

$$\frac{T_C - T_0}{T_m - T_0} = \frac{c_0 - c_C}{c_0 - 0} \tag{4-35}$$

所以

$$c_0 - c_C = c_0 \frac{T_C - T_0}{T_m - T_0} \tag{4-36}$$

式中，T_m 是燃料全部燃烧后燃烧反应产物的温度。

又因为

$$T_m - T_0 = \frac{Q}{c_V} \tag{4-37}$$

将式（4-19）和式（4-37）代入式（4-36）得

$$c_0 - c_C = \frac{R T_0^2 c_V c_0}{QE} \tag{4-38}$$

将式（4-38）代入式（4-34）可得着火孕育期，即

$$\tau_i = \frac{R T_0^2 c_V c_0}{QE w_{C0}} = \frac{R T_0^2 c_V c_0}{QE k_0 c_0^n e^{-\frac{E}{RT_0}}} = \frac{R T_0^2 c_V c_0^{1-n}}{QE k_0} e^{\frac{E}{RT_0}} \tag{4-39}$$

因为式（4-39）中指数前的温度相对于指数项的温度对 τ_i 的影响要小得多，所以温度下降时，τ_i 将增加。

将式（4-39）两边取自然对数得

$$\ln \tau_i = \ln \frac{R T_0^2 c_V c_0^{1-n}}{QE k_0} + \frac{E}{R} \frac{1}{T_0} \tag{4-40}$$

在压力和混合气成分保持不变的条件下，可以认为

$$A = \ln \frac{R T_0^2 c_V c_0^{1-n}}{QE k_0} = 常数 \tag{4-41}$$

将上式代入式（4-40）得

$$\ln \tau_i = \frac{E}{R} \frac{1}{T_0} + A \tag{4-42}$$

将 $c_0 = x_0 p / (R T_0)$ 代入式（4-40）得

$$\ln \tau_i = \ln \frac{R T_0^2 c_V x_0^{1-n} p^{1-n}}{QE k_0 (R T_0)^{1-n}} + \frac{E}{R} \frac{1}{T_0} = (1-n)\ln p + \ln \frac{R T_0^2 c_V x_0^{1-n}}{QE k_0 (R T_0)^{1-n}} + \frac{E}{R T_0} \tag{4-43}$$

在温度和混合气成分不变时，可以认为

$$B = \ln \frac{R T_0^2 c_V x_0^{1-n}}{QE k_0 (R T_0)^{1-n}} + \frac{E}{R T_0} = 常数 \tag{4-44}$$

将上式代入式（4-43）得

$$\ln\tau_i = (1-n)\ln p + B \tag{4-45}$$

　　大量的热自燃的实验证明，着火孕育期 τ_i 和温度 T_0 可以整理成直线关系，如图 4-15（横坐标为倒数坐标，纵坐标为对数坐标）所示。同样，τ_i 与 p 也是直线关系，如图 4-16（对数坐标）所示。这样，又一次说明了热自燃理论的合理性。另一方面，根据式（4-45），可由温度对着火孕育期的影响的实验结果反推出反应级数 n。马林斯（Mullins）由着火实验结果推算出的某些燃料与空气反应的活化能见表 4-3。值得注意的是，着火温度范围内求得的活化能一般不同于火焰传播（即燃烧）条件下所得到的活化能。

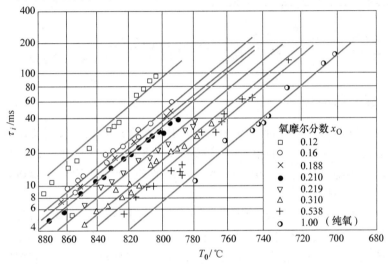

图 4-15　气流中自燃的着火孕育期和温度的关系

[预混合气：空气+燃料（Calor Gas）]

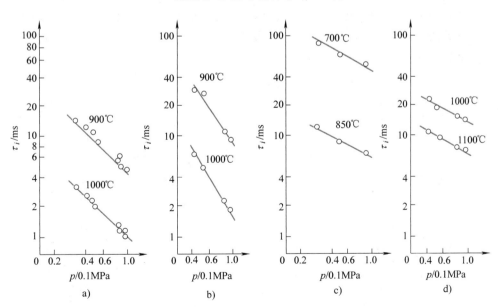

图 4-16　着火孕育期与压力的关系

a）煤油　b）Calor Gas　c）乙炔　d）甲烷

表 4-3　某些燃料与空气反应的活化能

燃　料	$E/(\text{kJ/mol})$	燃　料	$E/(\text{kJ/mol})$
乙炔	129.58	正庚烷	252.89
苯	197.30	氢	239.26
一氧化碳	336.05	煤油	191.28
环己烷	193.90	甲烷	121.22
乙烷	204.82	甲醇	172.63
乙醇	176.40	异辛烷	145.43

第三节　链锁自燃理论

一、链锁自燃与热自燃

着火的热自燃理论认为，热自燃的发生是由于在孕育期内化学反应使热量不断积累，从而导致反应速率的自动加速。热自燃理论可以解释很多着火现象。很多碳氢化合物燃料在空气中着火的实验结果都符合这一结论。图 4-17 所示的 CO 着火界限的实验结果从一个方面说明了热自燃理论的正确性。

但是也有很多现象和实验结果，用热自燃理论是无法解释的。例如，图 4-18 所示的 H_2 和 O_2 反应的着火界限的实验结果正好与热自燃理论对双分子反应的分析结果相反。有一些可燃混合气在低压下，其着火的临界压力与温度的关系曲线也不像热自燃理论所论述的那样，即单调地下降且只有一个着火界限，而是着火界限呈半岛形，且有两个或三个，甚至更多的着火界限。图 4-19 所示为 CH_4 和 O 反应的着火界限，它有三个着火界限。图 4-20 所示为 C_2H_6 在空气中反应的着火界限。可以看出，有些反应在高压区有多个着火界限出现。这些实验结果表明，着火并非在所有情况下都是由于放热的积累引起的。而链锁自燃理论有可能解释其中的一部分现象。

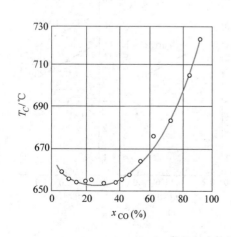

图 4-17　CO 的着火界限

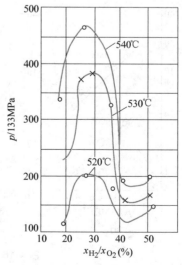

图 4-18　H_2 和 O_2 反应的着火界限

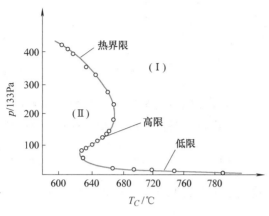

图 4-19 CH$_4$ 和 O 反应的着火界限

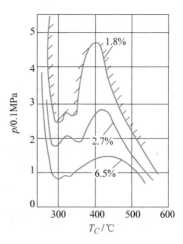

图 4-20 C$_2$H$_6$ 和空气的着火界限

二、链锁自燃条件

链锁自燃理论认为，使反应自动加速并不一定需要热量积累，而可以通过链的不断分支来迅速增加链载体的数量，从而导致反应自动地加速直至着火。

在第二章燃烧化学反应动力学基础中曾指出在氢和氧的链式反应中，其链载体（活化中心），即氢原子浓度的增加有两个原因：一是由于热运动的结果总有氢原子生成，例如氢分子与别的分子碰撞而分解出氢原子，它的生成速率与链式反应无关；二是由于链分支的结果，1 个氢原子反应生成 3 个新的氢原子，显然以这种方式生成氢原子的速率与氢原子本身的浓度成正比。此外，由于气相中断和器壁中断时刻都在发生，所以反应过程中总存在着链载体的销毁过程。链载体的销毁速率也与氢原子本身的浓度成正比。

在反应过程中，假设 w_1 为由于热的作用而生成链载体的速率，w_2 为由链分支造成的链载体净增加速率，w_3 为链载体的销毁速率，c 为链载体的瞬时浓度，则链载体随时间的变化为

$$\frac{\mathrm{d}c}{\mathrm{d}t} = w_1 + w_2 - w_3 \tag{4-46}$$

其中

$$w_2 = fc \tag{4-47}$$
$$w_3 = gc \tag{4-48}$$

式中，g 是链载体销毁速率系数；f 是链载体净增加速率系数。

将式（4-47）和式（4-48）代入式（4-46）得

$$\frac{\mathrm{d}c}{\mathrm{d}t} = w_1 + fc - gc \tag{4-49}$$

令

$$\varphi = f - g \tag{4-50}$$

将式（4-50）代入式（4-49）得

$$\frac{\mathrm{d}c}{\mathrm{d}t} = w_1 + \varphi c \tag{4-51}$$

初始条件为

$$\left.\begin{array}{l} t = 0, \quad c = 0 \\ t = t, \quad c = c \end{array}\right\} \tag{4-52}$$

对式（4-51）积分，有

$$\int_0^t \mathrm{d}t = \int_0^c \frac{\mathrm{d}c}{\varphi c + w_1}$$

$$c = \frac{w_1}{\varphi}(\mathrm{e}^{\varphi t} - 1) \tag{4-53}$$

在反应过程中，只有参加分支链式反应那部分链载体才能生成最终反应产物。如果设 a 为一个链载体参加反应后生成最终反应产物的分子数，则以最终反应产物表示的反应速率为

$$w = afc = \frac{afw_1}{\varphi}(\mathrm{e}^{\varphi t}-1) \tag{4-54}$$

在上述氢和氧反应例子中，消耗 1 个氢原子将生成 3 个新的氢原子和 2 个水分子，所以 a 值为 2。

对于不分支链式反应，$f=0$，$\varphi=-g$。当时间趋于无限大时，对式（4-53）取极限得

$$\lim_{t \to \infty} c = \lim_{t \to \infty}\left[-\frac{w_1}{g}(\mathrm{e}^{-gt}-1)\right] = \frac{w_1}{g} \tag{4-55}$$

即链载体浓度为定值，所以不分支链式反应不会发生着火。

实际上在常温下 w_1 数值很小，它对反应过程影响不大。所以链的分支和中断反应速率是影响反应过程的主要因素。而 g 与 f 则随外界条件（压力、温度、容器尺寸）改变而变化，且这些条件对 g 和 f 的影响程度也不相同。链中断反应的活化能很小，所以链销毁速率与温度无关。但链分支反应的活化能很高，温度对其影响较大，温度越高，分支速率越大。由于 g 和 f 随温度变化的情况不同，所以 φ 的符号将随温度而变化，反应速率 w 随温度的变化也有不同的规律。

在低温下，分支链式反应速率很慢，而链中断反应速率却很快，因此 $\varphi<0$。当时间趋于无限大时，由式（4-53）和式（4-54）知，链载体浓度和反应速率趋于定值，即

$$\lim_{t \to \infty} c = \lim_{t \to \infty} \frac{w_1}{\varphi}(\mathrm{e}^{\varphi t}-1) = -\frac{w_1}{\varphi} \tag{4-56}$$

$$\lim_{t \to \infty} w = \lim_{t \to \infty} \frac{afw_1}{\varphi}(\mathrm{e}^{\varphi t}-1) = -\frac{afw_1}{\varphi} = w_0 \tag{4-57}$$

上两式表明这种情况下的反应是稳定的，不会发展成着火。当温度升高时，分支链式反应速率不断增大，而链中断反应速率则没有变化。因此，可使 φ 增大到 $\varphi>0$，这时从式（4-53）和式（4-54）可以看出，链载体浓度和反应速率随时间按指数规律迅速增大。由于 w_1 很小，因此在孕育期 τ_i 内，反应非常缓慢。在孕育期后，链载体不断增殖，导致反应自动地加速直至着火。显然这种情况下的反应是不稳定的，其反应速率变化过程如图 4-21 所示。

在某个温度下，可使 $\varphi=0$，即链载体增殖速率与销毁速率达到平衡。由式（4-53）和式（4-54）取极限可得这种情况下的浓度和反应速率为

$$\lim_{\varphi \to 0} c = \lim_{\varphi \to 0} \frac{w_1}{\varphi}(\mathrm{e}^{\varphi t}-1) = w_1 t \tag{4-58}$$

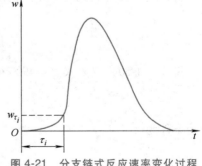

图 4-21 分支链式反应速率变化过程

$$\lim_{\varphi \to 0} w = \lim_{\varphi \to 0} \frac{afw_1}{\varphi}(\mathrm{e}^{\varphi t} - 1) = afw_1 t \qquad (4\text{-}59)$$

从式（4-59）可以看出，反应速率随时间呈线性增加，但是由于 w_1 很小，所以在这种情况下，直到反应物耗尽也不会出现着火。

如果把温度略提高一点使 $\varphi > 0$，则反应进入非稳定状态。随着链载体的不断积累，反应自动加速到着火。如果使温度略降低一点使 $\varphi < 0$，则反应进入稳定状态，反应速率趋于一定值，所以 $\varphi = 0$ 这一情况正好为由稳定状态向自行加速的非稳定状态过渡的临界条件。称 $\varphi = 0$ 的条件为链锁自燃条件，相应的温度为链锁自燃温度。图 4-22 所示为上述三种情况下的分支链式反应速率随时间的变化规律。

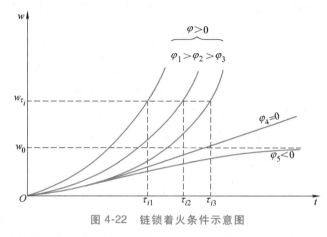

图 4-22　链锁着火条件示意图

三、链锁自燃孕育期

链锁自燃孕育期定义为从反应开始到反应速率明显加快的瞬间所需要的时间 τ_i，此时的反应速率为

$$w_{\tau_i} = \frac{afw_1}{\varphi}(\mathrm{e}^{\varphi \tau_i} - 1) \qquad (4\text{-}60)$$

在孕育期内 φ 较大，则 $\mathrm{e}^{\varphi \tau_i} \gg 1$，$\varphi \approx f$，所以上式可写成

$$w_{\tau_i} = aw_1 \mathrm{e}^{\varphi \tau_i} \qquad (4\text{-}61)$$

两边取对数，整理可得

$$\tau_i = \frac{1}{\varphi} \ln \frac{w_{\tau_i}}{aw_1} \qquad (4\text{-}62)$$

实际上 $\ln \dfrac{w_{\tau_i}}{aw_1}$ 受外界影响变化很小，可以认为是常数，所以

$$\tau_i \varphi = 常数 \qquad (4\text{-}63)$$

上式表示 φ 增大时，孕育期 τ_i 减小，图 4-22 也表示出了这一规律。这一结论已为实验所证实。链锁自燃理论可以较好地解释着火半岛现象。

第四节　强迫点燃理论

一、强迫点燃与热自燃

所谓强迫点燃即强迫着火，点燃和热自燃在本质上没有多大的差别，但在着火方式上则存在较大的差别。热自燃时，整个可燃物质的温度较高，反应和着火在可燃物质的整个空间内进行。而点燃时，可燃物质的温度较低，只有很少一部分可燃物质受到高温点火源的加热而反应，而在可燃物质的大部分空间内，其化学反应速率等于零。点燃时着火是在局部地区首先发生的，然后火焰向可燃物质所在其他地区传播。因此，点燃成功必须包括可燃物质在局部地区着火并且出现稳定的火焰传播。由此可见，点燃问题比热自燃问题要复杂得多。

与热自燃工程类似，点燃过程也有点燃温度、点燃孕育期和点燃界限。但是点燃过程还有一个更重要的参数，即点火源尺寸。影响点燃过程上述参数的因素除了可燃物质的化学性质、浓度、温度和压力外，还有点燃方法、点火能和可燃物质的流动性质等，而且后者的影响更为显著。一般来说，点燃温度比热自燃温度高。

由于点燃问题的复杂性，所以到目前为止，还没有建立起严格的点燃理论。已建立起的一些点燃理论还不十分完善，基本上是简化理论。

二、强迫点燃方法

工程上常用的强迫点燃方法有以下几类：

（1）炽热物体点燃 可用金属板、柱、丝或球作为电阻，通以电流（或用其他方法）使其炽热成为炽热物体。也可用耐火砖或陶瓷棒等材料以热辐射（或其他方法）使其加热并保持高温的方式形成炽热物体。这些炽热物体可以用来点燃静止的或低速流动的可燃物质。

（2）电火花点燃 利用两电极空隙间高压放电产生的火花使部分可燃物质温度升高产生着火。由于电火花点火能量较小，所以通常用来点燃低速流动的易燃的气体燃料，最常见的例子是汽油发动机中预混合气内的电火花点火。

（3）火焰点燃 火焰点燃是先用其他方法点燃一小部分易燃的气体燃料以形成一股稳定的小火焰，然后以此作为能源去点燃其他的不易着火的可燃物质。由于火焰点燃的点火能量大，所以它在工业上得到了十分广泛的应用。

综上所述，不论采用哪种点火方式，其基本原理都是可燃物质的局部受到外来高温热源的作用而着火燃烧。

三、炽热物体点燃理论

把一炽热物体放在静止的气体中，气体的温度为 T_0，炽热物体表面的温度为 T_w，且 $T_w > T_0$，炽热物体与周围气体的换热情况如图 4-23 所示。

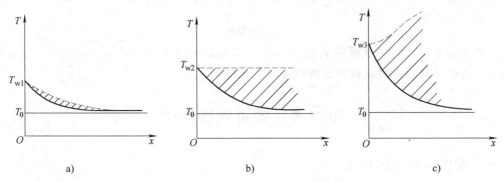

图 4-23　炽热物体与周围气体的换热情况

如果气体是不可燃气体，这就是普通的炽热物体与气体之间的换热现象，其温度分布如图 4-23 中实线所示。在物体的壁表面处，气体的温度为 T_w，离开壁表面温度迅速降低到 T_0。随着 T_w 的升高，温度的分布情况没有本质的变化，物体表面处的温度梯度总是负值，即 $(\mathrm{d}T/\mathrm{d}x)_w < 0$，只是由于温差加大，温度分布曲线变得更陡峭。

如果气体是可燃气体，在物体壁温不高时，例如 $T_w = T_{w1}$，可燃气体只有微弱的化学反应，产生少量热量，这时温度分布如图 4-23a 中虚线所示，化学反应使温度分布发生了变形。图中阴影部分表示化学反应造成的温升，此时物体表面温度梯度为负值，即 $(\mathrm{d}T/\mathrm{d}x)_w < 0$。

如果物体表面的温度升高，则可以增大可燃气体的化学反应速率，从而增大反应的放热量，温度变化的下降趋势变得平缓，阴影区域将扩大。随着物体温度的不断升高和阴影区域的逐渐扩大，总可以找到这样的一个温度，即 $T_w = T_{w2}$，在该温度下，气体中的温度分布曲线在物体壁面处与物体壁面相垂直，如图 4-23b 中虚线所示。这时炽热物体表面与气体没有热量交换，在壁面处形成了零值温度梯度，即 $(\mathrm{d}T/\mathrm{d}x)_w = 0$，物体边界层内可燃气体反应放出的热量等于其向边界层外散走的热量。

如果物体壁温再升高，例如 $T_w = T_{w3}$ 时，则反应速率进一步加快，壁面附近可燃气体反应放出的热量将大于散走的热量。由于热量积累，因此反应会自动地加速到着火。这时火焰温度比壁温高得多，如图 4-23c 中虚线所示。所以在壁面处温度梯度将出现正值，即 $(\mathrm{d}T/\mathrm{d}x)_w > 0$。

通过上述分析可知，当炽热物体壁温从低于 T_{w2} 过渡到高于 T_{w2} 时，可燃气体将从无火焰状态过渡到着火燃烧状态，且壁面处温度梯度会由负值变为正值。由此可见，T_{w2} 即为这种情况下的临界温度，称为强迫点燃温度。根据着火条件的定义可知，在炽热物体壁面处的温度梯度等于 0 的条件即为炽热物体的点燃条件，用数学形式表示炽热物体的点燃条件则为

$$\left(\frac{\mathrm{d}T}{\mathrm{d}x}\right)_w = 0 \tag{4-64}$$

下面介绍利用在炽热物体壁面处的零值温度梯度条件来推导出炽热物体点燃的具体条件。

对于球形炽热物体，由对称性知温度只沿着球体表面的法向变化，所以可取球体表面的法向为 x 轴，球体表面处为坐标原点来建立坐标系，如图 4-24a 所示。在球体附近的边界层内距壁面 x 处取一微元可燃气体，微元气体厚度为 $\mathrm{d}x$。设微元体与 x 轴垂直的两个表面积均为 $\mathrm{d}A_S$，则由图 4-24b 可以求得该微元体的热平衡。根据傅里叶定律知，导入微元体的热量 Q_1 为

$$Q_1 = -\lambda \frac{\mathrm{d}T}{\mathrm{d}x}\mathrm{d}A_S \tag{4-65}$$

式中，λ 是热导率。

导出微元体的热量 Q_2 为

$$Q_2 = \left(-\lambda \frac{\mathrm{d}T}{\mathrm{d}x} - \lambda \frac{\mathrm{d}^2 T}{\mathrm{d}x^2}\mathrm{d}x\right)\mathrm{d}A_S \tag{4-66}$$

微元体内可燃气体反应放出的热量 Q_3 为

$$Q_3 = Qw\mathrm{d}x\mathrm{d}A_S \tag{4-67}$$

式中，Q 是反应热；w 是反应速率。

由能量守恒定律知

$$Q_1 - Q_2 + Q_3 = 0 \tag{4-68}$$

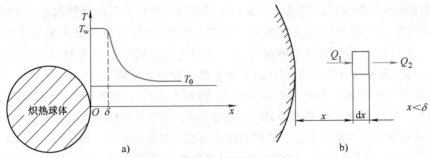

图 4-24 球形炽热物体点燃模型

即

$$-\lambda\frac{dT}{dx}dA_S-\left(-\lambda\frac{dT}{dx}-\lambda\frac{d^2T}{dx^2}dx\right)dA_S+QwdxdA_S=0 \tag{4-69}$$

$$\lambda\frac{d^2T}{dx^2}+Qw=0 \tag{4-70}$$

将反应速率 $w=k_0c^n e^{-\frac{E}{RT}}$ 代入上式得

$$\lambda\frac{d^2T}{dx^2}+Qk_0c^n e^{-\frac{E}{RT}}=0 \tag{4-71}$$

设球体附近有化学反应的边界层厚度为 δ，如图 4-24a 所示，其边界上的温度为 T_δ。由于 δ 很小，所以可近似地认为 $T_w=T_\delta$，且边界层内物质的量浓度 c 为定值。由于存在着温度降 $T_\delta-T_0$，所以必然有热量散失，边界层向外散失热量 Q_4 为

$$Q_4=\alpha(T_\delta-T_0)=\alpha(T_w-T_0) \tag{4-72}$$

式中，α 是表面传热系数。

由于

$$\left(\frac{dT}{dx}\right)_w=0$$

所以 Q_4 这部分热量不是从炽热物体得来的，而是边界层内可燃气体反应后放出的热量。从边界上导出的热量为

$$Q_5=-\lambda\left(\frac{dT}{dx}\right)_\delta \tag{4-73}$$

根据边界上的热量平衡有

$$Q_4=Q_5$$

即

$$-\lambda\left(\frac{dT}{dx}\right)_\delta=\alpha(T_w-T_0) \tag{4-74}$$

方程式（4-74）的边界条件为

$$\left.\begin{array}{l}x=0,\quad T=T_w,\quad \left(\dfrac{dT}{dx}\right)_w=0\\[3mm]x=\delta,\quad T=T_\delta,\quad \dfrac{dT}{dx}=\left(\dfrac{dT}{dx}\right)_\delta\end{array}\right\}$$

令 $y = dT/dx$，则有

$$y\frac{dy}{dT} = -\frac{Qk_0 c^n}{\lambda}e^{-\frac{E}{RT}} \quad (4\text{-}75)$$

边界条件变为

$$
\left.
\begin{array}{l}
x = 0, \quad T = T_w, \quad y = 0 \\[2mm]
x = \delta, \quad T = T_\delta, \quad y = \left(\dfrac{dT}{dx}\right)_\delta
\end{array}
\right\}
$$

对式（4-75）积分

$$\int_0^{\left(\frac{dT}{dx}\right)_\delta} y\, dy = -\int_{T_w}^{T_\delta} \frac{Qk_0 c^n}{\lambda}e^{-\frac{E}{RT}}dT$$

$$\left(\frac{dT}{dx}\right)_\delta = -\sqrt{\frac{2Qk_0 c^n}{\lambda}\int_{T_\delta}^{T_w}e^{-\frac{E}{RT}}dT} \quad (4\text{-}76)$$

式中，根号前取负号是因为 $(dT/dx)_\delta < 0$。

将式（4-76）代入式（4-74）得

$$\frac{\alpha(T_w - T_0)}{\lambda} = \sqrt{\frac{2Qk_0 c^n}{\lambda}\int_{T_\delta}^{T_w}e^{-\frac{E}{RT}}dT} \quad (4\text{-}77)$$

因为 $T_w - T_0$ 为正值，所以上式右端根号前负号消除。根据努塞尔数的定义知 $Nu = \alpha d/\lambda$，代入上式得

$$\frac{Nu(T_w - T_0)}{d} = \sqrt{\frac{2Qk_0 c^n}{\lambda}\int_{T_\delta}^{T_w}e^{-\frac{E}{RT}}dT} \quad (4\text{-}78)$$

式中，d 是球体直径，即炽热物体的定性尺寸。

为了求解式（4-78）中 $\int_{T_\delta}^{T_w}e^{-\frac{E}{RT}}dT$，需要做一些近似处理。因为在边界层内 $\dfrac{T_w - T}{T_w} \ll 1$，所以下面的关系式是成立的，即

$$\left(1 - \frac{T_w - T}{T_w}\right)\left(1 + \frac{T_w - T}{T_w}\right) = 1 - \left(\frac{T_w - T}{T_w}\right)^2 \approx 1 \quad (4\text{-}79)$$

则

$$\frac{1}{T} = \frac{1}{T_w - (T_w - T)} = \frac{1}{T_w\left(1 - \dfrac{T_w - T}{T_w}\right)} \approx \frac{1}{T_w}\left(1 + \frac{T_w - T}{T_w}\right) = \frac{1}{T_w} + \frac{T_w - T}{T_w^2} \quad (4\text{-}80)$$

利用上式则有

$$e^{-\frac{E}{RT}} = e^{-\frac{E}{R}\left(\frac{1}{T_w} + \frac{T_w - T}{T_w^2}\right)} = e^{-\frac{E}{RT_w}}e^{-\frac{E(T_w - T)}{RT_w^2}} \quad (4\text{-}81)$$

这样式（4-78）中的积分为

$$\int_{T_\delta}^{T_w}e^{-\frac{E}{RT}}dT = \int_{T_\delta}^{T_w}e^{-\frac{E}{RT_w}}e^{-\frac{E(T_w - T)}{RT_w^2}}dT = \frac{RT_w^2}{E}e^{-\frac{E}{RT_w}}\left[1 - e^{-\frac{E(T_w - T_\delta)}{RT_w^2}}\right] \quad (4\text{-}82)$$

将式（4-82）代入式（4-78）得

$$\frac{Nu}{d}(T_w-T_0)=\sqrt{\frac{2Qk_0c^nRT_w^2}{\lambda E}e^{-\frac{E}{RT_w}}\left[1-e^{-\frac{E(T_w-T_\delta)}{RT_w^2}}\right]} \tag{4-83}$$

由式（4-19）和式（4-21）知

$$T_C-T_0\approx\frac{R}{E}T_0^2$$

$$T_C\approx T_0$$

同理，在式（4-83）中由于 T_w 与 T_δ 值也非常接近，所以可以近似地取

$$T_w-T_\delta\approx\frac{R}{E}T_w^2 \tag{4-84}$$

将式（4-84）代入式（4-83）得

$$\frac{Nu}{d}(T_w-T_0)=\sqrt{\frac{2Qk_0c^nRT_w^2}{\lambda E}e^{-\frac{E}{RT_w}}\left(1-\frac{1}{e}\right)} \tag{4-85}$$

或

$$\frac{Nu}{d}=\sqrt{\frac{2Qk_0c^nR}{\lambda E}\frac{T_w^2}{(T_w-T_0)^2}e^{-\frac{E}{RT_w}}\frac{e-1}{e}} \tag{4-86}$$

式（4-86）即为炽热物体点燃的具体条件。它建立了临界点燃温度 T_w 与炽热物体定性尺寸 d 以及其他有关参数之间的联系。炽热球形物体放在静止的可燃气体中时，$Nu=2$。将该值代入式（4-86）即可求出在 T_w 温度下能点燃的最小圆球直径 d，即

$$d=\sqrt{\frac{2\lambda E}{Qk_0c^nR}\frac{(T_w-T_0)^2}{T_w^2}e^{\frac{E}{RT_w}}\frac{e}{e-1}} \tag{4-87}$$

式（4-87）说明在其他条件不变时，随着炽热球体直径增大，临界点燃温度将下降，可燃气体容易被点燃。图 4-25 所示的炽热球体在煤气中点燃的实验结果证明上述分析在质的方面是正确的。

此外，点燃同自燃一样，存在点火孕育期，其定义为当点火源与可燃气体接触后到出现火焰的一段时间。实验表明点燃温度与点火孕育期有着密切的关系。图 4-26 示出了汽油和氧气的可燃混合气体点燃温度与点火孕育期的变化关系。从图中可以看出，欲缩短点火孕育期就必须提高炽热物体的温度。

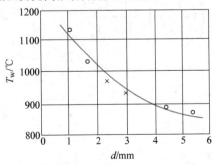

图 4-25　点燃温度 T_w 与炽热球体
直径 d 的关系

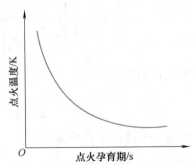

图 4-26　点火温度与点火孕育期的关系
（混合气：汽油和氧气）

第五节 火焰传播

一、火焰传播现象

图 4-27 所示的玻璃瓶中充满可燃混合气（主要成分为 CH_4 和空气），用打火机点燃瓶口处可燃混合气后，可以看见在瓶颈处形成一层蓝色薄平面的火焰，并朝瓶底方向传播。显然，这种蓝色火焰是一种发光的高温反应区，它像一个固定面一样向可燃混合气中传播。

此时，燃烧产生的热量用于加热包括预混的空气和 CH_4 在内的气体介质。只有当火焰通过热传导使附近的可燃混合气温度提高并达到其着火温度时，才能使燃烧反应延续下去，火焰才得以向瓶底方向传播，直到瓶中可燃混合气完全燃尽，这种现象称为火焰传播。

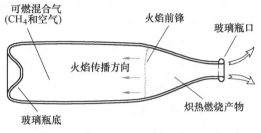

图 4-27　可燃气体混合物中火焰的传播

图 4-27 所示玻璃瓶中的火焰传播形式称为正常火焰传播。这种正常火焰传播过程具有以下特点：

1）炽热燃烧反应产物以自由膨胀的方式经瓶口喷出，瓶内压力可以认为是常数。

2）燃烧化学反应只在薄薄的一层火焰面内进行，火焰将已燃气体与未燃气体分隔开来。由于火焰传播速度不大，火焰传播完全依靠气体分子热运动的方式将热量通过火焰前锋传递给与其邻近的低温可燃混合气，从而使其温度提高至着火温度并燃烧。因此，燃烧化学反应不是在整个可燃混合气内同时进行，而是集中在火焰面内逐层进行。

3）火焰传播速度的大小取决于可燃混合气的物理化学性质与气体的流动状况。正常火焰传播过程依靠热传导来进行，其火焰传播速度大小有限，只有几米每秒。

火焰传播的另外一种典型的形式是"爆燃"，它主要是由于可燃混合气受到冲击波的绝热压缩作用而引起的。此时，火焰以爆炸波的形式传播，传播速度高于声速，一般可达 $1000 \sim 4000 \mathrm{m/s}$。正常火焰传播和爆燃均为稳定的火焰传播过程，而作为两者之间过渡过程的振荡传播则是非常不稳定的。假定图 4-27 所示玻璃瓶足够长，火焰在经过一段较长距离（约为瓶子内径的 10 倍）的正常传播后将不再保持稳定的传播，而会产生火焰的振荡运动，火焰变得非常不稳定。如果火焰振荡运动的振幅非常大，则可能发生熄火现象，或者发生爆燃。

二、正常火焰传播

对于可燃混合气中火焰的传播过程，火焰通常均为一个很狭窄的燃烧区域。因此，可近似地将火焰看成厚度为 0 的表面，称为火焰前锋（Flame Front）或火焰前沿。

假定可燃混合气是静止不动的，火焰前锋 F 在某瞬时以相对于静止坐标系的速度矢量 w_p 传播，并在很短的时间 $\Delta\tau$ 后传播一个很小的距离至表面 F′（图 4-28）。如果表面 F′上任意一点 A′的法线方向为 n，火焰前锋在 n 方向上移动的距离为 Δn，则火焰前锋在点 A 处的移动速度 $w_l(\mathrm{m/s})$ 为

125

$$w_1 = \lim_{\Delta\tau \to 0} \frac{\Delta n}{\Delta \tau} = \frac{dn}{d\tau} \tag{4-88}$$

如果可燃混合气以速度矢量 w_{ga}（m/s）运动，而且 w_{ga} 的方向在一般情况下与火焰前锋的移动速度 w_1 不同，则火焰前锋 F 相对于静止坐标系的移动速度 w_p（m/s）为

$$w_p = w_1 - w_n \tag{4-89}$$

式中，w_n 是可燃混合气速度矢量 w_{ga} 在火焰前锋法线方向上的投影（m/s）。

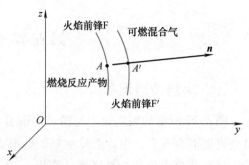

图 4-28　可燃混合气中的正常火焰传播

在确定本生灯锥形火焰正常传播速度时，燃气和空气分别进入一垂直圆管并在向上的流动过程中进行混合，在到达灯口以前已形成十分均匀的可燃混合气。灯口处的可燃混合气被点燃后，形成一稳定的近似于正锥体形层流火焰，如图 4-29 所示。火焰由内、外两层火焰锥组成。当过量空气系数 $\alpha > 1$ 时，内锥为蓝色的预混火焰锥，而外锥为紫红色的燃烧反应产物火焰；当 $\alpha < 1$ 时，内锥仍为蓝色的预混火焰，而外锥则变为黄色的扩散火焰。本生灯法通过测量内锥的层流预混火焰锥来测定火焰正常传播速度 w_1（又称层流火焰传播速度）。

图 4-30 所示，稳定火焰面上内锥表面各点的层流火焰传播速度 w_1 与气流速度在火焰锥表面法向分速度相等。火焰内锥实际上并不是一个正锥体（图 4-31），因此内锥表面上各处的 w_1 并不相等。为简化起见，假定内锥为一正锥体，则其表面各点的 w_1 相等。显然这样假设所得的 w_1 是一平均值，但具有足够的精确性。

在稳定状态下，单位时间内从灯口流出的全部可燃混合气量应与整个内锥火焰表面上被烧掉的可燃混合气量相等，即

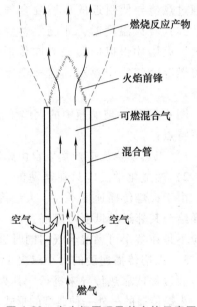

图 4-29　本生灯原理及其火焰示意图

$$\rho_0 w_{ga} A_f = \rho_0 w_1 A_F \tag{4-90}$$

式中，A_f 是灯口出口截面积（m^2）；A_F 是火焰内锥表面面积（m^2）；w_{ga} 是灯口出口处平均流速（m/s）。

假定火焰内锥的锥角和高度分别为 2θ 和 h，灯口半径为 r_0，则有

$$\sin\theta = \frac{A_f}{A_F} = \frac{r_0}{\sqrt{h^2 + r_0^2}} = \frac{w_1}{w_{ga}} \tag{4-91}$$

设管内可燃混合气的流量为 q_V（m^3/s），则有

$$w_{ga} = \frac{q_V}{\pi r_0^2}$$

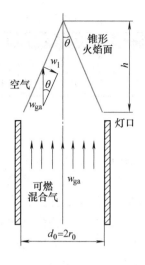

图 4-30　本生灯火焰锥

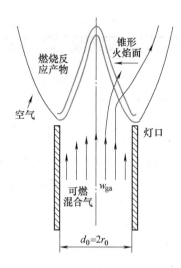

图 4-31　本生灯实际火焰锥

因此

$$w_1 = \frac{q_V}{\pi r_0 \sqrt{h^2 + r_0^2}}$$

(4-92)

可见，只要测得火焰内锥的高度 h、管半径 r_0 和流量 q_V，即可求得本生灯火焰前锋的正常传播速度 w_1。

在上述测量 w_1 的过程中，曾假定火焰内锥为一正锥体，故其表面各点的 w_1 相等。由图 4-31 可见，该假定与实际不符，火焰内锥实际上并不是一个正锥体。实验表明，靠近本生灯灯口管壁处（$r/r_0 \approx 1$）火焰前锋的正常传播速度比其他部位低；而在锥形火焰面的顶端（$r/r_0 = 0$），火焰前锋的正常传播速度达到其最大值（图 4-32）。

此外，在上述正常传播速度 w_1 的计算过程中，假定火焰前锋为一数学表面（图 4-30）。实际上，由灯口喷出的可燃混合气在过渡到剧烈燃烧之前，存在一个很薄的加热层。因此，火焰前锋锥体的形成要离开灯口一小段距离，并且要比灯口尺寸略微扩大（图 4-31）。实验表明：当可燃混合气给定时，其正常传播速度与灯口直径有关；只有在灯口直径相当大的情况下，其正常传播速度才与灯口尺寸无关。

当可燃混合气中的含氧量不同时，外界介质也将对火焰锥体的形状产生一定的影响。特别是当可燃混合气中的含氧量不足时，外界介质的影响尤为显著。

由此可见，按照本生灯火焰内锥为一正锥体且火焰前锋为一数学表面的假定来测定正常传播速度的方法是有缺陷的。但因该方法简便易行且测量结果足够准确，故仍为广泛采用的测量方法。采用本生灯锥形火焰正常传播速度测量方法测定的部分可燃混合气的结果见表 4-4。

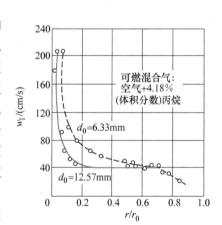

图 4-32　本生灯火焰中各部位的火焰前锋正常传播速度

127

表4-4　部分可燃混合气在标准状态下（273K，101kPa）的火焰前锋正常传播速度

气体燃料	氧化剂	正常传播速度 w_l/(m/s)	气体燃料	氧化剂	正常传播速度 w_l/(m/s)
H_2	空气	1.6	C_2H_2	空气	1.0
CO	空气	0.30	C_2H_4	空气	0.5
CH_4	空气	0.28			

三、正常火焰传播速度的理论求解及分析

火焰传播速度表征了燃烧过程中火焰前锋在空间的移动速度，是研究火焰稳定性的重要数据之一。其值高低取决于可燃混合气本身的性质、压力、温度、过量空气系数、可燃混合气流动状况（层流或湍流）以及周围散热条件等。火焰传播速度实质上表示单位时间内在火焰前锋单位面积上所烧掉的可燃混合气数量。在工程实际中，为了提高燃烧设备的燃烧热强度（以减小燃烧设备的尺寸），应尽可能提高火焰传播速度。层流火焰传播机理的分析主要有三种理论方法，即热理论、扩散理论和综合理论。以下将对分析层流火焰传播机理的热理论做一简单介绍。

1. 用于简化近似分析的热理论

温度和密度分别为 T_0 和 ρ_0 的可燃混合气以速度 w_{ga} 进入燃烧室（图4-33），且使可燃混合气在燃烧室内维持层流流动。假定可燃混合气进口流速 w_{ga} 恰好保持火焰前锋静止不动，则 w_{ga} 即为火焰前锋的正常传播速度。在图4-33中，$-\infty<x\leqslant0$ 为可燃混合气预热区，$0\leqslant x\leqslant\delta$ 为可燃混合气燃烧区（δ 为燃烧区的宽度，m），而 $\delta\leqslant x<+\infty$ 为燃烧反应产物区。

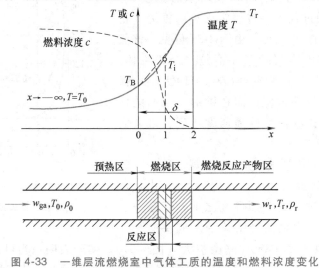

图4-33　一维层流燃烧室中气体工质的温度和燃料浓度变化

依靠分子的热运动，可燃混合气在燃烧区内经燃烧反应所释放的热量以导热方式不断地传递给预热区内（$-\infty<x\leqslant0$）的可燃混合气，使其温度 T 自初温 T_0 不断地升高。如果在 $x=0$ 处可燃混合气的温度达到其着火温度 T_B，则表明可燃混合气进入燃烧区，开始进行燃烧反应。

（1）可燃混合气在开始着火之前的温度变化规律　描述一维层流燃烧室系统中具有化学反应时的导热微分方程式为

$$\frac{d}{dx}\left(\lambda\frac{dT}{dx}\right)-c_p\rho_x w_x\frac{dT}{dx}+Qw=0 \tag{4-93}$$

式中，λ 是气体介质的热导率 $[W/(m \cdot K)]$；c_p 是气体介质的比定压热容 $[J/(kg \cdot K)]$；ρ_x 是气体介质在 x 处的密度（kg/m^3）；w_x 是气体介质在 x 处的流速（m/s）；Q 是可燃混合气的化学反应热效应（J/mol）；w 是可燃混合气的化学反应速率 $[mol/(m^3 \cdot s)]$。

假定燃烧室内可燃混合气的流通截面不变，则由连续性方程可得

$$\rho_0 w_{ga} = \rho_x w_x \tag{4-94}$$

因此，由式（4-93）和式（4-94）可得

$$\frac{d}{dx}\left(\lambda \frac{dT}{dx}\right) - c_p \rho_0 w_{ga} \frac{dT}{dx} + Qw = 0 \tag{4-95}$$

由于在 $-\infty < x \leqslant 0$ 的可燃混合气预热区内，可燃混合气没有发生燃烧反应，故由式（4-95）可得

$$\frac{d}{dx}\left(\lambda \frac{dT}{dx}\right) - c_p \rho_0 w_{ga} \frac{dT}{dx} = 0 \tag{4-96}$$

因此，求解式（4-96）这个微分方程式，可得可燃混合气在 $-\infty < x \leqslant 0$ 范围内的温度变化规律。相应的边界条件为

在 $x = -\infty$ 处 $\qquad \dfrac{dT}{dx} = 0 \quad$ 及 $\quad T = T_0 \tag{4-97}$

在 $x = 0$ 处 $\qquad T = T_B \tag{4-98}$

对式（4-96）进行积分，并令 $x = 0$ 处的温度梯度为 $(dT/dx)_{x=0}$，可得

$$\int_0^{\lambda\left(\frac{dT}{dx}\right)_{x=0}} d\left(\lambda \frac{dT}{dx}\right) = c_p \rho_0 w_{ga} \int_{T_0}^T dT \tag{4-99}$$

即

$$\lambda \left(\frac{dT}{dx}\right)_{x=0} = c_p \rho_0 w_{ga}(T - T_0) \tag{4-100}$$

进一步对式（4-100）进行积分，得

$$\int_{T_B}^T \frac{\lambda \, dT}{T - T_0} = c_p \rho_0 w_{ga} \int_0^x dx \tag{4-101}$$

最后可得

$$T = T_0 + (T_B - T_0) \exp\left(\frac{\rho_0 w_{ga} c_p}{\overline{\lambda}} x\right) \tag{4-102}$$

式中，$\overline{\lambda}$ 是气体介质在 $-\infty$ 和 x 之间（$-\infty < x \leqslant 0$）的平均热导率 $[W/(m \cdot K)]$。

式（4-102）描述了图 4-33 所示的可燃混合气在开始着火之前的温度变化规律，即在 $-\infty < x \leqslant 0$ 范围内，可燃混合气的温度按指数规律由初温 T_0 升高至其着火温度 T_B。

（2）一维燃烧室中火焰前锋正常传播速度　可燃混合气进入燃烧区着火后，其温度平稳上升至燃烧反应产物的温度 T_r，其燃料浓度在燃烧反应过程中也相应地发生变化。由于燃烧反应速率不仅与温度 T 有关，而且与燃料浓度 c 有关，因此在整个燃烧区内（$0 \leqslant x \leqslant \delta$），可燃混合气的化学反应速率是不同的。

在可燃混合气着火处附近，虽然燃料浓度最大，但是此处的温度较低，因此可燃混合气在着火后的一段距离内只能进行缓慢的化学反应；而在燃烧区的末端，温度虽然已达到很高

的数值，但此时可认为燃料已完全消耗完，因此在燃烧区末端必然已无化学反应（图4-33）。由此可见，化学反应速率达到最大时的温度是燃烧温度 T_r；反应速率最大的区域为略低于燃烧温度 T_r 的某一温度 T_i 附近，该区域称为反应区。

为简化分析，可近似地假设燃烧区中的温度如图4-33中的虚线所示按直线规律升高。燃烧区中的温度梯度（K/m）则为

$$\left(\frac{dT}{dx}\right)_{x=0} = \left(\frac{dT}{dx}\right)_{x=\delta} = \frac{T_r - T_B}{\delta} \tag{4-103}$$

近似地以式（4-103）所表示的温度梯度代替式（4-100）中的 $x=0$ 处的温度梯度 $(dT/dx)_{x=0}$，可得

$$w_{ga} = \frac{\bar{\lambda}}{c_p \rho_0} \frac{1}{\delta} \frac{T_r - T_B}{T_B - T_0} \tag{4-104}$$

假定在单位时间内流入燃烧区的可燃混合气完全在该区域内进行燃烧反应，则可得

$$\bar{w}\delta = w_{ga} c_0 \tag{4-105}$$

式中，$\bar{w}$ 是可燃混合气在燃烧区内（$0 \leqslant x \leqslant \delta$）的平均化学反应速率 [mol/(m³·s)]；$c_0$ 是可燃混合气的初始浓度（mol/m³）。

将式（4-105）代入式（4-104），可得

$$w_{ga} = \sqrt{\frac{\bar{\lambda}}{c_p \rho_0 c_0} \left(\frac{T_r - T_B}{T_B - T_0}\right) \bar{w}} \tag{4-106}$$

若可燃混合气在燃烧区内的化学反应时间为 τ，则 $\tau \propto 1/\bar{w}$；再令气体介质的平均热扩散率 $\bar{a} = \bar{\lambda}/(c_p \rho_0)$，则式（4-106）可近似写为

$$w_1 = w_{ga} \propto \sqrt{\frac{\bar{a}}{\tau}} \tag{4-107}$$

可见，对于给定的可燃混合气，如果不考虑燃烧室以及外界的影响，火焰前锋的正常传播速度则可看为可燃混合气的主要物理化学特征。基于以上简化近似理论分析，可得出以下定性结论：

1）火焰前锋正常传播速度与燃烧室中气体介质平均热导率的平方根成正比，而与气体介质的比定压热容的平方根成反比。因此，火焰正常传播速度与气体介质的热物理性质有关。常见可燃气体的部分热物理性质见表4-5。由表4-5可见，在常见可燃气体中，氢气的热导率要比其他气体大好几倍，而比定压热容的大小却相差不多，因此在其他条件相同时，氢气的燃烧速率最大。

表4-5 常见可燃气体在标准状态下（273K，101kPa）的部分热物理性质

可燃气体	密度 ρ /(kg/m³)	热导率 λ /W/[(m·K)]	比定压热容 c_p/[kJ/(m³·K)]
H_2	0.0898	0.2163	1.298
CO	1.250	0.02315	1.302
CH_4	0.717	0.03024	1.545
C_2H_4	1.261	0.0165	1.856
C_2H_6	1.355	0.01861	2.244

2）由以上分析可知，火焰正常传播速度随着温度差（$T_B - T_0$）的减小而增大。因此，将可燃混合气预热后再送入燃烧室，可提高火焰正常传播速度。由式（4-106）可见，若将可燃混合气预热至 T_B，则火焰正常传播速度 $w_1 \to \infty$。另一方面，火焰正常传播速度随着燃烧室中燃烧温度 T_r 的降低而减小，其原因在于 T_r 的降低将导致燃烧区释放的热量不足以加热未燃的可燃混合气。当 $T_r = T_B$ 时，火焰正常传播速度 $w_1 = 0$。

3）可燃混合气的化学反应热效应（燃烧反应释放热量的能力）及化学反应速率对火焰正常传播速度也有显著的影响。由以上分析可知，火焰正常传播速度随着可燃混合气的热效应及燃烧反应速率的降低而减小。

4）可燃混合气的过量空气系数 α 的大小也对火焰正常传播速度产生影响。若可燃混合气中的空气量不足（$\alpha < 1$）或过多（$\alpha \gg 1$），均将导致燃烧温度 T_r 的降低，从而降低火焰正常传播速度。

2. 捷里多维奇和弗兰克-卡梅涅茨基近似分析方法

在捷里多维奇（Zel'dovich Y. B.）和弗兰克-卡梅涅茨基（Frank-Kamenetsky D. A.）建立的近似分析模型中，将一维层流火焰分为预热区和反应区两个区域，进而在一定的假定条件下列出相应的组分守恒方程和能量守恒方程，并联立求解。其基本假定为：

1）燃烧过程中，系统压力和物质的量维持恒定。

2）气体介质热物理参数 c_p 和 λ 为常数。

3）扩散系数 D 等于热扩散率 $a[a = \lambda/(\rho c_p) = D]$，即路易斯数 $Le = a/D = 1$。

4）火焰为一维稳定层流火焰。

温度、密度和浓度分别为 T_0、ρ_0 和 c_0 的可燃混合气以初速 w_{ga} 进入预热区，若略去靠近反应区的少量反应（图 4-34），其能量方程可写为式（4-96），边界条件见式（4-97）。

求解方程式（4-96），可得

$$c_p \rho_0 w_{ga}(T_b - T_0) = \lambda \left(\frac{dT}{dx} \right)_{x=0} \quad (4\text{-}108)$$

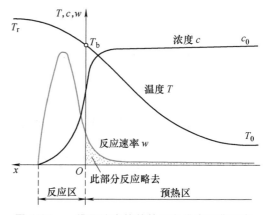

式中，T_b 是可燃混合气在预热区边界处（$x = 0$）的温度（K）。

反应区的能量方程可近似地写为

$$\frac{d}{dx}\left(\lambda \frac{dT}{dx} \right) + Qw = 0 \quad (4\text{-}109)$$

图 4-34　一维层流火焰的捷里多维奇和弗兰克-卡梅涅茨基近似分析模型

由于 λ 已假定为常数，则

$$\frac{d}{dx}\left(\frac{dT}{dx} \right) = \frac{dT}{dx}\frac{d}{dT}\left(\frac{dT}{dx} \right) = \frac{1}{2}\frac{d}{dT}\left[\left(\frac{dT}{dx} \right)^2 \right] \quad (4\text{-}110)$$

反应区的边界条件为：当 $x = 0$ 时，$T = T_b$，$dT/dx = (dT/dx)_{x=0}$；当 $x = \delta$ 时，$T = T_r$，$dT/dx = 0$。因此，求解方程式（4-109）可得

$$\left(\frac{dT}{dx} \right)_{x=0} = \sqrt{\frac{2}{\lambda}\int_{T_b}^{T_r} Qw\,dT} \quad (4\text{-}111)$$

比较式（4-108）和式（4-111），则得

$$w_{ga} = \frac{\lambda}{\rho_0 c_p (T_b - T_0)} \sqrt{\frac{2}{\lambda} \int_{T_b}^{T_r} Qw dT} = \sqrt{\frac{2\lambda}{\rho_0^2 c_p^2 (T_b - T_0)^2} \int_{T_b}^{T_r} Qw dT} \tag{4-112}$$

由于略去预热区内的少量反应，则

$$\int_{T_0}^{T_b} Qw dT = 0$$

因此有

$$\int_{T_b}^{T_r} Qw dT = \int_{T_0}^{T_r} Qw dT \tag{4-113}$$

此外，假定着火温度与火焰温度非常接近，即

$$T_b - T_0 \approx T_r - T_0$$

因此

$$w_{ga} = \sqrt{\frac{2\lambda}{\rho_0^2 c_p^2 (T_r - T_0)^2} \int_{T_0}^{T_r} Qw dT} \tag{4-114}$$

假设燃烧反应为 n 级化学反应，则

$$w = k_0 c^n \exp\left(-\frac{E}{RT}\right) \tag{4-115}$$

且有

$$\frac{c}{c_0} = \frac{T_r - T}{T_r - T_0} \rho$$

于是

$$w = k_0 c_0^n \rho^n \left(\frac{T_r - T}{T_r - T_0}\right)^n \exp\left(-\frac{E}{RT}\right) \tag{4-116}$$

对式（4-116）做指数展开，并求解式（4-114）中的积分项可得

$$\int_{T_0}^{T_r} Qw dT = w_0 \left(\frac{T_0}{T_r}\right)^n \exp\left[-\frac{E}{R}\left(\frac{1}{T_r} - \frac{1}{T_0}\right)\right] (T_r - T_0) \frac{n!}{B^{n+1}} \tag{4-117}$$

其中

$$B = \frac{E}{RT_r^2}(T_r - T_0) \text{ 且 } w_0 = k_0 c_0^n \rho_0^n \exp\left(-\frac{E}{RT_0}\right)$$

假定可燃混合气进口流速 w_{ga} 恰好保持火焰前锋静止不动，w_{ga} 即为火焰前锋的正常传播速度 w_1。将式（4-117）代入式（4-114），则得

$$w_1 = \sqrt{\frac{2n!}{B^{n+1}} \frac{\lambda w_{s0} Q}{\rho_0 c_p (T_r - T_0)} \left(\frac{T_0}{T_r}\right)^n \exp\left[-\frac{E}{R}\left(\frac{1}{T_r} - \frac{1}{T_0}\right)\right]} \tag{4-118}$$

其中

$$w_{s0} = \frac{w_0}{\rho_0 c_p Q}(T_r - T_0)$$

当 $n \neq$ 整数时，由式（4-118）无法得出正确值。但该式可用以分析各参数对火焰正常传播速度的影响，预测火焰传播速度的变化趋势。

四、正常火焰传播速度的主要影响因素

以上理论分析表明，正常火焰传播速度是可燃混合气的一个物理化学特性参数，其主要影响因素包括：可燃混合气自身的特性、压力、温度、组成结构、惰性气体含量、添加剂等。

1. 过量空气系数的影响

在燃烧过程中，为了使燃料尽可能地完全燃烧，实际供给的空气量 V_k 一般要多于可燃混合气按化学当量比例混合的理论空气量 V^0。实际空气量 V_k 与理论空气量 V^0 之比称为过量空气系数 α。

如图 4-35 所示，可燃混合气火焰正常传播速度的大小将随着过量空气系数（燃料含量）的改变而变化。对于不同的可燃混合气，其火焰正常传播速度的最大值 $w_{1,max}$ 一般并非出现在可燃混合气过量空气系数 $\alpha=1$ 之时。实验表明，烃类可燃混合气最大的火焰正常传播速度出现在 $\alpha \leq 1$ 之时，即发生于空气量接近或略低于按化学当量比例混合的可燃混合气中（见表 4-6）。导致这种现象的原因一般认为可能有：最高燃烧温度是偏向富（燃料）燃烧区的，而正常火焰传播速度随着燃烧温度 T_r 的升高而增大；在燃料相对富裕的情况下，火焰中自由基 H、OH 等的浓度较高，链式反应的链断裂率较低，因而燃烧反应速率较高。

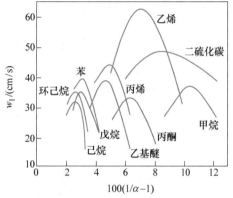

图 4-35 典型燃料的层流火焰传播速度与过量空气系数的关系

表 4-6 单一可燃气体与空气混合物的最大火焰传播速度与相应的过量空气系数

参数	H_2	CO	CH_4	C_2H_2	C_2H_4	C_2H_6	C_3H_6	C_3H_8	C_4H_8	C_4H_{10}
$w_{1,max}/(m/s)$	2.8	0.56	0.38	1.52	0.67	0.43	0.50	0.42	0.46	0.38
α	0.57	0.46	0.90	—	0.85	0.90	0.90	1.00	1.00	1.00

实验表明，碳氢化合物火焰传播速度的最大值一般发生在 $\alpha \approx 0.90 \sim 0.96$ 之时，且该 α 值不随压力和温度改变。偏离 $w_{1,max}$ 所对应的 α 值，则火焰传播速度将显著降低。

2. 燃料分子结构的影响

由表 4-6 可明显看出，不同燃料的火焰传播速度在数值上有着显著的不同，H_2 的火焰传播速度最高，其 $w_{1,max}$ 约为 2.80m/s；CO 的火焰传播速度较低，其 $w_{1,max}$ 约为 0.56m/s。在烃类物质中，炔的火焰传播速度一般比烯高，而烯的数值比烷高。另外，燃料相对分子质量越大，其可燃性范围则越窄，即能使火焰得以正常传播的燃料浓度范围越窄。

图 4-36 所示为烷烃、烯烃和炔烃三族燃料的最大火焰传播速度 $w_{1,max}$ 与燃料分子中碳原子数 n 的关系。对于饱和烃（烷烃），最大火焰传播速度 $w_{1,max}$ 几乎与其分子中的碳原子数 n 无关，$w_{1,max} \approx 0.7m/s$；而对于非饱和烃类（烯烃或炔烃），碳原子数 n 较小的燃料，其 $w_{1,max}$ 却较大。当 n 由 2 增大至 4 时，烯烃和炔烃的 $w_{1,max}$ 将发生显著降低；随着 n 进一

步增大，$w_{1,max}$ 缓慢下降；当 $n \geqslant 8$ 时，烯烃和炔烃的 $w_{1,max}$ 将接近于饱和烃的数值。

上述结果表明，燃料分子结构对火焰传播速度 w_1 的影响十分显著。应该指出的是，由于大多数燃料的理论燃烧温度均在 2000K 左右，燃烧反应的活化能也均在 167kJ/mol 左右，燃料中的碳原子数 n 对层流火焰传播速度的影响并不是由于火焰温度的差异而引起的。碳原子数 n 的不同所引起层流火焰传播速度的差异，是由燃料的热扩散性质所引起的，这种热扩散性与燃料的相对分子质量有关。

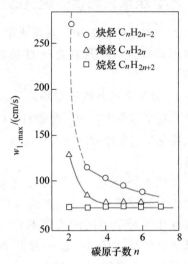

图 4-36　燃料分子中碳原子数对最大火焰传播速度的影响

3. 温度的影响

可燃混合气初始温度 T_0 和火焰温度 T_r 对火焰传播速度 w_1 的影响均十分显著。

（1）初始温度 T_0 的影响　可燃混合气初始温度 T_0 越高，则气体分子的运动动能越大，传热增强，可显著提高化学反应速率，从而提高火焰传播速度。工程中将助燃空气预热，可大大加快燃烧速率，得到高温火焰。图 4-37 所示为预热温度对城市煤气（热值为 20934kJ/m³，密度为 0.5kg/m³）燃烧速率的影响。由图可见，若将可燃混合气的温度从常温 30℃ 逐渐提高时，则燃烧速率也逐渐升高。若预热至 330℃，则最大燃烧速率可达到常温的 3 倍左右。

图 4-38 所示为可燃混合气初始温度 T_0 对火焰传播速度 w_1 影响的实验结果。由图可见，可燃混合气的火焰传播速度 w_1 随着其初温 T_0 的升高而增大。根据实验结果，可得出 w_1 和 T_0 的关系式，即

$$w_1 \propto T_0^m, \quad m = 1.5 \sim 2 \tag{4-119}$$

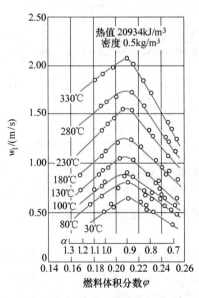

图 4-37　预热温度对燃烧速率的影响

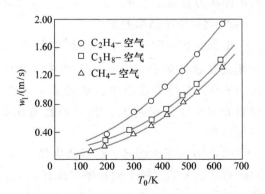

图 4-38　可燃混合气初温对火焰传播速度的影响

对于典型可燃气体，表4-7给出了w_1和T_0关系式以及实验常数值。

表4-7 典型可燃气体的w_1（m/s）和T_0（K）关系式（$w_1 = A_0 T_0^m$）中的实验常数值

可燃气体	城市煤气（20934kJ/m³）	CH_4	C_3H_8	C_4H_{10}
A_0	$6.91×10^{-5}$	$2.55×10^{-5}$	$4.77×10^{-5}$	$9.10×10^{-5}$
m	1.61	1.68	1.58	1.51

（2）火焰温度T_r的影响 由阿累尼乌斯定律可知，燃烧过程的化学反应速率随着温度的升高而显著提高，从而大大提高火焰传播速度。因此，火焰温度T_r对火焰传播速度w_1的影响极大，远远超过初温T_0的影响。对于w_1，火焰温度T_r是决定性的影响因素。

图4-39所示为几种可燃混合物的最大火焰速度$w_{1,max}$与火焰温度T_r的关系。由图可见，随着火焰温度T_r升高，$w_{1,max}$上升得极快。当T_r升高至2500K以上时，对$w_{1,max}$的影响更大。此时，气体介质的离解大大加速，极大地提高了火焰中自由基H、OH等的浓度，既促进了燃烧反应，又进一步显著增强火焰传播。

4. 压力的影响

压力是流体流动、传热等过程的重要参数，工程实践中的燃烧过程也是在不同的压力下进行的。因此，研究压力对火焰传播速度的影响对于解决工程燃烧实际问题具有重要的意义。

由压力对燃烧反应速率的影响研究可知，燃烧反应为n级化学反应时，在温度和反应物摩尔分数一定的情况下，反应速率与压力的$n-1$次方成正比。由于火焰传播速度与燃烧反应速率密切相关，因此，燃烧过程中压力的变化将对火焰传播速度的大小产生影响。

根据实验结果及分析，压力对火焰传播速度的影响可用下式描述，即

$$w_1 \propto p^m \tag{4-120}$$

式中，m是路易斯压力指数，$m = n/2 - 1$。

由式（4-120）并综合实验结果可见：

1）当火焰传播速度较低时（$w_1 < 0.50$m/s），相应的燃烧反应级数$n < 2$，路易斯压力指数$m < 0$，因此火焰传播速度w_1随着压力p的升高而减小。

2）当0.50m/s$< w_1 < 1.00$m/s时，反应级数$n = 2$，压力指数$m = 0$，此时火焰传播速度w_1与压力p的变化无关。

3）若$w_1 > 1.00$m/s，反应级数$n > 2$，压力指数$m > 0$，此时火焰传播速度w_1随着压力p的升高而增大。

多数碳氢化合物的燃烧反应级数$n < 2$，因此其火焰传播速度w_1随着压力p的升高而下降，如图4-40所示。

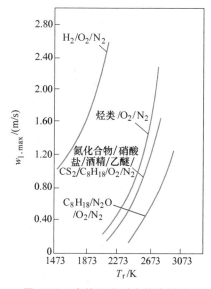

图4-39 火焰温度对火焰传播速度的影响

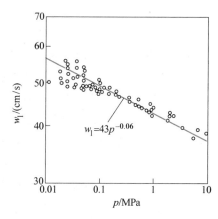

图4-40 甲烷-空气混合物的火焰传播速度与压力的关系

135

尽管压力的升高使得 w_1 略有下降，但同时将使气体介质的密度增大，因而流过火焰表面的可燃混合气质量流速 $\rho_0 w_1 [\,kg/(m^2 \cdot s)\,]$ 将增大。这意味着，压力的升高将使单位火焰表面反应速率 $\rho_0 w_1$ 增大，单位时间内在同样大小的火焰前锋上燃烧的燃料量将增多。因此有

$$\rho_0 w_1 \propto p^{\frac{n}{2}} \tag{4-121}$$

图 4-41 示出了压力对最大火焰传播速度 $w_{1,\max}$ 和单位火焰表面反应速率 $\rho_0 w_{1,\max}$ 的影响。

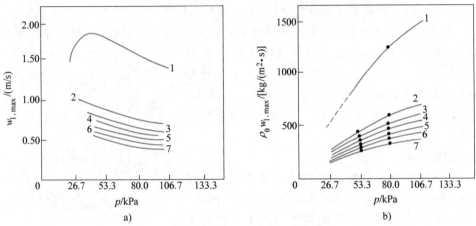

图 4-41 压力对最大火焰传播速度和单位火焰表面反应速率的影响

a) 对 $w_{1,\max}$ 的影响 b) 对 $\rho_0 w_{1,\max}$ 的影响

1—丁二烯（3.68%）与 He+O_2 2—乙烯（7%） 3—乙烯（9%） 4—汽油 5—庚烷

6—三甲基戊烷（22.4%） 7—丁二烯（3.68%）与 N_2+O_2（圆括号中数值为体积分数）

5. 惰性组分的影响

实验表明，在可燃混合气中掺入惰性组分，将对火焰传播速度产生影响。由于掺入可燃混合气的惰性组分（N_2、CO_2 等）一般不参与燃烧过程，只是稀释了可燃混合气，使得单位时间内在同样大小的火焰前锋上燃烧的可燃混合气减少，直接对燃烧温度产生影响，从而影响燃烧速率。

另一方面，惰性组分的掺入，在一定程度上将改变可燃混合气的热物理性质，这也将影响火焰传播速度。由式（4-106）可知，火焰传播速度与气体介质平均热导率的平方根成正比，而与气体介质的比定压热容的平方根成反比。如果惰性组分的掺入使得可燃混合气的 λ/c_p 减小，则将使火焰传播速度进一步减小。由图 4-42 可见，掺入 CO_2 引起可燃混合气火焰传播速度 w_1 降低的幅度要比掺入同样体积分数的 N_2 来得大，其原因就在于 CO_2 的 λ/c_p 值明显小于 N_2，故对可燃混合气的 λ/c_p 影响较大。

实验表明，掺入惰性组分量越多，火焰传播速度

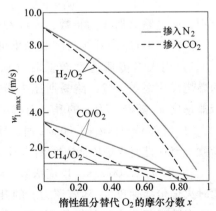

图 4-42 可燃混合气中掺入的惰性
组分对火焰传播速度的影响

越低。此外，惰性组分还将缩小可燃界限，并使最大火焰传播速度值向燃料浓度减小的方向移动。工程中可用下式估计惰性组分 N_2、CO_2 对 w_1 的影响，即

$$w_1' = w_1(1 - \varphi_{N_2} - 1.2\varphi_{CO_2}) \tag{4-122}$$

式中，w_1、w_1' 是考虑惰性组分影响前、后的火焰传播速度（m/s）；φ_{N_2}、φ_{CO_2} 是可燃混合气中 N_2、CO_2 的体积分数。

第六节　燃烧热工况

本章第二节中曾讨论了某一固定容器中可燃混合物的热自燃过程。当燃料和助燃气流以连续的方式流入某个容器（燃烧室），同时燃烧反应产物也连续地从容器中排出，此时，这种具有进口和出口的系统也有一个热着火问题。讨论气流（燃料与助燃气体的混合物）的温度在某一系统中如何变化的问题，称为燃烧热工况问题。

一般情况下，温度与燃烧反应速率这两个因素是相互促进的。燃烧加强以后使温度升高，温度升高以后更使燃烧加强。但是有时若条件不利，也可能使这两个因素相互抑制。例如，燃烧室中气流速度过高，致使燃烧室内的产热和散热不平衡，散热大于产热，燃烧室内气体温度将下降。气体温度下降以后，燃烧反应减慢，燃烧室内的产热更少，更使温度下降。这样相互抑制的循环最后可使燃烧室内的火焰熄灭。

一、零元系统的燃烧热工况

分析一个系统要考虑物理模型所在空间坐标的"元"（或称"维"）的数目。假设某一空间是一个炉膛，内部的气体极强烈地掺混，以至炉内温度、浓度和速度等物理参数非常均匀，这就是零元系统（图4-43），也称为"强烈搅拌的模型"。现在就来分析零元系统的燃烧热工况。

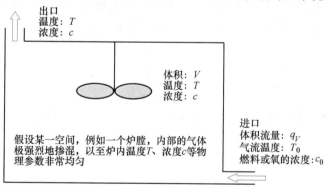

出口
温度：T
浓度：c

体积：V
温度：T
浓度：c

进口
体积流量：q_V
气流温度：T_0
燃料或氧的浓度：c_0

假设某一空间，例如一个炉膛，内部的气体极强烈地掺混，以至炉内温度 T、浓度 c 等物理参数非常均匀

图 4-43　零元系统燃烧热工况的物理模型

如果有一个零元系统或炉膛，其体积为 V，进口体积流量为 q_V 的燃烧空气可燃混合物流过该炉膛，气流在该炉膛的停留时间名义值为

$$\tau_0 = \frac{V}{q_V} \tag{4-123}$$

又假设这个炉膛进口处的气流温度为 T_0，燃料或氧的浓度为 c_0，炉膛中的气体温度为 T，燃料或氧的浓度为 c。那么炉膛出口处的气体温度就必然由于强烈掺混的缘故也是 T，燃料或氧的浓度则也是 c。

由于气流在炉膛中燃烧反应产热，所以温度要剧烈上升。按照零元系统的物理模型，气流进入炉膛后由于强烈掺混，温度立刻由 T_0 升到 T，浓度就立刻由 c_0 下降到 c。然后燃料和氧在 T 和 c 的参数下进行燃烧，燃烧所产生的热又由强烈掺混过程立即传递给后续的气流。正在燃烧的气体也有一些在这个温度 T 与浓度 c 的参数下流出炉膛，这部分气体就是燃烧反应产物（排气）。

再设燃料与空气混合物的反应热（即发热量）为 Q，浓度为 c，炉膛容积中的产热率可以根据一级反应的质量作用定律和阿累尼乌斯定律写出为

$$Q_1 = k_0 c V Q \exp\left(-\frac{E}{RT}\right) \tag{4-124}$$

又根据气流可燃成分的消耗率得到

$$Q_1 = q_V (c_0 - c) Q \tag{4-125}$$

从式（4-124）与式（4-125），消去 c 就得到

$$Q_1 = \frac{c_0 Q}{\dfrac{\exp\left(\dfrac{E}{RT}\right)}{k_0 V} + \dfrac{1}{q_V}} \tag{4-126}$$

如把产热率分摊给 $1\mathrm{m}^3$ 流过炉膛的气体，则得单位产热量为

$$q_1 = \frac{Q_1}{q_V} = \frac{c_0 Q}{1 + \dfrac{\exp\left(\dfrac{E}{RT}\right)}{k_0 \tau_0}} \tag{4-127}$$

单位产热量 q_1 与温度 T 的关系如图 4-44 所示。当温度 T 趋于无穷大时，$\exp[-E/(RT)]$ 趋于 1，此时 q_1 曲线的渐近线是纵坐标为如下数值的水平线，即

$$q_1 = \frac{c_0 Q}{1 + \dfrac{1}{k_0 \tau_0}} \tag{4-128}$$

可以看出，单纯提高燃烧室内的温度水平 T，并不能使得单位产热量达到理论上的完全燃烧值 $q_1 = c_0 Q$。

而当停留时间 τ_0 增加时，这根渐近线上移。最后当停留时间 τ_0 趋于无穷大时，渐近线达到如下位置，即

$$q_1 = c_0 Q \tag{4-129}$$

此时，燃烧室内的单位产热量才能达到理论上的完全燃烧值 $Q_1 = c_0 Q$。

这就是说，假使燃烧反应转瞬就能完成，那么单位产热量就等于可燃成分浓度 c_0 与反应热 Q 的乘积，所有可燃成分能完全燃烧，毫无不完全燃烧损失。当温度 T 仅为一有限值时，燃烧化学反应只能以一有限的速率进行，燃烧反应总需一定的时间才能完成。温度越低时，燃烧反应所需时间越长，炉膛残存的未燃料与氧就越多。由于零元系统中强烈掺混，炉膛中残存的可燃成分浓度 c 到处一样，所以气流流出炉膛时就必然携带了一些可燃成分而引起不完全燃烧损失。这样，炉膛中的单位产热量 q_1 在温度低时就要低一些。图 4-44 的每一

根曲线都是在 $k_0\tau_0$ 值一定的条件下绘出的。当气流在炉膛中停留时间 τ_0 延长时，由式（4-128）就可以看出，q_1 值增加，所以如图 4-44 所示，q_1-T 曲线向上移动。这样关系的物理意义可解释成：当停留时间 τ_0 增加时，燃烧时间更充分，炉膛内残存的可燃成分浓度减小，所以流出炉膛的气流所携带的可燃成分减少，不完全燃烧损失也减小，结果单位产热量在 τ_0 增加时增加。

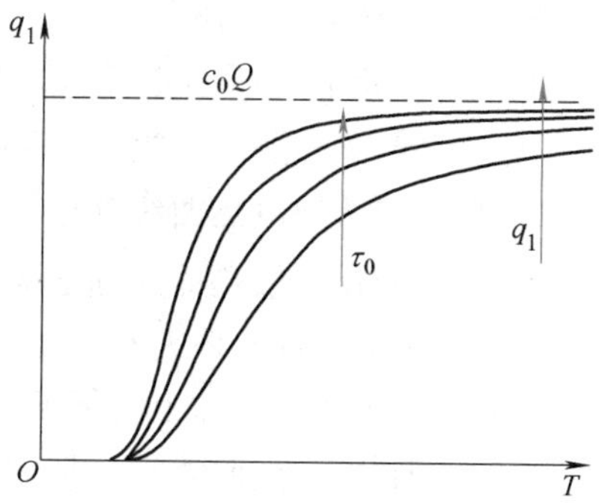

再来分析气流的散热情况。暂时忽略不计炉膛内气流向炉壁的辐射散热，那么这个炉膛是绝热的，只需考虑气流所带走的散热量，也就是排烟热损失。

$$Q_2 = q_V \rho c_p (T - T_0) \tag{4-130}$$

式中，ρ 为气流的密度。

如果也分摊到 1m^3 气体，则得单位散热量为

$$q_2 = \frac{Q_2}{q_V} = \rho c_p (T - T_0) \tag{4-131}$$

单位散热量 q_2 与 T 的关系如图 4-45 所示，是一根倾斜的直线。直线的横坐标上的截距为 T_0，因而如果 T_0 上升，q_2 直线就平行向右移动。

图 4-46 所示为 q_1 与 q_2 两曲线综合的结果。一般情况下，q_2 曲线的位置大约在 q_2^{II} 线上。此时，q_1 与 q_2^{II} 曲线有三个交点 A、B 和 C。当温度 T 处于 A 与 B 之间时，q_2 值比 q_1 值大，散热大于产热，炉膛中的气体温度将下降。当温度在 A 点以下或在 B 与 C 之间时，q_1 值比 q_2 值高，产热大于散热，炉膛中的气体温度就上升。因此，虽然 q_1 与 q_2 曲线有三个交点，但其中交点 B 是不稳定的。如果工作点在 B 点，只要稍离开 B 点，工作点就要上升到 C 点，或下降到 A 点。交点 A 与 C 都是稳定的。如果工作点在 A 点或 C 点，那么假使温度离开这两个交点，工作点还会恢复到这两个交点。

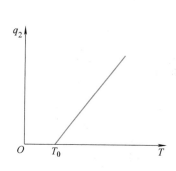

图 4-45　零元系统燃烧的散热

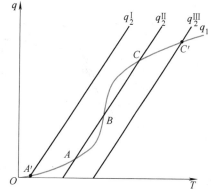

图 4-44　零元系统燃烧的产热量

图 4-46　零元系统燃烧的热工况

如果 q_2 曲线在 q_2^{I} 位置，则与 q_1 曲线就只有一个交点 A'。如果 q_2 曲线在 q_2^{III} 位置，也只有交点 C'。A 点与 A' 点都处于很低的温度，这时气流在炉膛中根本没有燃烧，而是火焰熄灭的状

态。交点 C 和 C' 的温度很高，这时气体在炉膛内着火燃烧，因而这是正常燃烧状态。

图 4-46 的综合分析结果可以归结如下：

1）如果产热和散热曲线处于 q_1 与 q_2^{I} 位置，气流熄火。

2）如果产热和散热曲线处于 q_1 与 q_2^{II} 位置，气流可能熄火，也可能正常燃烧。

3）如果产热和散热曲线处于 q_1 与 q_2^{III} 位置，气流正常燃烧。

现在进一步分析各种因素对零元系统中的燃烧稳定性的影响。

气流在零元系统炉膛中的停留时间 τ_0 增加时，如图 4-47a 所示，q_1 曲线向上移动。τ_0 较小时，q_1 曲线与 q_2 曲线只在低温工作点相交，τ_0 增加后，可以在高温工作点相交。假设 q_1 曲线进一步向上移动，中等温度的那个不稳定工作点（图 4-46 中的 B 点）向左下方移动，正常工作点下面温度能回升的安全区（图 4-46 中的 B、C 两点之间就是安全区）扩大，因此熄火的可能性减小，燃烧稳定性改善。

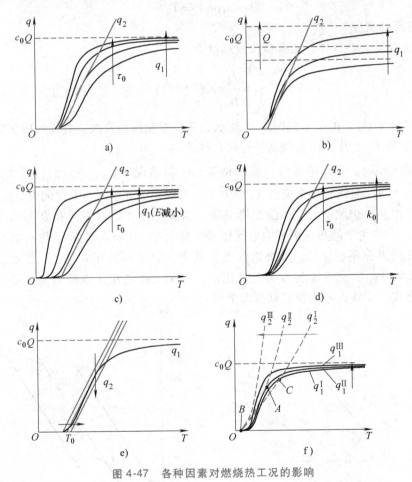

图 4-47 各种因素对燃烧热工况的影响

发热量 Q 增加时，q_1 曲线在纵坐标方向成比例地放大［式（4-127）］，如图 4-47b 所示，可使燃烧稳定性改善。

如图 4-47c 所示，当燃料的活化能 E 减小的时候，式（4-127）右端的分母数值减小，q_1 曲线向上移动，可使燃烧稳定性改善。如图 4-47d 所示，当燃料的频率因子 k_0 增加的时候，其效果与停留时间 τ_0 增加是一样的［式（4-127）］，式（4-127）右端的分母数值减小，q_1 曲线向上移动，也可使燃烧稳定性改善。这两个物理量的变化表明，提高燃料化学反应的活性，可以使燃烧的稳定性改善。

气流的初温 T_0 升高时，q_2 直线平行向右移动，如图 4-47e 所示，燃烧稳定性改善。

当分析实际的燃烧室的时候，燃烧室的壁面不是绝热的，需要把火焰对燃烧室壁面的辐射散热考虑进去，则单位散热量为

$$q_2 = \frac{Q_2}{q_V} = \rho c_p (T - T_0) + 4.9 \times 10^{-8} \varepsilon_1 \zeta A_{Syx} T^4 / q_V$$

$$= \rho c_p (T - T_0) + \frac{\sigma T^4 \tau_0}{V} \tag{4-132}$$

式中，ζ 是燃烧室壁面的污垢系数；A_{Syx} 是有效辐射受热面积；ε_1 是燃烧室系统黑度；σ 是取决于燃烧室结构的系数，$\sigma = 4.9 \times 10^{-8} \varepsilon_1 \zeta A_{Syx}$。

当炉膛有效辐射受热面积 A_{Syx} 增加，或者污垢系数 ζ 增大，或者燃烧室系统黑度 ε_1 增大，都可以导致系数 σ 增大，从而散热增强，q_2 曲线向左移动，燃烧的稳定性下降（图 4-47f）。同时，从图 4-47f 和式（4-132）还能看出，其他条件不变时，燃烧室容积 V 增大有利于减少单位流量气流的散热量，使得燃烧的稳定性提高。

现在在考虑燃烧室壁面散热的情况下，再来分析停留时间的影响。当其他条件不变的时候，停留时间 τ_0 的增加引起产热的增加（$q_1^{I} \rightarrow q_1^{II} \rightarrow q_1^{III}$），同时也会引起散热的增加（$q_2^{I} \rightarrow q_2^{II} \rightarrow q_2^{III}$），则 q_1 曲线与 q_2 曲线交点的移动有多种情况，如图 4-47f 所示。所以，产热和散热两个因素随停留时间 τ_0 变化的幅度影响着工作点移动的情况。如果产热上升幅度更大，燃烧稳定性增加；如果散热的上升幅度更大，则燃烧的稳定性下降。从式（4-132）可以看出，散热是与停留时间 τ_0 和燃烧室容积 V 同时相关的因素，因而要综合在一起考虑。

以煤粉炉为例来进行讨论。把煤粉炉视为一个零元系统而研究其燃烧热工况，如果单纯由图 4-47a 来推论，停留时间 τ_0 增加时燃烧稳定性改善，τ_0 减小时燃烧稳定性降低，如此可认为高负荷时因为气流量大，τ_0 小，燃烧稳定性较低，低负荷时因为气流量小，τ_0 大，燃烧稳定性较高。但是，煤粉炉高负荷时炉温非常高，燃烧稳定性很好，而低负荷时炉温较低，燃烧稳定性很差，因此单纯由图 4-47a 所做的推论不符合实际情况，原因是没有考虑停留时间 τ_0 和燃烧室容积 V 对散热的影响。

以图 4-47f 来讨论，煤粉炉在额定负荷下工作时，工作点为 A 点（q_1^{II} 和 q_2^{II} 的交点），当煤粉炉负荷降低时，气体在炉膛内停留时间 τ_0 增加，q_1 曲线将向上移动（例如 $q_1^{II} \rightarrow q_1^{III}$），但是 q_2 曲线以更大的幅度向左移动（例如 $q_2^{II} \rightarrow q_2^{III}$），两条曲线交于 B 点，因此当负荷降低到一定程度以下时就出现了熄火危机。原则上煤粉炉的燃烧热工况在负荷过高和过低（τ_0 过小和过大）时都有熄火危机，但是考虑到燃烧室容积 V 很大时，会减少散热［式（4-132）］，而煤粉炉的炉膛非常大，使得炉膛的散热相对于产热始终处于较低的状态，虽然负荷增加使得气体在炉膛内的停留时间 τ_0 减少，q_1 曲线将向下移动（例如 $q_1^{II} \rightarrow q_1^{I}$），但是 q_2 曲线也同时向右移动（例如 $q_2^{II} \rightarrow q_2^{I}$），两条曲线交于 C 点，仍然能稳定燃烧，所以在负荷高时发生的熄火危机还不会在煤粉炉的实际运行中遇到。

我们知道，燃烧器出口外燃料与空气射流在回流区内卷吸烟气是经常采用的稳焰方法。

这种回流区卷吸烟气也可以用零元系统燃烧热工况来分析。图 4-48 所示为零元系统的炉膛，气流以体积流量 q_V 流过这个炉膛，但从炉膛出口又引了一股高温烟气回到炉膛进口与燃料空气混合物气流混合，回流量为 Δq_V。如果把带有回流的整个系统视为一个进口、一个出口的零元系统，排烟流量仍然为 q_V，

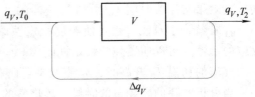

图 4-48 零元系统并有烟气回流卷吸的示意图

排烟温度仍为 T，则实际上系统内的停留时间 τ_0 和化学动力学工况是不变的，也就是说单纯的物料回流不影响系统的工况。因此，考虑回流的影响应该从热量回流入手。假定进口的温度是 T_0，混合形成的气流流进炉膛，炉膛温度仍然为 T，排烟的总体积流量仍然为 q_V，但其温度不再为 T，而排烟的部分热量随回流烟气返回炉膛内，排烟温度变化为 T_2。

燃烧热工况分析中的单位产热量见式（4-127），而假定原来的排烟温度为 T 的烟气中，有 Δq_V 流量的烟气返回炉膛，则总的散热量为

$$Q_2 = (q_V - \Delta q_V)\rho c_p(T - T_0) \tag{4-133}$$

可得

$$q_2 = \frac{Q_2}{q_V} = \rho c_p(T - T_0)\left(1 - \frac{\Delta q_V}{q_V}\right) \tag{4-134}$$

若以实际排烟温度来计算散热量，得到

$$Q_2 = q_V \rho c_p(T_2 - T_0) \tag{4-135}$$

与式（4-133）比较，可得

$$T_2 = \left(1 - \frac{\Delta q_V}{q_V}\right)T + \frac{\Delta q_V}{q_V}T_0 = T - \frac{\Delta q_V}{q_V}(T - T_0) \tag{4-136}$$

将式（4-127）与式（4-134）的 q_1 与 q_2 两个函数画在 q-T 坐标上，如图 4-49 所示。

图 4-49 表示出回流卷吸烟气对燃烧热工况的影响。当回流量 Δq_V 增加的时候，q_2 曲线在 T 轴上的截距不变，但斜率发生变化，q_2 曲线绕 T_0 点向右旋转，使得燃烧稳定性改善，从不能着火的状态变为能正常燃烧的工况。

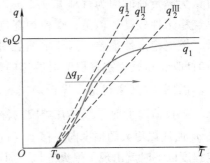

图 4-49 回流量对燃烧热工况的影响

二、一元系统的燃烧热工况

所谓一元系统，就是说系统中在气流的横截面上温度、浓度等参数是均匀的，仅沿气流方向这些参数才有变化。一元系统中可以对气流燃烧过程进行计算。如果认为一元系统中的气流燃烧可以简化成热自燃过程，那么就可以热自燃的温度和浓度变化规律来计算沿着气流行程的温度分布和浓度分布。

曾经有人对马弗炉里煤粉与空气气流的燃烧过程进行了一元系统的燃烧热工况计算。马弗炉是一种不用燃油而用煤块与煤粉升火的燃烧器。煤粉炉升火时先用煤块在手烧炉排上烧着，然后把手烧炉烧旺使马弗炉的炉体烧到 800~1000℃ 的高温。这时将煤粉与空气气流送进马弗炉，使气流在马弗炉内着火，着火以后的煤粉气流吹进煤粉炉，这样就慢慢地使煤粉炉升火。

计算时马弗炉内的总过量空气系数取 $\alpha = 0.5$（即空气占理论空气量的 50%）。假设空气初温为 127℃，又假设分级送入的二次风与煤粉的混合是转瞬间就完成的，一共进行了四种方案的计算（图 4-50），结果如下：

（1）方案 1　所有空气（$\alpha = 0.5$）都作为一次风和煤粉一起进入炉内（即 $\Delta\alpha_1 = \alpha = 0.5$），气流从初温 127℃ 开始得到马弗炉内的烟气卷吸和辐射受热而逐渐升温。距马弗炉进口 0.35m 处，气流达到了它的着火温度 $T_{zh} = 835℃$，于是煤粉着火燃烧，温度迅速上升。当气流到达 $x_1 = 0.63m$ 处，空气烧光，其在马弗炉内的燃烧基本结束。

从这个方案可以看出，全部空气都用作一次风，提高了最初的煤粉气流的热容量，使加热到着火的时间（由此也决定了空间长度）延长，这样就不能缩短整个火焰长度。

（2）方案 2　空气分成一次风（$\Delta\alpha_1 = 0.15$）与二次风（$\Delta\alpha_2 = 0.35$）。一次风量较少，所以煤粉气流受热升温较快，到 0.06m 处温度就已上升到 625℃。但是这时尚未达到着火温度，然而二次风就在这个时候加入，结果使整个煤粉气流的温度下降到 320℃，然后像方案 1 一样地逐渐升温、着火、燃烧。火焰长度仍为 $x_1 = 0.63m$。

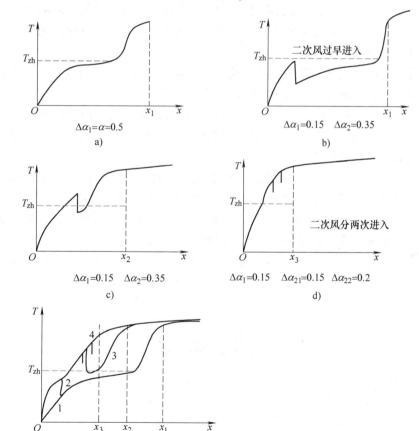

图 4-50　一元系统（马弗炉内煤粉气流着火）燃烧过程的计算结果
a）方案 1—$\Delta\alpha_1 = 0.5$　b）方案 2—$\Delta\alpha_1 = 0.15$，$\Delta\alpha_2 = 0.35$，二次风过早进入
c）方案 3—$\Delta\alpha_1 = 0.15$，$\Delta\alpha_2 = 0.35$，二次风适时进入
d）方案 4—$\Delta\alpha_1 = 0.15$，$\Delta\alpha_{21} = 0.15$，$\Delta\alpha_{22} = 0.2$，二次风分两次进入
e）方案 1～4 的比较结果（曲线号码就是方案序号）

从这个方案可以看出，二次风过早地在一次风与煤粉气流尚未着火燃烧以前送入，其结果与全部空气都作为一次风一样，也不能缩短火焰长度。

（3）方案3 一次风量仍相当于 $\Delta\alpha_1 = 0.15$，二次风量也相当于 $\Delta\alpha_2 = 0.35$，但是加入地点推后到 0.09m 处。于是，煤粉与一次风气流在 0.07m 处着火燃烧，一次风中的氧很快就消耗掉，气流温度升高到 1500℃。但是此时二次风量一次加得太多了，混合以后又使温度降低到 745℃（着火温度以下），火焰被中途淬熄。此后，部分燃烧过的煤粉气流和二次风中的氧也消耗完，马弗炉内的燃烧过程基本结束。从这个方案可知，二次风在一次风中的氧消耗完以后加入，对于缩短火焰长度是有帮助的。但是一次加入的二次风过多，使燃烧中断，所以火焰长度缩短得不多。

（4）方案4 一次风量 $\Delta\alpha_1 = 0.15$，二次风分为两批，第一批 $\Delta\alpha_{21} = 0.15$，第二批 $\Delta\alpha_{22} = 0.2$，分别在 0.09m 与 0.2m 处加入。一次风和煤粉气流仍和方案3一样，很快地升温着火，到 0.09m 处就已达到 1500℃。此时第一批二次风（$\Delta\alpha_{21} = 0.15$）加入，虽然总的气流温度由于混合有所下降，但只下降到 1020℃，仍在着火温度以上，所以能够继续猛烈地燃烧，当达到 0.2m 处，气流温度已高达 1800℃，此时第二批二次风（$\Delta\alpha_{22} = 0.2$）再度加入，所以燃烧依然十分强烈，温度又回升上去。当到 $x_3 = 0.24m$ 处，空气中的氧全部烧完，马弗炉内的燃烧基本结束。

以上一元系统的燃烧热工况分析虽然是一个简化的模型，但是计算结果却正确地反映了合理组织气流燃烧过程的方法。归纳起来，有下列原则：

1）供应的空气应该分成一次风与二次风，这样可以加快气流的升温着火。一次风量不宜过多（对于煤粉气流，大致相当于挥发分燃烧的化学当量比）。二次风应在煤粉着火并把一次风中的氧消耗掉的时候加入。

2）二次风应分批加入，第一批烧完了再加入第二批。如果掌握不住上一批二次风刚巧在哪里烧完，难以选择下一批二次风应该加入的准确地点，那么与其早一点，毋宁迟一些。

3）二次风每批送入的数量应有限制，使部分燃烧的煤粉气流与新加入的二次风混合以后的温度不低于着火温度，避免中途淬熄，以保证燃烧继续进行。

关于2）中所说的二次风加入最好准时，否则与其早一些，毋宁迟一些，还需要补充解释一下。近年来为了减轻大气污染，故意推迟二次风的加入，以延缓燃烧过程，压低火焰温度，抑制氧化氮的生成。

思考题和习题

4-1 什么是热着火？什么是链式着火？其区别是什么？热着火需要满足的条件是什么？链式着火需要满足的条件是什么？

4-2 热自燃与强迫点燃的区别是什么？

4-3 自燃必要条件有两个判据，写出它们的表达式。其物理意义是什么？燃料的活化能、系统初始温度、表面传热系数对自燃温度的影响如何？请图示。影响自燃着火温度的主要因素有哪些？

4-4 什么是着火的孕育期？请图示。

4-5 燃用高活性的褐煤的锅炉中，常出现以下现象：一次风温度大约150℃，风管道中漏出的煤粉在地面堆积，有时能呈现暗红色燃烧的状态（温度大约为700℃），而一次风管内的煤粉却不燃烧或爆炸。请用自燃和强迫点燃的模型给予解释。

4-6 什么是火焰的正常传播？如何测定层流火焰传播速度？

4-7 试述影响层流火焰传播速度的因素，并分析它们的影响规律。

4-8 层流火焰传播速度理论有几种？各种理论的基本思想和求解思路有什么不同？

4-9 根据零元燃烧热工况的模型，系统的产热率的计算式是什么？系统单位散热量的计算式是什么？请图示炉膛容积、燃料流量、燃料发热量、气流初温、炉膛吸热和烟气回流量对系统燃烧稳定性的影响。

4-10 根据一维燃烧系统的模型，图示以下四种配风方案的升温曲线：

1）空气完全由一次风送入；

2）一半的空气从二次风送入，但较早送入二次风；

3）一半的空气从二次风送入，但较迟送入二次风；

4）二次风也分为两次送入，而且较迟送入。

参 考 文 献

［1］ 刘正白．燃烧学［M］．大连：大连理工大学出版社，1992．

［2］ 许晋源，徐通模．燃烧学［M］．2版．北京：机械工业出版社，1990．

［3］ 周力行．燃烧理论和化学流体力学［M］．北京：科学普及出版社，1986．

［4］ 万俊华，等．燃烧理论基础［M］．哈尔滨：哈尔滨船舶工程学院出版社，1992．

［5］ 岑可法，姚强，骆仲泱，等．高等燃烧学［M］．杭州：浙江大学出版社，2002．

第五章

气体燃料燃烧

第一节　扩散火焰与预混火焰

火焰是燃气与氧化剂（空气或氧气）进行剧烈氧化反应的反应区，伴随有高温和发光现象。根据燃气是否预混空气，可将燃烧方式分为扩散燃烧和动力燃烧（预混燃烧），两种燃烧方式所形成的火焰分别称为扩散燃烧火焰（简称为扩散火焰）和动力燃烧火焰（预混火焰）；按照由于气体介质流速引起的流态的不同，火焰还可分为层流火焰和湍流火焰。

一、燃烧方式与火焰结构

一般来说，气体燃料燃烧所需的全部时间由两部分组成，即气体燃料与空气混合所需的时间 τ_{mix} 和燃料氧化的化学反应时间 τ_{ch}。如果不考虑这两种过程在时间上的重叠，整个燃烧过程所需时间为

$$\tau = \tau_{mix} + \tau_{ch} \tag{5-1}$$

燃料与空气的混合有分子扩散及湍流扩散两种方式，因此燃料与空气混合的时间可写成

$$\tau_{mix} = \frac{1}{\dfrac{1}{\tau_M} + \dfrac{1}{\tau_T}} \tag{5-2}$$

式中，τ_M、τ_T 分别是分子扩散时间、湍流扩散时间。

若扩散混合的时间与氧化反应时间相比非常小而可以忽略，即当 $\tau_{mix} \ll \tau_{ch}$ 时，则整个燃烧时间即可近似地等于氧化反应时间，即 $\tau \approx \tau_{ch}$。也就是说，燃烧过程将强烈地受到化学反应动力学因素的控制，例如可燃混合气的性质、温度、燃烧空间的压力和反应物浓度等；而一些扩散方面的因素，如气流速度、气流流过的物体形状与尺寸等对燃烧速率的影响很小。这种燃烧称为化学动力燃烧或动力燃烧。预混可燃气体的燃烧属于动力燃烧。

反之，如果燃烧过程的扩散混合时间大大超过化学反应所需时间，即当 $\tau_{mix} \gg \tau_{ch}$ 时，则整个燃烧时间近似等于扩散混合时间，即 $\tau \approx \tau_{mix}$。这种情况可称为扩散燃烧或燃烧在扩散区进行，此时燃烧过程的进展与化学动力因素关系不大，而主要取决于流体动力学的扩散混合因素。例如在大多数工业燃烧设备中，燃料和空气分别供入燃烧室，边扩散混合边燃烧。此时炉内温度很高，燃烧化学反应可在瞬间完成，而扩散混合则几乎占了整个燃烧过程。在扩散燃烧中，燃料所需的氧化剂是依靠空气的扩散获得的，因而扩散火焰显然产生于燃料与氧化剂的交界面上。燃料和空气分别从火焰的两侧扩散到交界面，而燃烧所产生的燃

烧反应产物则向火焰两侧扩散开去。所以对于扩散火焰来说，不存在火焰的传播。

可燃混合气由燃烧器出口流出而着火，将产生圆锥形形状的火焰。对于一定的燃烧器形式，火焰的结构（形状和长短）取决于燃气与空气在燃烧器中的混合方式。

1）在由燃烧器出口送入燃烧室或炉膛进行燃烧之前，燃气与燃烧所需的空气已完全预先混合均匀。所产生的火焰由内、外两个圆锥体构成，其中内焰锥稍暗，温度较低，外焰锥较明亮，温度较高。可燃混合气在内锥体内得到不断加热，然后着火、燃烧。如图 5-1a 所示，这种火焰的燃烧区宽度最薄，称为动力燃烧火焰（又称完全预混火焰或预混火焰）。

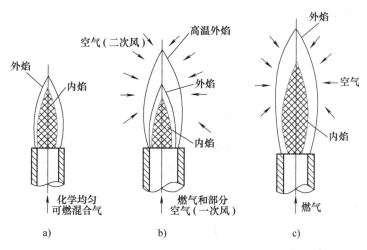

图 5-1　燃烧方式与火焰形状
a）动力燃烧（预混）火焰　b）部分预混火焰　c）扩散燃烧火焰

2）燃气与燃烧所需的部分空气（一次风）预先混合好后，喷入燃烧室或炉膛燃烧，所形成的火焰结构如图 5-1b 所示，由内锥、外锥和肉眼看不见的外焰膜三部分组成。预混的燃气和一次风混合气在内锥燃烧，该区域由于空气不足而含有大量未燃的燃气及氧化反应中间产物，属于还原性的预混火焰；火焰外锥是上述未燃尽的物质依靠周围空间空气（二次风）的扩散继续燃烧，从而形成的氧化性扩散火焰；最后，高温烟气在外锥的外侧形成透明的高温外焰膜。这种火焰称为部分预混火焰或半预混火焰。有时也将部分预混火焰归类于扩散燃烧火焰。

3）燃气完全不与任何空气预先混合而送入炉膛，其燃烧时所需空气完全由周围空间的空气扩散来供给，如图 5-1c 所示。产生的火焰由内、外两个锥体组成，燃烧区较厚，火焰最长，称为扩散燃烧火焰。

二、气体燃料的预混燃烧

如果燃气与空气预先混合后再送入燃烧室燃烧，这种燃烧称为气体燃料的预混燃烧。此时在燃烧前已与燃气混合的空气量与该燃气燃烧的理论空气量之比，称为一次空气系数，常用 α_1 表示，其数值的大小反映了预混气体的混合状况。

依据一次空气系数 α_1 的大小，预混气体燃烧又有两种情形。当 $0<\alpha_1<1$，即预混气体中的空气量小于燃气燃烧所需的全部空气量时，称为部分预混燃烧或半预混燃烧；当 $\alpha_1 \geqslant 1$，

即预混气体中的空气量大于或等于燃气燃烧所需的全部空气量时，称为全预混燃烧。部分预混燃烧火焰通常包括内焰和外焰两部分。内焰为预混火焰，外焰为扩散火焰。当 α_1 较小时，内焰的下部呈深蓝色，其顶部为黄色，而外焰则为暗红色。随着 α_1 的增大，内焰的黄焰尖逐渐消失，其颜色逐渐变淡，高度缩短，外焰越来越不清晰。当 $\alpha_1 > 1$ 时，外焰完全消失，内焰高度有所增加，如图 5-2 所示。

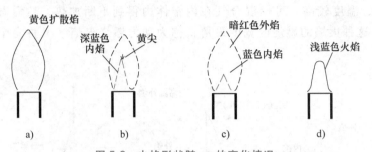

图 5-2　火焰形状随 α_1 的变化情况

a) $\alpha_1 = 0$　b) $0 < \alpha_1 < 0.3$　c) $0.3 < \alpha_1 < 1.0$　d) $\alpha_1 > 1.2$

如果燃气与空气预先混合均匀，则预混气体的燃烧速率主要取决于着火和燃烧反应速率，此时的火焰没有明显的轮廓，故又称无焰燃烧。与此对应，半预混燃烧又称为半无焰燃烧。

在预混可燃混合气的燃烧过程中，火焰在气流中以一定的速度向前传播，传播速度的大小取决于预混气体的物理化学性质与气体的流动状况。

1. 层流预混火焰传播与火焰结构

将静止的预混可燃混合气用点火源 B（电火花或炽热物体）点燃后，火焰会向四周传播开来，形成按同心球面传播的火焰锋面，球体中心 B 就是火焰中心，如图 5-3 所示。球形火焰面 A 上的微分单元面 $dA = A_0$ 的火焰传播速度方向为沿着球体半径方向，称为微分单元面上的层流火焰传播速度 w_1。假如球形火焰锋面传播的每一个半径方向均为假想的流管 Z 的对称轴方向，流管断面上的平均火焰传播速度则可认为是层流火焰传播速度。在火焰面前面是未燃的预混可燃混合气（Ⅰ），在其后面则是温度很高的燃烧反应产物（Ⅱ）。它们的分界面是一层薄薄的火焰面，在其中进行着强烈的燃烧化学反应，同时发出光和热。它与邻近层之间存在着很大的温度和浓度梯度。这层

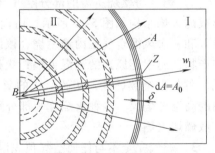

图 5-3　静止可燃混合气中层流火焰的传播

火焰面称为火焰前锋（前沿）或火焰波，其厚度 δ 通常在 1mm 以下。

在实际的燃烧室中，可燃混合气并非静止而是在连续流动过程中发生燃烧的。另外，火焰的位置应该稳定，即火焰前锋应该驻定而不移动。在图 5-4 所示的管道中，可燃混合气以速度 w_{ga} 流动。点火后所形成的火焰面将向可燃混合气的来流方向传播。对于传播速度为 w_1 的层流火焰，火焰的绝对速度 Δw 为

$$\Delta w = w_{ga} - w_1 \tag{5-3}$$

由此可见，火焰前锋相对于管壁的位移将有三种可能的情况：

1）若 $w_{ga} < w_1$，即火焰的绝对速度 $\Delta w < 0$，火焰面将向可燃混合气来流方向移动。

2）若 $w_{ga} > w_1$，即火焰的绝对速度 $\Delta w > 0$，火焰面将向气流下游方向移动，即将被气流吹向下游。

3）若 $w_{ga} = w_1$，即火焰的绝对速度 $\Delta w = 0$，火焰面将驻定不动，即火焰稳定。

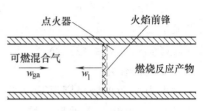

图 5-4　可燃混合气流动时的火焰传播

典型的稳定层流火焰前锋可在本生灯的火焰中观察到。如果在本生灯直管内的预混可燃混合气的流动为层流，则在管口处可得到稳定的近正锥形火焰前锋（图 5-5）。如上所述，在静止的预混可燃混合气中局部点火形成球面火焰前锋。如果层流火焰在管道内传播，则焰锋呈抛物线形；若在管内的层流预混可燃混合气中安装火焰稳定器，则会形成倒锥形焰锋（图 5-6）。

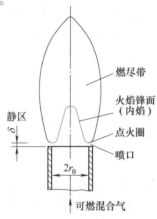

图 5-5　层流预混火焰的形状
（近正锥形火焰前锋）

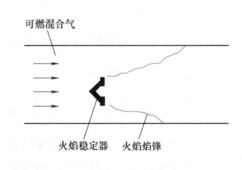

图 5-6　倒锥形火焰焰锋

工程实践中，通常要求预混火焰稳定在燃烧器的喷口附近，形成稳定的圆锥形火焰锋面。为了保证火焰驻定在喷口处，火焰面上各点的火焰传播速度 w_1 应等于焰面法线方向上的气流速度 w_{ga}（图 5-7），w_{ga} 与可燃混合气喷出速度 w_{ga1} 之间的关系为

$$w_{ga1}\cos\phi = w_{ga1}\sin\theta = w_{ga} = w_1 \qquad (5-4)$$

式中，ϕ 是火焰面法线与主气流方向的夹角（°）；θ 是火焰锥半顶角（°），$\theta = 90° - \phi$。

式（5-4）称为 Gouy-Michelson 定律，或称余弦等式。

由图 5-5 可见，锥形火焰锋面（内焰）的根部连在喷口附近。由于可燃混合气的压力稍高于大气压力，喷出后将膨胀而向外散开，所以内焰锥底面较喷口断面略大，且稍许离开喷口才燃烧，通常将这段距离称为静区。内焰锥底端边界面处的气流速度很低，火焰锋面的传播速度由于受到周围环境的冷却作用也很低，因而在边界面处火焰传播速度与壁面边界层中气流速度直接达到平衡，$w_1 = w_{ga1}$。

点火后，静区处形成一点火圈，火焰方可连在喷口上稳定燃烧。这是因为气流在火焰锋面切线方向的分速度 $w_{ga1}\sin\phi$ 本来要使锋面上任一质点沿切线方向向气流下游移动，如果未在锥底连续点火，火焰的切线方向就无法稳定而将熄灭。为了稳定燃烧，就必须连续点火，该点火圈即起到了连续点火的作用。

锥形内焰的顶峰呈圆滑形而非尖顶，其顶点的切线为水平线。由式（5-4）可知，在锥形内焰顶点，火焰传播速度与气流速度直接达到平衡，即 $w_1 = w_{ga1}(\phi = 0)$。为此，火焰传播速度在锥形内焰的中心轴线处要增大许多才能满足平衡条件。由于内焰中心处的可燃混合气得到了预热，且有较多的活性中心由位置较低的反应区扩散至火焰顶端，因此火焰传播速度在内焰顶端将增大。

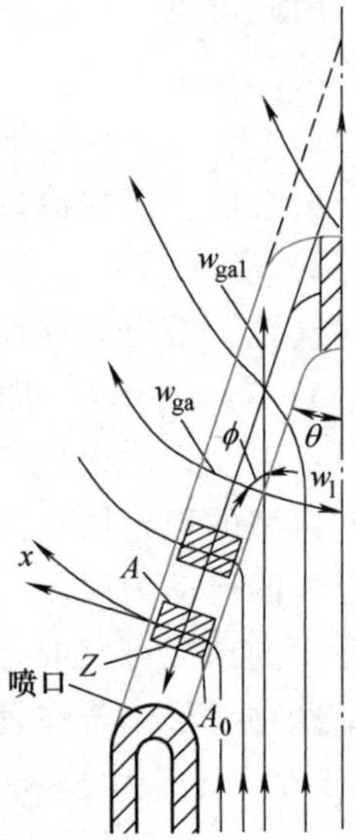

假定火焰锥体的高度（火焰长度）为 l，喷口半径为 r_0。在火焰锥表面取一微元面，该微元面在高度方向上的投影为 $\mathrm{d}l$，在径向上的投影为 $\mathrm{d}r$。则由几何关系可得

$$\tan\phi = \frac{\mathrm{d}l}{\mathrm{d}r}$$

$$\cos\phi = \frac{1}{\sqrt{1 + (\mathrm{d}l/\mathrm{d}r)^2}} \tag{5-5}$$

图 5-7　燃烧器喷口处层流预混火焰示意图

在火焰前锋稳定不动的前提下，将式（5-4）代入式（5-5），整理后可得

$$\frac{\mathrm{d}l}{\mathrm{d}r} = \pm\sqrt{\left(\frac{w_{ga1}}{w_1}\right)^2 - 1} \tag{5-6}$$

为了求取锥体的高度 l，应对上述描述锥体形状的微分方程式进行积分。由于气流速度 w_{ga1} 和火焰传播速度 w_1 均为半径 r 的函数，为了方便地得出结果，可做适当的简化处理。因此，进一步假定求解对象为正锥体，其底面的半径等于喷口半径 r_0；w_1 为常量，与 r 无关；气流速度 w_{ga1} 取为喷口断面的平均流速 w_{pj}。于是，由式（5-6）可解出

$$l = r_0\sqrt{\left(\frac{w_{pj}}{w_1}\right)^2 - 1} \tag{5-7}$$

若喷口出口可燃混合气的体积流量为 $q_V(\mathrm{m^3/s})$，则有

$$l = r_0\sqrt{\left(\frac{q_V}{\pi r_0^2 w_1}\right)^2 - 1} \tag{5-8}$$

由式（5-7）和式（5-8）可知，层流预混火焰长度随着可燃混合气喷出速度或喷口管径的增大而增大，却随着火焰传播速度的增大而减小。这意味着：

1）当燃烧器喷口尺寸和可燃混合气成分一定时，若增大体积流量 q_V，则将使火焰长度 l 增大。

2）在喷口尺寸和体积流量相同的情况下，火焰传播速度较大的可燃混合气（例如 H_2）的燃烧火焰，要比火焰传播速度较小的（例如 CO）短。

火焰长度实际上代表着锥形火焰前锋面的大小。当流量增加时，需要更大的火焰前锋面才能维持燃烧，因此火焰长度自然增大。火焰传播速度较大的可燃混合气在燃烧时需要较小

的火焰前锋面，此时火焰长度便较短。

2. 火焰的稳定性

当可燃混合气喷出速度 w_{ga1} 变化时，火焰面可通过改变 ϕ 的大小来维持式（5-4）的成立，以维持自身的稳定。

当 w_{ga1} 增大时，ϕ 也随之增大（θ 减小）。但如果 ϕ 直到增大至接近 90° 而无法满足式（5-4），则火焰面无法继续保持稳定，火焰将被吹离喷口。此时，火焰可能出现三种现象：

1）若火焰脱离喷口，悬举在喷口上方，但不熄灭，这种现象称为离焰。

2）发生离焰时，火焰虽不立即熄灭，但此时火焰将吸入更多的二次空气，使悬举的火焰中燃气浓度降低。若可燃混合气流速继续增大，火焰则会出现吹熄现象。

3）若火焰脱离喷口并熄灭，这种现象称为脱火。显然，脱火主要是由于喷口出口气流速度过高而引起的，故又常称为吹脱。

相反，当 w_{ga1} 减小时，ϕ 也随之减小（θ 增大）。但如果 ϕ 直到减小至接近 0 也无法满足式（5-4），则火焰面也无法继续保持稳定。此时，火焰将缩入燃烧器喷口内，在喷口内燃烧，这种现象称为回火。

在燃烧技术中，如何保证燃气或可燃混合气在引燃后能够持续燃烧而不再熄灭，是一个十分重要的问题，即要求喷口上方的火焰能够稳定在某个位置上，使燃烧过程稳定地继续下去。如果燃烧条件（如燃气流量、一次空气量等）发生变化或者燃烧过程受到外界因素干扰，则将影响燃烧工况，往往可能造成火焰不稳定，出现离焰、吹熄、脱火、回火等现象。

燃烧器在工作时，不允许发生离焰、吹熄、脱火或回火问题。吹熄和脱火将造成燃气在燃烧室及其周围环境中的累积，一旦再遇到明火便会使大量燃气迅速着火，从而造成大规模爆燃，同时燃气也会对人员造成毒害作用。回火则可能烧毁燃烧器，甚至引起燃烧器或储气罐发生爆炸，也可能导致火焰熄灭，从而造成严重后果。

三、气体燃料的扩散燃烧

气体燃料的扩散燃烧是指燃气和空气未经预先混合，一次空气系数 $\alpha_1 = 0$，由燃烧器喷口流出的燃气依靠周围空气的扩散作用进行燃烧反应。

当燃气刚由喷口流出的瞬间，燃气流股与周围空气相互隔开。然后，燃气和空气迅速相互扩散，形成混合的气体薄层并在该薄层里燃烧，所形成的燃烧反应产物向薄层两侧扩散。因此，燃气-空气混合物薄层在引燃后，燃气与空气再要相互接触就必须通过扩散作用，穿透已燃的薄层燃烧区所形成的燃烧反应产物层。对于层流扩散火焰，燃气与空气的混合是依靠分子扩散作用进行的；对于湍流扩散火焰，扩散过程则是以分子团状态进行的。

按照燃料和空气供入燃烧室的不同方式，扩散燃烧可以有以下几种情况：

（1）自由射流扩散燃烧　气体燃料以射流形式由燃烧器喷入大空间的空气中，形成自由射流火焰，如图 5-8a 所示。

（2）同轴伴随流射流扩散燃烧　气体燃料和空气分别由环形喷管的内管与外环管喷入燃烧室，形成同轴扩散射流，如图 5-8b 所示。由于射流受到燃烧室容器壁面的限制和周围空气流速的影响，为受限射流扩散火焰。

（3）逆向射流扩散燃烧　气体燃料和空气喷出的射流方向正好相反，形成逆向喷流扩散火焰，如图 5-8c 所示。

按照射流的流动状况可分为层流扩散燃烧和湍流扩散燃烧。

1. 层流扩散燃烧和火焰结构

在层流燃烧过程中，气流处于层流状态，燃气经引燃而形成的燃烧区即为层流扩散火焰，其燃烧速率取决于气体的扩散速度。由于分子扩散速度缓慢，而燃烧反应速率很快，所以扩散火焰厚度很薄，可视为焰面。焰面各处的燃气与空气按化学当量比进行反应，因此焰面保持稳定。如果空气量过大，则燃烧反应剩余的氧将继续向焰面内扩散，继而与焰面内燃气反应，焰面因此内移；若空气不足，未燃的燃气将继续向外扩散，继而与氧反应，使焰面外移。焰面上的燃烧反应产物浓度最高，向两侧扩散。

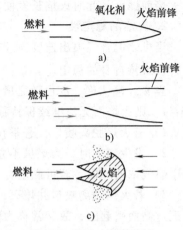

图 5-8　扩散火焰的形式

图 5-9 为层流扩散火焰结构示意图。这种层流扩散火焰可分为四个区域，即中心的纯燃料区、外围的纯空气区、火焰面外侧的燃烧反应产物和空气的混合区，以及火焰面内侧的燃烧反应产物和燃料的混合区。图 5-9 中分别给出了火焰锥某一横截面 a—a 上燃料、空气及燃烧反应产物的浓度分布。在 $\alpha=1$ 处为火焰面，在火焰面上燃料和空气完全反应，两者浓度皆为零（$c_g=0$，$c_{O_2}=0$），而燃烧反应产物的浓度 c_{cp} 达到最大，并向两侧扩散。离火焰面越远，燃烧反应产物的浓度越低，而氧浓度越高；在火焰面内部，越靠近轴线燃气浓度越高，而燃烧反应产物浓度越低。

层流火焰面的外形大体上呈圆锥形，这是由于射流的外层燃料较易与氧气混合和反应，而位于轴线附近的燃料则要穿过较厚的混合物区才能与氧气混合反应。在这段时间内，燃料气体将向前移动一段距离，从而使火焰拉长。随着燃烧边向前移动边进行，纯燃气量越来越少，最后在射流的中心线某处完全燃尽，形成火焰锥尖。

在燃烧区的可燃气体与氧气所形成的可燃混合气因火焰锋面传递热量而着火燃烧，所生成的燃烧反应产物向两侧扩散，稀释并加热可燃气体与空气。因此，在火焰的外侧只有氧气和燃烧反应产物而没有可燃气，为氧化区；而火焰的内侧只有可燃气和燃烧反应产物而没有氧气，为还原区。

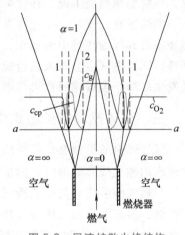

图 5-9　层流扩散火焰结构

由于燃烧区内化学反应速率非常大，因而到达燃烧区的可燃混合气实际上在瞬间即燃尽，因此在燃烧区内其浓度为 0，其厚度（即焰锋宽度）将变得很薄。理想的层流扩散火焰表面可看作厚度为 0 的表面，在该表面上可燃气体向外的扩散速度与氧气向内的扩散速度之比等于完全燃烧时的化学当量比。

实际上扩散火焰的焰锋面有一定的厚度，如图 5-10 所示。实验表明，在主反应区，燃烧温度达到最大值，各种气体处于热力平衡状态。在主反应区的两侧为预热区，其特征是具有较陡的温度梯度。燃料和氧化剂在预热区有化学变化，因为几乎很少有氧气能通过主反应区进入燃料射流中，所以燃料在预热区中受到热传导和高温燃烧反应产物的扩散作用而被加热，会发生热解而析出炭黑粒子。温度越高，热解越剧烈。与此同时，还可能会增加重碳氢化合物的含量，从而增加不完全燃烧损失。因此，扩散燃烧的显著特点是会产生不完全燃烧损失。

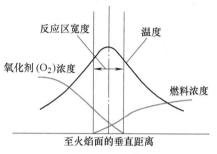

图 5-10　实际扩散火焰中的温度和浓度分布

2. 层流扩散火焰结构的分析

在图 5-11 所示的层流扩散燃烧系统中，气体燃料和空气以相同速度分别由环形喷管的内管（半径为 r_1）与外环管（半径为 r_2）喷入燃烧室，形成同轴伴随流射流扩散燃烧。

此时，观察到的扩散火焰外形有两种类型。类型 1 为呈封闭收敛状的锥形扩散火焰，如图 5-11 中曲线 1 所示，此时由外环管所供给的空气量足够多，超过内管提供的燃料完全燃烧所需要的空气量，或者燃料射流喷入大空间的静止空气中，将形成一个向内管中心汇集的火焰面；类型 2 为呈扩散的倒喇叭形火焰，如图 5-11 中曲线 2 所示，此时由外环管所提供的空气量不能满足内管中喷出的燃料射流完全燃烧所需，火焰将向外管的壁面扩展。由此可见，层流扩散火焰的形状取决于燃料与空气的混合浓度。

对于上述层流扩散燃烧火焰结构模型，在圆柱坐标系 (r, z) 中的扩散方程为

$$\frac{\partial c}{\partial \tau} = D\left[\frac{\partial^2 c}{\partial z^2} + \frac{1}{r}\frac{\partial}{\partial r}\left(r\frac{\partial c}{\partial r}\right)\right] \tag{5-9}$$

式中，c 是可燃混合气在坐标 (r, z) 处的浓度（mol/m^3）；D 是扩散系数（m^2/s）；τ 是时间（s）。

由于

$$\frac{\partial c}{\partial \tau} = \frac{\partial c}{\partial z}\frac{\partial z}{\partial \tau} = w_{ga}\frac{\partial c}{\partial z} \tag{5-10}$$

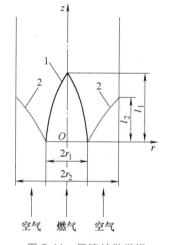

图 5-11　层流扩散燃烧的火焰形状

1—空气过剩时　2—燃气过剩时

式中，w_{ga} 是可燃混合气在坐标 (r, z) 处的流速（m/s）。

对于稳态扩散过程，则得

$$\frac{\partial c}{\partial z} = \frac{D}{w_{ga}}\left[\frac{\partial^2 c}{\partial z^2} + \frac{1}{r}\frac{\partial}{\partial r}\left(r\frac{\partial c}{\partial r}\right)\right] \tag{5-11}$$

假定沿 z 轴的气流方向上的扩散传递与 r 轴方向上的相比，可忽略不计，即

$$\frac{\partial^2 c}{\partial z^2} \ll \frac{1}{r}\frac{\partial}{\partial r}\left(r\frac{\partial c}{\partial r}\right) \tag{5-12}$$

则得

$$\frac{\partial c}{\partial z} = \frac{D}{w_{ga}}\left(\frac{\partial^2 c}{\partial r^2} + \frac{1}{r}\frac{\partial c}{\partial r}\right) \tag{5-13}$$

式（5-13）即为描述层流扩散火焰的微分方程式，其边界条件为：

1）当 $z = 0$ 及 $0 \leqslant r \leqslant r_1$ 时，$c = c_1$（c_1 为由内管喷出的燃气的初始浓度）。

2）当 $z=0$ 及 $r_1 \le r \le r_2$ 时，$c=c_2$（c_2 为由外环管喷出的氧气的初始浓度）。

3）当 $z \ge 0$ 及 $r=0$ 和 $r=r_2$ 时，$\partial c / \partial r = 0$。

求解式（5-13），可得

$$
\left.
\begin{aligned}
c &= c_0\left(\frac{r_1}{r_2}\right)^2 - \frac{c_2}{i} + \frac{2r_1 c_0}{r_2^2}\sum_1^\infty \frac{1}{\mu}\frac{J_1(\mu r_1)J_0(\mu r)}{[J_0(\mu r_2)]^2}\exp\left(-\frac{D\mu^2}{w_{ga}}z\right) \\
c_0 &= c_1 + \frac{c_2}{i}
\end{aligned}
\right\}
\tag{5-14}
$$

式中，i 是 $1\mathrm{mol}$ 燃气完全燃烧时所需要的氧量；J_1、J_0 是一阶、零阶第一类贝塞尔函数；μr_2 是 J_1 的正零点，即 $J_1(\mu r_2)=0$ 的特征根；w_{ga} 是可燃混合气的流速（假定燃气和空气的流速相等，$\mathrm{m/s}$）；μ 是数理方程求解中的变量，没有物理意义。

式（5-14）给出了同轴射流扩散火焰中可燃混合气浓度的表达式。对于扩散火焰，火焰前锋面上燃气与空气完全反应，$c=0$。因此，在式（5-14）中令 $c=0$，则可得描述火焰前锋形状的方程式为

$$
\left.
\begin{aligned}
&\sum_1^\infty \frac{1}{\mu}\frac{J_1(\mu r_1)J_0(\mu r)}{[J_0(\mu r_2)]^2}\exp\left(-\frac{D\mu^2}{w_{ga}}z\right) = E \\
&E = \frac{r_2^2 c_2}{2ir_1 c_0} - \frac{r_1}{2}
\end{aligned}
\right\}
\tag{5-15}
$$

可见，当燃烧器喷口尺寸及工质一定时，E 为常数。上式可用以预测火焰前锋面的形状。

理论分析表明，扩散火焰长度为

$$
\left.
\begin{aligned}
l_1 &\propto \frac{w_f r_1^2}{D} \propto \frac{q_{Vf}}{D} \\
l_2 &\propto \frac{w_a(r_2-r_1)^2}{D} \propto \frac{q_{Va}}{D}
\end{aligned}
\right\}
\tag{5-16}
$$

式中，w_f、w_a 是燃气、空气的流速（$\mathrm{m/s}$）；q_{Vf}、q_{Va} 是燃气、空气的体积流量（$\mathrm{m^3/s}$）。

由此可见，层流扩散火焰的长度与气流的流速或燃料的体积流量 q_{Vf} 成正比，而与燃烧器喷口半径的平方成正比，与扩散系数 D 成反比。在层流状态下，扩散系数 D 与气流速度关系不大。因此，对于一定的燃料，D 不变且喷口尺寸也一定时，火焰长度将随着气流速度的增大而成比例地增大，这一点也为霍特尔（H. C. Hottel）和郝索恩（W. R. Hawthorne）的实验结果所证实，如图 5-12 中"火焰全长"曲线的前半段，即 $w_f < 15\mathrm{m/s}$ 的部分所示。

进一步将式（5-16）改写，可得

$$
\frac{l_1}{r_1} \propto \frac{w_f r_1}{D}
\tag{5-17}
$$

对于层流扩散燃烧，可假定 $D \approx \nu$，ν 为运动黏度（$\mathrm{m^2/s}$）。于是

$$
\frac{l_1}{r_1} \propto Re
\tag{5-18}
$$

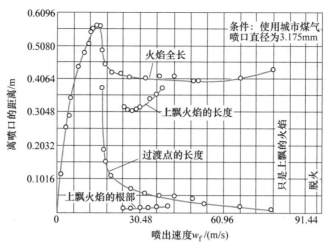

图 5-12　煤气喷出速度对火焰长度的影响

式中，Re 是雷诺数，$Re = w_f r_1 / \nu$。

可见，对于层流扩散燃烧，火焰长度随着雷诺数 Re 的增大，而近似成比例地增大。

此外，当 q_{Vf} 一定时，不论喷口尺寸的大小，火焰长度均相同。因此，为了在单位时间内燃烧掉同样体积流量的燃料，应该采用多只燃烧器的方案。这样可以减少流经每只燃烧器的体积流量，达到缩短燃烧火焰长度、提高燃烧热强度的目的。

火焰长度常采用实验方法来确定。日本学者功刀等采用同心套管做成烧嘴，使煤气和空气分别从内管和外管以不同的流速垂直向上喷入炉内。他们针对五种不同尺寸的烧嘴，测定了火焰长度。不同煤气烧嘴结构和不同煤气流 Re 下，空气喷出速度对火焰长度的影响如图 5-13 所示。

由图 5-13 可见，各种烧嘴下，当煤气流速增大，即 Re 增加则火焰长度随之增大；空气喷出速度越大，则火焰长度越短。当煤气流速增大至 $Re = 4500$ 时，空气喷出速度对火焰长度的影响则比较小。这是因为此时已不再是层流扩散燃烧，煤气的流动已随着煤气流速的增大从层流过渡至湍流，演变成湍流扩散燃烧。

由实验数据，可确定火焰长度的实验公式。

当 $Re = w_f d_f / \nu_f < 3300$ 时，为层流扩散火焰，则

$$l = \frac{(w_f d_f) d_f^{1/2}}{4.08 + 0.0085 w_f d_f + 0.016 w_a b} \tag{5-19}$$

当 $Re = w_f d_f / \nu_f > 3300$ 时，此时煤气流动开始进入层流向湍流的过渡区，已不是层流扩散火焰，则

$$l = \frac{(w_f d_f) d_f^{1/2}}{0.0161 w_f d_f + 0.008 w_a b} \tag{5-20}$$

式中，w_f、w_a 是煤气、空气的喷出速度（m/s）；d_f 是煤气喷口直径（cm）；b 是空气环状喷口的宽度，为外管内径和内管外径之差的一半（cm）；l 是火焰长度（cm）。

与层流扩散火焰不同，在湍流扩散火焰中，燃气与氧化剂的混合是靠湍流交换效应来实现的。此时，混合速度较快，火焰长度必然有所缩短。以平均湍流扩散系数 D_T 替换式（5-16）中的扩散系数 D，即可得湍流扩散燃烧的火焰长度 l_T

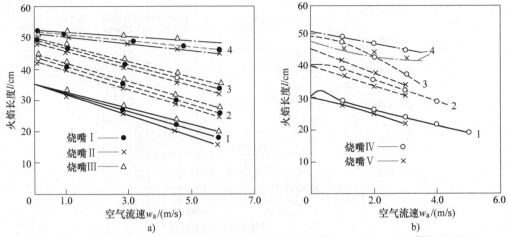

图 5-13　同轴射流扩散燃烧火焰长度的实验测定结果（$Re = w_f d_f / \nu_f$，$w_f =$ 煤气流速）

a）烧嘴 I 、II 、III 实验结果　b）烧嘴 IV 、V 实验结果

1—$Re = 1500$　2—$Re = 2300$　3—$Re = 3000$　4—$Re = 4500$

$$l_T \propto \frac{w_{ga} r^2}{D_T} \qquad (5\text{-}21)$$

式中，w_{ga} 是可燃混合气流速（m/s）；r 是燃烧器喷口半径（m）。

由于湍流扩散系数 D_T 与湍流强度 ε 和湍流尺度 l 的乘积成正比，即 $D_T \propto \varepsilon l$，而 $\varepsilon \propto w_{ga}$，$l \propto r$，因此由式（5-21）可得

$$l_T \propto \frac{w_{ga} r^2}{D_T} \propto \frac{w_{ga} r^2}{\varepsilon l} \propto \frac{w_{ga} r^2}{w_{ga} r} \propto r \qquad (5\text{-}22)$$

由此可见，湍流扩散燃烧的火焰长度与可燃混合气体的流速无关，仅与燃烧器喷口的尺寸成正比。因此，对于湍流扩散燃烧过程，也可采用多个小管径的燃烧器，可达到缩短燃烧火焰长度、提高燃烧热强度的目的。

3. 扩散火焰的稳定性

扩散燃烧时，燃气和空气未经预先混合，一次空气系数 $\alpha_1 = 0$。燃气由喷口喷出后方与周围空气混合燃烧，喷口内不存在空气，因此火焰不可能缩入喷口内。可见，扩散燃烧不存在回火问题，其稳定性问题主要是离焰、吹熄和脱火。

在进行扩散燃烧的情况下，燃气与周围空气的混合随着燃气由喷口喷出速度的增大而增强。当燃气喷出速度增大至一定数值时，火焰即脱离喷口，在其上方呈悬举状态，出现离焰现象。如果喷出燃气的流态为层流，在悬举火焰的底端则形成完整圆环；如果为湍流火焰，则出现不规则底端形状。若燃气喷出速度继续增大，火焰离开喷口的距离也增大，火焰锥随之缩小，直至熄灭。

第二节　火焰稳定的原理和方法

对于燃烧装置来说，不仅要保证燃料能顺利着火，而且要求在着火后形成稳定火焰，不出现离焰、吹熄、脱火、回火等问题，从而具有稳定的燃烧过程。如果着火后的燃烧火焰时

断时续，那么该燃烧装置就不具备实用价值。因此，如何保证火焰能稳定在某一位置，使已着火的燃料能持续稳定燃烧而不再熄灭，是燃烧技术中一个十分关键的问题，也是燃烧技术研究的一个比较复杂而又极为重要的课题。

通常将火焰稳定分为两种：一种是低速气流情况下的火焰稳定，包括回火、脱火、吹熄等问题；另一种是高速气流下的火焰稳定。

一、火焰稳定的基本条件

1. 一维管流火焰的稳定

假定可燃混合气以等速 w_{ga} 在管道内向前流动，如图 5-14 所示。如果火焰传播速度 w_1 与可燃混合气流速度 w_{ga} 相等，所形成的火焰前锋则会稳定在管道内某一位置上；如果 $w_1 > w_{ga}$，火焰前锋位置则会一直向可燃物的上游方向移动，从而发生回火；如果 $w_1 < w_{ga}$，火焰前锋则会一直向燃烧反应产物的下游方向移动，直至被可燃混合气吹走而熄灭。

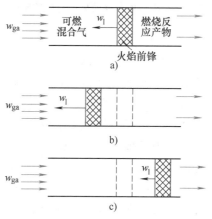

图 5-14　管内等速流动的火焰传播
a) $w_1 = w_{ga}$，稳定　b) $w_1 > w_{ga}$，回火
c) $w_1 < w_{ga}$，脱火

由此可见，为了保证管中流动的可燃混合气能够连续稳定地燃烧，而不致产生回火或脱火问题，就要求火焰前锋稳定在某一位置上不动，即火焰传播速度与可燃混合气的流动速度两者方向相反，但大小相等，表达式为

$$w_{ga} = -w_1 \qquad (5-23)$$

上式即为一维管流火焰稳定的基本条件。

在上述分析中，假定管内可燃混合气的流速是均匀的，则火焰前锋为一平面。但实际上管内流速并不均匀，而是呈抛物面分布，因而其火焰前锋呈抛物面状，如图 5-15 所示。此时，火焰前锋各处的法向火焰传播速度并不相同。但火焰稳定的条件依然是：火焰前锋各处的法向火焰传播速度等于可燃混合气在火焰前锋法向的分速度。也就是说，假定流速 w_{ga} 在垂直于焰锋表面的法向分速为 w_n，火焰稳定的条件则为 $w_1 = w_n$。

2. 预混火焰稳定的特征和条件

可燃混合气由燃烧器喷口以流速 w_{ga} 喷出并点燃后，将在喷口形成一位置稳定的曲面锥形火焰前锋（图 5-16）。该火焰前锋的外形特征为：火焰顶部呈圆角形，而不是尖锥形；火焰根部不与喷口相重合，而存在一个向外突出的区域，且靠近壁面处有一段无火焰区域（静区或熄火区）。

可燃混合气体以与火焰前锋表面法线方向成角度 ϕ 平行地流向焰锋，此流速 w_{ga} 可分解为平行于火焰前锋的切向分速 w_t 和垂直于火焰前锋的法向分速 w_n。切向分速 w_t 的存在是使火焰前锋沿其切线方向（A—B）移动，而法向分速 w_n 则使火焰前锋沿其法向移动（N—N）。显然，为了维持火焰前锋的稳定，使其空间位置不动，则务必设法平衡 w_t 和 w_n 两个速度分量的影响。

平衡法向分速 w_n，使火焰前锋不致沿 N—N 方向移动的必要条件，是可燃混合气的法向分速 w_n 等于火焰传播速度 w_1，即

157

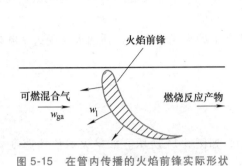

图 5-15 在管内传播的火焰前锋实际形状

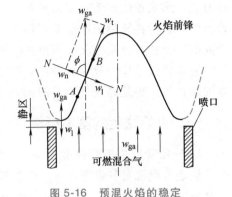

图 5-16 预混火焰的稳定

$$w_1 = w_n = w_{ga}\cos\phi \tag{5-24}$$

式中，ϕ 的变化范围为 $0 \leqslant \phi < 90°$。

若 $\phi = 0$，即气流速度垂直于火焰前锋，则为平面火焰。平面火焰实际上极不稳定，气流速度只要稍微发生变化，即会破坏平衡条件，而使火焰发生变形。

若 $\phi = 90°$，即气流速度平行于火焰前锋，$w_1 = 0$。可见，实际上不可能出现这样的情况。

因此，为了维持火焰的稳定，可燃混合气必须与火焰前锋的法向成一个小于 90° 的锐角 ϕ 流向火焰前锋，且必须满足余弦定律。

对于一定的可燃混合气，当 w_1 变化不大时，可认为 w_1 为常数。因此，在一定的气流速度变化范围内，随着气流速度 w_{ga} 的增大，为维持火焰的稳定，火焰则会变得越来越细长（ϕ 增大）；反之，当 w_{ga} 减小时，火焰则会变短（ϕ 减小）。也就是说，w_{ga} 发生变化时，火焰前锋会调整其形状而在新的条件下稳定下来。

除了气流法向分速 w_n 之外，切向分速 w_t 对火焰前锋位置的移动影响也很大。w_t 力图使火焰前锋上的质点沿着焰面向 $A—B$ 方向移动，从而不断将火焰前锋带离喷口。当气流速度增大时，切向速度增大，使火焰前锋表面上的质点向前移动。为了保证火焰的稳定，必须有另一质点补充到被移动点的位置，这对于远离火焰根部表面的质点是不成问题的；但火焰前锋根部的质点则将被新鲜气流带走，从而使火焰被吹走，如图 5-17 所示。

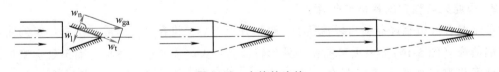

图 5-17 火焰的吹熄

因此，为了避免火焰被吹走，确保火焰稳定，在火焰的根部必须具有一个固定的点火源，不断地点燃火焰根部附近新鲜可燃混合气，以补充在根部被气流带走的质点。显然这个点火源应具有足够的能量，否则也无法保证火焰稳定。

综上所述，为了确保气流中的火焰稳定，必须具备两个基本条件：

1）火焰传播速度 w_1 应与可燃混合气在火焰前锋法线方向上的分速度 w_n 相等，即满足余弦定律。

2）在火焰的根部必须有一个固定的点火源，且该点火源应具有足够的能量。

二、火焰稳定机理

对于预混可燃气体燃烧来说，气流喷出并引燃后，在喷口附近形成锥形火焰，其锥角符合火焰稳定的余弦定律。如果气流流速过高，火焰将会从根部开始吹脱；反之，如果气流流速过低，火焰则会引向喷口内。由此说明预混火焰在一定的流速范围内存在一个稳定的点火源，否则火焰无法维持稳定。实际上，在锥形火焰的根部存在一个环形平面焰锋，悬浮于管口附近的上方（即图 5-16 所示静区的上方）。这个环形平面火焰起到了固定点火源的作用，因此称之为点火环或点火圈。

概括来说，点火环形成的原因是靠近射流壁面（或边界面）附近的气流速度及火焰传播速度分布不均匀。可燃混合气喷出后，在喷口边缘和周围介质之间形成了边界层区域，图 5-18 所示为离喷口不同距离处射流边界附近的气流流速 w_{ga} 分布和不同截面上相应的火焰传播速度 w_1 分布。由于黏性力的作用，自由射流截面速度分布呈抛物线形。在靠近壁面很薄的边界层中，其速度分布曲线可近似为线形。由于壁面的散热作用，使得靠近喷口壁面处的可燃混合气温度降低。由温度 T_0 对火焰传播速度 w_1 影响的实验结果可知，$w_1 \propto T_0^m$（$m = 1.5 \sim 2$）。因此，在靠近壁面一段距离内，由于受到熄火效应的影响，w_1 较低。在远离壁面处，气流不再受散热的影响，w_1 趋于某一定值。

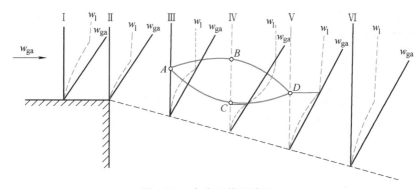

图 5-18　点火环的形成机理

当火焰根部离开喷口向下游移动时，w_1 的分布曲线将发生变化。这种变化取决于两个因素：一个是喷口壁面的散热影响，另一个是可燃混合气浓度的影响。离喷口越远，散热损失越小，熄火效应的影响越小；同时，离喷口越远，由于射流卷吸作用，可燃混合气被空气稀释，燃料浓度下降，熄火效应的影响增大。

在喷口出口处（截面Ⅱ），由于此时壁面散热影响起主要作用，熄火效应明显，截面上各处气流速度 w_{ga} 均高于火焰传播速度 w_1，使得火焰前锋被气流吹向下游。当可燃混合气喷出后，由于脱离了金属喷口壁面，散热损失显著减小，熄火效应明显减弱，w_1 增大。只要气流速度不是很高，总会出现一个平衡位置，例如在截面Ⅲ上 A 处，w_1 和 w_{ga} 两条速度分布曲线相切，在此处 $w_1 = w_{ga}$。火焰根部在此处稳定下来，为点火环的起点。

假定出现扰动，使火焰前锋向下游移动。此时，由于火焰根部进一步远离喷口，散热影响进一步减小，w_1 继续增大，使得移至截面Ⅳ上出现 B、C 两点的 $w_1 = w_{ga}$。再向下游移动时，可燃混合气由于射流卷吸作用而被空气稀释，燃料浓度下降，熄火效应的影响增大，因而 w_1 又将减小。因此，在截面Ⅴ上 D 处，w_1 和 w_{ga} 两条速度分布曲线又一次相切，$w_1 = w_{ga}$，此处即为点火环的终点。如果火焰前锋继续移向下游至截面Ⅵ，由于此时空气稀释作用更大，w_1进一步减小，以致在整个截面$w_1 < w_{ga}$，火焰前锋将进一步向下游移动，火焰将难以稳定。

可见在A、D两点之间，每个截面都有两点符合$w_1 = w_{ga}$的条件。将这些点连成一个封闭小区域（如图5-18中截面$ABDCA$所示，实际上应为一旋转体），在该区域内均满足$w_1 \geqslant w_{ga}$的条件。由于这个区域的存在，保证了一个固定着火源（点火环）的存在。这个点火环还具有恢复平衡的功能，因而在一定条件下，火焰可在喷口下游某一位置自行稳定。

如果不断提高预混可燃气流速度，则此区域会缩小，以致整个区域将向气流的下游方向移动，最后缩成一点。这就是火焰被吹熄的临界工况。若再增大气流速度，则火焰将被气流带走而熄灭。

如果降低预混可燃气流的速度，则此区域将扩大，且A点将向上游喷口靠近，D点将远离喷口。当气流速度降低到某值时，A点将伸入管内，且AD成一直线。在该线上的任一点都有$w_{ga} = w_1$的条件，即此时火焰向管内传播，出现回火。

因此，若气流速度处于所对应的临界回火和临界熄火的速度之间，则火焰将悬浮于燃烧器喷口边缘上方附近某一距离处，该距离的大小取决于气流速度的高低。由此可见，回火和脱火的临界条件应与喷口边缘区域中的边界层内速度梯度相联系。伯纳德·路易斯（B. Lewis）和京特·冯·埃尔贝（G. Von Elbe）提出了边界层速度梯度相等的火焰稳定理论，即要使火焰稳定，气流速度和燃烧速率在该点处的梯度必须相等。假定管内气流速度分布符合层流的抛物线分布规律，即

$$w_{ga} = w_{gam}\left(1 - \frac{r^2}{r_0^2}\right) \tag{5-25}$$

式中，w_{gam}是喷口内气流的中心最大速度（m/s）；r_0是燃烧器喷口半径（m）。

流经喷口的预混可燃气体体积流量为

$$q_V = 2\pi\int_0^{r_0} w_{ga}r\mathrm{d}r = \frac{\pi}{2}w_{gam}r_0^2 \tag{5-26}$$

此时，为了使火焰稳定在喷口处且不至于发生回火的条件为

$$\left|\frac{\mathrm{d}w_1}{\mathrm{d}r}\right|_{r=r_0} = \left|\frac{\mathrm{d}w_{ga}}{\mathrm{d}r}\right|_{r=r_0} \tag{5-27}$$

对式（5-25）求导，可得不发生回火或脱火的临界条件（边界速度梯度）为

$$\left|\frac{\mathrm{d}w_1}{\mathrm{d}r}\right|_{r=r_0} = \left|\frac{\mathrm{d}w_{ga}}{\mathrm{d}r}\right|_{r=r_0} = \frac{4q_V}{\pi r_0^3} \tag{5-28}$$

由式（5-28）可知，增大体积流量和减小喷口尺寸，均可使边界速度梯度加大，减少回火的可能性。如果体积流量一定，则燃烧器喷口尺寸越大，越容易回火。为了不发生回火，体积流量必须与喷口半径的三次方成正比地增加。脱火的条件也一样，只是在数值上更大一些。许多实验证明，可以根据边界速度梯度判断回火和脱火的临界条件，如图5-19所示。由图可见，燃料的浓度越大，其稳定范围也更大；在一定的浓度下，回火有一个最大边界速度梯度值，此时火焰传播速度最大。

然而，如前所述，锥形火焰锋面（内焰）的底面较喷口断面略大，且稍许离开喷口才燃烧，通常将这段距离称为静区或熄火区。将半径等于静区厚度δ（图5-5）的喷口（焰

孔）直径称为临界直径，即 $d_c = 2\delta$。若喷口直径 d 小于 d_c，则容易脱火。

图 5-20 所示为临界直径 d_c 与燃气种类、一次空气系数 α_1 关系的实验结果。在进行燃烧器设计时，应根据燃气种类及一次空气系数范围，合理选择喷口直径，使其大于相应的临界直径。

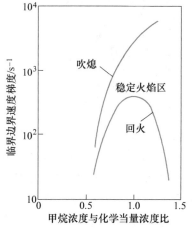

图 5-19 临界边界速度梯度与浓度的关系

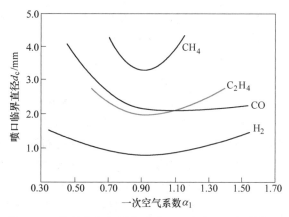

图 5-20 临界直径与燃气种类、一次空气系数的关系

三、高速气流中火焰的稳定

1. 高速气流中火焰稳定的基本条件

为使火焰在可燃混合气气流中获得稳定，其必要条件之一是火焰前锋根部存在满足气流速度 w_{ga} 等于火焰传播速度 w_1 这一条件的速度平衡点，以形成固定点火源。这种情况只能在较低的气流速度下，利用气流射流边界层中较大的速度梯度的条件来实现。

一般来说，烃类燃料在空气中燃烧的层流火焰传播速度 w_1 大多小于 40cm/s，只有氢在空气中燃烧时，其 w_1 可达到 315cm/s。烃类燃料在空气中的湍流火焰传播速度也仅在 100cm/s 左右。但在许多实际燃烧装置中，例如燃气轮机燃烧室中，其进口气流速度一般为 40m/s 左右；而在航空燃气轮机和冲压式发动机燃烧室中，进入主燃烧室的气流速度可达 60m/s，加力燃烧室的气流速度达 120m/s。可见，实际燃烧装置中的气流速度比最大可能的湍流火焰传播速度要高出 10 倍以上。在这样高的气流速度下，火焰是难以稳定的。因此，必须在高速气流中采用某些特殊手段来稳定火焰。

火焰稳定的基本条件是在火焰根部产生稳定的点火源。因此，要实现高速气流中火焰的稳定，就必须在气流中创造条件建立一个平衡点，以满足气流法向分速 w_n 等于湍流火焰传播速度 w_T 的要求。通常是在气流速度场内人为地产生一个自偿性点火源，采用的手段主要是以下几种：利用引燃火焰（又称值班火焰），即在主气流旁引入小股低速气流，着火后不断引燃主气流；利用燃烧装置形状变化，如偏转射流（突然转弯）、壁面凹槽、突然扩张等改变气流方向的方法，形成回流区，以稳定火焰；利用金属棒（丝、环），把金属棒放在火焰上，以改变速度分布，起到稳定火焰的作用；采用稳焰旋流器，利用旋转射流，产生回流区，以稳定火焰；利用钝体，产生回流区，以稳定火焰。采用哪种方式稳定火焰，要由燃烧装置的用途、所用燃料的种类等各种因素来决定。

2. 钝体稳定火焰的机理

采用钝体是最常用、最有效的稳定火焰的方法之一。钝体的形状很多，如：圆形、平板、半圆锥体、V形槽等。利用钝体稳定火焰就是靠形成稳定的回流区来实现的（图5-21）。

（1）钝体后回流区中气流结构　了解气流绕流钝体后形成的回流区中气流结构，对于分析钝体稳定火焰的机理十分重要。图5-22所示为钝体火焰稳定器后回流区的气流结构。图5-23所示为钝

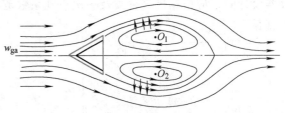

图 5-21　钝体火焰稳定器回流区的形成

体火焰稳定器后的气流轴向速度分布。当高速气流流经钝体时，由于气体黏性力的作用，将钝体后面隐蔽区中的气流带走，形成局部低压区，从而使钝体下游处部分气流在压力差的作用下，以与主气流相反的流动方向流向钝体后的隐蔽区，以保持流动的连续性。这样，在钝体后方就产生了回流区。图5-22中0—3—0为各截面上轴向速度为0的点的连线，称为零速变线。L为回流区长度，或称回流区特征长度。由零速变线以内的逆流区和以外的顺流区组成一个环流区，该环流区内通过湍流扩散进行强烈的质交换和热交换。

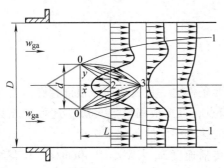

图 5-22　钝体火焰稳定器后回流区
的气流结构

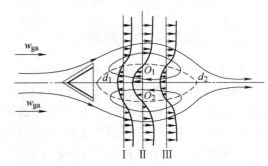

图 5-23　钝体火焰稳定器后的气流轴向速度分布

实验结果表明，在回流区内没有强烈的化学反应（即没有燃烧过程），其中仅充满着几乎完全燃烧的、高温的、组成均一的燃烧反应产物，其流向是逆向钝体，并依靠湍流扩散被带入新鲜可燃混合气的主气流中去。这种返流回钝体并被湍流扩散带入新鲜可燃混合气的高温燃烧反应产物能起到一个固定的连续点火源的作用，它加热并点燃了由钝体后缘流过的新鲜可燃混合气。

（2）钝体后回流区火焰稳定原理　可燃混合气射流喷入燃烧室以后，由于回流区的存在，回流旋涡将炽热的高温烟气带回钝体，使燃烧反应温度显著升高，火焰得以稳定在一个小的区域内（图5-24）。此时的火焰传播速度为w_T，$0 < w_T \ll w_m$（w_m为当地的主气流速度）。在O—O截面，顺流区的轴向速度w_{ga}在$0 \sim w_m$之间。在该速度区中总可找到一点（如b点），该点气流速度恰好和火焰传播速度相等，即$w_b = w_T$，而方向相反，这就满足了火焰稳定的基本条件。也可认为，火焰在此形成了一个固定点火源。

点火源并不一定仅在O—O截面，也有可能出现在O—O截面前面，也可能在后面，这

要视气流具体情况而定，但点火源肯定是在顺流区内。实际上，回流区吸入大量高温燃烧反应产物本身就起到了固定连续点火源的作用。一般认为，点火过程是在回流区外边缘新鲜可燃混合气和高温烟气相接触的交界面上进行。由于以上分析的是一个剖面，实际上 V 形钝体是个轴对称的空间结构，因此固定点火源应为一圆环。

可见，为了在钝体火焰稳定器后维持火焰稳定，除了要在其后形成一个固定点火源外，还要求它具有足够的能量，否则无法点燃新鲜的可燃混合气。然而，若流过钝体火焰稳定器的新鲜可燃混合气的组成超过着火极限，那么即使具有强大能量的固定点火源也无济于事。实验表明，在给定的可燃混合气流速 w_{ga}、温度 T 和压力 p 下，要在火焰稳定器下游维持一稳定火焰，则可燃混合气组成（如过量空气系数 α）必须处于一定范围；若可燃混合气组成一定，在给定的温度和压力下，增大气流速度同样会把火焰吹熄，如图 5-25 所示。将引起火焰熄灭的气流速度称为在该工况下的吹熄速度，用 w_B 表示。

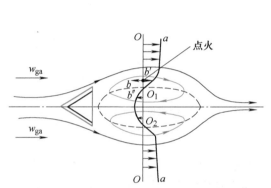

图 5-24　钝体火焰稳定器点火源的位置

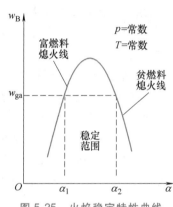

图 5-25　火焰稳定特性曲线

火焰稳定器的稳定性优良，主要是指具有较高的吹熄速度和在较宽广的混合气浓度范围内可实现稳定的燃烧。影响扩散火焰稳定的因素很多，如可燃混合气的着火极限与点燃能量取决于燃气的种类、可燃混合气的组成、气流速度、湍流强度以及可燃混合气的压力和温度等；而回流区所具有的能量则又取决于火焰稳定器的结构形状和尺寸大小、气流速度及旋转与否，以及燃烧室尺寸等。因此，火焰稳定性是一个复杂的问题，上述各因素中只要有一个发生变化，特别是火焰稳定器尺寸及形状的变化，就可能引起火焰的脱离或熄灭。

Dezube（德祖贝）在综合上述一些因素以及实验数据的基础上，给出了火焰稳定性准则 Z 的表达式

$$Z = \frac{w_B}{p^{0.95} D^{0.85}} = f(\alpha) \tag{5-29}$$

式中，w_B 是火焰吹熄速度（m/s）；D 是火焰稳定器的当量直径（mm）；p 是气流绝对压力（MPa）；α 是过量空气系数。

圆盘式火焰稳定器火焰吹熄特性的实验结果（火焰稳定性准则 Z 与过量空气系数 α 之间的关系）如图 5-26 所示。实验采用丙烷-空气均匀混合气和直径为 6.35~25.4mm 的圆盘式火焰稳定器；气流速度为 12~170m/s，气流压力 p 为 0.02~0.1MPa；实验中可燃混

合气温度为常温（$T_0 = 303.15\text{K}$），若要换算至另一混合气温度 $T(\text{K})$，则按下式做温度修正

$$Z = \frac{w_B}{p^{0.95}D^{0.85}}\left(\frac{T_0}{T}\right)^{1.5} \qquad (5-30)$$

四、火焰稳定的主要方法

除了上节讨论的钝体火焰稳定器之外，火焰稳定的主要方法还有：利用引燃火焰稳定、利用旋转射流稳定、利用反吹射流稳定、利用不对称射流稳定等。

1. 利用引燃火焰稳定火焰

在高速可燃混合气气流附近布置一稳定的引燃火焰，使燃烧器喷口喷出的主气流得到不间断地点燃，从而稳定主火焰。该引燃火焰必然是流速较低、燃烧量较少的分支火焰，其流速可为主火焰的数十分之一，燃烧量可达主火焰的 20% ~ 30%。可以认为，由于强烈的扩散和混合作用，

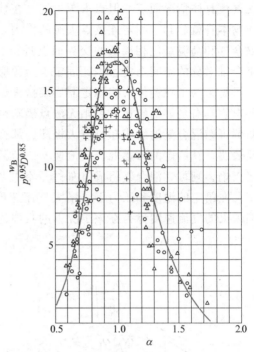

图 5-26 圆盘式火焰稳定器火焰吹熄特性的实验结果

在由引燃火焰产生的炽热气流与点燃前的可燃混合气气流之间，发生强烈的热量、质量交换，冷的可燃混合气温度因此得以升高，反应速率增大，并进一步着火和燃烧。这种引燃火焰与冷的可燃混合气之间的作用一直不间断地进行下去，便可有效地保证主气流的燃烧稳定。

图 5-27 所示为利用引燃火焰稳定主火焰的几种典型方法。由上面的机理分析可知，要成功地稳定高速气流火焰，引燃火焰必须达到一定的燃烧量，获得足够的炽热气流，以保证引燃火焰与主气流之间热量、质量交换的强度。图 5-27b 所示的烧嘴采用从直焰孔侧壁中间开分支孔的方法，分出引燃气流，在主气流根部形成引燃火焰。如果分支孔不够大，则引燃火焰的燃烧量不足，就可能得不到稳定火焰的良好效果。

图 5-27c、d 所示为稳定效果更好的烧嘴结构，其中图 5-27c 为缩口式，图 5-27d 为直筒式。图 c、d 烧嘴将主焰孔做成喷头型，使引燃火焰燃烧量达到主火焰的 20% ~ 30%。同时，将引燃火焰孔设计成倾斜状，使其喷射在烧嘴管壁上，以大大降低喷出速度，提高引燃火焰的稳定性，扩大引燃火焰的燃烧范围。可以认为，引燃火焰燃烧量大、稳定性好的烧嘴，其火焰的稳定性最好。比较图 5-27c、d 中所示烧嘴（主焰孔相等，而烧嘴头部焰孔直径不等，$D'' > D'$）可知，烧嘴头部焰孔直径大的直筒式（D''），其引燃火焰的燃烧量大，烧嘴头部焰孔壁附近的喷出速度低，因此火焰稳定性较好。

2. 利用旋转射流稳定火焰

燃料气流或空气流在离开燃烧器喷口之前开始做旋转运动，那么在气流由喷口喷出后便会边旋转边向前运动，从而形成旋转射流。旋转射流是通过各种形式的旋流器产生的，气流在旋流器的作用下做螺旋运动，它一旦离开燃烧器由喷口喷射出去，由于离心力的作用，不

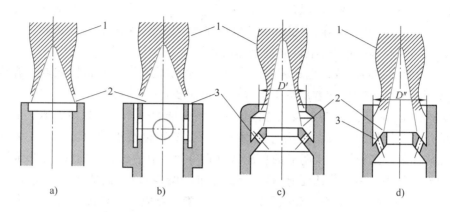

图 5-27 利用引燃火焰稳定主火焰的几种典型方法
a）无引燃火焰　b）、c）、d）有引燃火焰
1—主火焰　2—主焰孔　3—引燃焰孔

仅具有轴向速度，而且具有使气流扩散的切向速度，如图 5-28a 所示。

旋转射流在燃烧设备中得到了广泛的应用，这不仅是因为它具有较大的喷射扩张角，使得射程较短，可在较窄的炉膛或燃烧室深度中完成燃烧过程，而且还能够在强旋转射流内部形成一个回流区。因此，旋转射流不但可从射流外侧卷吸周围介质，还能从内回流区中卷吸高温介质，故它具有较强的抽气能力，可使大量高温烟气回流至火焰根部，加速燃料与空气的混合，保证燃料及时、顺利地着火和稳定燃烧。

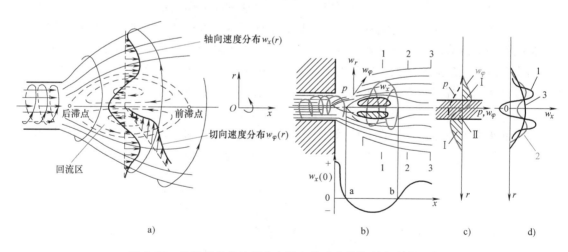

图 5-28 旋转射流的流场分布及各流动参数沿射程变化示意图
a）旋转射流流场分布　b）旋转射流轴向分速度 $w_x(0)$　c）旋转射流切向分速度 $w_\varphi(r)$ 和压力 p
d）旋转射流横截面 1、2 和 3 上的轴向分速度 $w_x(r)$

图 5-28b、c、d 所示为旋流燃烧器旋转射流各流动参数沿射程变化的示意图。在炉膛内任意一点的旋转射流均可用轴向分速度 w_x、径向分速度 w_r、切向分速度 w_φ 和该点静压力 p 等参数来描述。按照旋涡理论，旋转射流的流场大致可分为自由旋涡区（图 5-28c 中的 I 区）和固体旋涡区（图 5-28c 中的 II 区）两个区域。

165

1）Ⅰ区为旋转射流的外围区域。在该区域内，旋转射流可视为理想流体，且无外加扭矩作用，无摩擦损耗，旋涡不同半径上的动量矩守恒。因此，在该区域内旋转射流切向分速度 w_φ 按式（3-102a）随着旋流半径 R 的增加而降低。

2）Ⅱ区为旋涡核心区域，也称为固体旋涡区或强制旋涡区。在该区域内，旋转射流切向分速度 w_φ 按式（3-101）随着旋流半径 R 的变化而变化。

切向分速度 w_φ 在上述旋转射流核心区域和外围区域的分界处达到最大值。由于旋转射流离心力的作用，沿轴向的反向压力梯度增大，导致其不能被沿轴向流动的流体动能所克服，因此在旋涡核心区域将产生明显的负压区（图5-28c中的压力 p 曲线），形成强烈的内部回流区和卷吸作用，轴向分速度 w_x 呈双峰式分布（图5-28d中的曲线1）。切向分速度 w_φ 和径向分速度 w_r 沿射流长度方向衰减很迅速，气流旋转效应消失较快，轴向分速度 w_x 分布也趋于平坦均匀，内部回流区变小直到消失，因此后期混合较弱。在工程实际中，通过旋流式燃烧器喷入炉膛有限空间的强旋转射流不仅将形成强烈的内部回流区和对高温烟气的卷吸作用，而且还会在射流外侧对周围介质产生强烈的卷吸作用，产生外部回流区，从而形成中心和外围两个稳燃热源，强化燃料的着火和稳定燃烧。

燃气轮机燃烧室由于其比体积热强度和进口气流速度高，给火焰的稳定带来较大的困难，因此目前广泛采用叶片式旋流器（主要有轴向式和径向式两种）作为火焰稳定器，如图5-29所示。在配置旋流器的燃烧室中，经旋流器流入火焰筒的一股空气流（约占总空气量的5%~10%）在旋流叶片的导流作用下，形成具有轴向、切向和径向分速的三维旋转气流。又由于空气黏性的作用，旋转扩张着的进口空气流将火焰筒中心的气体带走，使中心区气体变得稀薄，压力降低，从而在轴线方向产生一个逆主流方向的压力差。在此压力差的作用下，下游将有一部分气流逆流补充，结果形成了回流区（图5-30）。回流的高温烟气与刚由燃料喷嘴和旋流器供入的燃料和空气进行湍流掺混，不断地进行热量和活化分子交换，使燃料温度升高，反应速率增大。回流的高温烟气，实际上就是燃烧空间中的一个稳定的点火源。此外，反向气流向顺流区的主流过渡时，必然会出现一个轴向速度相当低的顺向流动区域。在此区域内，存在气流速度与可燃混合物的火焰传播速度相等的平衡区，从而为燃料的连续点火和火焰的稳定创造了良好的条件。这种气流流动结构对于燃烧效率、火焰长度和燃烧稳定性等燃烧室特性均有决定性的影响，是燃料在高速流动的气流中实现稳定和完全燃烧的重要条件。

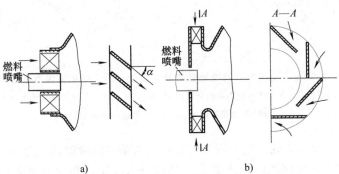

图5-29　叶片式旋流器结构示意图

a）轴向式　b）径向式

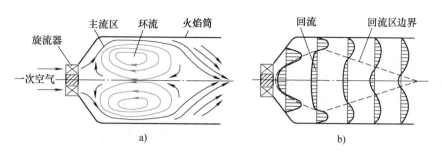

图 5-30　燃烧室火焰筒中气流的流动状况
a）气流流动状况　b）气流轴向速度分布

在实际应用中，可通过调节旋流器叶片角度来改变旋流强度（旋流数），以方便地调节回流区尺寸和高温烟气回流量，适应稳定火焰的要求。由图 5-31 可见，对于燃烧技术中采用的强旋转射流（$\Omega>0.6$），当旋流器的旋流强度 Ω 由 0.72 增大至 1.25 时，回流区长度将增大约 40%。

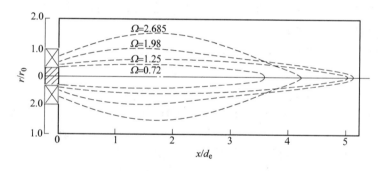

图 5-31　旋流强度对环形喷口旋转射流回流区的影响

3. 利用反吹射流稳定火焰

反吹射流稳定火焰的技术特点是：一次风燃料气流呈直流射流喷入炉膛；二次风喷口在一定轴向距离处沿切向布置；沿炉膛中心线上反向布置反吹射流喷嘴（图 5-32），且喷口位置可调节，反吹射流风速可达 60～70m/s。

由于反吹射流强烈的卷吸作用，炉膛中心的高温烟气随着反吹射流一起倒流，从而形成回流区，该回流区满足稳定着火的条件，形成保持一次风燃料气流能稳定着火的着火源。

4. 利用不对称射流稳定火焰

图 5-33 所示为不对称射流（偏置射流）稳燃技术示意图。一次风燃料气流以 20～25m/s 的速度，通过下偏置的一次风管进入圆形或矩形截面预燃室。略向上倾斜的一次风管的下方另设偏置射流，速度为 40～50m/s。主射流（一次风燃料气流）喷入燃烧室后，卷吸周围介质，出现一个反向的压力差，燃烧室上部形成很大的回流区。偏置风投入后，使主射流向下方倾斜，回流区扩大。调节偏置风速度，可有效地调节燃烧高温区的位置。一次风燃料气流可直接进入高温回流区，形成高温、高燃料浓度、较高 O_2 浓度的三高区域，成为稳定的点火源。

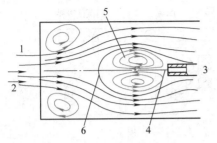

图 5-32 反吹射流直流燃烧器
1—燃料 2——次风 3—喷口
4—射流出口 5—临界区 6—滞止点

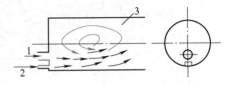

图 5-33 偏置射流燃烧室
1——次风 2—吹灰风 3—预燃室

第三节 湍流燃烧火焰特点

由以上关于层流燃烧火焰的讨论可知，在层流状态下，可燃混合气的火焰传播速度较低，最大不过每秒几米（如 H_2 的火焰传播速度）。然而，人们在实践中发现，采用湍流燃烧方式可以显著提高火焰传播速度。

湍流火焰结构与层流火焰有很大差别。湍流火焰发光区较厚，火焰轮廓较模糊，火焰面有抖动，火焰长度也显著地缩短，如图 5-34 所示。在湍流火焰中，由于脉动的影响，火焰面结构不像层流火焰那样光滑整齐，而是弯曲皱折，同时在燃烧过程中伴有噪声。

尽管火焰在均匀湍流中传播的基本原理与在层流中相同，均依靠已燃气体与未燃气体之间热量和质量交换所形成的化学反应区在空间的移动，但是气流的湍流特性对预混可燃气体火焰的传播有着重大影响。在湍流中，预混可燃气体的火焰传播速度比层流时大许多倍。例如在汽油机的燃烧室中，火焰传播速度约为 20~70m/s；而汽油蒸气与空气预混气流的层流火焰传播速度只有 40~50cm/s，两者相差 40~140 倍。因此，大多实际燃烧装置均采用湍流预混燃烧方式，以湍流来促进火焰传播，实现可燃混合气的高热负荷燃烧。

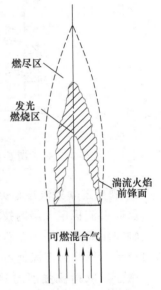

图 5-34 湍流火焰结构

在湍流中，火焰传播速度 w_T 不仅取决于可燃混合气的性质和组成，而且在很大程度上受到强烈的气流湍动的影响。当湍流度加大或脉动速度加大，即雷诺数 Re 增大时，湍流火焰传播速度显著增大；当燃烧器管径加大时，湍流火焰速度也增大，因为大管径内的湍流度增大。

达姆可勒（G. Damkohler）对不同 Re 下的火焰传播速度进行了测定，其实验结果如图 5-35 所示。分析测定结果可知：

1）当 $Re<2300$ 时，火焰传播速度的大小与 Re 无关。

2）当 $2300 \leqslant Re \leqslant 6000$ 时，火焰传播速度与 Re 的平方根成正比，气流 Re 在该范围内的燃烧过程称为小尺度（或小规模）湍流燃烧。

3）当 $Re>6000$ 时，火焰传播速度与 Re 成正比，气流 Re 在该范围内的燃烧过程称为大尺度（或大规模）湍流燃烧。

一、湍流火焰传播的皱折表面燃烧理论

湍流火焰传播的皱折表面燃烧理论将湍流引起火焰传播速度显著增大的原因，归结为以下三点：

1）湍流的脉动作用使火焰变形，火焰前锋面发生弯曲和皱折，显著地增大了已燃气体与未燃气体相接触的焰锋表面积，增大了反应区，从而使火焰传播速度 w_T 增大。

2）由于湍流作用使得热传导速度及活性物质扩散速度加快，强化了热、质交换，促使火焰传播速度 w_T 增大。

3）湍流的脉动促使燃气与燃烧反应产物快速混合，缩短了混合时间，使火焰本质上成为均匀可燃混合物。

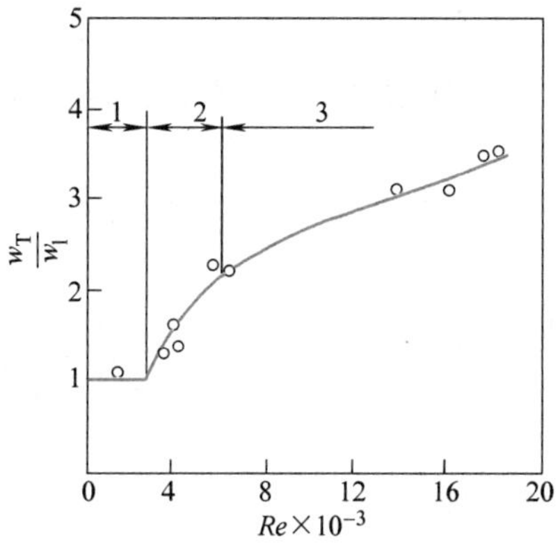

在湍流火焰中，气流的脉动促使许多大小不同的流体微团在做不规则的运动。如果这些做连续不规则运动的气体微团的平均尺寸 l_T（湍流标尺）小于可燃混合气的层流火焰前锋厚度 δ_L（$l_T < \delta_L$），称为小尺度湍流火焰；反之则称为大尺度湍流火焰（$l_T > \delta_L$）。

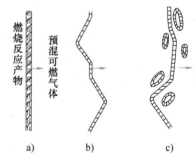

图 5-35　Re 对火焰传播速度的影响
1—层流　2—小尺度湍流　3—大尺度湍流

对于大尺度湍流火焰，按照湍流强度的不同，又可分为大尺度弱湍流火焰和大尺度强湍流火焰。通常将气体微团的脉动速度 w' 与层流火焰传播速度 w_1 进行比较，如果 $w' < w_1$，则为大尺度弱湍流火焰；反之则为大尺度强湍流火焰。三种湍流火焰模型如图 5-36 所示。

1. 小尺度湍流火焰

当气流湍流度较小（$2300 \le Re \le 6000$），即 $l_T < \delta_L$ 且 $w' < w_1$ 时，此时湍流的脉动作用虽可使焰锋外形发生皱折，但因为湍流尺度比焰锋宽度小得多，因此焰锋表面并未发生很大变形，只是表面不再光滑，而变成波浪形。此时焰锋表面积略有增加，焰锋宽度 δ_T 也略大于层流反应区厚度 δ_L，其燃烧过程没有发生根本改变。然而，由于湍流脉动使火焰中热传导和扩散过程变得比在层流时因分子迁移所引起的更为剧烈，火焰传播速度 w_T 有所增大。此时，湍流火焰传播速度可按层流火焰

图 5-36　湍流火焰模型
a）小尺度湍流　b）大尺度弱湍流
c）大尺度强湍流

传播速度的公式（4-107）计算，只是要改用相应的湍流参数。由式（4-107），对于层流火焰有

$$w_1 \propto \left(\frac{a}{\tau}\right)^{1/2} \tag{5-31}$$

对于湍流火焰，则有

$$w_{\mathrm{T}} \propto \left(\frac{a_{\mathrm{T}}}{\tau}\right)^{1/2} \tag{5-32}$$

式中，a、a_{T} 是分子、湍流热扩散率（$\mathrm{m^2/s}$）；τ 是化学反应时间（s）。

由式（3-32）可知分子热扩散率 a 与分子运动黏度 ν 相等，于是

$$\frac{w_{\mathrm{T}}}{w_1} \propto \left(\frac{a_{\mathrm{T}}}{a}\right)^{1/2} \propto \left(\frac{a_{\mathrm{T}}}{\nu}\right)^{1/2} \tag{5-33}$$

湍流热扩散率 a_{T} 取决于湍流标尺 l_{T} 与脉动速度 w' 的乘积，即

$$a_{\mathrm{T}} = l_{\mathrm{T}} w'$$

对于管内流动，湍流标尺 l_{T} 与管径 d 成正比，脉动速度 w' 与气流速度 w_{ga} 成正比，即

$$l_{\mathrm{T}} \propto d \quad \text{及} \quad w' \propto w_{\mathrm{ga}}$$

因此

$$\frac{w_{\mathrm{T}}}{w_1} \propto \left(\frac{a_{\mathrm{T}}}{a}\right)^{1/2} \propto \left(\frac{l_{\mathrm{T}} w'}{\nu}\right)^{1/2} \propto \left(\frac{w_{\mathrm{ga}} d}{\nu}\right)^{1/2} = Re^{1/2} \tag{5-34}$$

实验结果表明

$$\frac{w_{\mathrm{T}}}{w_1} \approx 0.1 Re^{1/2}$$

2. 大尺度弱湍流火焰

当 $Re > 6000$ 时，大尺度湍流对火焰传播速度的影响具有很实际的意义，因为实际燃烧装置中的燃烧过程一般均为大尺度湍流。在大尺度弱湍流时，脉动气团的尺寸大于层流火焰前沿厚度 δ_{L}，脉动作用可使火焰锋面变得比小尺度湍流更加弯曲。但由于气团相对于焰锋面的脉动速度远小于 w_1，所以脉动气团不能冲破焰锋面，仍保持一个连续的，但已被扭曲、皱折的焰锋，如图 5-37 所示。

根据皱折表面燃烧理论，湍流时火焰传播速度之所以增大，是由于湍流脉动使火焰锋面皱折变形，使表面积从层流时的 A_{L} 增大到 A_{T} 之故。因此可以认为火焰传播速度的增大与表面积的增大成正比，即

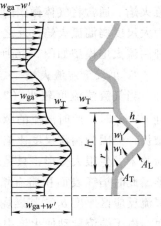

$$w_{\mathrm{T}} = w_1 \frac{A_{\mathrm{T}}}{A_{\mathrm{L}}} \tag{5-35}$$

还有一种看法是，认为湍流引起的焰锋表面积增量与脉动速度成正比，对于管内流动来说，即与 Re 成正比。为了计算弯曲皱折焰锋的表面积，谢尔金（K. I. Shelkin）假设湍流火焰表面由无数锥体面组成（图 5-37），于是可得

图 5-37　大尺度弱湍流模型

$$\frac{A_{\mathrm{T}}}{A_{\mathrm{L}}} = \frac{\pi r \sqrt{r^2 + h^2}}{\pi r^2} = \sqrt{1 + \left(\frac{h}{r}\right)^2} \tag{5-36}$$

由于锥体高度 h 在数值上相当于湍流火焰锋面的宽度，即

$$h \propto \delta_{\mathrm{T}} \propto \frac{w' l_{\mathrm{T}}}{w_1}$$

$$\left(\frac{h}{r}\right)^2 \propto \left(\frac{w'l_{\mathrm{T}}/w_1}{l_{\mathrm{T}}/2}\right)^2 = C\left(\frac{w'}{w_1}\right)^2 \tag{5-37}$$

$$\frac{w_{\mathrm{T}}}{w_1} = \sqrt{1+\left(\frac{h}{r}\right)^2} = \sqrt{1+C\left(\frac{w'}{w_1}\right)^2} \tag{5-38}$$

式中，h 是火焰表面锥体高度；r 是火焰表面锥体底面半径；C 是比例常数。

可见，增大湍流脉动速度，可提高湍流火焰传播速度。

3. 大尺度强湍流火焰

在大尺度强湍流下，火焰锋面在强湍流脉动作用下不仅变得更加弯曲和皱折，甚至被撕裂开而不再保持连续的火焰面。此外，所形成的燃烧气团有可能跃出平面焰锋而进入未燃新鲜混合气中，而脉动的新鲜混合气团也有可能窜入火焰区中燃烧。由于这样的相互穿插混合，使所观察到的燃烧区不再是一薄层火焰，而是相当宽区域的火焰，其燃烧模型如图 5-38 所示。

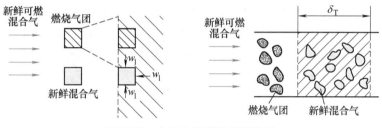

图 5-38　大尺度强湍流燃烧模型

在大尺度湍流下，进入燃烧区的新鲜混合气团在其表面上进行湍流燃烧的同时，还向气流中扩散并燃烧，直到把气团烧完。因此，火焰的传播是通过这些湍流脉动的火焰气团燃烧来实现的。将大尺度强湍流的火焰传播速度 w_{T} 定义为湍流气团的扩散速度 w_{D} 和层流火焰传播速度 w_1 之和，即

$$w_{\mathrm{T}} = w_{\mathrm{D}} + w_1 \tag{5-39}$$

其中，湍流气团的扩散速度由下式定义，即

$$w_{\mathrm{D}} = \frac{\sqrt{x_i^2}}{\tau_{\mathrm{b}}} = \frac{\sqrt{2w'l_{\mathrm{la}}\tau_{\mathrm{b}}}}{\tau_{\mathrm{b}}} = \sqrt{\frac{2w'l_{\mathrm{la}}}{\tau_{\mathrm{b}}}} \tag{5-40}$$

式中，$\sqrt{x_i^2}$ 是湍流平均扩散位移；τ_{b} 是湍流气团燃烧完所需时间；l_{la} 是拉格朗日湍流混合长度。

根据 Darren Tov（达朗托夫）的实验与假设，认为湍流气团由初始尺寸 l_0 时开始燃烧，火焰向气团内部传播速度为 $w_1 + w'$。随着燃烧的进行，气团尺寸不断缩小，火焰锋面的相对皱折面积的增量越来越小，可设定火焰向气团内部的传播速度随气团未燃部分尺寸的变化是线性的。设 $l_{\mathrm{la}} = A^2 l_0$（$A$ 为实验系数，接近于 1），由此可推得

$$\tau_{\mathrm{b}} = \frac{l_0}{w'}\ln\left(1+\frac{w'}{w_1}\right) \tag{5-41}$$

$$w_{\mathrm{T}} = w_1 + \frac{\sqrt{2}\,Aw'}{\sqrt{\ln\left(1+\dfrac{w'}{w_1}\right)}} \approx A\,\frac{\sqrt{2}\,w'}{\sqrt{\ln\left(1+\dfrac{w'}{w_1}\right)}} \qquad (5\text{-}42)$$

根据式（5-42）计算的 w_{T} 值与实验结果比较符合。

二、湍流火焰传播的容积燃烧理论

由利用滤色摄影法摄得的大尺度强湍流火焰照片发现：在某些情况下，湍流火焰的厚度为层流火焰的几十倍到一百倍，湍流气团已深入到宽阔的燃烧区内进行着程度不同的反应。基于这种现象，提出了以微扩散为主的容积燃烧理论。

容积燃烧理论认为，湍流对燃烧的影响以微扩散为主。由于这种扩散如此迅速，以致不可能维持层流火焰结构，已不存在将未燃可燃物与已燃气体分开的火焰面；每个湍动的气团内，温度和浓度是均匀的，但不同气团的温度和浓度是不同的；在整个微团内存在着快慢不同的燃烧反应，达到着火条件的微团整体燃烧，未达到着火条件的在脉动中被加热并达到着火燃烧；火焰不是连续的薄层，但到处都有；各气团间互相渗透混合，不时形成新微团，进行着不同程度的容积化学反应，如图 5-39b 所示。为了求得大尺度湍流的火焰传播速度 w_{T}，索莫菲尔德（M.Summerfield）提出应用相似假设方程，即

$$\frac{w_{\mathrm{T}}\delta_{\mathrm{T}}}{D_{\mathrm{T}}} \approx \frac{w_1\delta_{\mathrm{L}}}{\nu} \approx 10 \qquad (5\text{-}43)$$

$$D_{\mathrm{T}} = \frac{\lambda_{\mathrm{T}}}{c_p\rho} \qquad (5\text{-}44)$$

$$\nu = \frac{\lambda_{\mathrm{L}}}{c_p\rho} \qquad (5\text{-}45)$$

式中，D_{T} 是湍流扩散系数；ν 是分子运动黏度；λ_{L}、λ_{T} 是层流及湍流时的热导率。

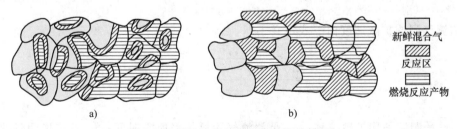

新鲜混合气

反应区

燃烧反应产物

a)   b)

图 5-39 湍流火焰焰锋结构的两种模型

a）表面燃烧 b）容积燃烧

三、湍流扩散燃烧

当喷口将燃气向上喷入空气中进行扩散燃烧时，所形成火焰的形状及其长度与气流喷出速度之间的关系如图 5-40 所示。若气流喷出速度较小，通常将形成明亮、稳定的层流火焰；若气流喷出速度增大，则火焰长度也随之增大；但是，当气流喷出速度增大至一定程度时，火焰发生颤动，并且上下左右抖动，呈现不稳定状态；进一步增大气流喷出速度，火焰不稳

定状态将由其顶部逐渐向根部扩展，并发出噪声。流动将逐渐从层流过渡到湍流，于是喷口上部的火焰将变短，亮度降低，火焰总长度也开始变短，形成由多个旋涡组合而成的火焰。当火焰总长度降到某个确定长度后便基本维持不变，此时湍流火焰抖动得更加剧烈，其噪声也继续增大。

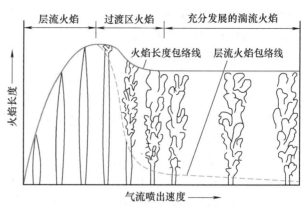

图 5-40　气相射流扩散火焰长度随流速的变化关系

从层流扩散火焰向湍流扩散火焰过渡的临界雷诺数 Re_c 约为 2000～10000。Re_c 范围如此之宽，其原因与气体的黏度和温度有很大关系。绝热温度相对较高的火焰转变为湍流的 Re_c 也较高。一些燃气和可燃混合气在空气中的湍流火焰临界雷诺数值见表 5-1。

表 5-1　空气中各种火焰的临界雷诺数 Re_c

燃　料	Re_c	燃　料	Re_c
氢气	2000	乙炔	8800～11000
城市煤气	3300～3800	混入一次风的氢气混合物	5500～8500
一氧化碳	4800～5000	混入一次风的城市煤气混合物	6400～9200
丙烷	8800～11000		

1. 湍流扩散火焰结构

随着燃气从喷口流出速度的增加，火焰将不断增长，火焰表面积增大，单位时间燃烧的燃气量增加。当燃气流速增大至某一程度时，流股前端破裂成众多气团，气流流态由层流变为湍流。火焰的扰动增加了燃气与空气的接触面积，增大了氧分子扩散速率，使燃烧反应速率加快，火焰长度缩短。随着燃气流速进一步增加，火焰将逐渐失去稳定性，与喷口脱离。

湍流扩散火焰内部由破裂的燃气分子团与空气相互扩散进行燃烧反应，传质阻力比层流时小得多，燃烧强度由此得以增强。图 5-41 所示为湍流扩散火焰中温度、氧气含量和热值变化的分布（d 为喷口直径、x 为距喷口纵向距离、y 为距喷口中心线横向距离）。湍流火

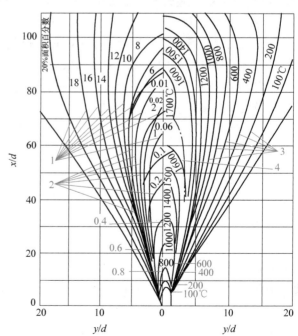

图 5-41　湍流扩散火焰中反应物的混合区

1—氧气等含量线　2—等热值线

3—等温线　4—最高温度曲线

焰中的含量分布比较复杂。由于湍流火焰具有紊乱、破碎的结构特征，火焰各区域（包括纯燃料区、纯空气区、燃烧反应产物和空气的混合区、燃烧反应产物和燃料的混合区等）之间不存在明显的分界面，也不存在像层流扩散火焰中那样的燃料和氧含量同时为 0 的火焰面。研究发现：在湍流火焰中，由于质点的脉动，在火焰的中心仍会有氧分子存在；而燃气含量的变化也比较缓慢，在燃烧反应产物含量最大的位置，燃气含量并不为 0。可见，湍流扩散燃烧的火焰面不像层流火焰的那样薄，而是一个较宽的区域。

应该指出，如果火焰被约束在燃烧室内，由于存在热烟气回流对扩散火焰的复杂影响，火焰结构要比上述燃气向大气空间自由射流的扩散火焰结构复杂。由图 5-42 所示的有限空间中湍流扩散火焰断面上的含量和温度分布可见，在火焰断面的某个区域中，燃烧反应产物的含量（以 CO_2 含量表示）最大，说明此处燃烧最为强烈。然而，图 5-42 也清晰地表明，在 CO_2 含量最大的区域，O_2 含量并不为 0，甚至在火焰中心区域也还存在 O_2。热烟气的回流导致了靠近燃烧室边缘处含量变化的

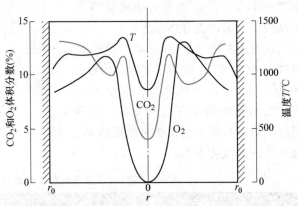

图 5-42　湍流扩散火焰断面上的含量和温度分布（发生炉煤气，双股同心射流，$r_0 = 90mm$，距喷口 150mm）

特点。热烟气的高温能增加燃烧速率，有利于燃气的着火和火焰稳定；但烟气回流会降低可燃混合物含 O_2 量，造成火焰延长和加宽，其后果将使燃烧室尺寸扩大。

2. 湍流扩散火焰长度

如式（5-22）所示，当尺寸一定的喷口将燃气喷入空气中进行扩散燃烧而形成湍流火焰时，其火焰长度与燃气的流速无关，大致保持一定。

假定火焰长度只取决于混合过程而与化学反应速率无关，根据自由射流理论则可推导出湍流扩散火焰长度 l_T 的近似计算式

$$l_T \approx 11\left(1 + \frac{V^0 \rho_f}{\rho_k}\right) d_0 \tag{5-46}$$

式中，V^0 是理论空气量（m^3/m^3）；ρ_f、ρ_k 是标准状态下燃气、空气的密度（kg/m^3）；d_0 是喷口直径（m）。

由式（5-46）可见，对于湍流扩散火焰，其火焰长度主要取决于燃气的种类和喷口尺寸。由于燃气的热值越高，其理论空气量 V^0 越大，因此所形成火焰长度也越大。当喷口 d_0 增大时，火焰变长。其原因是：当流量一定时，d_0 增大则流速必然减小，导致混合减弱，使火焰长度增大；当流速一定时，d_0 增大则流量必然增大，燃气需经更长的路程才能与燃烧空气相混合，火焰因此被拉长。

实验表明，只有对于小口径喷口，火焰长度才与燃气的流速无关。当喷口尺寸较大，且气流速度也相当大时，火焰长度仍随气流速度的增大而增大。研究表明，对于水平喷出的湍流自由射流火焰，其火焰长度 l_T 是 Fr 特征数的函数，即

$$\frac{l_{\mathrm{T}}}{d_0} = f(Fr^2) = f\left(\frac{w_{\mathrm{f}}^2}{gd_0}\right) \tag{5-47}$$

式中，w_{f} 是燃气喷出速度（m/s）；d_0 是喷口直径（m）；g 是重力加速度（m/s^2）。

通过整理实验数据，可得火焰长度的计算式为

$$\frac{l_{\mathrm{T}}}{d_0} = (13.5 \sim 14.0)kw_{\mathrm{f}}^{0.34}d_0^{-0.17} \tag{5-48}$$

式中，k 是实验常数，主要取决于燃气成分及热值，对于焦炉煤气，$k=1.0$，对于发生炉煤气，$k=0.65$。

实验表明，空气和燃气通过平行管分别送入炉内时，混合最差，火焰最长；当用同轴伴随流送入炉内时，混合条件较前者有改善，火焰有所缩短；在空气通道内加入旋流器时，混合条件可得到较大改善，火焰则更短些；缩小喷口截面面积，加大气流速度，使气流以湍流进入炉内，其火焰将进一步缩短；如在燃气中预混少量的一次风，然后再扩散混入二次风，所得混合将更好，火焰更短。总之，混合条件越好，火焰越短，燃烧效率越高。

思考题和习题

5-1 本生灯是如何工作的？分析层流火焰的基本结构。火焰颜色随燃料空气比有什么样的变化？为什么？

5-2 试述扩散火焰和预混火焰的特点。

5-3 预混火焰的长度与哪些因素有关？在不同流动状态下的影响因素如何？

5-4 简述火焰稳定 Gouy-Michelson 定律（余弦定律）的含义。

5-5 试述火焰稳定的机理以及工程上稳定火焰的措施。

5-6 试述回流区稳焰的基本原理。

5-7 试述湍流火焰的特性。如何区别层流火焰和湍流火焰？研究层流燃烧的意义是什么？

5-8 影响湍流燃烧过程的因素有哪些？湍流为什么能够强化燃烧过程？

5-9 燃烧器喷口横截面面积、燃气流速、燃气热值、燃烧所需空气量差对火焰长度分别有什么影响？

5-10 简述湍流火焰传播的皱折表面燃烧理论和容积燃烧理论的基本观点，比较两者的异同点。

参 考 文 献

［1］ 陈树义，章丽玲. 燃料燃烧及燃烧装置［M］. 北京：冶金工业出版社，1985.

［2］ 岑可法，姚强，骆仲泱，等. 燃烧理论与污染控制［M］. 北京：机械工业出版社，2004.

［3］ 许晋源，徐通模. 燃烧学［M］. 2版. 北京：机械工业出版社，1990.

［4］ WILLIAMS F A. Combustion Theory［M］. 2nd ed. California：The Benjamin/Cumming Publishing Company，Inc，1985.

［5］ BORGHI R. Combustion and Flames-chemical and Physical Principles［M］. Paris：Editions Technip，1998.

[6]　WARNATZ J. Verbrennung-Physikalisch-Chemische Grundlagen, Modellierung und Simulation, Experimente, Schadstoffentstehung [M]. 2nd überarb. Berlin: Springer-Verlag, 1997.

[7]　KHAVKIN Y. Combustion System Design [M]. Tulsa: PennWell Books, 1996.

[8]　COX G. Combustion Fundamentals of Fire [M]. London: Academic Press, 1995.

[9]　徐文渊，蒋长安. 天然气利用手册 [M]. 北京：中国石化出版社，2002.

[10]　黄建彬. 工业气体手册 [M]. 北京：化学工业出版社，2002.

[11]　DOLEŽAL R. Verbrennung und Feuerungen [R]. Stuttgart: Universität Stuttgart, 1982.

[12]　任泽霈，蔡睿贤. 热工手册 [M]. 北京：机械工业出版社，2002.

第六章

液体燃料燃烧

第一节　液体燃料的雾化

液体燃料的燃烧技术主要有雾化燃烧法和气化燃烧法。雾化是液体燃料喷雾燃烧过程的第一步。液体燃料雾化能增加燃料的比表面积、加速燃料的蒸发气化和有利于燃料与空气的混合，从而保证燃料迅速而完全地燃烧。因此，雾化质量的好坏对液体燃料的燃烧过程起着决定性作用。

一、雾化过程及机理

雾化过程就是把液体燃料碎裂成细、小液滴群的过程。雾化过程是一极为复杂的物理过程，它与流体的湍流扩散、液滴穿越气体介质时所受到的空气阻力等因素有关。研究表明，液体燃料射流与周围的气体间的相对速度和雾化喷嘴前后的压力差是影响雾化过程的重要参数。压力差越大，相对速度越大，雾化过程进行得越快，液滴群尺寸也就越细。根据雾化理论，雾化过程可分为以下几个阶段：液体由喷嘴流出形成液体柱或液膜；由于液体射流本身的初始湍流以及周围气体对射流的作用（脉动、摩擦等），使液体表面产生波动、褶皱，并最终分离为液体碎片或细丝；在表面张力的作用下，液体碎片或细丝收缩成球形液滴；在气动力作用下，大液滴进一步碎裂。

从液体燃料分离出液滴是雾化的第一步，液滴分离的基本原理是，液体表面不断增大，直到它变得不稳定并破碎（图 6-1a）。液滴从液体产生的过程，依赖于液体在雾化喷嘴中的流动性质（即是层流还是湍流）、给液体加入能量的途径、液体的物理性质以及周围气体的性质（图 6-1b）。喷嘴形式不同，液滴分离的机理也不相同。压力式喷嘴是利用喷嘴进出口压差实现液滴从液体射流中分离；旋转式喷嘴是利用喷嘴进出口压差和旋转离心力使液膜失稳而分离出液滴；气动式喷嘴则是利用空气和蒸汽作为雾化介质使液滴从液体燃料中分离。

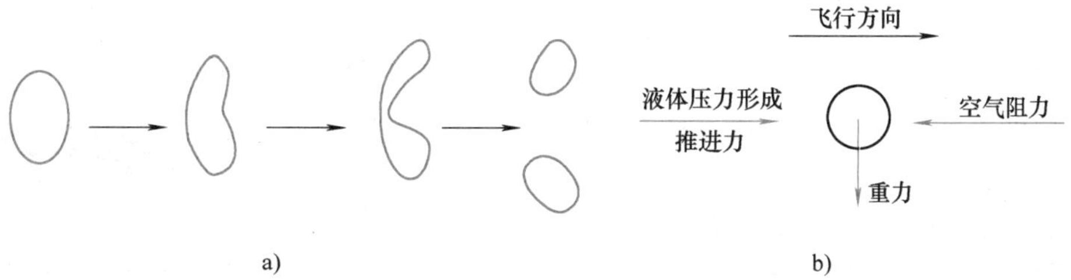

a)　　　　　　　　　　　　　　　　　　　b)

图 6-1　液滴的分裂过程

然而，液滴在气体介质中飞行时将受到两种力的作用：一是外力，它由液体压力形成的向前推进力、气体的阻力和液滴本身的重力所组成，一般因液滴质量较小，重力往往可略去不计；二是内力，有内摩擦力（宏观的表现是黏度）和表面张力，这两种力都将液滴维持原状。当液滴直径较大且飞行较快时，外力大于内力，液滴发生变形。因外力沿液滴周围分布是不均匀的，故变形首先从液滴被压扁开始，这样液滴就有可能被分离成小液滴，如分裂出来的小液滴所受到的力仍然是外力大于内力，则还可继续分裂下去。随着分裂过程的进行，液滴直径不断减小，质量和表面积也就不断减少，这就意味着外力不断减小而内力（表面张力）不断增加。最后内外力达到平衡时雾化过程就停止了。

Faeth 认为两个重要的量纲一的数可以用于刻画该破碎过程，即韦伯（Weber）数和 Ohnesorge 数。液滴的变形和碎裂的程度取决于作用在液滴上的力和形成液滴的液体表面张力之间的比值，此值常用韦伯数（破裂准则）表示。其定义为

$$We_g = \frac{\rho_g d_1 (w_1 - w_g)^2}{\sigma} \tag{6-1}$$

式中，ρ_g 是气体密度（kg/m^3）；w_1、w_g 是液体、气体速度（m/s）；σ 是液体表面张力（N/m）；d_1 是液滴的直径（m）。

Ohnesorge 数描述的是流体黏性力与表面张力的比值，即

$$Oh_d = \frac{\mu_1}{\sqrt{\rho_1 d_1 \sigma}} \tag{6-2}$$

式中，μ_1 是流体黏度；ρ_1 是流体密度。

实验表明，We 增大，液滴碎裂的可能性增加。对于油滴，当 $We > 14$ 时，油珠变形严重，以致碎裂。式（6-2）表明，燃烧室中的压力升高、相对速度增加以及液体的表面张力系数减小，均对雾化过程有利。这个结论与实验结果一致。

图 6-2 所示为不同参数下，不同射流的破碎状况。

射流速度非常低时，液流成滴（如水龙头滴水）。这种射流为瑞利破碎，液体惯性与表面张力竞争，瑞利破碎使液滴直径几乎为射流两倍。

射流速度增加，转化为气力破碎（$We_g \approx 1.0$），射流弯曲破碎，液滴直径接近射流直径。射流速度继续增加，表面不稳定性助长了螺旋不稳定性，破碎为一系列不同尺寸的液滴，直径达到射流器直径。再高的韦伯数（$We_g > 10 \sim 40$），射流在射流器出口破碎。该状态也称为气力雾化，生成非常小的液滴。假如 Ohnesorge 数很大（$Oh > 2.4$），黏性影响使不稳定性减弱，进而破碎形成稳定射流。

根据雾化过程和机理的分析可以看出，在工程中强化液体燃料雾化的主要方法有：第一，提高液体燃料的喷射压力，

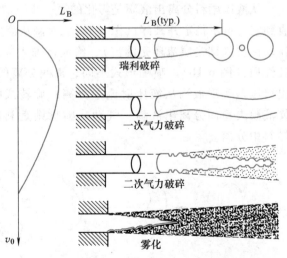

图 6-2 静止气氛中，雾化破碎状况和非预混圆管射流液体破碎长度 L_B

压力越高,雾化得越细;第二,降低液体燃料的黏度与表面张力,如提高燃油的温度可降低燃油的黏度与其表面张力;第三,提高液滴对空气的相对速度。而且增强液体本身的湍流扰动也可提高雾化效果。

二、喷嘴

根据雾化的机理不同,工程上常见的雾化方式有压力式、旋转式和气动式(图6-3),前两种雾化方式有时又统称为机械式。

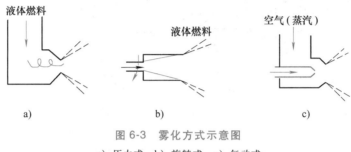

图 6-3 雾化方式示意图
a)压力式 b)旋转式 c)气动式

1. 压力式雾化喷嘴

压力式雾化喷嘴又称离心式机械雾化器。它可以使用在航空喷气发动机、燃气轮机以及锅炉和其他工业窑炉上。根据使用的对象、容量以及其他具体情况,这种喷嘴可以采用不同的结构形式和使用压力范围(见表6-1),但是它们基本工作原理是相同的。

表 6-1 压力式雾化喷嘴使用压力范围

应用范围	工业炉、锅炉	燃气轮机	柴油机	航空发动机
压力范围/MPa	2~3.5	5~8	15~100	35~40

这种雾化喷嘴根据其工作范围与结构特点可分为简单离心式雾化喷嘴和可调节离心式雾化喷嘴。压力式雾化喷嘴的工作原理是:液体燃料在一定压力差作用下沿切向孔(或槽)进入喷嘴旋流室,在其中产生高速旋转获得转动量,这个转动量可以保持到喷嘴出口。当燃油流出孔口时,壁面约束突然消失,于是在离心力作用下射流迅速扩展,从而雾化成许多小液滴。离心喷嘴与旋转空气射流相配合,可以获得良好的混合效果,因此在工程上广为应用。

离心式机械雾化喷嘴的优点是:结构简单、紧凑;操作方便,不需雾化介质;空气预热温度不受限制;噪声小。其缺点是:加工精度要求高;小容量喷嘴易积炭堵塞;雾化细度受液压影响大,要求雾化得细,则油压要求很高。

2. 旋转式雾化喷嘴

旋转式雾化喷嘴把液体燃料供给旋转体,借助于离心力以及周围的空气动力使油雾化。旋转式雾化喷嘴大体分为旋转体形和旋转喷口形两种。旋转体形喷嘴使液体在旋转体表面形成液膜,进而雾化成液滴。旋转喷口形喷嘴是在旋转体上开设数个喷口,液体从喷口中呈现射流状喷出。工程上旋转体形喷嘴应用较广。转杯式喷嘴也是一种旋转体形喷嘴(图6-4)。转杯式喷嘴基本原理是:转杯高速旋转,液体从中空轴流入转杯内壁,在离心力作用下,转

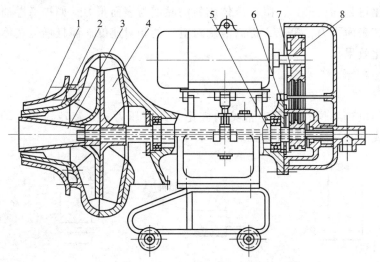

图 6-4　中间回油式机械喷嘴

1—二次风嘴　2——次风嘴　3—转杯　4—风机
5—转轴　6—进油管　7—进油体　8—电动机

杯内表面形成液膜，由于液流运动路程长，液膜逐渐减薄，直至雾化成细粒脱离杯口，这是第一次雾化。细粒脱离杯口后，与液流旋转方向相反的一次风相遇，在一次风的冲击下，细小的液粒再次雾化。显然，一次风能促使雾化和混合良好，限制雾化火炬扩张，使火焰稳定。通常要求一次风速大于液粒的旋转运动速度，一般取 50~100m/s。采用重油时，转杯内表面容易积炭结焦。这是因为在停止燃烧后，残留在中空轴内的油落入杯内，在炉内辐射烘烤下所形成的。

　　旋转式雾化喷嘴的优点是：结构比较简单；雾化特性良好，平均粒度较细（一般为45~50μm），均匀度好；流量密度分布均匀，雾化角大（60°~80°）；火焰粗短，而且是旋转的，有利于炉内传热；对燃料和炉型适应性好；燃料的调节比值较大。其缺点是噪声和振动大。

　　3. 气动式雾化喷嘴

　　气动式雾化喷嘴又称介质式雾化喷嘴。它是利用空气或蒸汽作为雾化介质，将其压力能转化为高速气流，使液体喷散成雾化炬。这种喷嘴可按介质压力的不同分为两类：低压喷嘴和高压喷嘴。

　　低压喷嘴是以空气作为雾化介质，空气压力为 3.0~12.0kPa。由于压力低，雾化介质消耗量较多，因此，空气和液雾的混合条件好，燃烧速率快，火焰短；需要的过量空气系数小（一般 $\alpha = 1.10~1.15$），理论燃烧温度较高，燃烧时噪声小，雾化费用低。低压喷嘴的液压一般为 0.02~0.15MPa。若液压太高，则液流速度太快，以致穿透雾化介质，使液流得不到良好的雾化。为保证雾化质量，低压喷嘴的空气喷口截面常做成可调的。低压喷嘴的喷头结构有直流式、旋流式（图6-5），还分有单级、多级喷嘴。

　　低压单个喷嘴的容量（喷液量）不宜过大，一般不超过 150~300kg/h。如果单个喷嘴容量过大，空气喷口截面就太大，不容易保证雾化质量。同时，低压喷嘴的空气预热温度不宜太高，否则管内温度太高，容易产生热裂反应，生成炭黑，以致堵塞油管。一般空气预热

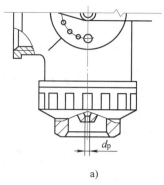
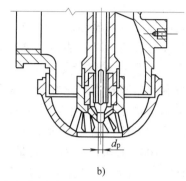

a)   b)

图 6-5　低压空气雾化喷嘴

a）直流式　b）旋流式

温度不超过 300℃，如果有二次空气，则其预热温度不受限制；调节比较小。

高压喷嘴一般用压缩空气（0.3~0.7MPa）或蒸汽（0.3~1.2MPa）作为雾化介质，也可能用氧气或高压煤气作为雾化介质。由于压力高，雾化介质喷出速度接近声速或超过声速，噪声较大，而且压力高，雾化介质用量少，仅占总流量的 2%~10%（质量分数），因而液流雾化条件差，空气与液流的混合条件也差，形成较长的火焰，故一般适用于大型炉子。采用蒸汽作为雾化介质，会降低理论燃烧温度。但由于蒸汽比压缩空气便宜，故仍被广泛应用，这时燃烧所需的全部空气由送风机单独供给。高压喷嘴与低压喷嘴相比有如下优点：可以采用较高的蒸汽过热度及空气预热温度，单个高压喷嘴的容量大，调节比大。高压气动式喷嘴的喷头结构有：直流式、旋流式喷嘴（图 6-6），单级、多级喷嘴以及内混式、外混式喷嘴。

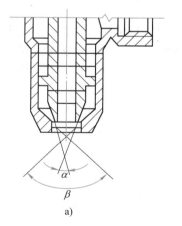
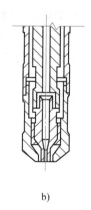

a)   b)

图 6-6　高压气动式雾化喷嘴

a）直流式　b）旋流式

三、液体燃料雾化性能

液体燃料雾化质量的好坏对燃烧过程和燃烧设备的工作性能有很大的影响。通常评定燃料雾化质量有如下一些指标：雾化角、雾化液滴细度、雾化均匀度、喷雾射程和流量密度分布等。

1. 雾化角

雾化角是指喷嘴出口到喷雾炬外包络线的两条切线之间的夹角，也称为喷雾锥角，以 α 表示。喷雾炬离开喷口后都有一定程度的收缩，但喷雾质量好的喷嘴，不宜过分收缩。工程上常用条件雾化角来补充表示喷雾炬雾化角的大小。条件雾化角指以喷口为圆心、r 为半径的圆弧和外包络线相交点与喷口中心连线的夹角，以 α_r 表示，如图 6-7 所示。对大流量喷嘴，取 $r = 100 \sim 150$mm；对小流量喷嘴，取 $r = 40 \sim 80$mm。雾化角的大小对燃烧完善程度和经济性有很大的影

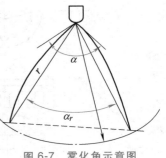

图 6-7　雾化角示意图

响，它是雾化器设计的一个重要的参数。若雾化角过大，油滴将会穿出湍流最强的空气区域而造成混合不良，以致增加燃烧不完全的损失，降低燃烧效率，此外还会因燃油喷射到炉墙或燃烧室壁上造成结焦或积灰现象。若雾化角过小，则会使燃油液滴不能有效地分布到整个燃烧室空间，造成与空气的不良混合，致使局部过量空气系数过大，燃烧温度下降，以致着火困难和燃烧不良。此外，雾化角的大小还影响到火焰外形的长短。如雾化角过大，火焰则短而粗；反之，则细而长。一般雾化角约在 60°~120°范围内，这可根据需要在设计时选定。对于小型燃烧室，雾化角不宜太大，一般在 60°~80°，这一点对于燃烧渣油来说，尤为重要。但是雾化角也不宜过小，否则燃料会过于集中地喷射到缺氧的回流区，产生更多的热分解。

实验表明，当喷嘴直径和喷射压力增加时，喷雾炬的雾化角增加，这是由于较大的雷诺数在紧靠喷口附近的下游处引起了较大的湍流度的缘故。在高喷射速度范围内，对于一定的喷口直径，当喷射速度增加时，雾化角几乎不变。

2. 雾化液滴细度

雾化液滴细度表示喷雾炬液滴粗细程度。由于雾化后的液滴大小是不均匀的，最大和最小有时可相差 50~100 倍，因此只能用液滴的平均直径来表示液滴的细度。因为采用的平均方法不同，所得的平均直径也将不一样。在实用上，常采用索太尔平均直径和质量中间直径两种方法。

（1）索太尔平均直径（SMD）　索太尔平均直径是假设每个液滴直径相等时，按所测得所有液滴的总体积 V 与总表面积 A 计算出的液滴直径，即

$$V = \frac{N}{6}\pi d_{SMD}^3 = \frac{\pi}{6}\sum N_i d_{1i}^3$$

$$A = N\pi d_{SMD}^2 = \pi \sum N_i d_{1i}^2$$

则
$$d_{SMD} = \frac{\sum N_i d_{1i}^3}{\sum N_i d_{1i}^2} \tag{6-3}$$

式中，N 是燃油经雾化后液滴的总颗粒数；N_i 是相应直径为 d_{1i} 的液滴的颗粒数。

显然，索太尔平均直径越小，雾化就越细。

（2）质量中间直径（MMD）　质量中间直径 d_{1m} 是一假设的直径，即大于或等于这一直径的所有液滴的总质量与小于或等于这一直径的所有液滴的总质量相等，即

$$\sum m_{d_1 \geq d_{1m}} = \sum m_{d_1 \leq d_{1m}} \tag{6-4}$$

质量中间直径通常用实验方法求得，质量中间直径越小，雾化也就越细。有实验证明，

在全部雾化颗粒中最大液滴的直径大约为质量中间直径 d_{1m} 的两倍。

　　雾化液滴直径不宜过粗，过粗会使燃尽时间延长，可能来不及燃烧完全就被气流带出燃烧室；过粗还会减小燃料的比蒸发表面积，从而降低整个雾化燃烧速率。雾化液滴直径也不宜过细，若过细，一是油滴微粒易被气流所带走；二是易造成局部区域燃料浓度过富或过贫，不利于燃烧的完全与稳定。对于简单离心式机械雾化器（喷嘴），若雾化重油，它的细度（平均直径）一般可为 $100\sim200\mu m$，粒度大致在 $40\sim400\mu m$ 范围内变动。

　　3. 雾化均匀度

　　雾化均匀度是指燃料雾化后液滴颗粒尺寸的均匀程度。如果雾化液滴的尺寸都相同，称为理想均一喷雾。实际上要达到理想均一喷雾是不可能的。显然，液滴间尺寸差别越小，雾化均匀度就越好。图 6-8 示出了两条曲线，曲线 1 在横坐标上的宽度比曲线 2 窄，表明曲线 1 的颗粒均匀度比曲线 2 好。

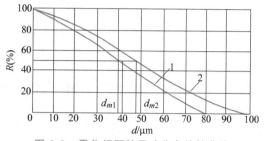

图 6-8　雾化炬颗粒尺寸分布特性曲线

　　雾化均匀度可用均匀性指数 n 来衡量，均匀性指数 n 可从罗辛-拉姆勒（Rosin-Rammler）分布函数中求得

$$R = 100\exp(-bd_1^n)$$

或

$$R = 100\exp\left[-\left(\frac{d_{1i}}{d_{1m}}\right)^n\right] \right\}$$

（6-5）

式中，R 是直径大于 d_{1i} 的液滴质量（或体积）占取样总质量（或体积）数；d_{1i} 是与 R 相应的液滴直径；d_{1m} 是液滴质量中间直径，相当于 $R=36.8\%$ 时的直径；n 是均匀性指数，对于机械雾化器，$n=1\sim4$。

　　雾化均匀度较差，则大液滴数目较多，这对燃烧是不利的。但是，过分均匀也是不相宜的，因为这会使大部分液滴直径集中在某一区域，使燃烧稳定性和可调节性变差。最有利的雾化分布应根据燃烧设备类型、构造和气流情况等具体条件而定。

　　4. 喷雾射程

　　喷雾射程指水平方向喷射时，喷雾液滴丧失动能时所能到达的平面与喷口之间的距离。雾化角大和雾化很细的喷雾炬，射程比较短；密集的喷雾炬，由于吸入的空气量较少，射程比较远。一般射程长的喷雾炬所形成的火焰长度也长。

　　5. 流量密度分布

　　流量密度分布特性是指在单位时间内，通过与燃料喷射方向相垂直的单位横截面上燃料液体质量（或体积）沿半径方向的分布规律。图 6-9a、b 均是离心式机械雾化喷嘴喷出的燃料分布（图 6-9b 中雾化圆弧半径大于图 6-9a 中的，即 $r_b>r_a$）。由于离心式雾化器在其轴心部分存在空气核心，因此在其轴线部分油量很少，而在其两侧各有一高峰，呈马鞍形分布。图 6-9c 所示为直流式机械雾化喷嘴喷出的燃料分布特性，其流量密度呈高斯（Gauss）形，轴向的流量密度最大。流量密度分布对燃烧过程影响较大。分布较好的液流能将液体燃料分散到整个燃烧空间，并能在较小的空气扰动下获得充分的混合与燃烧。为了保证各处液雾都有适量的空气与之混合，要求在沿圆周方向上流量密度分布均匀。流量密度分布通常是用实验方法测得的。若测得的分布图形两侧不对称，则表明雾化器的加工质量存在问题。

183

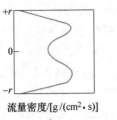 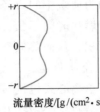 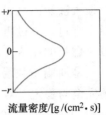

流量密度/[g/(cm²·s)]	流量密度/[g/(cm²·s)]	流量密度/[g/(cm²·s)]
a)	b)	c)

图 6-9　燃料分布特性

a)、b) 离心式机械雾化喷嘴 $r_b > r_a$　c) 直流式机械雾化喷嘴

第二节　液滴的蒸发

燃料液滴的实际燃烧过程是相当复杂的，相互作用的因素很多。燃料液滴的燃烧速率很大程度上取决于蒸发速率。本节着重分析与燃烧有关的液滴蒸发问题。

一、液滴蒸发时的斯蒂芬流

假定液滴在静止高温环境下蒸发，其与液滴的周围介质温差有关。液滴蒸发后产生的蒸气向外界扩散是通过两种方式进行的，即液滴蒸气的分子扩散和蒸气、气体以某一宏观速度 w_{gs} 离开液滴表面的对流流动。

液滴在蒸发过程中周围的气体由其他气体和燃料蒸气组成，其含量分布是球对称。图 6-10 所示为液滴蒸发过程燃料蒸气和其他气体 x（空气）含量（质量分数）的变化趋势，其中下标 s 表示液滴表面。可见，燃料蒸气含量在液滴表面最高。随着半径增大，含量（质量分数）逐渐减小，直到无穷远处，$w_{lg\infty} = 0$。对于空气，其质量分数的变化正好相反，在无限远处，$w_{xg\infty} = 1.0$，并逐渐减小到液滴表面的 w_{xgs} 值。显然，在任意半径处，有 $w_{xg} + w_{lg} = 1.0$。

显然，空气和燃料蒸气在液滴表面与环境之间存在含量梯度。由于含量梯度的存在，使燃料蒸气不断地从表面向外扩散；相反地，空气 x 则从外部环境不断地向液滴表面扩散。在液滴表面，空气力图向液滴内部扩散，然而空气既不能进入液滴内部，也不

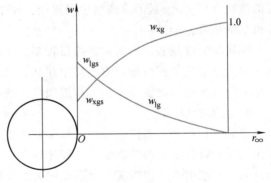

图 6-10　液体周围成分分布

w_{xg}—液滴表面外空气质量分数
w_{lg}—液滴表面外燃料蒸气的质量分数
w_{xgs}—液滴表面的燃料空气质量分数
w_{lgs}—液滴表面的蒸气质量分数

在液滴表面凝结。因此，为平衡空气的扩散趋势，必然会产生一个反向流动。根据质量平衡定理，在液滴表面这个反向流动的气体质量正好与向液滴表面扩散的空气质量相等。这种气体在液滴表面或任一对称球面以某一速度 w_{gs} 离开的对流流动被称为斯蒂芬（Stefan）流。这是以液滴中心为源的"点泉"流，其数学表达式为

$$\rho_g D \frac{dw_{xg}}{dr} - \rho_g w_{gs} w_{xg} = 0 \tag{6-6}$$

式中，ρ_g 是液滴表面混合气体密度（kg/m^3）；D 是气体的分子扩散系数（m^2/s）。

式（6-6）表明，在蒸发液滴外围的任一对称球面上，由斯蒂芬流引起的空气质量迁移正好与分子扩散引起的空气质量迁移相抵消，因此空气的总质量迁移为 0。实际上不存在 x 组分的宏观流动，真正存在的流动是由于斯蒂芬流动引起燃料蒸气向外对流，其数量为

$$q_{m1,0} = w_{gs} \rho_g 4\pi r_1^2 w_{lgs} \tag{6-7}$$

式中，$q_{m1,0}$ 是燃料蒸气向外对流量（kg/s）；w_{gs} 是离开液滴表面的气体流速（m/s）；ρ_g 是液滴表面混合气体的密度（kg/m^3）；r_1 是液滴半径（m）；w_{lgs} 是液滴表面的燃料蒸气质量分数。

二、相对静止环境中液滴的蒸发

当周围介质的温度低于液体燃料沸点时，在相对静止环境中液滴的蒸发过程实际上是分子扩散过程。对于半径为 r_1 的液滴比蒸发率与燃料蒸气向外对流量相等，则液滴比蒸发率为

$$q_{m1,0} = -4\pi r^2 D \rho_g \frac{dw_{lg}}{dr}\bigg|_{r=r_1} = 4\pi r_1 D \rho_g (w_{lgs} - w_{lg}) \tag{6-8}$$

图 6-11 所示为高温下液滴蒸发的能量平衡图。液滴在高温气流介质中，不断受热升温而蒸发，但由于液滴温度的升高，致使液滴与周围介质之间温差减小，因而减弱了周围气体对液滴传热量。另外，随着液滴温度的升高，液滴表面蒸发过程也加速，蒸发过程中液滴所吸收的蒸发潜热也不断增多。这样，当液滴达到某一温度时，液滴所得的热量恰好等于蒸发所需要的热量，于是液滴温度就不再改变，蒸发处于平衡状态，液滴在这不变温度下继续蒸发直到汽化完毕。这一个温度就称为液滴蒸发时的平衡温度。这时燃料蒸发掉的数量就等于扩散出去的燃料蒸气，即蒸发速率等于扩散速率。

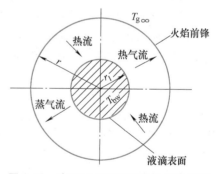

图 6-11 高温下液滴蒸发的能量平衡图

如前所述，在相对静止高温环境中，通过斯蒂芬流动和分子扩散两种方式将燃料蒸气迁移到周围环境，若含量分布为球对称，则液滴表面的燃料蒸气比流速率为

$$q_{m1,0} = -4\pi r^2 D \rho_g \frac{dw_{lg}}{dr}\bigg|_{r=r_1} + 4\pi r_1^2 \rho_g w_{gs} w_{lgs} \tag{6-9}$$

对于任意半径的蒸气比流速率为

$$q_{m1,0} = -4\pi r^2 D \rho_g \frac{dw_{lg}}{dr} + 4\pi r^2 \rho_g w_{gs} w_{lg} \tag{6-10}$$

根据 $\dfrac{dw_{xg}}{dr} = -\dfrac{dw_{lg}}{dr}$ 及式（6-6）可推得

$$q_{m1,0} = 4\pi r^2 \rho_g w_{gs}(w_{xg} + w_{lg}) = 4\pi r^2 \rho_g w_{gs} \tag{6-11}$$

则式（6-10）可改写为

$$q_{m1,0} = -4\pi r^2 D\rho_g \frac{dw_{lg}}{dr} + q_{m1,0}w_{lg}$$

$$q_{m1,0}\frac{dr}{r^2} = -4\pi D\rho_g \frac{dw_{lg}}{1-w_{lg}} \tag{6-12}$$

边界条件
$$r = r_1, \quad w_{lg} = w_{lgs}$$
$$r = \infty, \quad w_{lg} = w_{lg\infty}$$

对式（6-12）积分则可得在相对静止的高温环境中液滴的蒸发速率，即

$$q_{m1,0} = 4\pi r_1 D\rho_g \ln(1+B) \tag{6-13}$$

$$B = \frac{w_{lgs} - w_{lg\infty}}{1 - w_{lgs}} \tag{6-14}$$

其中，B 值的物理意义在于：在蒸发和燃烧过程中，出现了斯蒂芬流后，就需用量纲一的迁移势来考虑；只有当 $B \gg 1$ 时，斯蒂芬流的影响才可以不考虑。对于不同的燃料，在空气中 B 值近似是个常量。具体数值见表6-2。

表 6-2 不同燃料的 B 值

燃料种类	异辛烷	苯	正庚烷	甲苯	航空汽油	汽车汽油	煤油	粗柴油	重油	碳
B 值	6.41	5.97	5.82	5.69	≈5.50	≈5.3	≈3.40	≈2.5	≈1.70	≈0.12

计算时通常可假定液滴表面的蒸气压等于饱和蒸气压力，因此只要已知液滴表面温度以及液体的饱和气压与温度的关系，即可求得 w_{lgs}。图6-11所示为以液滴为中心，r 为半径的液滴蒸发热能量平衡图，平衡方程为

$$-4\pi r^2 \lambda_g \frac{dT}{dr} + q_{m1,0}c_{pg}(T_g - T_1) + q_{m1,0}Q_{lg} + \frac{4}{3}\pi r_1^3 \rho_1 c_{pl}\frac{dT_1}{d\tau} = 0 \tag{6-15}$$

式中，$-4\pi r^2 \lambda_g \frac{dT}{dr}$ 是在半径为 r 的球面上由外部环境向内侧球体的导热量；$q_{m1,0}c_{pg}(T_g - T_1)$ 是使液体蒸气从 T_1 升温到 T_g 所需要热量；$q_{m1,0}Q_{lg}$ 是液滴蒸发消耗的潜热；$\frac{4}{3}\pi r_1^3 \rho_1 c_{pl}\frac{dT_1}{d\tau}$ 是液体内部温度均匀，并等于 T_1 所消耗热量；ρ_1 是液滴密度（kg/m³）；c_{pl}、c_{pg} 分别是液体和蒸气的比定压热容 [J/(kg·K)]；T_g、T_1 分别是控制球面和液滴的温度（K）；Q_{lg} 是液体的汽化热（J/kg）；τ 是时间（s）。

在液滴达到蒸发平衡温度后，有

$$\frac{dT_1}{d\tau} = \frac{dT_{bw}}{d\tau} = 0 \tag{6-16}$$

式中，T_{bw} 是液滴平衡蒸发温度（K）。

则式（6-15）可简化成

$$\frac{q_{m1,0}}{4\pi r}\frac{dr}{r^2} = \frac{dT}{c_{pg}(T_g - T_{bw}) + Q_{lg}} \tag{6-17}$$

边界条件：$r = r_1$，$T = T_{bw}$

$$r = \infty, \quad T = T_{g\infty} \quad (外界环境温度)$$

可得

$$q_{m1} = 4\pi r_1 \frac{\lambda_g}{c_{pg}} \ln\left[1 + \frac{c_{pg}(T_{g\infty} - T_{bw})}{Q_{lg}}\right] \tag{6-18}$$

由此可见，可以用式（6-13）或式（6-18）计算液滴的纯蒸发速率，但两式的应用条件不同。式（6-18）仅适用于计算液滴已达蒸发平衡温度后的蒸发，而式（6-13）却不受这个条件的限制。实验表明，大多数情况下，特别是油珠比较粗大以及燃油挥发性较差时，油珠加温过程所占的时间不超过总蒸发时间的10%，因此当缺乏饱和蒸气压力数据时，也可用式（6-18）来计算蒸发的全过程。若液滴周围气体混合物的 $Le = 1$，这里，Le 称为路易斯数，可表示为 $Le = \rho_g D c_{pg} / \lambda_g$，则有

$$\lambda_g / c_{pg} = \rho_g D$$

所以有

$$q_{m1,0} = 4\pi r_1 D \rho_g \ln(1 + B_T)$$
$$B_T = c_{pg}(T_{g\infty} - T_{bw}) / Q_{lg} \tag{6-19}$$

对比式（6-19）和式（6-13）可知，当平衡蒸发，且 $Le = 1$ 时，应有

$$B = B_T$$

$$\frac{w_{lgs} - w_{lg\infty}}{1 - w_{lgs}} = \frac{c_{pg}(T_{g\infty} - T_{bw})}{Q_{lg}} \tag{6-20}$$

通过上述公式就可计算出液滴完全蒸发所需时间，这个时间称为蒸发时间。

对于半径为 r_1 的液滴，存在

$$q_{m1,0} = -4\pi r_1^2 \rho_1 \frac{\mathrm{d}r_1}{\mathrm{d}\tau} \tag{6-21}$$

并求解 $\mathrm{d}\tau$ 可得

$$\mathrm{d}\tau = \frac{c_{pg} r_1 \rho_1 \mathrm{d}r_1}{\lambda_g \ln(1 + B_T)} \tag{6-22}$$

边界条件：$\tau = 0$，$r_1 = r_{1,0}$

$\tau = \tau$，$r_1 = r_1$

式中，$r_{1,0}$ 是液滴的初始粒径（m）。

则对式（6-22）积分，可得

$$\tau = \frac{c_{pg}\rho_1(r_{1,0}^2 - r_1^2)}{2\lambda_g \ln(1 + B_T)} = \frac{d_{1,0}^2 - d_1^2}{K_{1,0}} \tag{6-23}$$

式中，$K_{1,0}$ 是静止环境中液滴的蒸发常数，有

$$K_{1,0} = \frac{8\lambda_g \ln(1 + B_T)}{c_{pg}\rho_1} = \frac{4q_{m1,0}}{\pi d_{1,0}\rho_1} \tag{6-24}$$

则在相对静止气氛中液滴完全蒸发时间为

$$\tau_0 = \frac{d_{1,0}^2}{K_{1,0}} \tag{6-25}$$

从式（6-25）中可看出，在给定温差和燃油物理特性后，蒸发时间只是油滴初始直径

$d_{1,0}$ 平方的函数。因此，初始直径越大，蒸发所需时间就越长（成平方倍增加），所以若液体燃料雾化后具有较多的大颗粒液滴，则蒸发时间就会大大地延长，因而火炬拖长，燃烧效率降低。故要缩短液体燃料蒸发时间，就必须要求具有较小的雾化细度。

三、强迫气流中液滴的蒸发

前面讨论的是液滴与气流间无相对运动的蒸发过程，实际上液滴在蒸发和燃烧时，往往和气流有相对速度，即使在静止气流中蒸发和燃烧，由于油滴和气流存在着温差，也会出现明显的自然对流现象。当液滴喷射到炉内时，往往和气流存在较大的相对速度，此时，液滴四周的边界层变成如图 6-12 所示的状况，即迎风面变薄，背风面变厚。其形状和相对速度的大小有密切的关系，这样使得蒸发和燃烧过程的计算十分困难，目前尚很难用分析方法彻底解决这个复杂问题。球周围的流动是复杂的，当 Re 较高（>20）时，球前面有边界层流动，球后面又有尾涡旋流动。把边界层的传热传质阻力近似看作通过球对称的边界层薄膜传热传质阻力，则其所相应的折算薄膜半径用符号 r_{sup} 表示。当液滴与气流有相对速度时，但不考虑蒸发过程，则折算薄膜半径 r_{sup} 可用下式计算：

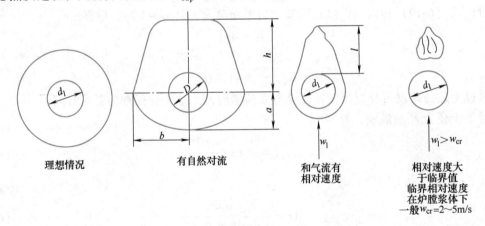

图 6-12 气流流速对液滴边界层的影响

$$4\pi r_1^2 \alpha_s (T_{sup} - T_{bw}) = 4\pi \frac{1}{\dfrac{1}{r_1} - \dfrac{1}{r_{sup}}} \lambda_g (T_{sup} - T_{bw}) \tag{6-26}$$

式中，T_{sup} 是折算边界层温度（K）；α_s 是液滴的表面传热系数 $[W/(m^2 \cdot K)]$。即

$$\alpha_s = \frac{\lambda_1}{r_1} \frac{r_{sup}}{r_{sup} - r_1}$$

则

$$Nu_s = \frac{\alpha_s d_1}{\lambda_g} = \frac{2}{1 - \dfrac{r_1}{r_{sup}}} \tag{6-27}$$

式（6-27）是 r_{sup} 的定义式，在气流静止时，$r_{sup} \to \infty$，即 $Nu \to 2$，即微小液滴在静止气流中传热的努塞尔数取极限值。这样就大大简化了问题，可以沿用前述中的一些分析方法，只是积分范围是由原来的 $r_1 \to \infty$ 变成现在的 $r_1 \to r_{sup}$。则实际蒸发过程，当液滴达到热平衡时，液滴的蒸发速率为

$$q_{m1} = 4\pi \frac{1}{\dfrac{1}{r_1} - \dfrac{1}{r_{sup}}} \frac{\lambda_g}{c_{pg}} \ln\left[1 + \frac{c_{pg}(T_{sup} - T_{bw})}{Q_{lg}}\right] = 4\pi \frac{\lambda_g}{c_{pg}} \frac{Nu_s r_1}{2} \ln\left[1 + \frac{c_{pg}(T_{sup} - T_{bw})}{Q_{lg}}\right]$$

(6-28)

若已知液滴在气流中的传热的努塞尔数 Nu_s，则可得到液滴的蒸发速率。传质 Nu_s 由折算薄膜的热平衡公式推得，即

$$Nu_s = Nu_{s,0} + \xi \sqrt{\frac{\lambda_{g,0}}{\lambda_g}} \sqrt{\frac{Nu_{s,0}}{2(1+B)^{Le}}} \sqrt{Re} \sqrt{Pr}$$

(6-29)

式中，$Nu_{s,0}$ 是液滴在静止气流中传热的努塞尔数；ξ 是实验系数，$\xi = 0.6$；Pr 是液态混合物的普朗特数；$\lambda_{g,0}$ 是边界层内和边界层介质的热导率 [W/(m·K)]。

对于在静止气流中液滴传热的努塞尔数，其计算式为

$$Nu_{s,0} = \frac{2Le}{(1+B)^{Le-1}} \ln(1+B)$$

(6-30)

对于汽油（型号为 $0\sim80°$）、煤油（型号为 $0\sim140°$），其 $\sqrt{\lambda_{g,0}/\lambda_g} = 1$，比较式 (6-29) 和 W. E. Rang 的实验公式（$Re = 10\sim500$），两者是比较接近的。

$$Nu_s = 2 + 0.6\sqrt{Pr}\sqrt{Re}$$

(6-31)

而在强迫对流气流中液滴完全蒸发时间也可写作式 (6-25) 形式，即

$$\tau_0 = \frac{d_{1,0}^2}{K_1}$$

(6-32)

式中，K_1 是在强迫对流气流中液滴的蒸发常数，可由下式计算。

$$K_1 = \frac{4\lambda_g Nu_s}{\rho_1 c_{pg}} \ln(1 + B_T)$$

(6-33)

随着相对速度的增大，Nu_s 增大，使得 K_1 增加，因而蒸发时间 τ 比在静止气流中明显缩短。对油滴，当雷诺数为 $Re = 0\sim200$ 时，则 K_1 为

$$K_1 = K_{1,0}\left(1 + 0.3Sc^{\frac{1}{3}}Re^{\frac{1}{2}}\right)$$

(6-34)

式中，Sc 是施密特（Schmidt）数，$Sc = \nu/D$。

四、液滴群的蒸发

在实际喷嘴雾化过程中所形成液滴由大小不同的液滴组成。研究液滴群的蒸发对雾化燃料的蒸发以至燃烧是很重要的。

根据雾化均匀度分布函数式 (6-5)，可推得单位体积液雾具有直径 d_1 的液滴颗粒的表达式为

$$dN_1 = -n\frac{6}{\pi}\frac{d_1^{n-4}}{d_{lm}^n}\exp\left[-(d_1/d_{lm})^n\right]d(d_1)$$

(6-35)

根据式 (6-32)，经过时间 τ 蒸发以后，所剩下的液滴直径为

$$d_1 = (d_{1,0}^2 - K_1\tau)^{1/2}$$

(6-36)

由式 (6-36) 可见，在时间 τ 以后凡是颗粒直径小于 $(K_1\tau)^{1/2}$ 的油滴均已全部蒸发完。

189

那么此时的单个液滴体积为

$$V_\tau = \frac{\pi}{6}(d_1^2 - K_1\tau)^{3/2} \tag{6-37}$$

即在时间 τ 以后没有蒸发完的所有液滴的总体积，可由式（6-35）和式（6-37）乘积并积分算得

$$V_\tau = \int_{(K_1\tau)}^{\infty} - n\frac{d_1^{n-4}}{d_{1m}^n}(d_1^2 - K_1\tau)^{3/2}\exp\left[-(d_1/d_{1m})^n\right]\mathrm{d}(d_1) \tag{6-38}$$

实验表明，当 $3 < n < 4$ 时，在蒸发过程中 d_{1m} 和 n 几乎保持不变。图 6-13 给出了式（6-38）的图解积分结果。同时，在图中也给出了在时间 τ 后完全蒸发完的油滴颗粒直径数。

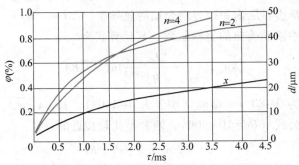

图 6-13　经过 τ 时间后无蒸发的不同尺寸液滴的百分
含量（按体积计）和液滴直径数

从式（6-38）中可看出，对于雾化均匀度差的油雾（即具有较小 n 值），在其蒸发初始阶段具有较快的蒸发速率，这将有利于燃料的迅速着火；但当其 60%（按体积计）的燃料被蒸发完后，蒸发速率变慢。但这时雾化均匀度好的油雾却蒸发得快了。这说明了雾化均匀度差的油雾，虽然其初始蒸发速率很快，但蒸发完所需时间却较长；反之，雾化均匀度好的燃料，最初蒸发虽较慢，但蒸发过程却结束得较早。因此，为了缩短蒸发时间及加速燃烧过程，应要求油雾的雾化均匀度好些。另外，初始阶段蒸发快的油雾还可能会形成过浓的可燃混合气而使着火困难。

第三节　液滴燃烧

在液体燃料燃烧技术中多采用液雾燃烧方式，即把液体燃料通过雾化器雾化成一股由微小油滴组成的液雾气流。在雾化的油滴周围存在着空气，当液雾被加热时，油滴边蒸发、边混合、边燃烧。根据一些实验结果，曾提出四种液雾燃烧的物理模型。

（1）预蒸发型气体燃烧　这种燃烧情况相当于雾化液滴很细，周围介质温度高或雾化喷嘴与火焰稳定区间距离长，使液滴进入火焰区前已全部蒸发完，燃烧完全在无蒸发的气相区中进行，这种燃烧情况与气体燃料的燃烧机理相同，液滴蒸发对火焰长度的影响不大。

（2）滴群扩散燃烧　这是另一个极端情况，即周围介质温度低或雾化颗粒较粗（或蒸发性能差），在燃烧区的每个液滴周围有薄层火焰包围，在火焰面内是燃料蒸气和燃烧反应产物，火焰面外是空气和燃烧反应产物，每个液滴的燃料蒸气各自供给其周围的火焰，并和

氧气相互扩散混合进行燃烧反应，随着液滴向火焰区的移动，未燃液滴在一定位置着火、燃烧，代替已燃液滴的位置。此时燃烧与蒸发几乎同步进行，形成滴群的扩散燃烧。强化燃烧和控制火焰长度的关键是蒸发，反应动力学因素影响不大。

（3）复合燃烧　这是介于预蒸发型气体燃烧和滴群扩散燃烧之间的一种情况。由于液雾中的液滴大小不均匀，其中较小的液滴容易蒸发，在火焰区前方已蒸发完，形成预混型气体火焰，而较粗的液滴到达火焰区时尚未蒸发完毕，继续进行滴群扩散燃烧。

（4）部分预蒸发型气体燃烧加液滴蒸发　这时一部分小液滴已蒸发完毕，而有一部分液滴进入火焰区时，其直径已缩得过小或间距过密而着不了火，只能蒸发，这时没有滴群的扩散火焰，只有有限空间中部分预混的气体火焰。

在后两种情况中，蒸发因素、湍流因素、反应动力学因素都将起作用。

液雾中液滴的蒸发与燃烧率和单个孤立液滴是不相同的，其主要原因是：第一，单个液滴所处的环境温度、氧浓度和相对速度是不变的，而液雾中液滴在其燃烧过程中这三者是不断改变的；第二，单个液滴与气流之间以及液雾中液滴与气流之间，其相对脉动不同。液雾中液滴的燃烧速率低于单个液滴，可能的原因之一就是液雾中氧浓度在燃烧过程中不断减小。由于温度、氧浓度、相对速度不断变化，因此液雾中不存在所谓"燃烧常数"，实验所测得的只能是平均量的概念。因此可以认为，单个液滴的蒸发或燃烧与液雾中的液滴没有本质差别，只是环境条件变化情况不同而已。

在液雾燃烧的理论分析中，有许多简化的一维模型，这些模型都是以单个液滴的运动和蒸发为基础，对流场进行简化，并忽略了两相之间的耦合作用。但是，实际上液雾燃烧发生于气相和液相两相流动中，以及空气和燃料浓度场都不均匀的情况下。因此，近年来发展了更为完善的液雾燃烧的分析方法，采用有关湍流、蒸发、滴扩散等数学模型，然后用数值法解偏微分方程组来计算液雾燃烧的各种特性。

液体燃料燃烧通常是将液体燃料通过一小孔注入气相环境进行燃烧。流体内部的紊乱（产生于注射器内高的切应力）促使外部流体破碎，进而生成雾滴穿过气相进入燃烧区间，液滴传热使蒸气压升高，燃料挥发为气相，直至气相着火。液滴或液滴群被非预混火焰包围（至少一部分）。最终燃烧物质是蒸发产物而非液体。所有这些同时发生的事件总称为雾化燃烧。研究雾化燃烧聚焦于以下两个方面：

（1）单一液滴燃烧　当研究雾化燃烧的基本物理化学过程时，经常聚焦于单一液滴燃烧的过程。对于单一液滴燃烧有非常详细的模型用于描述液滴内或相界面上的化学反应、蒸发、气相中分子质量和能量转移。

（2）液滴群燃烧　模拟实际系统（喷气发动机、内燃机或直接射入的汽油燃烧器）时必须包括所有物理过程的子模型。所有这些子模型包含了所有的过程，因此，射流碰碎，液滴雾化、蒸发，湍流混合，气相化学动力学反应等经常用一个简单模型描述，通常称为球形或者简化模型。

一、静止液滴的燃烧

假设有一个直径为 δ 而半径为 r_0（$\delta = 2r_0$）的油滴随气体而飘动，油滴与气体之间没有相对运动。如果这个油滴在气体中燃烧，那么这个燃烧过程的物理模型可以认为如下：油滴的周围有一层扩散火焰锋面，火焰锋面发出的热量同时向内和向外导热。向内导热传到油滴里面后就把油滴加热。油滴在这样高温的火焰锋面包围下近似地可以认为已达到油的饱和温度。所以导来的热就使油蒸发汽化。期间，火焰锋面对油滴的辐射传热一般可忽略不计。

油的蒸气在油滴表面上产生出来以后就向外很缓慢地流动。油气是从油滴表面流向火焰锋面的，导热则是从火焰锋面导向油滴表面的。油气在这样的流动中渐渐升高温度，由油滴表面温度 T_0（近似地等于该压力下的饱和温度）升高到火焰锋面温度 T_r。

氧从远处向内扩散，扩散到火焰锋面处与油气流相遇，而且数量符合化学反应方程的计量比时，这就形成了扩散火焰的火焰锋面。扩散火焰锋面温度等于燃烧温度 T_r（如果忽略掉辐射散热，它就是理论燃烧温度 T_{1r}）。

油气的扩散火焰的燃烧速率取决于油气流的数量。此时的化学反应非常猛烈，只要氧与油蒸气一扩散到火焰锋面就马上烧掉。油蒸气从油滴表面到火焰锋面的流量，可以根据火焰锋面到油滴表面的导热所提供的汽化热来计算。

以下对油滴的燃烧做一个初步近似的计算。计算中忽略了油滴周围的温度场不均匀对热导率、扩散系数等的影响，也没有考虑油滴表面生成的油蒸气向外扩散所引起的向外流动的那股质量流（称为斯蒂芬流）。这种简化并不影响所建立的物理模型的主要意义及其应用。

设有半径为 r 的球面，通过该球面向内传导的热量，必然等于油在油滴表面汽化以后，流到这个球面上并使温度升高所需的总热量，即

$$4\pi r^2 \lambda \frac{dT}{dr} = q_m [c_p(T - T_0) + Q] \tag{6-39}$$

式中，λ 是热导率（设为一常数）；T 是当地温度；q_m 是油气流量，即油滴表面的汽化量；T_0 是油滴表面温度，设等于油的饱和温度；Q 是单位质量油的汽化热（J/kg）。

将式（6-39）改写，然后自油滴表面（r_0 和 T_0）到火焰锋面（r_1 和 T_r）积分

$$\int_{T_0}^{T_r} 4\pi\lambda \frac{dT}{c_p(T - T_0) + Q} = \int_{r_0}^{r_1} q_m \frac{dr}{r^2}$$

$$\frac{4\pi\lambda}{c_p}\ln\frac{c_p(T_r - T_0) + Q}{Q} = q_m\left(\frac{1}{r_0} - \frac{1}{r_1}\right)$$

于是

$$q_m = \frac{4\pi\lambda}{c_p\left(\dfrac{1}{r_0} - \dfrac{1}{r_1}\right)}\ln\left[1 + \frac{c_p}{Q}(T_r - T_0)\right] \tag{6-40}$$

现在再来求火焰锋面所在球面的半径 r_1。假设火焰锋面之外有一半径为 r 的球面。氧从远处通过这个球面向内扩散的数量，必然等于火焰锋面上所消耗的氧量，因而也等于式（6-40）的油气流量 q_m 乘以化学反应方程式中氧与油的计量比 β。

$$4\pi r^2 D \frac{dc}{dr} = \beta q_m \tag{6-41}$$

式中，D 是氧的分子扩散系数；c 是氧的浓度。

将式（6-41）改写后，在远处和火焰锋面之间积分为

$$\int_0^{c_\infty} 4\pi D\, dc = \int_{r_1}^{\infty} \beta q_m \frac{dr}{r^2}$$

$$4\pi D(c_\infty - 0) = -\beta q_m\left(\frac{1}{\infty} - \frac{1}{r_1}\right)$$

于是火焰面半径为

$$r_1 = \frac{\beta q_m}{4\pi D c_\infty} \tag{6-42}$$

式中，c_∞ 是远处的氧浓度。

火焰锋面处因为化学反应非常强烈，氧气的浓度非常小，所以可近似等于 0。

从式（6-40）与式（6-42）消去 r_1，然后解出 q_m 得

$$q_m = 4\pi r_0\left\{\frac{\lambda}{c_p}\ln\left[1 + \frac{c_p}{Q}(T_r - T_c)\right] + \frac{D c_\infty}{\beta}\right\} \tag{6-43}$$

这就是半径为 r_0 的油滴表面上的汽化量，也就是扩散火焰单位时间燃烧的油量。

由于半径 r_0 是直径 δ 的一半，因而 q_m 与 δ 成正比，为了后面推导方便，将式（6-43）改写成

$$q_m = \frac{\pi K \rho_r \delta}{4} \tag{6-44}$$

式中，K 是比例常数，$K = \frac{8}{\rho_r}\left\{\frac{\lambda}{c_p}\ln\left[1 + \frac{c_p}{Q}(T_r - T_c)\right] + \frac{D c_\infty}{\beta}\right\}$。 $\tag{6-45}$

另一方面，油滴燃烧过程中 δ 不断减小，故

$$q_m = -\rho_r\frac{\mathrm{d}}{\mathrm{d}\tau}\left(\frac{\pi}{6}\delta^3\right) = -\frac{\rho_r\pi\delta^2}{2}\frac{\mathrm{d}\delta}{\mathrm{d}\tau} \tag{6-46}$$

$$2\delta\mathrm{d}\delta = -K\mathrm{d}\tau$$

$$\mathrm{d}(\delta^2) = -K\mathrm{d}\tau$$

$$\tau = \frac{\delta_0^2 - \delta^2}{K} \tag{6-47}$$

式（6-47）也可写成

$$\delta^2 = \delta_0^2 - K\tau \tag{6-48}$$

该式称为油滴燃烧的直径平方-直线定律，即油滴直径的平方随时间的变化呈直线关系。当 $\delta = 0$ 时油滴烧完，由式（6-48）可知烧完的时间为

$$\tau = \frac{\delta_0^2}{K} \tag{6-49}$$

即油滴烧完所需的时间与油滴原始直径的平方成正比。由此可见，万一雾化不良，油雾中存在着太大的油滴，它们就会燃烧不完全。通常雾化质量是控制燃烧的首要关键。

如果油滴与气体之间出现了一些相对运动，油滴与气体之间的热量与质量交换都要强化，那么油滴汽化所需的热量供应更充足，汽化加剧，燃烧强化。对于这种情况下的球体，当 $Re = 0 \sim 200$ 时有

$$Nu = 2 \times (1 + 0.3Pr^{\frac{1}{3}}Re^{\frac{1}{2}}) \tag{6-50}$$

即相对于静止时（$Nu = 2$）增大了 $0.3Pr^{1/3}Re^{1/2}$ 倍。与此相仿，可认为式（6-45）中的比例常数 K 增大了同样的 $0.3Pr^{1/3}Re^{1/2}$ 倍。

由油滴扩散燃烧物理模型可以看出,油气在扩散到火焰锋面前是遇不到氧的,所以它不可避免会裂解,结果总是产生发光火焰。

油雾燃烧中许多油滴边蒸发汽化边燃烧,它们都形成各自的球形扩散火焰锋面。也有一些油滴先蒸发汽化而油气并不立刻燃烧。例如,非常细的油滴一喷进炉膛就迅速蒸发汽化,它们的蒸气与空气形成预混物,这些预混物再受热着火。

还有一些油滴逸入了缺氧地区。因为没有氧,它们不能形成各自的球形扩散火焰锋面。油滴在这时受到周围高温介质的加热,蒸发汽化,然后油气再与空气混合而像煤气那样形成扩散火焰。

液滴燃烧的三阶段通过不同物理现象识别。

1)加热阶段。气相向液滴表面传热,大量的热量通过对流传给液滴直到液滴接近沸点。

2)燃料蒸发阶段。燃料蒸发变为气相,形成易燃混合物,液滴直径按照直径平方公式减小。

3)燃烧阶段。混合物着火燃烧,按照球对称非预混火焰;液滴直径同样按照直径平方公式减小,伴随不同的 K 值。

图 6-14 描绘了热空气包围的正庚烷粒子受热升温、蒸发、燃烧三阶段的特性参数。液滴很快暴露于周围热空气,热量从气相传递给液滴,液滴表面温度 T_1 上升直到气相平衡,液滴内部导热使其中心温度 T_c 上升。

经诱导时间后（$t = 6.5\text{ms}$,图 6-14）,气相着火。环绕液滴的球形非预混火焰导致液滴温度升高,加速蒸发,如图 6-14 中在 $t = 6.5\text{ms}$ 后 d^2-t 呈明显的负线性关系。

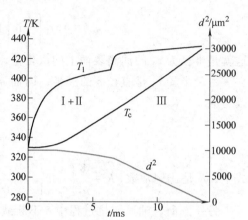

图 6-14 计算机模拟正庚烷粒子受热升温、蒸发、燃烧三阶段的特性参数

液滴温度 $T_{drop} = 330\text{K}$,$d = 100\mu\text{m}$,
空气温度 $T = 1100\text{K}$,压力 $p = 0.7\text{MPa}$

二、强迫气流中液滴的燃烧

实际中,液滴通常相对于环绕气体有一定的速度。这是由于燃料喷雾的射入或者湍流流场存在的缘故。因而,理解流场对液滴的着火和燃烧是重要的。图 6-15 所示为一甲醇液滴在空气中的着火过程。空气流速为 10m/s,方向由左到右,开始着火在液滴的顺风区,一定时间后,火焰前沿形成,这与非预混逆流火焰是一样的。

实际燃烧过程中,燃料液滴和气流之间总是存在着相对运动,如当液滴从喷嘴喷出时,喷射速度不等于周围气流的速度;在湍流气流中（实际燃烧装置中多为湍流）,液滴的质量惯性比气团大得多,因此液滴总是跟不上气团的湍流脉动,相互间存在着滑移速度。如图 6-16 所示,当液滴之间有相对运动时,前面关于球对称的假设是不适用的。也就是说,在对称球面上,浓度、温度等不再相等,斯蒂芬流也不再保持球对称。为处理这个复杂得多的问题,常用所谓"折算薄膜"来近似处理。

对于不考虑辐射加热的稳定燃烧,由图 6-17 所示的液滴燃烧模型示意图可见,此时有两个折算边界层厚度,一为流动时折算边界层厚度 r_{sup},另一为油气燃烧的火焰面厚度 r_f,因为燃烧过程取决于油气和氧气在 $\alpha = 1$ 的面上的相互扩散,因而可以设想 $r_1 < r_{sup}$,并且 r_1

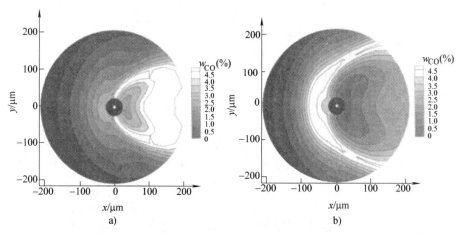

图 6-15 热空气中甲醇液滴的着火过程

a）着火过程中 CO 质量分数轮廓线 b）非预混火焰形成后的轮廓线

和 r_{sup} 同时减少。则根据液滴蒸发速率公式（6-28），可得液滴在 r_1 处的燃烧速率计算公式为

$$q_{m1} = 4\pi \frac{\lambda_g}{c_{pg}} \frac{1}{\frac{1}{r_1} - \frac{1}{r_f}} \ln\left[1 + \frac{c_{pg}(T_f - T_{bw})}{Q_{lg}}\right] \quad (6-51)$$

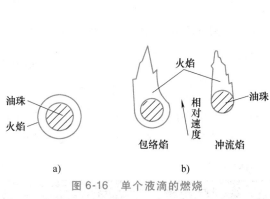

图 6-16 单个液滴的燃烧

a）没有相对运动的情况 b）有相对运动的情况

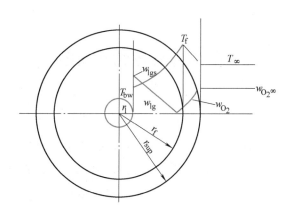

图 6-17 液滴燃烧模型示意图

T_{bw}—液滴表面温度 T_f—油气燃烧的火焰峰面温度 T_∞—折算边界层温度 r_1—液滴半径 r_f—油气燃烧的火焰面厚度 r_{sup}—折算边界层厚度 w_{O_2}—沿程氧气质量分数 $w_{O_2\infty}$—折算边界层氧气质量分数

周围氧气向火焰面的扩散速率为

$$q_{m1} = 4\pi \frac{1}{\frac{1}{r_f} - \frac{1}{r_{sup}}} D_{O_2}\rho_{O_2} \ln(1 + w_{O_2\infty}/\beta) \quad (6-52)$$

联立式（6-51）和式（6-52）可得

195

$$\frac{r_{\mathrm{f}} - r_1}{r_{\mathrm{sup}} - r_{\mathrm{f}}} \frac{r_{\mathrm{sup}}}{r_1} = \frac{1}{Le} \frac{\ln\left[1 + \dfrac{c_{pg}(T_{\mathrm{f}} - T_{\mathrm{bw}})}{Q_{\mathrm{lg}}}\right]}{\ln(1 + w_{O_2\infty}/\beta)} \tag{6-53}$$

若速度不大，$Nu_{s,0} \approx 2$，$Nu_s \approx 3.7$，则

$$\frac{r_{\mathrm{sup}}}{r_1} = \frac{1}{1 - \dfrac{Nu_{s,0}}{Nu_s}} = 2.17$$

根据计算，式（6-52）右边数值常大于 13，则可推得 r_{sup} 与 r_1 数值接近，则式（6-52）可改写成

$$q_{m1} = 4\pi \frac{Nu_s r_1}{2}\left\{\frac{\lambda_g}{c_{pg}}\ln\left[1 + \frac{c_{pg}(T_{\mathrm{f}} - T_{\mathrm{bw}})}{Q_{\mathrm{lg}}}\right] + \frac{\rho_{O_2} D_{O_2} w_{O_2\infty}}{\beta}\right\} \tag{6-54}$$

对于液滴直径在燃烧过程不断减少的轻油，燃烧速率常数 K 为

$$K = \frac{4Nu_s}{\rho_1}\left\{\frac{\lambda_g}{c_{pg}}\ln\left[1 + \frac{c_{pg}(T_{\mathrm{f}} - T_{\mathrm{bw}})}{Q_{\mathrm{lg}}}\right] + \frac{\rho_{O_2} D_{O_2} w_{O_2\infty}}{\beta}\right\} \tag{6-55}$$

则液滴燃烧时间为

$$\tau = \frac{d_{1,0}^2 - d_1^2}{K} \tag{6-56}$$

则燃尽时间为

$$\tau_0 = \frac{d_{1,0}^2}{K} \tag{6-57}$$

对重油、渣油等，燃烧过程滴径变化不大，只是其密度变化，则液滴的燃烧时间为

$$\tau = \frac{(\rho_{1,0} - \rho_1)c_{pg}d_{1,0}^2}{6\lambda_g Nu_s\ln\left[1 + \dfrac{c_{pg}(T_{\mathrm{f}} - T_{\mathrm{bw}})}{Q_{\mathrm{lg}}}\right]} \tag{6-58}$$

强迫对流环境下液滴的燃烧除折算薄膜理论外，还有很多研究者对此进行了较深入的实验和理论研究。研究者对强迫对流下液滴燃烧速率总结的某些经验或半经验公式见表 6-3。

表 6-3 强迫对流情况下燃烧速率的各种关系式

研究者	实验条件	经验或半经验关系式
佛劳斯林（Frossling）	室温下，硝基苯、樟脑、水，$2 < Re < 800$	$q_{m1} = q_{m1,0}(1 + 0.276Re^{1/2}Sc^{1/3})$
雷扎德（Ranzand）	473K 以下的环境温度	$q_{m1} = q_{m1,0}(1 + 0.3Re^{1/2}Sc^{1/3})$
阿戈斯通（Agoston）	$2200 \sim 2920K$，甲醇和乙醇在模型球中燃烧	$q_{m1} = q_{m1,0}(1 + 0.24Re^{1/2})$
斯波尔丁（Spalding）	模型球法，$800 < Re < 4000$，$0.6 < B_T < 5$	$q_{m1} = q_{m1,0}B_T^{3/5}Re^{1/2}\dfrac{\mu}{d_1}$

由表 6-3 可见，在强迫对流环境下液滴燃烧速率随 Re 的增大而提高。这是因为随 Re 的增大，火焰外边缘驻膜厚度减小，从而使火焰表面氧含量加大，致使火焰与液滴表面之间的距离减小。燃烧常数和周围气体之间相对速度的关系见表 6-4。

表 6-4 燃烧常数和周围气体之间相对速度的关系

研究者	相对气流速度	式(6-56)中燃烧常数 K 变化量
戈德史密斯	周围气体速度为 $0 \sim 400\text{mm/s}$	K 增加 36%
熊谷	周围气体速度为 $0 \sim 450\text{mm/s}$	K 增加 38%
马斯丁	周围气体速度为 $0 \sim 150\text{mm/s}$，炉温为 973K	K 增加 10%

对液滴在振动空气场中燃烧的情形，熊谷和矶田得出了如下关系式，即

$$K_z = K + A_1 f p^2 (A_2 - f p^2) \tag{6-59}$$

式中，K_z 是有振动时的燃烧常数（m^2/s）；A_1、A_2 是实验常数；f 是振动频率（Hz）；p 是空气振幅。

对处于强迫对流条件下的液滴来说，另一个相当重要的空气动力学的效应是燃烧着的液滴和未被点燃液滴两种情况下的阻力系数。蒸发着的液滴的运动方程区别于惰性球运动方程之处，在于前者多出一项，这一项考虑了自液滴表面流出的质量流对惯性力的影响。这会影响液滴的阻力。斯波尔丁研究表明，未被点燃但是蒸发的液滴不断流出的蒸气的动量改变了边界层内的速度剖面，从而引起边界层厚度增加。结果，液滴表面处的摩擦阻力减小。在燃烧着的液滴情况下，由于火焰的膨胀，燃烧反应产物气体充入尾迹中的低压区，并从而减小了形状阻力。

近年来，在理论方面，液体燃料滴着火和燃烧的非稳态理论在准稳态理论的基础上得到发展。由于液体燃料滴的着火和燃烧是非稳态过程，这些现象用建立在稳态假定基础上的理论来较全面加以解释是十分困难的，因此，发展更适当的理论和建立定量的非稳态过程的表达式就很有必要。

把液滴周围气体的质量分数、速度和温度方程写成对时间和空间的有限差分形式。然后用逐步增加时间的办法对这些方程进行数字解。得到的主要结论是：

1）d_1^2 对 τ 关系曲线的斜率值在燃烧的初始阶段不断变化，然后达到等于准稳态理论结果的常数值。

2）燃烧过程中，液滴表面温度值、火焰与液滴直径的比值以及火焰温度值都是变化的。

3）在液滴中心温度升高到液滴表面温度以前，必须经过一段时间。

4）着火过程是从化学动力因素控制转变到扩散控制燃烧的过程，灭火则刚好相反。

珀斯金（Peskin）等根据燃烧化学反应速率为有限值和修改后的火焰表面概念所提出的燃料滴线性和非线性着火理论，就属于这样的理论。从这些理论得知，着火是一个从化学反应动力学控制的燃烧过渡到扩散过程控制的燃烧的非稳态过程，而灭火则是相反的非稳态过程。他们的理论还得出：

1）当液滴的直径减小时，液滴的自燃温度增加。

2）在周围介质中的氧含量较低时，含量大小对自燃温度的影响不大。

3）频率因子、总反应级数和活化能，均对自燃温度有强烈的影响。

德瓦尔（Dwyer）等则进一步考虑了液滴内部的对流流动及液滴内温度分布的全过程，对纳维-斯托克斯方程直接求解，对液滴初始阶段中非稳态研究表明，初始的湍流速度加速过程对液滴早期的阻力和传热过程影响很大。

三、液滴群的燃烧

液体燃料的液滴群燃烧（包括其蒸发）是一个复杂的过程。它不是单个液滴燃烧的简单叠加，也不同于前述两个液滴在无限空间中的蒸发和燃烧，因为此时液滴群中各个液滴相互间要发生干扰，特别是当液滴群中的液滴十分接近时尤甚。这种相互影响主要表现在相邻液滴间同时燃烧时有着热量的交换，以致减少了每个燃烧液滴的热量散失；相邻液滴间同时燃烧起到了竞相争夺氧气的作用，妨碍了氧气扩散到它们的火焰锋面。前一影响的存在可以促进液滴群的燃烧，使燃烧所需时间比单滴燃烧少；但后一影响的存在却妨碍了液滴群的燃烧，使燃烧时间延长，甚至可能引起熄灭。

实验研究表明，在液滴群燃烧时，液滴燃烧时间仍遵循着前述的直径平方-直线规律。不过此时燃烧速率常数值 K 与孤立单滴燃烧时有所不同。某些研究表明，认为 K 值与压力有关，提出了如下的关系式：

$$d_{1,0}^2 - d_1^2 = f(p)K\tau \tag{6-60}$$

式中，$f(p)$ 是压力 p 的函数，且 $f(p) \le 1$，液滴群燃烧速率常数见表 6-5，其中 S 为液滴间的间隙。

表 6-5　液滴群燃烧速率常数

燃　料	S/mm	$K/(\mathrm{m}^2/\mathrm{s})$	燃　料	S/mm	$K/(\mathrm{m}^2/\mathrm{s})$
n-庚烷	∞	0.97×10^{-5}	甲醇	5.8	1.28×10^{-5}[1]
	9.5	1.28×10^{-5}		3.6	0.78×10^{-5}[1]
	8.5	1.16×10^{-5}		8.7	1.04×10^{-5}
	7.5	1.23×10^{-5}		7.5	1.09×10^{-5}
				5.8	1.08×10^{-5}[2]
				3.6	0.64×10^{-5}[2]

[1] 火焰部分地合并。
[2] 火焰完全合并，其余均为单独分开的火焰。

但在实际燃烧过程中液滴群的流量密度和液滴直径是不均匀的。因此，在同一时刻各个液滴的燃烧状况不一样，射流各断面上的燃烧状况也不相同。另外，液滴喷入燃烧室，各液滴将到达各个不同的位置，且燃烧室的温度场不均匀，因此，即使液滴直径相同，在同一时间不同的空间，液滴的燃烧状况也不一样。因此不能简单地用同一个 K 值来进行计算，目前还需借助实验研究。此外，液体燃料的液滴群燃烧的燃烧过程的扩展（即所谓火焰传播）主要是借助于液滴的不断着火、燃烧。液滴的着火是由于周围高温介质所传递的热量，靠液滴本身的蒸发和蒸气的扩散来实现。如图 6-18 所示，液滴群燃烧的燃烧速度一般总比均匀混合气燃烧时小。这是因为液滴群中液滴的燃烧需经过传热、蒸发、扩散和混合等过程，以致所需时间相对较长。

液滴群燃烧还有一个显著的特点，就是具有比均匀可燃混合气燃烧更为宽广的着火界限和稳定工作范围（图 6-18）。这对燃烧室的工作性能来说，具有很

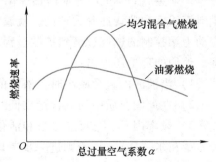

图 6-18　均匀混合气和油雾燃烧速率与总过量空气系数间的关系

实际的意义。它可以在变化较大的工作范围内进行稳定的燃烧。液滴燃烧过程的扩展主要取决于液滴周围的液/气比例（质量比），即局部区域的过量空气系数。因此，若从燃烧室的整体来说，总的过量空气系数虽已超出均匀可燃混合气可以燃烧的界限，但在局部区域仍会有适合液滴燃烧的液/气比（质量比），它可保证燃烧所需空气的及时供应和相邻液滴间的相互传热，以促进燃烧，这样显然扩大了液滴群燃烧的稳定工作范围。

四、合理配风

喷雾燃烧的合理配风就是合理组织空气流动，加速油雾与空气的混合过程，强化雾化燃烧以及提高燃烧完全程度。如果混合速度慢，则火焰拉得很长，并且容易产生不完全燃烧损失。

1. 喷雾燃烧的配风原理

在喷雾燃烧过程中合理配风主要表现为通过配风强化着火前的液气混合，形成合适高温回流区和促进燃烧过程的液气混合。

强化着火液气混合是因为油雾在缺氧、高温情况下，会发生热分解，产生难燃的炭黑。为了减少炭黑的形成，在喷嘴出口到着火之前必须有一部分空气与油雾先行混合，混合速度要尽可能快。但是，如果空气流的扩散角过大，在喷嘴出口后空气流会移向油雾流的外侧。这时，空气流的扰动虽然很强烈，但若与油雾流并未混合，这种扰动对混合是无用的。显然，这样的空气流组织是不理想的。形成合适回流区，是为保证燃油雾滴的着火，因为高温回流区的大小和位置对着火燃烧有影响，如果回流区过大，一直伸展到喷口，则不仅容易烧坏喷嘴，而且对早期混合也不利，使燃烧恶化。反之，如果回流区太小，或位置太后，会使着火推迟，火焰拉长，不完全燃烧损失增加。促进燃烧过程的液气混合是为解决从喷嘴中喷出的油雾分布的不均匀性。在雾化燃烧中，通过促进液气混合避免发生热分解，产生不完全燃烧产物。为了使不完全燃烧反应产物在炉内完全燃烧，不仅要求早期混合强烈，而且要求整个火焰直至火焰尾部混合都强烈。

低氧燃烧是一种减轻和防止低温腐蚀和高温腐蚀，减轻大气污染的较先进的燃油技术。在低氧燃烧技术中，过量空气系数 α 低于 $1.03 \sim 1.05$，烟气中过剩氧量仅在 $0.6\% \sim 1\%$ 以下，然而仍能保持燃烧完全。

低氧燃烧技术不仅要求雾化器和配风器（又称调风器）设计和制造良好，而且要求各燃烧器之间的油与空气分配十分均匀。例如，如果过量空气系数 $\alpha = 1.04$，而油与空气在各燃烧器之间分配不均匀的最大偏差（即最大或最小流量和平均流量之差的相对值）各为 $\pm 4\%$，那么就可能有一台燃烧器上油量偏多而空气量偏少，这台燃烧器所对应的 α 必然小于1，这样就产生了炭黑与 CO、H_2 等不完全燃烧损失。另一方面油量偏少而空气量偏多的燃烧器火焰中过剩氧相当多，仍会产生较多的 SO_3 和 NO_x，造成低温腐蚀与大气污染。因此从低氧燃烧的要求来看，油与空气在各燃烧器之间分配不均匀的最大偏差应该力求小，一般应控制在 $\pm (3 \sim 5)\%$ 以下。

为了达到油在各燃烧器之间，也就是各雾化器之间的均匀分配，应该设法做到下列各点：

1）提高各雾化器的加工精度，以控制各雾化器的流量特性偏差不超过 $\pm 1\%$，雾化器制成后最好做流量检验实验。

2）输油管路应该设计得各管道的阻力差尽可能小。如果阻力差太大，可以加装孔板使之均匀。

3）由于雾化器会磨损，应定期检查流量的变化。经过一定时间的运行后，应做尺寸检查和流量实验。流量偏差应限制在 0~2% 的范围内。

2. 合理配风的基本方式

空气流的组织一般通过调风器来实现。调风器的功能是正确地组织配风，及时地供应燃烧所需空气量以及保证燃料与空气充分混合。燃油通过中间的雾化器雾化成细雾喷入燃烧室（炉膛），空气（或经过预热的热空气）经风道从调风器四周切向进入。因为调风器由一组可调节的叶片所组成，且每个叶片都倾斜一定角度，故当气流通过调风器后就形成一股旋转气流。这时由雾化器喷出的雾状液滴在雾化器喷口外形成一股空心锥体射流，扩散到空气的旋流中去并与之混合、燃烧。由于气流的旋转，增大了喷射气流的扩展角和加强了油气的混合。叶片可调的目的是在运行中能借此来调节气流的旋转强度，以改变气流的扩展角，使与由雾化器喷出的燃油雾化角相配合，保证在各不同工况下都能获得油与空气的良好混合。调风器主要由调风器叶片和稳焰器两部分组成。

空气在各燃烧器之间，也就是各调风器之间的分配要比油的分配更加困难。目前还没有把握设计出最大偏差低于 ±3% 的风箱，以期把空气尽可能均匀地分配给各调风器。所以在实际设计上通常要先做模型实验，测定各调风器的风量分布和静压分布，并进行修改改进。最后在锅炉原型上还要根据现场运行情况进行考察检验，并做必要的修改改进。

为了使空气在各调风器之间分配得比较均匀，在风箱设计中一般要注意下列各点：

1）风箱中的空气流速应该稍低些。如果空气流速太高，那么它正面冲击的地方动压头转化成静压所得到的滞止压头相当大，而空气从侧面掠过的地方动压头不起作用，这个静压头就比上述的滞止压头小得多，这样两个地方的流量就很不均匀。一般风箱入口截面上的空气流速选为 10~12m/s，调风器与调风器之间的空当处空气流速选为 12~15m/s。

2）风箱中的空气流动图谱应该组织得比较完善。首先不准产生因边界层脱离所造成的死滞旋涡区。在死滞旋涡区的地方，如果布置调风器，那么这些调风器往往流量偏小。

此外，还希望风箱里的空气流速度场比较均匀，这样上述的动压头转化成滞止压头也可以比较均匀。

3）最好在直管道中进行各调风器的风量分配。在流速分布均匀的直管道上装上分叉口，然后各自配上调节风门，这样就可以使各分叉风道的空气量分配很均匀。

油燃烧器由雾化器和调风器组成。调风器又包括调风器叶片、稳焰器和旋口等，其中叶片和稳焰器也可能缺一件。旋口就是油和空气形成火炬喷进炉膛的砖砌喉口。

调风器起着三项功能：与风箱配合在一起，使空气均匀分配，并可受到调节；使油雾和空气混合得很好；使气流中间火焰稳定。

第四节　内燃机燃烧

一、内燃机基本结构

1. 基本概念与分类

内燃机是一种燃料在机器内部燃烧，工质被加热并膨胀做功，直接将所含的热能转变为机械能的热机。

按照内燃机的主要运动机构的不同，可将其分为往复活塞式内燃机和旋转活塞式内燃机两类，其中往复式内燃机得到普遍应用。往复式内燃机根据所用燃料，分为汽油机、柴油机和天然气发动机等；根据缸内着火方式，分为压燃式和点燃式；根据冲程数，分为四冲程和二冲程；根据气缸冷却方式，分为液体冷却式和空气冷却式；根据气缸数目，分为单缸和多缸；根据转速，分为低速（<300r/min）、中速（300~1000r/min）和高速（>1000r/min）；根据进气方式，分为自然吸气式和增压式；根据混合气准备方式，分为化油器式、进气管或进气道喷射、缸内直接喷射和分层充量式；根据燃烧室设计，分为开式和分隔式燃烧室。此外还可按用途、气缸排列方式等进行分类。

2. 内燃机的基本结构

以单缸往复活塞式内燃机为例，如图 6-19 所示，其基本结构主要包括：排气门 1、进气门 2、气缸盖 3、气缸 4、活塞 5、活塞销 6、连杆 7 和曲轴 8。

由图 6-19 可以看出，活塞在气缸中上下移动一个行程，曲轴旋转一周。图中的上止点是指活塞顶端离曲轴旋转中心最远处，而下止点是指活塞顶端离曲轴中心最近处。上下止点间的距离 S 称为活塞行程。连杆轴颈中心到曲轴轴颈中心的距离 R 为曲轴半径。对气缸中心线通过曲轴中心的内燃机，其活塞行程等于曲轴半径的两倍，即 $S = 2R$。

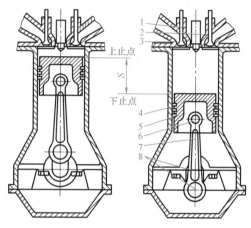

图 6-19 单缸往复活塞式内燃机
1—排气门 2—进气门 3—气缸盖 4—气缸
5—活塞 6—活塞销 7—连杆 8—曲轴

3. 内燃机缸内的气体流动

在内燃机进气过程，优化设计进气道，使燃料与空气充分混合或进气后与缸内喷射油滴充分混合，加上合理设计内燃机缸内机械结构，最终形成最佳的缸内空气混合运动，这对混合气形成和燃烧过程有决定性影响。

常见的强化缸内空气混合方式有如下3 种。

（1）进气涡流（旋流） 是指在进气过程中，使进入气缸的空气形成绕气缸中心高速旋转的气流，它一直持续到燃烧膨胀过程。在进气过程中产生进气涡流的进气道设计有两种：一种是将进气道设计为切向进气道，如图 6-20a 所示，在气门座前强烈收缩，引导气流以单边切线方向进入气缸，气流沿着气缸壁切线方向进入气缸并在旋转运动中转向两边及向下，切向气道的气道是直的，气流沿着切向方向进入气门的入口；另一种进气道设计为螺旋进气道，如图 6-20b 所示，空气进入气缸之前，在进气道内形成一定强度

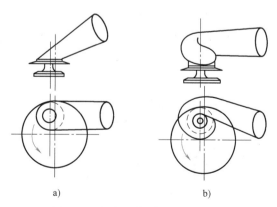

图 6-20 切向进气道和螺旋进气道
a）切向进气道 b）螺旋进气道

的旋转，造成较强的进气涡流并围绕气门轴线产生旋转向下运动。

（2）挤压涡流（挤流）　是指在压缩过程中形成的空气扰动。当活塞上行接近上止点时，活塞顶上部的空间中的气体被挤入活塞顶部的凹坑内，形成气体的扰动，如图 6-21a 所示。当活塞下行时，凹坑内的气体向外流出，形成逆挤流，如图 6-21b 所示。柴油机活塞顶凹坑有不同的设计，目的就是促进燃油与空气的混合与燃烧。

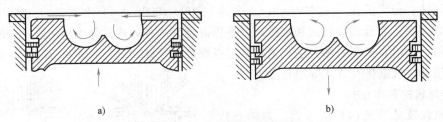

图 6-21　活塞顶部挤流结构设计

（3）湍流及燃烧涡流　进气射流在燃烧室壁面的作用下会形成很多不同尺寸的漩涡，另外，燃料燃烧产生的能量也会对未燃烧的混合气产生冲击，造成混合气涡流或湍流等。

二、汽油机燃烧

1. 汽油机混合气的形成

汽油机混合气主要是以预混的方式形成。汽油经过雾化、蒸发、扩散并在气缸外部与空气进行混合，形成混合气。所以，在气缸的进气门开启时，混合气已基本形成，直接进入气缸。汽油机中混合气的形成主要有两种方式：①化油器式，如图 6-22 所示，进气过程中，空气流经化油器的喉管 2 时，由于其流动截面变小，空气流速增加，导致该处的真空度增加，汽油由浮子室 4 吸入经喷管 3 喷出，由于喉管处空气流速是汽油流速的 20~30 倍，汽油被高速空气流破碎为直径约为 0.1mm 的小油粒，随后在流动过程中蒸发，并与空气进行混合，形成混合气；②电子控制汽油喷射式，如图 6-23 所示，电控单元根据测得的空气量和转速信息，计算出所需要的基本喷油量，再根据测得的温度信息修正，算出实际所需的喷油量，并向喷油器发出指令，控制喷油器将汽油喷入进气道，在进气道内汽油被高速流入的空气击碎、蒸发，并与混合空气形成混合气，进入气缸。

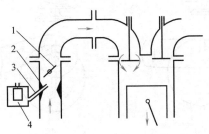

图 6-22　化油器式汽油机混合
气形成示意图

1—节气门　2—喉管　3—喷管　4—浮子室

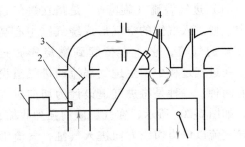

图 6-23　电子控制汽油喷射式汽油机
混合气形成示意图

1—电控单元　2—温度传感器　3—节气门
4—喷油器

混合气中的汽油雾化设计十分重要，其雾化程度直接影响到混合气的着火、燃烧速度及燃尽，进而影响汽油机的功率、经济性及污染物排放。

20 世纪 90 年代以后，缸内直喷汽油机重新获得重视，比较著名的如日本三菱的 GDI 发动机等。缸内直喷汽油机在中低负荷下采用燃油的喷射正时控制，采用分层燃烧模式，随着负荷增加，缸内直喷容易造成混合气局部浓度过高，增加碳烟颗粒排放，所以转而采用均质混合气燃烧方式，喷油提前在进气行程进行，以提高混合气的均匀性。缸内直喷发动机的缸内空气流动特性特别重要，同样需要强化缸内空气与燃料的混合，与缸内直喷柴油发动机一样，要统筹考虑进气道、蓬顶或屋脊式燃烧室、活塞顶形状和油束分布对燃烧过程湍流性能和混合气形成的影响。

2. 汽油机燃烧过程

汽油机的燃烧是先在缸内某一点附近形成火焰中心，然后进行火焰传播。但汽油机混合气的燃烧十分迅速，所经历的时间为 1.5～3ms。为便于分析，根据缸压示功图，如图 6-24 所示，将燃烧过程分为三个部分。

第一阶段（Ⅰ）为着火阶段，也称为滞燃期或初燃期，指从火花塞跳火（点 1）至形成火焰中心的阶段（点 2），以 τ_i 表示。在汽油机压缩过程中，混合气的压力和温度随之升高。活塞压缩至 1 点时，火花塞发生跳火，附近的混合气温度迅速升高，汽油分子的氧化速度随之迅速升高，放出的热量也

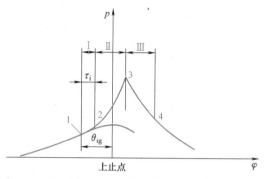

图 6-24　汽油机燃烧的缸压示功图

增加。但电火花在跳火以后，混合气中不会立即出现火焰，有一定的滞后。待混合气升至一定温度后，混合气着火并形成火焰中心，此时气缸内的压力显著升高，即示功图中的点 2 所示。其中，从火花塞跳火至上止点的曲轴转角 θ_{ig} 为点火提前角。该阶段的持续时间约占整个燃烧时间的 15%，放热量约占总放热量的 10%。

第二阶段（Ⅱ）为火焰传播阶段，也称为显燃期、急燃期或主燃期，指的是形成火焰中心（点 2）的火焰面向燃烧室传播，烧掉大部分工质，直至缸内出现最高压力（点 3）的阶段。在该阶段，火焰前锋从火焰中心开始以 30~60m/s 的速度向前传播，几乎燃遍整个燃烧室。同时，在该阶段，燃烧室容积变化较小，但燃烧的混合气数量多，所以缸内的压力和温度急速上升，平均压力增长率 $\Delta p/\Delta \varphi$ 达 200~400kPa/(°)，最高压力 p_z 和最高温度 T_z 分别可达到 3000~5000kPa 和 2200~2800℃，放热量约占总放热量的 85%。

显燃期是汽油机的主要燃烧阶段。若这个阶段太短，燃烧会过早到达点 3，就会在短时间的压缩过程中燃烧大量混合气，引起开始的压力增长率 $\Delta p/\Delta \varphi$ 过高；如果显燃期过长，燃烧会过迟达到点 3，那样大部分混合气的燃烧在膨胀过程中进行，所放出的热量不能有效利用，并增加气缸壁的传热量。显燃期过快或过长，都会对汽油机功率及经济性有所影响。

第三阶段（Ⅲ）为后燃期，也称为末燃期或燃尽期，指的是从出现最高压力（点 3）到燃油基本燃烧完（点 4）的阶段。是火焰锋面过后没燃尽以及粘附在燃烧室壁面的混合气继续燃烧的过程。为有效利用燃油燃烧放出的热量及减少气缸壁的散热损失，应尽量缩短后燃期。在该阶段放热量约占总放热量的 5%。

3. 汽油内燃机高效燃烧技术

（1）汽油机缸内直喷技术　采用汽油缸内直喷，首先，喷雾的油滴蒸发可从空气中吸热使混合气温度降低，有利于减小汽油机的爆燃（敲缸）倾向；其次，混合气温度降低后，其体积小于喷油以前纯空气的体积，使充量效率提高。

（2）汽油机增压技术　涡轮增压可提高发动机的功率和转矩，提高发动机的性能，也有助于提高燃油经济性并降低污染物排放。但从排气能量利用的角度来看，汽油机的涡轮增压与柴油机没有本质的区别，汽油机涡轮增压技术除了在赛车发动机和高原行驶车辆发动机中得到应用外，在其他应用领域的普及性远不如柴油机。由于电控和直喷技术的广泛应用，小型增压器耐高温能力及自身特性的改善，对爆燃控制能力的提高等，大大推动了汽油机增压技术的普及与发展。

（3）汽油机预混稀燃燃烧技术　预混稀燃汽油机在实际空燃比接近 0.6 时仍能实现稳定燃烧。由于混合气的层流燃烧率比较低，湍流强度必须增加，进而提高湍流燃烧速率，以便在限定的时间内完全燃烧。但是，高的稀燃或高废气再循环率（EGR）稀释的燃烧所引起的燃烧不稳定和循环燃烧变动，均会使燃油消耗率和排放的改善受到限制。改善预混稀燃发动机燃烧的有效方法是控制整体流动向涡流和湍流的转化，并且使它们按合适的强度在燃烧场中均匀地分散，这就需要用曲面活塞顶来控制滚流实现稀燃的目标。

（4）汽油机混合动力技术　混合动力汽车的定义为在混合型车辆上，至少有一种储能器、能源或能量转换器能提供电能，其主要由牵引电机（Traction Motor）、载荷均衡装置（Load Leveling Device）、助动力单元（Auxiliary Power Units）以及传动系统所组成。

混合动力系统的动力由内燃机和电化学电池供给，热机的运行工况变化并不与车辆行驶工况的变化成比例，可以使内燃机在最佳工况下工作，经济性与排放性能均保持最优。在汽车混合动力系统中，内燃机的尺寸可以选小，以进一步改善混合动力系统的经济性和排放性能。

三、柴油机燃烧

1. 柴油机混合气的形成

柴油机的混合气是在缸内形成的，且喷油、混合和燃烧是同时进行的，边喷油，边混合，边燃烧。柴油的蒸发性和流动性比汽油差，但自燃点比汽油低，所以柴油机采用压燃的着火方式，在压缩至上止点前把柴油直接喷入气缸，与空气混合，然后压缩着火燃烧。柴油机的可燃混合气的形成有两种方式，分别为空间雾化混合和油膜蒸发混合。空间雾化混合是将柴油高压喷向燃烧室空间，形成雾状，并与空气进行混合。而油膜蒸发混合是将大部分柴油喷射到燃烧室壁面上，形成一层油膜，油膜受热蒸发，在燃烧室中强烈的旋转气流作用下，燃料蒸发与空气形成均匀的可燃混合气。

但在实际喷射中，不能保证柴油完全均匀喷到燃烧室空间或燃烧室壁面。同样需要通过组织空气涡流、挤流及湍流等，统筹考虑进气道、蓬顶或屋脊式燃烧室、活塞顶形状和油束分布对燃烧过程湍流性能和混合气形成的影响，这对柴油机着火、燃尽、动力性能、环保性能都极为重要。

2. 柴油机燃烧过程

在柴油机中，燃料由喷射装置在接近压缩终了时开始喷入气缸，一小部分燃料蒸发并与空气混合成为可燃混合气，燃料蒸汽与空气在合适的比例下迅速着火并燃烧，混合气过浓或过稀都不能及时着火。大部分燃料及部分燃料燃烧的中间氧化产物要在随后的与空气扩散混合过程中完成燃烧，燃烧速率取决于混合速率，也称为扩散燃烧。

柴油机内燃料着火条件包括：

1）混合气中燃料蒸汽与空气当量比要在一定的范围内才能着火，这个浓度比范围可称为着火浓度界限。着火浓度界限也与环境温度有关，环境温度越高，着火浓度界限范围也越大。

2）混合气还必须加热到某一临界温度才能着火，这一温度也称临界着火温度。临界着火温度也与燃料成分、介质压力、加热条件及测试方法有关。

柴油机燃烧室内着火情况有以下特点：

1）首先着火的地点是在油束核心与外围之间混合气浓度（当量比）处在临界浓度（当量比）的地方。

2）由于形成合适浓度的混合气及温度条件的地方不止一处，因此往往是几处同时着火。

3）每个循环的喷油情况和温度状况也不完全一样，这使得每个循环内的着火地点也不完全一样。

4）火焰传播的路线及火焰传播速度取决于混合气形成的情况及与空气混合湍动等因素。如果火焰中心在传播的过程中遇到偏离着火临界浓度（当量比）界限的混合气，也就是遇到浓度偏离可着火浓度的混合气，火焰传播就会中断。但是，缸内其他地方的混合气浓度可能形成并处在合适浓度范围内，又会有新的着火核心产生，使燃烧仍能迅速进行。

柴油机燃烧过程的进行伴随着缸内工质的压力和温度的变化，所以柴油机的燃烧过程同样可采用示功图进行描述和分析，如图6-25所示。根据展开的示功图中缸内工质的压力和温度的变化特征，柴油机的燃烧过程可分为4个阶段。

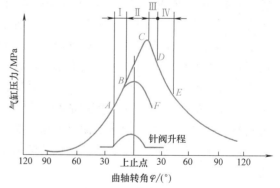

图 6-25 柴油机燃烧的示功图

第一阶段（Ⅰ）为着火滞燃期，又称为滞燃期、着火延迟期，指的是从喷油开始（点A）到柴油开始着火（点B）的时期。在此压缩过程中，缸内气压和温度不断升高，在上止点前某一点喷油嘴开启，向气缸内喷入燃料。此时缸内温度高达600℃，虽然该温度远高于燃料的自燃温度，但燃料不能马上着火，而是略有滞后。所以，在该阶段主要进行着火前的物理化学准备过程，包括柴油的雾化、吸热、扩散、蒸发、氧化和分解。在这一阶段，燃料不断喷入，占总喷油量的30%~40%，基本不放热。该阶段持续时间虽短，为0.0007~0.003s，但对整个燃烧过程影响很大。若着火滞燃期过长，则喷出油量多，导致滞燃期压力急剧升高，柴油机工作粗暴；若滞燃期过短，又会导致可燃混合气形成困难，柴油机动力经济性能恶化。

第二阶段（Ⅱ）为速燃期，又称为初燃期、急燃期，或着火中心扩展和火焰传播期，指从柴油开始着火（点B）到气缸最高压力点（点C）的时期。由于在上一阶段内形成一定量的混合气，在油束外层浓度、温度适宜处，出现一处或多处着火中心（火核）。进入速燃期后，火焰由已形成的火核同时向周围传播，火焰传播速度很快并发展为点源式、点源和容积混合式（逐渐爆炸型）或容积式（同时爆炸型）火焰。在速燃区，燃料燃烧非常迅速，气缸压力和温度迅速上升，是对外做功的关键时期。在该阶段燃烧以预混燃烧为主，针阀依然打开，燃料持续喷入，燃烧条件逐渐变差，所以，这期间要控制喷油量和加强气体的流动混合。经过该阶段燃烧，气缸内形成大量未完全氧化的中间产物，这些中间产物将与新喷入的燃料混合在一起，随后与空气混合燃烧。在此期间，燃烧放热速率虽然很快，但燃料燃烧的比例较少，约占总燃油量的10%。

第三阶段（Ⅲ）为缓燃期，又称为主燃期，指从最高压力点（点 C）到最高温度点（点 D）的时期。在缓燃期，活塞下行，气缸容积变大，氧气变少，燃烧主要是扩散燃烧，燃烧速度受控于最佳着火混合气形成的速度。正常情况下，在上止点后 $20° \sim 35°$ 达到最高温度点。在到达最高温度前，喷油就已经结束，但由于上一阶段中大部分燃料要在该阶段燃烧，所以该阶段要放出总燃料热量的 70% ~ 80%。该阶段结束时，燃气温度高达 1700 ~ 2000℃。

第四阶段（Ⅳ）为后燃期，指从缓燃气终点（点 D）到燃料基本燃烧完为止（点 E）的时期。在柴油机中，由于燃烧时间短促，燃料和空气的混合又不均匀，残余的燃料不能及时烧完，就会冒黑烟，放出的热量无法通过做功传给机体，使得发动机过热。特别是在高速、高负荷工况时，由于过量空气少，混合气形成和燃烧时间更短，后燃现象比较严重。所以，应尽量缩短后燃期，并加强这个时期的缸内气体流动混合。

3. 高效柴油机燃烧技术

（1）柴油机燃油高压喷射　直喷式柴油机通过促进与空气的混合，可以有效降低碳烟颗粒（PM）的生成量，降低燃油消耗率。但直喷式柴油机的气缸内空气的速度相对较低，燃烧受到燃油和空气之间混合速度的影响，有必要增大喷射压力，有效地形成空气和燃油之间的混合。为此，需要能提高燃烧室内空气流动状态和燃油喷射率，以及精密控制喷雾状态的高压燃油喷射技术。高压共轨喷射系统与传统的机械式燃油喷射系统相比自由度高，能实现多次喷射，同时能降低噪声、NO_x 和碳烟颗粒的生成量，还能降低燃油消耗率。喷油器使用重量更轻、响应性更好并且更加能精密控制的压电式。柴油机控制模块（ECM）根据从各种传感器接收的信号，判断柴油机的运行状态，以控制最佳燃油喷射量和喷射时间，有望改善燃油效率和废气的排放。电控式燃油喷射系统的柴油机性能也会随着喷油器的特性改变发生很大的变化。

（2）柴油机涡轮增压　增压技术是以增加进气量的方法提高输出功率的技术，以小排气量获得大输出功率，可实现柴油机的小型化，柴油机的小型化可以减少摩擦损失和泵气损失，降低燃油消耗量，同时降低排放。目前，可变几何涡轮增压器（VGT）及电控涡轮增压器正广泛采用，可在全工况域内提高燃油效率。目前开发的双级涡轮增压器不仅能提高动力性能，还能提高效率，降低排放。

四、内燃机新概念燃烧

1. 均质充量压缩着火

新概念燃烧不仅以提高燃油效率为目的，还要降低有害废气的排放量，主要有两种方法：①燃烧最佳化，包括均质压燃（HCCI）、高压多次喷射等；②降低摩擦损失，包括凸轮轴驱动力降低技术、改善活塞运动等。

HCCI 是通过早期喷射形成预混合气，在不生成 PM 和 NO_x 的低温燃烧区运行的技术。图 6-26 所示传统柴油机的运行条件均包含了 NO_x 和碳烟的生成区，HCCI 和柴油低温燃烧（LTC）均避开这些有害成分生成区，利用大量废气再循环（EGR），防止碳烟生成。图 6-27 所示为 HCCI 的燃烧效果，采用低温燃烧，有效燃料消耗率（b_e）略微下降，显著降低 NO_x 和碳烟的生成，但会导致碳氢化合物（HC）和 CO 排放增加。此外，该技术局限于低负荷工况，且存在过渡运行区燃烧控制难的问题。目前，此技术在低负荷工况通过传统柴油燃烧和废气再循环（EGR）实行最佳化，在中负荷状态实现 HCCI 燃烧，在高负荷状态通过高压多次喷射缩短燃烧时间，降低燃油消耗率和有害排放。

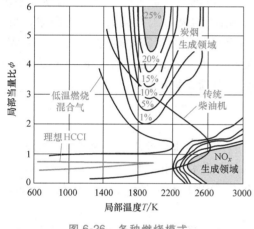

图 6-26　各种燃烧模式

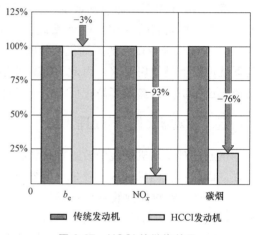

图 6-27　HCCI 的燃烧效果

研究人员开展了大量的 HCCI 应用研究，取得了阶段性成果。

1）汽油机的研究重点是向大负荷拓展时的燃烧速率控制和燃烧模式切换，使发动机具有可切换的多种工作模式，实时柔性控制燃油喷射与气门和节气门的协同工作，优化工作模式切换时的稳定性。日本本田公司使最低负荷扩展至 0.16MPa（压缩比为 11.5），最大负荷扩展到 0.65MPa。天津大学实现了较广范围内的 HCCI 燃烧，仿真 NEDC 驾驶循环的节油效果为 15.6%。排放指标除 HC 之外，NO_x 和 CO 直接排放值均小于欧Ⅳ限值。清华大学开发了火花点火辅助分层压燃（ASSCI）燃烧系统，多缸 HCCI 样机测试结果比传统汽油机的燃油经济性改善 15% 以上，NO_x 排放降低 90% 以上。

2）柴油机的 HCCI 研发集中在新型的喷油器、多段喷油策略与燃烧室的配合上。日本丰田公司设计的系统 Uniform Bulky Combustion System（UNIBUS）在小负荷范围内实现 HCCI 燃烧，使 NO_x 排放降低到原机的 1/100，碳烟排放接近零。法国 IFP 公司提出的 Narrow Angle Direct Injection（NADITM）系统，对于 HCCI 工况，NO_x 排放减少至 1/100，颗粒物排放减少至 1/10，但 HC 和 CO 排放则增加到了直喷汽油机的水平。天津大学的 MULINBUMP 减少了燃油在燃烧室壁面的沉积，获得了较高的平均指示压力和热效率，但 HC 和 CO 排放仍需进一步降低。

3）部分学者提出综合燃料特性的复合燃烧，包括实时配比燃料组分的双燃料系统、柴油引燃汽油燃烧系统、燃料中增加添加剂辅助 HCCI 燃烧，以及专为 HCCI 发动机制备的宽馏分燃料的设计，并开展了相关实验研究。

2. 反应活性控制压缩着火

传统柴油机燃烧中 NO_x 与颗粒排放间存在着反向变化关系，低温预混合燃烧能够同时降低 NO_x 和颗粒排放。但是要将低温预混合燃烧应用在产品上还必须解决燃烧相位控制、负荷适应性、HC 与 CO 排放偏高等问题。燃烧相位的控制问题尤为重要，如果控制不当会引起工作粗暴或是燃烧效率下降等问题。

反应活性控制压缩着火（Reactivity Controlled Compression Ignition，RCCI）是为解决现有低温预混合燃烧不可控而提出的一种新的先进低温预混合燃烧。RCCI 燃烧可在除氧化催化器外，不需要任何其他后处理设施的条件下，实现美国 EPA2010 排放标准，且热效率高达 53%。

虽然 RCCI 需要两套燃油系统，一套是采用现有的汽油机气道喷射（PFI）的燃油系统，另外一套是缸内直喷（DI）燃油系统，但 PFI 燃油系统的喷射压力很低、结构简单、价格低，DI 系统可采用现有的柴油机共轨喷射系统，而且喷射压力不需要很高，一般在 100MPa 以下就可以满足使用要求，因此 RCCI 在总体上使用成本并不比现有技术高。RCCI 可实现燃烧相位控制，且热效率高；但 HC、CO 排放高，高负荷燃烧不稳定。

五、发动机燃烧后处理

仅通过对发动机燃烧的改进和优化很难达到日益严格的排放要求，需额外安装尾气净化装置。因此，汽油机采用三效催化装置，柴油机采用氧化性催化装置（Diesel Oxidation Catalyst，DOC）、颗粒捕捉装置（Diesel Particulate Filter，DPF）和选择性催化还原装置（Selective Catalyst Reduction，SCR）。

三效催化转化装置是目前在汽油机上使用的污染物质净化装置中最有效率的装置。但在空气过量系数 $\alpha>1$ 的稀薄混合气运行条件下，三效催化转化器无法净化 NO_x，应外加 NO_x 还原催化器。为使三效催化转化器能有效净化 HC、CO 和 NO_x，须把燃料量控制在理论空燃比附近。在 $\alpha=1$ 附近对 CO、HC、NO_x 这三种有害气体的净化率均能达到 90% 以上，其控制范围较窄。催化转化器的理想的工作温度介于 400~800℃。若低于 300℃，净化率很低，若介于 800~1000℃，会减少活性物质表面积，影响催化转化器的耐久性。

CO 和 HC 的氧化反应式为

$$2CO+O_2 \longrightarrow 2CO_2$$
$$2C_2H_6+7O_2 \longrightarrow 4CO_2+6H_2O$$

NO_x 的还原反应式为

$$2NO+2C \longrightarrow N_2+2CO_2$$
$$2NO_2+2CO \longrightarrow N_2+2CO_2+O_2$$

图 6-28 所示为配备氧传感器的托盘型和蜂窝型三元催化器示意图。

氧化性催化装置（DOC）主要使用铂（Pt）和钯（Pd）为氧化剂，其作用是降低柴油机在稀薄燃烧条件下生成的 HC、CO 和颗粒物（PM）中易氧化的可溶性有机物质（SOF）排放量。DOC 通过氧化 PM 中的 HC，将 PM 的排放量降低 10%~20%。但配备氧化催化器时须使用低硫燃料。对柴油机，DOC 一般配置在 DPF 前面。

颗粒捕捉装置（DPF）是柴油机中可净化颗粒物（PM）的一种碳烟过滤器，是针对纳

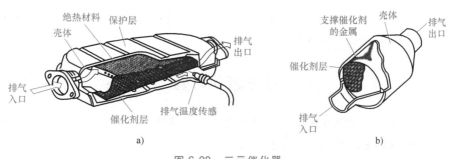

图 6-28 三元催化器

a）托盘型催化器 b）蜂窝型催化器

米微粒排放最有效的后处理措施，过滤效率可达 95%~99.5%。图 6-29 所示为同时配备 DPF 和 DOC 的排气系统。

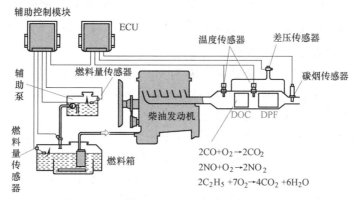

图 6-29 同时配备 DPF 和 DOC 的排气系统

选择性催化还原装置（SCR）是通过与 NO_x 生成过程相关的逆反应，将 NO_x 缓慢还原分解为氮气和水，其构成图如图 6-30 所示。SCR 系统的工作原理分为两部分：首先将尿素溶液 $[(NH_3)_2CO]$ 喷入柴油机废气中，尿素溶液蒸发、分解为 NH_3；NH_3 作为 SCR 催化转换器中的还原剂将 NOx 还原。此方法 NOx 净化率可达 80%~90%。

$$(NH_3)_2CO(s) + H_2O \longrightarrow 2NH_3(g) + CO_2(g)$$

$$4NH_3 + 4NO + O_2 \longrightarrow 4N_2 + 6H_2O$$

$$4NH_3 + 2NO + 2NO_2 \longrightarrow 4N_2 + 6H_2O$$

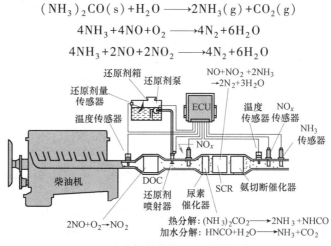

图 6-30 选择性催化还原装置构成图

209

柴油机为了解决废气排放问题，其排气装置可采用复合排气系统。目前在商用柴油车中，复合系统有 DOC+DPF、DOC+DPF+SCR 等。

思考题和习题

6-1 液滴雾化机理及强化燃料雾化的主要方法有哪些？

6-2 简述喷嘴的主要形式、应用范围及特点。

6-3 结合雾化性能指标简述雾化应注意的问题。

6-4 设计油燃烧器时，既要保证油雾轨迹能基本上覆盖空气流，同时又要防止油滴穿出空气流而冲到墙上和旋口上，为什么要这样做？

6-5 常压下，200℃的环境温度，有直径为 0.1mm 的煤油雾滴，分别计算在相对静止和强迫对流（$Re = 100$）条件下的完全蒸发时间。煤油密度 $\rho_l = 840 \text{kg/m}^3$，$B_T = 3.4$；在 200℃和常压下煤油蒸气的混合气的比定压热容 $c_{pg} = 2.47 \text{kJ/(kg·K)}$，热导率 $\lambda_g = 2.75 \times 10^{-5} \text{kW/(m·K)}$；施密特数 $s_c = 0.9$。

6-6 若油滴燃烧的直径平方公式系数 K 为 $10^{-6} \text{m}^2/\text{s}$，$\phi 100 \mu\text{m}$ 的油滴在静止空气中燃尽时间为多少？与 $\phi 200 \mu\text{m}$ 的油滴燃尽时间的比值为多少？

6-7 比较液滴群燃烧与单一液滴燃烧的差异。

6-8 简述液体燃料燃烧如何合理配风。

6-9 汽油机的燃烧过程分为哪几个阶段？

6-10 柴油机的燃烧过程分为哪几个阶段？各有什么特点？

6-11 柴油机爆燃的原因是什么？怎么判断？

6-12 目前柴油机燃烧后的烟气净化装置有哪些？

参 考 文 献

[1] 岑可法，姚强，骆仲泱，等. 燃烧理论与污染控制 [M]. 北京：机械工业出版社，2004.

[2] 许晋源，徐通模. 燃烧学 [M]. 北京：机械工业出版社，1979.

[3] 岑可法，姚强，骆仲泱，等. 高等燃烧学 [M]. 杭州：浙江大学出版社，2002.

[4] 车得福，庄正宁，李军，等. 锅炉 [M]. 西安：西安交通大学出版社，2004.

[5] 任泽霈，蔡睿贤. 热工手册 [M]. 北京：机械工业出版社，2002.

[6] 徐旭常，周力行. 燃烧技术手册 [M]. 北京：化学工业出版社，2008.

[7] WARNATZ J，MAAS U，DIBBLE R W，Combustion Physical and Chemical Fundamentals，Modeling and Simulation，Experiments，Pollutant Formation [M]. 4th ed. Berlin Heidelberg：Springer-Verlag Berlin Heidelberg，2006.

[8] 王中铮. 热能与动力机械基础 [M]. 2版. 北京：机械工业出版社，2008.

[9] 严传俊，范玮. 燃烧学 [M]. 西安：西北工业大学出版社，2005.

[10] 李向荣，魏镕，孙柏刚，等. 内燃机燃烧科学与技术 [M]. 北京：北京航空航天大学出版社，2012.

[11] 刘圣华，周龙保. 内燃机学 [M]. 4版. 北京：机械工业出版社，2017.

[12] 谭厚章，王学斌，王金华. 燃烧科学与技术进展 [M]. 西安：西安交通大学出版社，2019.

第七章

煤的燃烧

第一节 煤的燃烧过程、特点及其热解

一、煤的燃烧过程

煤是人类早已使用的固体燃料，对煤的使用要比对油、气的使用早得多，但是由于煤燃烧的复杂性，人们对煤的燃烧机理和规律的了解大大落后于对油、气的燃烧规律的了解。只是到了19世纪70年代，由于煤在燃料工业中地位上升，人们对煤的研究才空前活跃起来。

煤是一种很复杂的固体碳氢燃料，除了水分和矿物质等惰性杂质外，煤是由碳、氢、氧、氮和硫这些元素的有机混合物组成的，这些有机混合物就构成了煤的可燃质。

煤的化学结构非常复杂。为此，人们进行了大量的研究工作，提出不同的煤分子结构模型以阐明煤的化学结构。煤的结构模型是根据煤的各种结构参数进行推断和假想而建立的，用以表示煤的特性和行为的平均化学结构。但是，各种模型只能代表统计平均概念，而不能看作煤中客观存在的真实分子形式。典型的分子结构模型有 Fuchs 模型、Given 模型、Wiser 模型、本田模型、Shinn 模型和 Takanohashi 模型等，其中，主要针对年轻烟煤的 Wiser 模型被认为是比较合理、全面的模型，它展示了煤结构的大部分现代概念，如图 7-1 所示。尽管人们目前对煤中有机质大分子的确切结构尚不完全了解，从图 7-1 的分子模型结构可以看出，它的基本结构单元以缩合芳环为主体，并带有许多侧链、杂环和官能团等，结构单元之间又有各种桥键相连。其中，结构单元的芳环数分布范围较宽，有多有少，有的芳环上还有 O、N、S 等原子。芳环之间的交联桥键也有不同形式，有直接连接两个芳环的碳碳共价键 Ar—Ar′（Ar 和 Ar′表示两个不同的缩合芳环），也有芳环之间含有—CH_2—、—CH_2—CH_2—、—CH_2—CH_2—CH_2—、—O—CH_2—、—O—和—S—等短烷、碳氧、碳硫等的桥键。构成芳环骨骼的共价键相当强，因此芳环的热稳定性很大，而许多连接煤中结构单元的桥键为弱键，受热易于断裂。此外，煤中还含有相当数量的以细分散组分形式存在的无机矿物质、吸附水、碱金属和微量元素，其中无机矿物质在煤燃烧后以残渣的形式分离出来。

煤在加热升温时，将发生很复杂的过程，首先在 105℃ 以前析出吸附气体和水分，但水分要到 300℃ 左右才能完全释放。在 200~300℃ 时析出的水分称为热解水，此时也开始释放气态反应产物，如 CO 和 CO_2 等，同时有微量的焦油析出。随着温度的上升，煤颗粒会变软，成为塑性状态，损失了颗粒的棱角，变得更接近于球形，同时不断地释放出挥发分。一

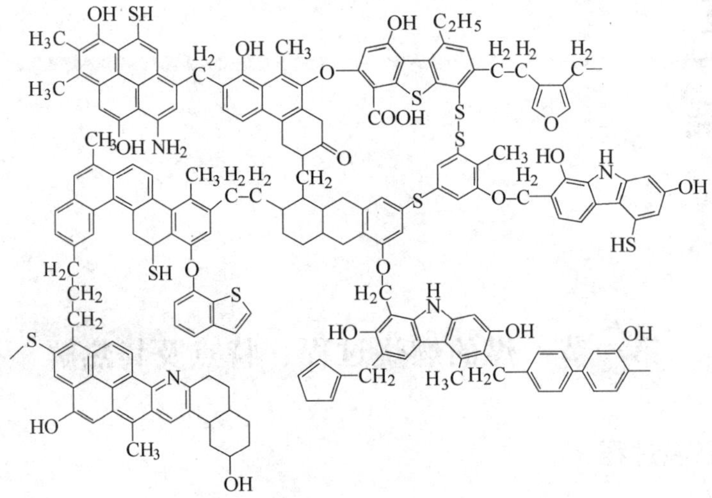

图 7-1 Wiser 提出的煤分子结构模型

般来说，逸出挥发分的量和挥发分的组分是对煤颗粒加热温度的函数，挥发分放出之后剩余的固体称为焦炭，挥发分将在炭颗粒外围空间燃烧，形成空间气相火焰，而炭与气相氧化剂发生气-固两相燃烧。

许多研究者根据煤在燃烧过程中温度和质量的变化，把煤的整个燃烧过程分成加热、水分蒸发、挥发分析出及燃烧、焦炭燃烧及燃尽四个阶段。

二、水分的蒸发过程及对燃烧的影响

煤在燃烧过程中首先是升温加热和水分的蒸发。开始为不等温加热干燥阶段，由于炉内加热强烈，这一段时间很短，占煤燃烧总时间的比例很少，如在 1000℃ 炉温时，不等温加热干燥阶段只占水分蒸发时间的百分之几。之后为水分的平衡蒸发阶段，此时煤粒温度与时间之间的关系为一水平直线。整个水分蒸发的过程是先在表面进行，然后逐步向内部发展，这是因为煤粒在炉内被高温加热的情况下，内部水分向外扩散的速率远远比不上表面蒸发速率。

水分对煤粒的燃烧过程有显著的影响。由于水分的加热蒸发既要吸收炉内一定的热量，又要有一定的时间，煤中的挥发分要待大部分水分蒸发后在一定温度下才能开始析出。因此煤中的水分延迟了煤的着火，这一点是水分对燃烧的不利因素。水分对煤燃烧有利的因素表现在：

1）水分蒸发后形成内部中空的多孔结构粒子，减少了各种反应的内部阻力，增大了反应的比表面积。

2）高温下水分蒸发时发生的爆裂现象形成颗粒表面的大空穴或碎成几个小块，增加了反应的比表面积。

3）在高温下水蒸气和炭可进行气化反应，对炭的燃烧起到了催化作用。

假设煤粒的存在对水分的蒸发过程无影响，水分均匀地分布在煤中时，可近似地按 Spalding 的水滴蒸发理论建立平衡蒸发的数学模型。在计算蒸干时间时，边界条件是煤粒的

半径在蒸发过程中不变，而密度在水分蒸发完成后达到干煤球密度。此时水分蒸发所需的时间为

$$\tau = \frac{2(\rho_{0p} - \rho_p)c_{pq}r^2}{3\lambda_q Nu \ln(1 + B_T)} \tag{7-1}$$

迁移势 B_T 为

$$B_T = \frac{c_{pq}(T_0 - T_S)}{Q_{qh} - \dfrac{Q_f}{v_p 4\pi r^2}} \tag{7-2}$$

以上两式中，ρ_{0p} 是初始煤粒的密度（kg/m^3）；ρ_p 是水分蒸发完毕后煤粒的密度（kg/m^3）；c_{pq} 是气相比热容 [$kJ/(kg \cdot K)$]；r 是煤粒半径（m）；λ_q 是气相热导率 [$W/(m \cdot K)$]；Nu 是煤粒在气流中的努塞尔数；T_0 是环境温度（K）；T_S 是水的蒸发平衡温度（K）；Q_{qh} 是汽化热（kJ/kg）；Q_f 是辐射换热量（kW）；v_p 是煤粒单位面积蒸发速率 [$kg/(m^2 \cdot s)$]。

三、煤的热解与挥发分的燃烧

1. 煤的热解

煤被加热到一定温度时开始分解，产生煤焦油和被称为挥发分的气体，挥发分是可燃性气体、二氧化碳和水蒸气的混合物。可燃性气体中除了一氧化碳和氢气外，主要是碳氢化合物，还有少量的酚和其他成分。热解过程中煤的失重取决于其加热过程的时间与温度。在通常的煤粉燃烧装置中，煤颗粒的加热速率可达 $10^4 ℃/s$，此时的热解称为快速热解。另外一种情况是慢速热解，其加热速率在每分钟几度到几十度，热解的时间在几分钟到几小时，如把一大块煤投入到炽热的环境中，则除了煤的表面外是不能达到快速热解条件的，因为热量扩散到煤块的内部和挥发分到达表面都需要时间。介于快速热解和慢速热解中间的一种状况是中速热解，如填充床和煤的工业分析实验。英国现行标准规定测定煤的挥发分时，煤必须在 3min 内达到 885℃，其加热速率为 300℃/min，炉子的温度应在 900℃，而总的加热时间是 7min，与我国现行标准基本相同。

由于煤结构的复杂性以及缺少有关复杂分子热解机理的资料，因此任何关于对煤的热解的机理的看法，必然在很大程度上带有推测性。Dryden 于 1957 年在文章中分析煤的热解机理认为：某些较小的分子可能直接蒸发了，似乎热解正是部分地从煤分子中的一些小的和有活性的结构段，或者还包括某些较大的和较稳定的结构段断离出来而开始的，这些结构段相互之间发生反应，并同时及随后与剩下的分子发生反应，结果是较小的分子形成了焦油，非常小的分子形成了气体，连接牢固的大分子形成了残骸。

（1）煤热解中的主要化学反应

1）煤热解中的裂解反应。煤在受热温度升高到一定程度时，其结构中相应的化学桥键会发生断裂，生成自由基，桥键主要有—CH_2—、—CH_2—CH_2—、—CH_2—CH_2—CH_2—、—O—CH_2—、—O—和—S—等，这种直接发生于煤分子的分解反应是煤热解过程中首先发生的，通常称为一次热解。一次热解主要包括以下几种裂解反应：

① 桥键受热后易断裂成自由基碎片，煤的结构单元中的桥键是煤结构中最薄弱的环节，

受热很容易裂解生成自由基碎片。煤受热升温时自由基的浓度随加热温度升高而增大。

②脂肪侧链受热易裂解，生成气态烃，如 CH_4、C_2H_6、C_2H_4 等。

③含氧官能团的裂解。含氧官能团的热稳定性顺序为：$-OH > C=O > -COOH > -OCH_3$。羧基热稳定性低，200℃就开始分解，生成 CO_2 和 H_2O。羰基在400℃左右裂解生成 CO，羟基不易脱除，到700~800℃以上，可以氢化生成 H_2O。含氧杂环在500℃以上也可能断裂，生成 CO。

④以脂肪结构为主的低分子化合物受热后，可裂解生成气态烃类。

2）煤热解中的二次反应。一次热解产物的挥发性成分在析出过程中，如果受到更高温度的作用，就会继续分解产生二次裂解反应，其反应过程有：裂解反应、脱氢反应、加氢反应、缩合反应、桥键分解。反应过程如下：

裂解反应

$$C_2H_6 \longrightarrow C_2H_4 + H_2$$
$$C_2H_4 \longrightarrow CH_4 + C$$
$$CH_4 \longrightarrow C + 2H_2$$

脱氢反应

$$C_6H_{12} \longrightarrow \text{(苯环)} + 3H_2$$

加氢反应

缩合反应

$$\text{（苯）} + C_4H_6 \longrightarrow \text{（萘）} + 2H_2$$

桥键分解

$$-CH_2- + H_2O \longrightarrow CO + 2H_2$$
$$-CH_2- + -O- \longrightarrow CO + H_2$$

3）煤热解中的缩聚反应。煤热解的前期以裂解反应为主，而后期则以缩聚反应为主，缩聚反应对煤的热解生成固态产品（半焦或焦炭）有较大的影响。其反应主要有：

① 胶质体固化过程的缩聚反应。是在热解生成的自由基之间进行，结果生成半焦。

② 半焦分解。残留物之间缩聚，缩聚反应是芳香结构脱氢，如

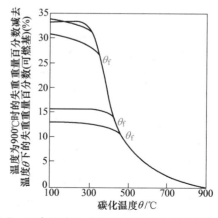

③ 加成反应。具有共轭双烯及不饱和键的化合物，在加成时进行环化反应，如

$$\diagdown\diagup + \| \diagdown_R \longrightarrow \bigcirc\!\!\!-R$$

（2）煤热解的实验　煤热解的实验方法有很多，通常有固定床热解法、热重法、金属网格加热法、自由沉降反应器法、热解-色谱法等。由于实验方法、条件、煤的特性不同，

加之煤热解的化学反应过程的复杂性，所以各种实验方法得到的热解结果并不完全一样，只能用相同实验条件得到的结果进行比较。Dryden 用英国煤和美国煤在缓慢热解下的实验数据，将在 900℃ 和在给定碳化温度下煤的失重的差值与碳化温度作图（图 7-2），用以表示实验结果与 900℃ 这一任意选定的温度下煤的热解特性的关系。虽然不同的煤发生明显分解的温度（定义为汇合温度）不同，但这些曲线最终汇合成一条曲线，说明当温度高于汇合温度后，不同煤种

图 7-2　汇合温度 θ_f 与挥发分析出之间的关系曲线

所得挥发分量可以用一个通用的关系式描述。

图 7-2 也反映了煤在热解时存在一些较小分子直接蒸发的可能性，以及一些较大的和较稳定的分子结构会发生断离裂解反应和复杂的二次反应的现象。前者与煤种有关，而没有规律性；不同的煤虽有不同的分解温度，但当温度达到某一值后会出现相同的特性，这就是煤中大分子在结构上的相似性。由于煤结构非常复杂又极不稳定，所以在热解过程中的分解方式、热解产物的数量和性质都极易受外界因素的影响。这些因素包括加热速率、温度、时间、周围气氛压力、反应器的形式、煤颗粒的尺寸和空气动力条件等。按照煤热分解的性质可将煤的热解过程分为分解反应和缩合缔合反应两大类，包括煤中有机质的裂解、裂解产品中轻质部分的挥发以及残留部分的缔合。

（3）煤热解的影响因素　热解过程中产生的挥发分由可燃气体混合物、二氧化碳和水蒸气等组成，其中可燃气体主要包括一氧化碳、氢气、气态烃和少量酚醛。挥发分的质量和成分与其热解的条件有关，主要取决于加热速率、加热的最终温度和在此温度下的持续时间及颗粒尺寸等因素。研究表明，随着加热温度的升高，挥发分的总析出量及挥发物中气态和液态碳氢化合物的比例增加。

1）压力、温度对热解的影响。煤的热解过程是一种化学反应，它应当遵循化学反应动力学的基本原理。对于简单反应或复杂反应中的任一基元步骤，均可用化学计量方程式来描述，并应遵循质量守恒定律，按照不同的反应可以写出各个反应的平衡方程式。根据勒·夏特列（Le Chatelier）原理，当系统内部以及系统与外界之间不存在各种不平衡的势差（如温差、力差及相变或化学反应等）时，才能保持化学平衡。如果处于平衡状态下的物系受到外界条件（温度、压力或含量等）改变的影响，平衡就被破坏。此时，会导致平衡位置发生移动，其总是朝着削弱这些外来作用影响的方向移动，当系统与外界之间的不平衡势差消失时，系统又会达到新的平衡。

因此，煤的热解反应过程中，改变温度、压力或组分浓度都会对各反应的化学平衡产生影响，从而影响热解产物的组分和产率。

在气化反应中，当化学反应达到平衡时，如果改变反应压力，随着压力的增大，混合气体的 CO 和 H_2 的浓度减小，而水蒸气、CO_2 和 CH_4 的浓度增加。这表明压力增加后，平衡反应向体积缩小的方向移动。在热解时，压力不仅影响反应的平衡，还对反应阻力有影响，降低压力会减小热解产物在煤粒中逸出的阻力，使热解产率提高。提高温度产生的平衡移动将有助于提高 CO 浓度和降低 CO_2 浓度，但 CH_4 的浓度会减小。气化的平衡移动充分说明压力和温度对热解过程的影响。

图 7-3 所示为压力、温度对热解产率的影响，可以看出提高温度可提高热解的产率，而提高压力，在相同的温度下会降低热解产率。

热解终温是热解产品产率和组分的重要影响因素，随着热解终温的升高，半焦产率下降，半焦中的挥发分相应减少，灰分增加，气体产率提高。图 7-4 所示为热解终温与热解产率的实验结果。

2）加热速率的影响。在低温热解时，提高煤的加热速率能降低半焦产率，增加焦油产率，而煤气产率稍有减少。加热速率慢时，煤在低温区间受热时间长，热解反应的选择性强，初期热解使煤分子中较弱的键断开，发生了平行有序的热缩聚反应，形成稳定性好的结构，在高温分解少。而在快速热解时，相应的结构分解多。

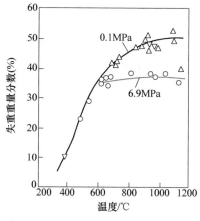

图 7-3　压力、温度对热解产率的影响

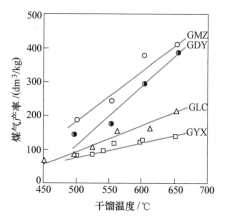

图 7-4　热解终温与热解产率的实验结果

GMZ—满洲里褐煤　GDY—大雁褐煤

GLC—黄县褐煤　GYX—先锋褐煤

加热速率对热解过程影响比较复杂，尽管多数实验结果认为快速热解可获得较高的挥发分产率，但热解速度对结果的贡献有多大还有待进一步验证。

3）煤种和煤粒尺寸的影响。煤开始热解的温度随煤化程度的不同而不同，煤化程度高的煤开始热解的温度也高。对低阶煤来说，泥煤开始热解的温度为 190~200℃，褐煤为 230~260℃，烟煤为 300~390℃，无烟煤为 390~400℃。而低阶煤热解时气态、焦油和热解水的产率都较高，半焦没有黏结性或黏结性很小。随着煤化程度的加深，反应活性降低，开始热解的温度提高。

煤的粒度大小主要影响煤热解的传热和传质，小颗粒很容易达到加热的温度并使颗粒内外温度均匀，热解产物向外扩散的路径短而阻力小。

（4）煤热解的数学描述　由于煤热解的复杂性，要从微观的角度来分析热解过程是比较困难的。目前大部分研究者是从实验入手，获得各种参数对挥发分产量与成分的影响的数据，从而建立描述热解过程的数学模型。

煤热解的研究已有几十年的历史，尤其近二十年来，煤的快速热解已成为最活跃的研究领域之一。对煤的热解除了广泛的实验研究外，人们也十分重视对其过程的模拟，并提出了许多种动力学模型。

Badzioch 最早提出了单方程模型，他认为从煤颗粒中逸出挥发分的质量仍服从阿累尼乌斯定律，即

$$\frac{\mathrm{d}m_V}{\mathrm{d}t} = k_0(m_V - m_{Vi})\exp\left(\frac{-E}{RT}\right) \tag{7-3}$$

式中，m_V 是从煤中逸出挥发分的最大质量（kg）；m_{Vi} 是在时刻 t 内逸出挥发分的质量（kg）；k_0 是假想频率因子（s^{-1}）；E 是假想活化能（kJ/mol）；T 是热解温度（K）；R 是摩尔气体常数，其值为 8.314J/(mol·K)。

现在已普遍认为这一模型对描述煤热解这样复杂的化学物理过程是不适当的。

Stickler 相继提出了两个平行反应方程模型，该模型假定煤粉的快速热解由下面两个平行反应方程控制：

$$\text{Coal} \begin{cases} \xrightarrow{k_1} \quad \text{挥发分 } m_{V1} + \text{剩余残碳 } m_{p1} \\ \qquad\quad \alpha_1 \qquad\qquad 1 - \alpha_1 \\ \\ \xrightarrow{} \quad \text{挥发分 } m_{V2} + \text{剩余残碳 } m_{p2} \\ k_2 \qquad \alpha_2 \qquad\qquad 1 - \alpha_2 \end{cases}$$

α_1、α_2 分别是挥发分在两个反应中占的当量百分数，其中 k_1 和 k_2 服从阿累尼乌斯定律，其反应速率常数可写成

$$k_n = k_{0n} \exp\left(\frac{-E_n}{RT} \right) \qquad (n = 1, 2) \tag{7-4}$$

Stickler 提出这一模型的特点，认为存在两个反应活化能 E_1、E_2 和两个反应频率因子 k_{01} 和 k_{02}，且 $E_2 > E_1$，$k_{02} > k_{01}$。这样，在低温时第一个反应起主要作用，高温时第二个反应起主要作用，在中温时，两个反应均起主要作用。这就解决了单方程模型只适用等温过程的限制。

按照这一模型，其挥发分的产量由两个方程叠加而成。即

$$\frac{\mathrm{d}m_V}{\mathrm{d}t} = \frac{\mathrm{d}m_{V1}}{\mathrm{d}t} + \frac{\mathrm{d}m_{V2}}{\mathrm{d}t} = (\alpha_1 k_1 + \alpha_2 k_2) m \tag{7-5}$$

或

$$m_V = \int (\alpha_1 k_1 + \alpha_2 k_2) m \mathrm{d}t \tag{7-6}$$

利用 Stickler 热解模型对褐煤和烟煤挥发分进行预示，结果发现从 1000～2100K 的广泛范围内与实验结果很一致。

Suuberg 于 1977 年提出了用一组平行的 15 个反应方程来描述煤粉颗粒热解问题，用起来相当复杂，并且模型的平行反应个数和动力学参数都带有经验性。

上述的共同结论是：动力学参数 E（表观活化能）、k_0（表观频率因子）与煤种有关，有时同一种煤的 E、k_0 也会有很大差别，找不到统一规律，因此引起了争论：有人认为这是由于实验方法不同引起的，也有人认为是实验条件不同引起的。

美国 Advanced Fuel Research 的所长 Solomon 在对煤的化学结构进行详细研究的基础上，提出了煤快速热解的通用模型，该研究巧妙地把官能团与挥发分的析出联系起来，从而提出了官能团模型。其特点在于所指的 E、k_0 是对各官能团的热解而言的，从而避免了煤种的影响。

2. 挥发分的燃烧

挥发分的着火对组织煤的燃烧是十分重要的。人们都知道挥发分含量的高低对煤的着火和稳定燃烧有显著的影响，由于挥发分热解受诸多因素的影响，热解产物的成分构成复杂，所以，通常用煤的工业分析挥发分 V_{daf} 的高低来判断其着火特性和燃烧特性。随着实验技术的提高和条件的改变，现在较多采用热重法、一维沉降炉等方法对煤的燃烧特性进行研究，其结果比煤的工业分析更接近实际。

在工程实际中，技术人员更认识到挥发分的着火对锅炉安全运行的重要性。但长期以来，对煤的着火机理的认识一直没有统一见解。有的研究结果认为煤是先发生均相着火（挥发分着火），随后才发生非均相着火（固体可燃物着火）。而有的研究结果却恰恰相反。

例如 Howard 等人于 1965 年、1967 年，用一个平面火焰来考察煤粒的着火过程。他们在实验中发现，挥发分在平面火焰前后变化很小，而平面火焰后混合物中的 CO_2 与 O_2 都发生了显著的变化，据此认为在火焰中的着火是非均相的。而 Kimber 等人及 Milne 等人认为，在快速加热时，煤中的固定碳将随挥发分的析出而被带出，因此 CO_2 与 O_2 的变化并不说明煤焦就着火了。Prins 等人于 1989 年对煤粒在二维流化床中的着火及热解进行了系统的研究，证实在较高温度下（>1073K）确实是挥发分先析出并着火；而在低温（<723K）时煤粒表面先着火。这个结果得到较广泛的认可。

由于锅炉内的煤粉气流形态和加热条件与实验室的条件并不相同，因此着火机理也不相同。有的是挥发分先着火（均相着火），有的是煤焦先着火（非均相着火），有的则是两者同时着火，这要视条件而定。

尽管人们对煤的热解和着火机理认识还不完全清楚和统一，但在挥发分对煤的着火和燃烧的作用的认识上是一致的，除了灰分含量极高的劣质煤以外，普遍认为挥发分含量高的煤着火和燃烧都比挥发分含量低的煤要好。碳化程度浅的煤，其挥发分比碳化程度深的煤多，而且挥发分的活性也较强，所以着火也容易。图 7-5 所示为煤粒着火温度与干燥无灰基挥发分 V_{daf} 的关系，可以看出，随着挥发分的增加，着火温度明显地降低。

煤的热解是考察煤在加热但尚未着火前的情况，而现在讨论的是热解后，挥发分是如何燃烧的，以及当煤的挥发分、空气以及可能存在的惰性稀释气体构成一种混合物时，在何种混合物浓度范围内能使反应保持下去，反应进行得有多快。由于煤的挥发分的组成非常复杂，要回答这些问题是十分困难的。尽管国内外的研究者在各种热解条件下得到了一些煤挥发分的成分和质量，但

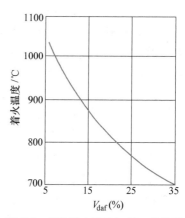

图 7-5　煤粒着火温度与 V_{daf} 的关系

它与煤粉在火焰中被加热的条件还有很大差别，实际煤粉火焰中挥发分从煤颗粒析出后，将仍处于较高温度下，并在燃烧前可能还会发生进一步的反应。

事实上，在实际燃烧时，一开始煤颗粒就被空气包围着，这些空气就是一次空气，它把煤颗粒引入到炉子中。挥发分从煤颗粒析出后，就与这些空气相混合。如果混合物的温度足够高，它就自发地着火。假如混合物温度不够高，不能自发着火，则煤颗粒将在炉内的某一个区发生显著的挥发分析出过程，并在此区内形成挥发分和空气相当均匀的混合，假定氧气和可燃气体的浓度达到一定浓度范围，则就像预混式气体燃烧器中的火焰那样，火焰前沿可通过混合物进行传播，那么挥发分的燃烧就可分成挥发分与氧气的混合阶段和发生化学反应的阶段。

挥发分和氧气的燃烧。假设化学反应时间可以忽略，全部挥发分是在同一时刻一齐析出，那么实际工况就是在颗粒的表层形成一层可燃气体（不管它的厚度有多薄），这一厚度大约相当于湍流混合的边界层，这一薄层与湍流主气流之间存在明显的界限，因此挥发分与氧气的混合主要是依靠分子扩散来进行的。氧气的扩散要通过燃烧反应产物才能到达挥发分层。当氧气到达挥发分表面后就与挥发分一起烧掉，挥发分层的厚度就相应地减少了，这样整个挥发分层消失所需的时间就是氧气和挥发分相互作用的全部时间。在不计挥发分反相扩

散的时间时，这一过程就可以按照一个直径为挥发分外层外径的颗粒部分燃烧来模拟。

如果氧化反应速率与氧气扩散速率处于同一数量级，虽然挥发分与氧之间不会有明显的界限，但此时总反应速率的数量级将仍与挥发分同氧的接触速率一样。但是，如果化学反应速率大大低于混合速率，则它就会对挥发分的氧化速率发生决定性的影响。

在碳氢化合物的高温燃烧中，对速率起控制作用的最为缓慢的一步是一氧化碳的燃烧。因为，碳氢化合物生成二氧化碳和水这一过程的反应中，一氧化碳氧化成二氧化碳是最慢的一步。若能计算出挥发物中一氧化碳燃烧所需的时间，就可得到挥发分在化学氧化反应中速率的时间尺度了。但计算中需知道一氧化碳、氧和水蒸气的浓度值。

参考文献 [10] 对颗粒直径 $50\mu m$、可燃基挥发分 42.7%、平均相对分子质量为 100 的褐煤进行计算所得挥发分和氧气的燃烧时间为 7ms，挥发分燃烧时化学反应时间为 3.2ms。挥发分和氧的燃烧时间与挥发分燃烧时的化学反应时间处在同一数量级，即计算挥发分燃烧所需时间时应考虑化学反应速率。

从 20 世纪 60 年代开始，挥发分燃烧的理论研究就得到了重视，Field 等人于 1967 年提出第一个关于挥发分燃烧的综述和报告，给出了挥发分燃烧的一般性描述，以及炭黑微粒的形成与燃烧问题。此后，有关挥发分成分的确定、褐煤热解产物组分及挥发分燃烧机理等方面的研究报道不断地出现。尽管大家普遍认为挥发分的组成和各种成分的反应机理都比较复杂，但是在一定的假设条件下，对挥发分的燃烧过程还是能够进行某种程度上的近似描述。局部平衡法、总包反应法和全面反应法是几种处理挥发分反应比较有效的方法。

局部平衡法源自 Seeker 等人的研究，他们用全息照相观察发现煤粒热解时挥发分射流可以形成气流云，当温度和停留时间合适，每一个气流云团均可以与氧气发生反应形成扩散火焰。在高温环境下，氧化反应很快，热解产物和氧化性气体处于局部热力平衡状态，此时热解产物的燃烧完全取决于气体的混合状态。此时可用湍流扩散火焰的 $k\text{-}\varepsilon\text{-}g$ 模型对此过程进行计算。

总包反应法的提出是基于有些过程热解产物和氧化性气体并不处于热平衡状态，有些组分复杂而机理又十分清楚，该方法将各种不同成分的化学反应速率归纳为一个总包反应，只是不同的方案所考虑的燃烧反应产物不同而已。目前采用较多的总包反应模型包括 Hammond 等人提出的，碳氢化合物的燃烧反应产物为 CO 和 H_2O；Edelman 和 Fortune 于 1969 年及 Siminski 等人于 1972 年提出的，燃烧反应产物是 CO 和 H_2；Haurman 等人提出的，其模型中提供了 CO、H_2、C_2H_4 和烷烃的总包反应速率。对挥发分的燃烧问题，总包反应法是十分有效的方法，它能给出符合实际情况的总体燃烧模型。

全面反应法的出发点在于，要想对挥发分的完整燃烧过程进行精确描述，需把挥发分的每一组分的反应机理结合在一起形成整体反应机理，但是目前还难以做到。

四、煤粒的着火

任何燃烧的组织，着火是必要条件，如果没有稳定连续的着火，燃烧就无法进行下去。煤粒着火问题的研究开始于 19 世纪中期，在前 100 多年里，基于当时所应用及研究的煤粒粒径较大，以及在工业分析条件下，煤加热速率较慢，人们一直认为煤粒的着火总是在气相中发生的，即均相着火。其过程为：煤受热释放出挥发分→挥发分与氧气混合燃尽→生成热量点燃固定碳→固定碳着火燃尽。随着煤粉燃烧装置的出现，由于煤粉升温速率的数量级为 10^4K/s，远大于工业分析条件下的升温速率，并且颗粒直径小，其着火机理发生了改变。

20 世纪 60 年代，Howard 和 Essenhigh 等人证实，煤粒的着火也有可能首先发生在其表面上，即非均相着火。

当前，两种着火机理已普遍为人们接受，在一特定条件下，究竟出现何种着火方式，取决于颗粒表面的加热速率和挥发分受热释放速率的相对大小。若颗粒表面加热速率高于颗粒整体热解速率，着火发生在颗粒表面，谓之非均相着火；相反，着火发生在颗粒周围的气体边界层中为均相着火。

20 世纪 70 年代，Juntgen 用电加热栅网的方法考察了煤粒着火过程和着火方式随加热速率和粒径变化而转化的条件，给出了一种典型烟煤的着火方式图谱（图 7-6）。结果表明：在低加热速率（≈10K/s）下，小颗粒煤粉（粒径<100μm）以非均相方式着火，而大颗粒（粒径>100μm）以均相方式着火。当加热速度升高时，煤粒向联合着火方式（即挥发分火焰直接引燃碳骸）转变。在煤粉炉炉膛内，煤粉升温速率可达 10^4K/s 的数量级，故通常以联合方式着火。

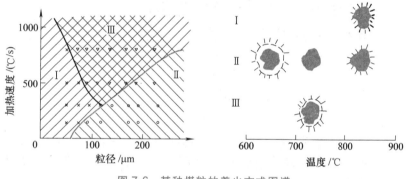

图 7-6　某种煤粒的着火方式图谱
Ⅰ—非均相着火　Ⅱ—均相着火　Ⅲ—联合着火

上述研究表明，不能把煤粉燃烧看成是挥发分燃烧与焦炭燃烧的简单叠加，实际上这两个燃烧阶段是相互影响的，有交叉、平行之处。

对于煤的着火，近二三十年来，热力着火（TET）的非均相着火理论发展得比较迅速，其基本思想最先是由 Vand Hoff 提出的，他认为，当反应系统与周围介质间热平衡破坏时就发生着火，这一条件进一步地阐述是由勒·夏特列提出的。

下面根据煤粒的热平衡方程来分析非均相热力着火的特点，通常煤粒的热平衡可写成以下一般形式，即

$$m_p c_p \frac{\mathrm{d}T_p}{\mathrm{d}t} = Q_1 - \alpha A_{Sp}(T_p - T_\infty) - \varepsilon \sigma_0 A_{Sp}(T_p^4 - T_\infty^4) + Q_3 \qquad (7-7)$$

式中，m_p 是煤粒的质量（kg）；c_p 是煤粒的比热容 [kJ/(kg·K)]；T_p 是煤粒的温度（K）；t 是反应时间（s）；Q_1 是非均相反应热（kW）；α 是颗粒的表面传热系数 [kW/(m²·K)]；A_{Sp} 是颗粒的表面积（m²）；T_∞ 是周围环境温度（K）；ε 是系统黑度；σ_0 是绝对黑度的辐射常数 [kW/(m²·K⁴)]；Q_3 是外部加热（kW）。

式（7-7）中，自左至右各项分别表示颗粒的内能增加速度、非均相反应热、对流散热、辐射散热和外部加热。

设
$$Q_2 = \alpha A_{Sp}(T_p - T_\infty) + \varepsilon \sigma_0 A_{Sp}(T_p^4 - T_\infty^4)$$

在不考虑外部加热的情况下，按谢苗诺夫热力着火的理论，稳定着火的状态应满足

$$Q_1 = Q_2 \tag{7-8}$$

$$\frac{dQ_1}{dT_p} = \frac{dQ_2}{dT_p} \tag{7-9}$$

对式（7-7）、式（7-8）、式（7-9）进行整理，则煤粒的热平衡方程为

$$m_p c_p \frac{d^2 T_p}{dt^2} = \left(\frac{dQ_1}{dT_p} - \frac{dQ_2}{dT_p} \right) \frac{dT_p}{dt} \tag{7-10}$$

即

$$\frac{d^2 T_p}{dt^2} = \frac{Q}{(m_p c_p)^2} \frac{dQ}{dT_p} \tag{7-11}$$

$$Q = Q_1 - Q_2 = m_p c_p \frac{dT_p}{dt} \tag{7-12}$$

谢苗诺夫热力着火的临界条件可以表示为

$$\frac{dT_p}{dt} = 0 \tag{7-13}$$

$$\frac{d^2 T_p}{dt^2} = 0 \tag{7-14}$$

式（7-13）和式（7-14）得到的热力着火温度是临界着火点煤粒与周围气体的温度。即满足 $dT_p/dt = 0$，$d^2 T_p/dt^2 = 0$，为着火的临界点温度，事实上要实现稳定地着火，一定要在 $Q_1 > Q_2$ 的条件下才能进行，即

$$\frac{dT_p}{dt} \geqslant 0 \tag{7-15}$$

$$\frac{d^2 T_p}{dt^2} \geqslant 0 \tag{7-16}$$

热力着火是在可燃混合物自身放热大于或等于向外散热时发生的一种着火现象。而在实际燃烧的组织中，为了稳定着火和加速燃烧反应，往往由外界对局部的可燃混合物进行加热，使之着火，这种着火方法称为强迫着火。如组织煤粉在炉内燃烧时，首先使高温烟气向喷入炉内的煤粉气流根部回流，来加热喷嘴喷出的燃料空气混合物；设置炉拱、卫燃带或其他炽热物体，保证炉内高温水平，向燃料辐射热量；采用附加的油、气点火火炬，或用电火花点火。

强迫着火的原理在第四章第四节中有详细的描述，其基本原理就是在可燃物与炽热物体接触时，炽热物体附近的可燃物温度就会不断上升，如果炽热物体附近某一层厚度为 δ 的可燃物由于炽热物体的加热作用使得化学反应产生的热量 Q_1 大于从这层可燃物往外散失的热量 Q_2，那么在这一瞬间以后，这层可燃物反应的进行将不再与炽热物体的加热有关，此时把炽热物体撤走，这层可燃物仍能独立进行高速化学反应，使火焰传播到整个可燃物中，所以临界着火条件为

$$Q_1 = Q_2 \tag{7-17}$$

具体的就是求出 δ 层可燃物化学反应的热量 Q_1 和散热量 Q_2。

五、煤粒燃烧的一些实验研究结果

由于观测煤粒的燃烧状况比较困难，总的来说对煤粒燃烧的实验研究还远远不够。伊万诺娃（И. Иванова）比较仔细地研究了煤粒的燃烧。采用 $V_{daf} = 47.8\%$，$Q_{net,ar} = 13808\text{kJ/kg}$ 的褐煤煤粒为试样，粒径 $d_0 = 150 \sim 800\mu\text{m}$，用石英丝把试样悬挂在用电加热的 $1200 \sim 1600℃$ 的热空气环境中燃烧，并改变氧气质量浓度 $c_\infty = 0.05 \sim 0.3\text{kg/m}^3$，用微型电影机摄影，光学高温计记录煤粒的温度。

实验中发现煤粒的燃烧大致分为四个阶段：煤的预热及挥发分着火，经历时间为 τ_1；挥发分的燃烧，经历时间为 τ_2；从挥发分燃完后，焦炭的预热到焦炭着火，经历时间为 τ_3；焦炭的燃烧和燃尽，经历时间为 τ_4。实验中发现，挥发分燃烧时，煤粒直径几乎不变，煤粒表面局部地方有时有挥发物喷流，这表明挥发分的释放不是均匀的。焦炭烧完的残渣不包在煤粒表面，变成极小的粒子。

在 $T = 1200\text{K}$，$c_\infty = 0.23\text{kg/m}^3$ 环境里，$d_0 = 750\mu\text{m}$ 褐煤粒的四个燃烧时间为：$\tau_1 = 1.146\text{s}$；$\tau_2 = 0.3\text{s}$；$\tau_3 = 0.35\text{s}$；$\tau_4 = 4.6\text{s}$。据实验数据有如下经验公式可供参考：

$$\tau_1 = 2.5 \times 10^{15} T^{-4} d_0 \tag{7-18}$$

$$\tau_2 = 0.45 \times 10^6 d_0^2 \tag{7-19}$$

$$\tau_3 = 5.36 \times 10^7 T^{-1.2} d_0^{1.5} \tag{7-20}$$

$$\tau_4 = 1.11 \times 10^8 T^{-0.9} d_0^2 c_\infty^{-1} \tag{7-21}$$

式中，T 是燃烧环境温度（K）；d_0 是煤粒的初始直径（m）；c_∞ 是燃烧环境中氧气的质量浓度（kg/m³）。

在炭粒比较大，温度较高时，焦炭燃烧近于扩散燃烧的情况，燃烧时的失重遵守缩球规律。即粒径平方随时间 t 的变化如下：

$$D_2^2 = d_0^2(1 - t/\tau_4) \tag{7-22}$$

施宝卡（M. Shibaoka）对粒径为 $150 \sim 800\mu\text{m}$ 的无烟煤煤粒进行了燃烧实验研究，得出了焦炭着火时间的经验公式为

$$\tau_1 = 16.45 \times 10^{15} T^{-3.5} d_0^{1.2} c_\infty^{-0.15} \tag{7-23}$$

焦炭燃烧和燃尽时间的经验公式为

$$\tau_4 = 2.28 \times 10^6 (100 - A/100) + \rho_C T^{-0.9} d_0^2 c_\infty^{-1} \tag{7-24}$$

式中，A 是残余焦炭的含灰量；ρ_C 是焦炭的密度。

同时还发现，不同岩相的煤粒燃烧，膨胀特性差别很大。有的表观体积几乎不变，有的一开始就快速膨胀使表观体积增至 5 倍左右。埃森海（R. H. Essenhigh）曾对挥发分为 36.3%，颗粒粒径为 $210 \sim 300\mu\text{m}$ 的煤粒进行燃烧实验还发现：煤粒置于逐渐升温的环境中，即缓慢加热时，挥发分不着火燃烧，颗粒的初始膨胀较多，内孔隙大，化学反应速率高，总的燃烧时间短；当煤粒试样突然置于高温辐射的环境中，即快速加热时，挥发分着火燃烧，颗粒几乎不膨胀。对于焦炭颗粒试样（即挥发分预先释放完），两种加热方式差别不大，焦炭燃烧时，颗粒减小到一定尺寸，约为颗粒的 74%（缓慢加热）和 67%（快速加热），然后

直径维持不变，直到最后成为燃尽的空心灰球。根据实验研究认为：煤的加热速率、膨胀状况和挥发条件是起决定作用的因素。总的燃烧时间 τ 有如下的经验关系：

$$对缓慢加热，\quad \tau = 8.3d_0^2 \tag{7-25}$$

$$对快速加热，\quad \tau = 6.39d_0^2 \tag{7-26}$$

式中，d_0 是初始粒径（mm）。

在煤粒粒径较大、温度较高的条件下，煤的燃烧近似于焦炭的扩散燃烧情况，失重遵守缩球规律；而在粒径较小和温度较低时，燃烧近似于焦炭动力学燃烧情况，失重遵守减小密度的规律。

六、影响煤粒着火的因素

理论分析表明，影响煤粒着火的主要因素有燃料的性质（包括燃料水分、灰分、挥发分）、煤粒的粒径、热力条件、空气动力参数等。

燃料性质中对着火过程影响最大的是挥发分 V_{daf}，煤粒的着火温度随 V_{daf} 的变化规律如图 7-5 所示。挥发分 V_{daf} 降低时，煤粉气流的着火温度显著提高，着火热也随之增大，就是说，必须将煤粉气流加热到更高的温度才能着火。因此，低挥发分的煤着火更困难些，着火所需时间更长些，而着火点离开燃烧器喷口的距离自然也增大了。

图 7-7 所示为灰分和水分对理论燃烧温度的影响。原煤水分增大时，着火热也随之增大，同时水分的加热、汽化、过热都要吸收炉内的热量，致使炉内温度水平降低，从而使煤粉气流卷吸的烟气温度以及火焰对煤粉气流的辐射热也相应降低，这对着火显然也是更加不利的。

灰分的增加会妨碍挥发分的析出，影响着火速度，降低火焰温度。煤的灰分在燃烧过程中不但不能放热，而且还要吸热。如在燃用高灰分的劣质煤时，由于燃料本身发热量低，燃料的消耗

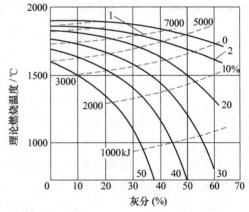

图 7-7　煤的灰分、水分对理论燃烧温度的影响
1—煤的收到基发热量　2—煤的收到基水分

量增大，大量灰分在着火和燃烧过程中要吸收更多热量，因而使得炉内烟气温度降低，同样使煤粉气流的着火推迟，而且也影响了着火的稳定性。

煤粒粒径对着火过程有显著的影响，对任何一种煤，在热力着火工况下，一个温度会对应一个着火的临界煤粒粒径。煤粒粒径大时，升温速度慢，但散热也小；煤粒粒径小时，升温速度快，但散热也相应地增加。在组织实际燃烧时，一般是将冷煤粒抛入高温烟气的炉膛内，因此在初期，高温烟气对煤粒进行强烈的对流加热，煤粒升温过程如图 7-8 所示，煤粒粒径越小，加热时间会越短，煤粒迅速达到高温烟气所具有的温度。但当煤粒温度因反应放热继续提高时，煤粒粒径越

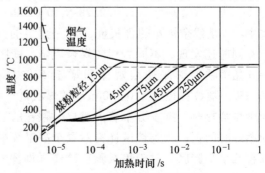

图 7-8　煤粉粒子的升温过程

小越容易散热，使煤粒温度提高越慢，只能使煤粒温度接近烟气的温度。事实上炉内温度远高于煤粒的着火温度，在同样的煤粉浓度下，煤粉越细，进行燃烧反应的表面积就会越大，而煤粉本身的热阻却减小，因而在加热时，细煤粉的温升速度要比粗煤粉快。这样就可以加快化学反应速率，更快地达到着火条件。所以在燃烧时总是细煤粉首先着火燃烧。由此可见，对于难着火的低挥发分煤，将煤粉磨得更加细一些，无疑会加速它的着火过程。

从煤粉气流着火的热力条件可知，提高炉内温度或减少炉内散热，都有利于着火。因此，在实践中为了加快和稳定低挥发分煤的着火，常在燃烧器区域的水冷壁上敷设卫燃带，减少水冷壁吸热量，降低燃烧过程的散热，提高燃烧器区域的温度水平，从而改善煤粉气流的着火条件。实际表明敷设卫燃带是稳定低挥发分煤着火的有效措施。但卫燃带区域往往又是结渣的发源地，必须加以注意。改善着火的另一个措施就是减少着火热（即加热煤粉气流达到着火温度所需要的热量）。通常采用提高煤粒的初温 T_0，减小一次风量和一次风速。这些措施会使着火热显著降低，有利于煤粒的着火。

虽然单颗粒煤的研究成果对煤粉气流着火过程的认识有一定的理论和实际意义，但在实际燃烧过程中，燃烧器出口附近的煤粉气流浓度一般都较高，特别是近年来采用的一些高浓度技术更是如此。将单颗粒的研究成果应用于煤粉气流中会带来较大的误差，仅就着火温度而言，煤粉雾的着火温度就比单颗粒低 300℃ 以上。而且理论分析和实验表明，单颗粒的着火温度随粒径变小而升高，但对煤粉气流着火特性的测试结果表明，在一定范围内，粒径变小，着火温度降低，这是由于煤粉喷出后，既受到冷的一、二次风包围，又受到高温回流烟气的加热，因此初步认定属于既有强迫着火的特点，又有部分热力着火属性的复杂过程。

七、焦炭的燃烧特性

煤逸出挥发分后剩下的固体物质就是煤焦，它由固定碳和一些矿物杂质组成。一般煤的燃烧过程中，从水分蒸发干燥到挥发分析出燃烧所需的时间约占总燃烧时间的 1/10，其余时间则用来使焦炭逐渐燃尽。实际上挥发分和焦炭的燃烧还有一些交叉平行，但一般交叉平行的时间不长。因此，在燃烧技术的近似计算中，一般就把煤粒的干燥、干馏以及挥发分的燃烧和焦炭燃烧、燃尽在时间上划分开来。由于煤焦的燃烧是煤燃烧的核心，故对它的研究也很多。煤焦在气相氧化剂中的燃烧是气固非均相燃烧，该燃烧反应取决于两个基本的过程，即在两相分界面上进行的化学反应和湍流运动使氧气分子向两相交界面的迁移扩散。实验证明，在碳表面上气体的反应速率只和表面处的气体质量浓度有关。当碳处于强烈燃烧时，反应级数 $n=1.0$。如果用参加反应物氧气的消耗速率 $w_{O_2}[\mathrm{mol}/(\mathrm{m}^2 \cdot \mathrm{s})]$ 表示燃烧化学反应速率，则

$$w_{O_2} = kc_{O_2} \tag{7-27}$$

式中，k 是化学反应常数（m/s）；c_{O_2} 是碳表面氧气的浓度（$\mathrm{mol/m}^3$）。

另一方面从供氧的角度，燃烧速率 w 也应该等于湍流扩散到燃烧表面上的氧气的流量。引入湍流质量交换系数 α_{zl}（m/s），则

$$w_{O_2} = \alpha_{zl}(c_\infty - c_{O_2}) \tag{7-28}$$

式中，c_∞ 是周围介质中的氧气浓度（$\mathrm{mol/m}^3$）。

将式（7-27）中碳表面氧气的浓度 c_{O_2} 代入式（7-28），整理后得到异相燃烧过程中的湍流扩散与化学反应的关系。其表达式为

$$w_{O_2} = \frac{c_\infty}{\dfrac{1}{\alpha_{zl}} + \dfrac{1}{k}} \tag{7-29}$$

从式（7-29）可以得出扩散与反应动力对燃烧的控制关系，并据此将反应控制划分为三个区域：

1）动力控制区。即 $\alpha_{zl} \gg k$，此时 $w_{O_2} = kc_\infty$，也就是燃烧速率取决于化学反应。

2）扩散控制区。即 $k \gg \alpha_{zl}$，$w_{O_2} = \alpha_{zl}c_\infty$，此时燃烧速率取决于扩散。

3）过渡区。α_{zl} 与 k 大小差不多，不可偏从于哪一个。

在对煤焦燃烧速率的研究中，都涉及煤焦反应动力学参数，方法大多是用实验确定表面反应系数 k_s，然后由 $\ln k_s$-$1/T_p$ 的关系曲线中推出活化能 E 和反应频率因子 k_0 的值。然而由于实验条件的影响，结果却是五花八门，只能用相同实验条件下所得到的结果进行比较。

文献［6］的作者曾提出一种新思想，他认为碳表面总体反应的活化能 E 是由煤焦与氧的化学特性决定的，而与煤质无关，但煤焦反应的频率因子 k_0 却与煤质有关。假设煤焦反应为一阶反应，即化学反应速率常数为

$$k = k_0 \exp\left(\frac{-E}{RT_p}\right) \tag{7-30}$$

式中，$E = 180\text{kJ/mol}$，与煤种无关，这样 k_0 就与煤种有关了。

文献［6］的作者经过对粒径大于 $3000\mu m$ 大颗粒煤焦的实验数据分析，得出

$$\frac{k_{0C}}{k_{0p}} = 1.224 \times (F_z + 27)^{-18.98} \times 10^{27} \tag{7-31}$$

其中 $$F_z = (V_{ad} + M_{ad})^2 (FC)_{ad} \times 100^2$$

式中，k_{0C} 是纯碳频率因子，值为 $5.03 \times 10^5 \text{m/s}$；$k_{0p}$ 是某一煤焦的频率因子（m/s）；V_{ad} 是空气干燥基挥发分的质量分数；M_{ad} 是空气干燥基水分的质量分数；$(FC)_{ad}$ 是空气干燥基固定碳的质量分数。

该模型与实验数据得到了良好的归一化。但是，其也有需要完善的地方：该模型还未考虑岩相组分等引起的煤质不均；模型中忽略了煤中灰的催化反应；还需对煤焦粒径 δ 以及其在扩散-动力反应区域中位置做修正等。

第二节　碳燃烧化学反应的过程

一、碳燃烧化学反应的步骤

碳的燃烧是气固非均相化学反应的过程，这种异相化学反应较均相反应要复杂得多。非均相反应是指反应物系不处于同一相态之中，在反应物料之间存在着相界面。碳的燃烧属于气相组分直接与固体含碳物质作用的气-固非催化反应。

根据 Langmuir（朗格缪尔）异相反应理论，现在比较一致的认识是，碳和氧的异相反应是通过氧分子向碳的晶格结构表面扩散，由于化学吸附络合在晶格的界面上。该吸附层首

先形成碳氧络合物，然后由于热分解或其他分子的碰撞而分开，这就是解吸。解吸形成的反应产物扩散到空间，剩下的碳表面再度吸附氧气。整个碳的燃烧就是通过氧的扩散、氧在碳表面的吸附、表面化学反应、反应络合物的吸附、氧化和脱附及扩散等一系列步骤完成的。其燃烧反应包括以下步骤：

1）氧气从气相扩散到固体碳表面（外扩散）。

2）氧气再通过颗粒的孔道进入小孔的内表面（内扩散）。

3）扩散到碳表面上的氧被表面吸附，形成中间络合物。

4）吸附的中间络合物之间，或吸附的中间络合物和气相分子之间进行反应，形成反应产物。

5）吸附态的产物从碳表面解吸。

6）解吸产物通过碳的内部孔道扩散出来（内扩散）。

7）解吸产物从碳表面扩散到气相中（外扩散）。

以上七步骤可归纳为两类，1）、2）、6）、7）为扩散过程，其中又有外扩散和内扩散之分；而3）、4）、5）为吸附、表面化学反应和解吸，故称表面反应过程。整个碳表面上的反应取决于以上步骤中最慢的一个。

二、碳燃烧过程中的吸附和解吸

表面反应过程包括吸附、表面化学反应和解吸三个步骤，如果把每个步骤看成一个基元反应来处理，分析表面过程的动力学问题，就要涉及每一步骤的动力学问题，也就是说要同时解几个动力学方程才能获得总的表面过程的动力学方程，这就提出了一个如何解这些动力学方程的问题。

在各步骤的反应过程中，就各步骤的速度而言，有两种情况：一种是在连续反应中，各基元反应彼此速率相差很大，最慢的一个基元反应的速率代表整个反应的速率，这类反应称为有控制步骤的反应；另一种是各基元反应彼此间的速率相差不大，此类反应叫无控制步骤反应。这类反应中每一个基元反应的速率都可以代表整个反应速率，从这个意义上讲，也可称为全是控制步骤的反应。

以表面反应为控制步骤的情况作为例子，这时吸附和解吸等步骤的速率非常快，在反应的每一瞬间，都可认为处于平衡态。

如有下面的单分子不可逆反应

$$A \longrightarrow M \tag{7-32}$$

根据表面质量作用定律，在表面过程的基元反应中，将有一部分与氧反应而生成反应产物脱离碳表面，逸向气体空间，此时的反应速率与反应物在表面的表面覆盖分数成正比，则反应速率应该为

$$w_j = k_{-1}\theta_A \tag{7-33}$$

式中，k_{-1} 是解吸速率常数（m/s）；θ_A 是 A 的表面覆盖分数，它是吸附了气体分子的表面积与固体的总表面积的比值，表示有气体吸附层覆盖的有效反应表面。

在吸附了氧的 θ_A 份额碳表面上，已不能再吸附新的氧分子，而只能解吸氧和碳的反应产物。因此，w_j 为解吸的速率。

由于在 $1-\theta_A$ 份额的碳表面积上还没有吸附氧，因而表面附近的氧分子就会被吸附上去，其吸附速率和 $1-\theta_A$ 及表面氧的质量浓度成正比，即

$$w_x = k_1 c_{O_2} (1-\theta_A) \tag{7-34}$$

式中，k_1 是吸附速率常数（m/s）；c_{O_2} 是碳表面上的氧的质量浓度（kg/m^3）。

如果吸附和解吸之间达到平衡，即吸附速率等于解吸速率，则此时碳表面上吸附了氧的面积份额 θ_A 将不再变化，从而可以求出 θ_A，即

$$\theta_A = \frac{k_1 c_{O_2}}{k_1 c_{O_2} + k_{-1}} = \frac{c_{O_2}}{c_{O_2} + B} \tag{7-35}$$

其中

$$B = \frac{k_{-1}}{k_1}$$

由于氧和碳的化学反应只能在吸附了氧的碳表面上发生，因此，θ_A 越大，碳和氧进一步发生化学反应的机会就越多，燃烧的反应速率就越大，反应速率 w 与 θ_A 成正比。则有

$$w = k_A \theta_A = k_A \frac{c_{O_2}}{c_{O_2} + B} \tag{7-36}$$

下面对式（7-36）进行讨论：

1）当 $B \gg c_{O_2}$ 时，式（7-36）分母中的 c_{O_2} 可以忽略，此时就有

$$w = k_A \frac{c_{O_2}}{c_{O_2} + B} \approx \frac{k_A}{B} c_{O_2}$$

令

$$k = \frac{k_A}{B}$$

则

$$w = k c_{O_2} \tag{7-37}$$

式中，k 是化学反应速率常数。

由式（7-37）可见，在 $B \gg c_{O_2}$ 时，化学反应速率只和碳表面处的氧质量浓度的一次方成正比，反应是一级反应，$\theta_A = \frac{k_1 c_{O_2}}{k_1 c_{O_2} + k_{-1}} = \frac{c_{O_2}}{c_{O_2} + B} \ll 1$，表明，此时碳表面处的氧质量浓度很低，吸附了氧的表面积很小，表面吸附能力很弱。

2）当 $B \ll c_{O_2}$ 时，由式（7-36）可见

$$w = k_A \theta_A = k_A \frac{c_{O_2}}{c_{O_2} + B} = k_A$$

或

$$w = k \tag{7-38}$$

式（7-38）说明化学反应速率和碳表面处的氧质量浓度无关。由式（7-35）可知，此时 $\theta_A \approx 1$，碳表面具有很强的吸附能力，并说明表面化学反应速率很慢，解吸能力很弱。

3）当 $B \approx c_{O_2}$ 时，只有部分碳表面被氧吸附，碳表面氧的质量浓度为中等，$0 < \theta < 1$，此时反应处于上述两种情况之间，反应速率为

$$w = k c_{O_2}^n \qquad 0 < n < 1 \tag{7-39}$$

反应为分数级反应，反应级数 n 由实验确定。

在实际燃烧反应中，吸附和解吸很大程度上受到反应温度的影响。当燃烧处于 800℃ 以下的低温状态时，吸附能力很强，碳表面氧的质量浓度很高，属于零级反应。当反应温度高于

1200℃时，表面化学反应很快，碳表面处氧的质量浓度很低，属于一级反应。当温度在800～1200℃之间，一般为分数级反应。实际处理碳的燃烧反应时，通常近似地按一级反应来处理。即可认为碳和氧的化学反应速率按式（7-37）计算，其中 k 仍然服从阿累尼乌斯定律，即

$$k = k_0 \exp\left(-\frac{E}{RT}\right)$$

上面对固体燃料表面上的异相化学反应的吸附和解吸速率的讨论中，仅考虑了氧的吸附和解吸机理，事实上在固体燃料表面的异相化学反应中，氧被固体表面吸附后，表面的吸附氧才能与碳原子起化学反应，反应产物再解吸而被扩散到主气流中，可见机理要复杂得多。

氧和燃烧反应产物都有吸附和解吸的过程，再加上化学反应，一共有五个环节。设氧和燃烧反应产物各自在固体表面上吸附所占的份额为 θ_1 和 θ_2，吸附速率常数分别为 k_1 和 k_2，吸附与氧及燃烧反应产物在表面上的浓度 c_{O_2}、c_{XO_2} 是成比例的。解吸速率常数分别是 k_{-1} 和 k_{-2}。

假设表面化学反应本身速率很低，吸附和解吸之间仍保持平衡，那么由氧的吸附平衡可得

$$k_1 c_{O_2}(1-\theta_1-\theta_2) = k_{-1}\theta_1 \tag{7-40}$$

根据燃烧反应产物的吸附平衡可得

$$k_2 c_{XO_2}(1-\theta_1-\theta_2) = k_{-2}\theta_2 \tag{7-41}$$

令

$$K_1 = \frac{k_1}{k_{-1}}, \quad K_2 = \frac{k_2}{k_{-2}}$$

则可得连比式

$$\frac{1-\theta_1-\theta_2}{1} = \frac{\theta_1}{K_1 c_{O_2}} = \frac{\theta_2}{K_2 c_{XO_2}} = \frac{(1-\theta_1-\theta_2)+\theta_1+\theta_2}{1+K_1 c_{O_2}+K_2 c_{XO_2}} = \frac{1}{1+K_1 c_{O_2}+K_2 c_{XO_2}}$$

得到

$$\theta_1 = \frac{K_1 c_{O_2}}{1+K_1 c_{O_2}+K_2 c_{XO_2}} \tag{7-42}$$

$$\theta_2 = \frac{K_2 c_{XO_2}}{1+K_1 c_{O_2}+K_2 c_{XO_2}} \tag{7-43}$$

这时的总反应速率是由表面反应控制的，因此

$$w_{O_2} \propto \theta_1 \propto \frac{K_1 c_{O_2}}{1+K_1 c_{O_2}+K_2 c_{XO_2}} \tag{7-44}$$

上面所论述的是表面化学反应速率很低的情况，现在再假设表面化学反应速率很高（准确地说，速率常数很大而速率本身是一个有限值），而且这个化学反应是不可逆的，那么氧在表面上的吸附份额 θ_1 将非常小而可以忽略不计，由于吸附进来的氧立刻就由表面化学反应把它消耗掉。氧在表面上的吸附份额非常小，氧的吸附平衡完全被破坏，氧几乎没有解吸。此时氧的吸附速率成了控制总反应速率的决定性环节，即

$$w_{O_2} = k_1 c_{O_2}(1-\theta_2) \tag{7-45}$$

式中，$1-\theta_2$ 代表空白的表面份额，因为 $\theta_1 \approx 0$。

现在反应产物的吸附和解吸仍建立了平衡关系，但是要加上由于表面化学反应产物

$k_1 c_{O_2}(1-\theta_2)$，并假设表面化学反应消耗掉的氧量就等于产生的燃烧产物量，即

$$k_1 c_{O_2}(1-\theta_2) + k_2 c_{XO_2}(1-\theta_2) = k_{-2}\theta_2$$

解出 θ_2 和 w_{O_2} 如下：

$$\frac{1-\theta_2}{1} = \frac{\theta_2}{\dfrac{k_1 c_{O_2} + k_2 c_{XO_2}}{k_{-2}}} = \frac{1}{1 + \dfrac{k_1}{k_{-2}}c_{O_2} + \dfrac{k_2}{k_{-2}}c_{XO_2}}$$

而

$$w_{O_2} = \frac{k_1 c_{O_2}}{1 + \dfrac{k_1}{k_{-2}}c_{O_2} + \dfrac{k_2}{k_{-2}}c_{XO_2}}$$

令 $K_2 = k_2/k_{-2}$，可得

$$w_{O_2} = \frac{k_1 c_{O_2}}{1 + \dfrac{k_1}{k_{-2}}c_{O_2} + K_2 c_{XO_2}} \tag{7-46}$$

一般情况下，无论吸附和解吸的关系如何，又无论是吸附速率控制还是化学反应速率控制，都可以认为异相化学反应的速率为

$$w_{O_2} \propto c_{O_2}^n \tag{7-47}$$

式中，n 是 $0\sim 1$ 之间的分数，指数 n 的数值由反应机理来决定。

三、碳燃烧过程中的扩散

在碳燃烧的气固两相反应中，不管燃烧化学反应过程发生在表面控制还是扩散控制，都存在主气流中的氧向固体表面的扩散和固体表面的燃烧反应产物向气体主流中的扩散，其实质是质量的传递。由于气固两相之间存在着相的界面，氧气从气相转移到固相的过程，包括氧气由气相主体向边界层的湍流扩散传递、边界层中的分子扩散传递到气固两相界面并传递到固体表面。

在碳燃烧过程中，被吸收的氧从气相转移到固相是通过扩散进行的，物质扩散的方式有分子扩散和湍流扩散两种，扩散的结果是使气体从高浓度区域转移到低浓度区域。

1. 分子扩散

物质在静止的或者垂直于浓度梯度方向做层流流动的流体中传递，是由于分子运动引起的，如将一勺糖投于一杯水中，稍后，整杯水就会变甜，这就是分子扩散的表现。在静止或滞流流体中，分子运动是漫无边际的，若一处某种分子的浓度较邻近的另一处高，其结果自然是从浓度较高的区域扩散到浓度较低的区域，两处的浓度差就是扩散的推动力。

用来描述分子扩散速率的定律是著名的裴克定律，其某气体 A 的分子扩散关系式为

$$J_A = -D_A \frac{\mathrm{d}c_A}{\mathrm{d}z} \tag{7-48}$$

式中，D_A 是气体 A 的分子扩散系数（$\mathrm{m^2/s}$），部分气体在空气中的扩散系数见表 7-1；$\mathrm{d}c_A/\mathrm{d}z$

是气体 A 在 z 方向的浓度梯度（$kmol/m^4$）；J_A 是气体 A 的分子扩散通量 $[kmol/(m^2 \cdot s)]$，扩散通量与某气体在 z 方向的浓度梯度成正比。

表 7-1　部分气体在空气中的扩散系数（0℃，101.33kPa）

扩散物质	扩散系数 $D/(cm^2/s)$	扩散物质	扩散系数 $D/(cm^2/s)$
H_2	0.611	H_2O	0.220
N_2	0.132	C_6H_6	0.077
O_2	0.178	C_7H_8	0.076
CO_2	0.138	CH_3OH	0.132
HCl	0.130	C_2H_5OH	0.102
SO_2	0.103	CS_2	0.089
SO_3	0.095	$C_2H_5OC_2H_5$	0.078
NH_3	0.17		

2. 湍流扩散

物质在湍流流体中的传递，主要是由于流体中质点的运动引起的。如将一勺糖投于一杯水中，用勺搅动，整杯水就会更快、更均匀地变甜，这就是湍流扩散的表现。

物质在湍流流体中传递，主要是依靠流体质点的无规则运动，湍流中发生的旋涡，引起各部流体间的剧烈混合，在有浓度差存在的条件下，物质便向其浓度降低的方向传递。这种凭借流体质点的湍动和旋涡来传递物质的现象，称为涡流扩散。诚然，在湍流流体中，分子扩散也同时发挥着传递作用，但质点是大量分子的集群，在湍流主体中，质点传递规模和速度远大于单个分子的，因此涡流扩散的效果应占主要地位。此时扩散通量用下式表示，即

$$J_A = -(D_A + D_e)\frac{dc_A}{dz} \tag{7-49}$$

式中，D_A 是分子扩散系数（m^2/s）；D_e 是涡流扩散系数（m^2/s）；dc_A/dz 是某气体沿 z 方向的浓度梯度（$kmol/m^4$）；J_A 是扩散通量 $[kmol/(m^2 \cdot s)]$。

3. 对流扩散

涡流扩散系数不是物性常数，它与湍动程度有关，且随位置不同而不同。由于涡流扩散系数难以测定和计算，因而常将分子扩散与涡流扩散两种传质作用结合起来用对流扩散予以考虑。在流体的扩散研究中，由于涡流扩散传质过程比较复杂，常常把对流扩散中的涡流扩散进行简化，用分子扩散来描述。图 7-9a 所示为气固两相传质示意图。在稳定吸收中任何一横截面 $m—n$ 上相界面的气相一侧气体 A 浓度分布情况如图 7-9b 所示，横轴表示离开相界面距离 z，纵轴表示气体 A 的分压 p。气体虽呈湍流流动，但靠近相界面处仍有一

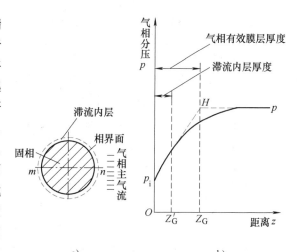

图 7-9　传质的有效滞流膜层

个滞流内层，其厚度以 Z_G' 表示，湍动程度越高，Z_G' 越小。

气体 A 自气相主体向界面转移，由于传质过程的进行，气相中 A 的分压越靠近界面越小。在稳定状态下，m—n 截面上不同 z 值各点处的 A 气体的传递速率应相同，但由于在流体的中心区主要是涡流扩散，而滞流内层主要是分子扩散，因此这两个区域内的浓度梯度相差很大。

在湍流区，浓度梯度几乎等于 0，p-z 曲线为一水平线。而在滞流层内，由于气体 A 的传递完全靠分子扩散，使浓度梯度很大，p-z 曲线较为陡峭，而在这两个区中间的过渡区，既存在着分子扩散，也存在着涡流扩散，传质是分子扩散和涡流扩散的总和。在此区域内，由一端几乎是纯分子扩散产生的总传质，逐渐而非突然地向主要是涡流扩散的另一端过渡，因此浓度梯度的变化出现了一个过渡区，p-z 曲线逐渐由陡峭转变为平缓。延长滞流内层的分压线，使其与气相主体的水平分压线相交于一点，令此交点 H 与相界面的距离为 Z_G，设想在相界面附近即存在着一个厚度为 Z_G 的滞流膜层，此膜层称为虚拟滞流膜层或有效滞流膜层，膜层以内的流动纯属滞流，因而其中的物质传递形式纯属分子扩散。经过这样的处理，就等于把涡流扩散的传递作用转化为分子扩散的传质。由图 7-9 可见，整个有效滞流膜层的传质推动力即为气相主体与相界面处的分压之差，这意味着从气相主体到相界面处的全部传质阻力都包括在此有效滞流膜层之中。于是便可按有效滞流膜层内的分子扩散速率写出由气相中心区到相界面的对流扩散速率方程，即

$$N_A = \frac{Dp}{RTZ_G p_{Bm}}(p - p_i) \tag{7-50}$$

式中，N_A 是气体 A 的对流扩散速率 $[kmol/(m^2 \cdot s)]$；Z_G 是气相有效滞流膜层厚度（m）；p 是气相主体中气体 A 的分压（Pa）；p_i 是相界面处的气体 A 的分压（Pa）；p_{Bm} 是惰性组分 B 在气相主体与相界面处的分压的对数平均值（Pa）。

令 $k_g = \dfrac{Dp}{RTZ_G p_{Bm}}$，式（7-50）就可写成

$$N_A = k_g(p - p_i) \tag{7-51}$$

式中，k_g 是气膜湍流质量交换系数。

4. 碳燃烧中的扩散

现在来讨论碳燃烧中的扩散。碳燃烧的必要条件是要有足够高的温度和足够多的氧气，而氧气首先是从气流主体通过外扩散而到达碳的表面，然后进行表面控制反应，与此同时在颗粒的孔隙还会进行氧气的内扩散。

在讨论碳的燃烧反应中，在气固两相之间的界面上有一层滞流边界层，氧气从气流主体到边界层的传质是通过湍流扩散的方式进行的。而通过滞流边界层的传质，则是分子扩散的方式。尽管湍流扩散是一种效率很高、速度很快的传质方式，但外扩散过程的总反应速率取决于包围在颗粒外表面的滞流边界层对传质的阻力。

在讨论外扩散问题时，涉及两个独立的过程：一个是表面反应过程，其速率方程可表示为 $w_{O_2} = kc_{O_2}$；另一个是传质过程，传质过程的速率方程按照对流扩散的速率方程式（7-51）可写成 $w_{O_2} = \alpha_{zl}(c_\infty - c_{O_2})$，这就是前面讨论焦炭燃烧时，参加反应物氧气的消耗速率的式（7-27）和湍流扩散到燃烧表面上的氧气流量的式（7-28）。

根据式（7-27）和式（7-28）可以得到

$$\frac{c_{O_2}}{c_\infty} = \frac{\alpha_{zl}}{k+\alpha_{zl}} = \frac{1}{1+\dfrac{k}{\alpha_{zl}}} \tag{7-52}$$

即氧在颗粒表面的质量浓度和气流主体氧的质量浓度的比值与 k/α_{zl} 有关，通常把 k/α_{zl} 称为达姆可勒特征数，即

$$Da = \frac{k}{\alpha_{zl}} \tag{7-53}$$

达姆可勒特征数的物理意义为极限反应速率与极限传质速率之比。它可以作为颗粒外部传质过程影响程度的判据。Da 越小，表示极限传质速率越大于极限反应速率，过程为反应控制；Da 越大，表明极限反应速率越大于极限传质速率，过程为传质控制。

碳燃烧过程中不仅有外扩散，还存在内扩散。在碳颗粒具有很多的空隙时，颗粒的内表面将成为主要的反应表面。整个过程的速率受到表面反应和质量传递两个过程的影响。在碳颗粒内部的扩散和化学反应不是严格的串联过程，而是氧在微孔内扩散的同时，还在微孔壁面上发生化学反应。由于氧的不断消耗，使得越深入微孔内部，氧的质量浓度越低。即在气相主体氧的质量浓度相同时，沿颗粒不同的渗入深度，氧的质量浓度逐渐降低。所以内扩散过程和化学反应过程之间的关系更为复杂。

对于反应产物来说，有一个从颗粒内表面通过微孔向颗粒外表面扩散的过程。假设气固非均相反应为简单的一级反应、等摩尔逆向扩散、等温，颗粒形状为平片，半厚度为 δ，在稳定状态时的扩散方程为

$$D_{yx} \frac{d^2 c_\delta}{dz^2} - k_V c_\delta = 0 \tag{7-54}$$

式中，D_{yx} 是氧在微孔内的有效扩散系数（m/s）；c_δ 是扩散过程中氧在内孔某一位置上的质量浓度（kg/m³）；k_V 是按颗粒平片容积计的反应速率常数（m/s）。

边界条件为

$$c_\delta(\delta) = c_{O_2} \quad （即在平片外表面的氧浓度等于碳表面的氧浓度）$$

$$\frac{dc_\delta(o)}{dz} = 0 \quad （c_\delta 分布对称于中心线）$$

方程表达的物理意义是，在微元固体平片内，氧因扩散引起的速率改变，等于因化学反应消耗氧的速率。

第三节　碳的动力燃烧与扩散燃烧

表面扩散理论对异相燃烧过程中混合扩散和化学反应这两个环节的关系进行了详细的描述。当固体燃料与气体之间的化学反应是在固体表面上进行时，气流主体中的氧扩散到固体的表面与之化合，化合形成的反应产物（CO_2 或其他）再离开固体表面扩散到气流主体中。此时，氧从气流主体中扩散到固体表面的流量为

$$q = \alpha_{zl}(c_\infty - c_{O_2}) \tag{7-55}$$

这些氧扩散到固体燃料表面就与其发生化学反应，这个化学反应速率与表面上的氧浓度 c_{O_2} 有关系。为简便起见，认为化学反应消耗的氧量与 c_{O_2} 成比例。即

$$q = w_{O_2} = k c_{O_2} \tag{7-56}$$

在式（7-55）和式（7-56）中，远处气流主体中氧浓度是已知的，而固体表面的氧浓度 c_{O_2} 随化学反应速率不同而变化的关系是未知的，应从式（7-55）和式（7-56）中将其消掉。得到

$$w_{O_2} = \frac{c_\infty - c_{O_2}}{\dfrac{1}{\alpha_{zl}}} = \frac{c_{O_2}}{\dfrac{1}{k}} = \frac{c_\infty - c_{O_2} + c_{O_2}}{\dfrac{1}{\alpha_{zl}} + \dfrac{1}{k}} = \frac{c_\infty}{\dfrac{1}{\alpha_{zl}} + \dfrac{1}{k}} = K c_\infty \tag{7-57}$$

式中，K 是折算反应速率常数，$K = \dfrac{1}{\dfrac{1}{\alpha_{zl}} + \dfrac{1}{k}}$。

式（7-57）反映了燃烧反应速率与化学反应特性 k 与湍流质量交换系数 α_{zl} 的关系。

当已知氧的消耗速率 w_{O_2} 时，可以按比例地计算出碳的燃烧速率 w_C，即

$$w_C = \beta w_{O_2} = \beta K c_\infty = \beta \frac{c_\infty}{\dfrac{1}{\alpha_{zl}} + \dfrac{1}{k}} \tag{7-58}$$

式中，β 是 C 与 O_2 燃烧反应化学当量比。

当燃烧按 $C + O_2 = CO_2$ 进行时，$\beta = \dfrac{12}{32} = 0.375$。

当燃烧按 $2C + O_2 = 2CO$ 进行时，$\beta = \dfrac{24}{32} = 0.75$。

在碳燃烧反应中，根据 k 和 α_{zl} 的大小不同，可以把燃烧分成三个不同规律的燃烧区域（或燃烧状态）。

1）当 $k \gg \alpha_{zl}$ 时，折算反应速率常数 $K \approx \alpha_{zl}$。此时碳燃烧化学反应速率计算式（7-58）变为

$$w_C \approx \beta \alpha_{zl} c_\infty \tag{7-59}$$

此时的燃烧状态称为扩散燃烧。它的物理意义在于：在扩散燃烧区，碳燃烧的速率 w_C 只取决于氧气向碳表面的扩散能力，而与燃料性质、温度条件几乎无关。当 $k \gg \alpha_{zl}$ 时，$c_{O_2} = 0$。这说明，在温度很高时，化学反应能力已大大超过扩散的能力，使得所有扩散到碳表面的氧立即全部被反应消耗掉，从而导致碳表面的氧浓度为 0。因此，整个碳的燃烧速率取决于氧扩散到碳表面的速率。

在扩散燃烧状态下，要提高燃烧速率，强化燃烧过程，最有效、最直接的办法是强化气流湍动，增强空气流与碳粒间的相对速度，提高供氧能力而不是其他。

2）当 $k \ll \alpha_{zl}$ 时，折算反应速率常数 $K \approx k$，式（7-58）变为

$$w_C = \beta K c_\infty = \beta k_0 \exp\left(-\frac{E}{RT}\right) c_\infty \tag{7-60}$$

此时的燃烧状态为动力燃烧。其物理意义在于：在动力燃烧区，化学反应阻力大大地大于扩散的阻力，此时，$c_{O_2} = c_\infty$，表明化学反应速率很低。碳的燃烧速率 w_C 几乎只取决于化学反应的能力，即燃烧的温度条件及燃料的性质（燃料的活化能），而与氧气向碳表面的扩散情况无关。

在动力燃烧状态下，提高燃烧速率，强化燃烧过程最有效、最直接的办法就是提高燃烧的温度条件 T。显然，对于反应能力强、活化能 E 小的燃料，可以在较低的温度区域内实现燃烧强化；而对于反应能力弱、活化能 E 高的燃料，必须要在更高的温度条件下才能实现燃烧的强化。

3）当 $k \approx \alpha_{zl}$ 时，即化学反应能力与氧气的扩散能力处在同一数量级的情况下，此时燃烧强化的实现与 k 和 α_{zl} 两者都有关，无论提高 k 还是 α_{zl}，都可以收到强化燃烧的效果。在这种燃烧状态下的燃烧称为过渡燃烧。碳表面的氧浓度也介于扩散与动力燃烧之间，即 $0 < c_{O_2} < c_\infty$。

图 7-10 所示为碳的燃烧速率和温度的关系。由图可见，在温度比较低时，燃烧属于动力控制，在温度上升时，k 服从阿累尼乌斯定律的指数规律而急剧增大（图 7-10 中的区域 1）。在高温区，由于燃烧属于扩散控制，此时燃烧速率与温度无关，只有提高氧扩散到碳表面的湍流质量交换系数 α_{zl}，才能提高燃烧速率（图 7-10 中的区域 3）。在 1 和 3 之间的温度范围区域 2，是过渡燃烧区。

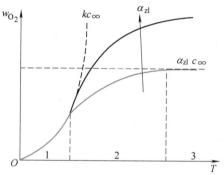

图 7-10 扩散动力燃烧的分区
1—动力区（化学动力控制） 2—过渡区
3—扩散区（扩散控制）
箭头方向表示 α_{zl} 增大的结果

由于不同的燃烧工况取决于燃烧时扩散能力和化学反应能力之间的关系，即取决于湍流质量交换系数 α_{zl} 和化学反应速率常数 k 之间的比例系数。因此可以用这一比值来判断碳的燃烧工况，称为谢苗诺夫准则，即 $Sm = \alpha_{zl}/k$。也有的用 Sm 的倒数 $Da = k/\alpha_{zl}$（达姆可勒特征数）或浓度比来判断，见表 7-2。

表 7-2 判断碳燃烧区域的值 Sm 和 c_{O_2}/c_∞ 值

燃烧区域	动力燃烧	过渡燃烧	扩散燃烧
Sm	>9.0	0.11~9.0	<0.11
c_{O_2}/c_∞	>0.9	0.1~0.9	<0.1

为了计算碳的燃烧速率，首先应计算 k 和 α_{zl}，根据阿累尼乌斯定律

$$k = k_0 \exp\left(-\frac{E}{RT}\right)$$

不同煤有不同的动力学参数 E 和 k_0 的值，需通过实验测得此参数才能计算出 k 来。

由于扩散和传热都是由分子的不规则热运动所引起的迁移现象，它们具有相似的规律。仿照传热学中的努塞尔特征数 $Nu = \alpha d/\lambda$，对于湍流扩散现象可引入传质努塞尔特征数，即

$$Nu^* = \frac{\alpha_{zl} d_p}{D} \tag{7-61}$$

式中，D 是湍流扩散系数（m^2/s）。

对于单个颗粒，根据实验数据 Nu^* 与 Re、Pr 的关系可整理成以下形式：

$$Nu^* = 2+0.375Re^{0.6}Pr^{\frac{1}{3}} \tag{7-62}$$

在煤粉燃烧中，可认为煤粉基本上随气流运动，按煤粉、气流相对速度计算的 $Re \approx 0$，则有

$$Nu^* \approx 2 \tag{7-63}$$

$$\alpha_{zl} = \frac{2D}{d_p} \tag{7-64}$$

将式（7-61）代入式（7-57），得

$$w_{O_2} = c_\infty \Big/ \left(\frac{d_p}{Nu^* D} + \frac{1}{k} \right) \tag{7-65}$$

将式（7-61）和反应速率常数 k 代入谢苗诺夫准则整理得

$$Sm = \frac{\alpha_{zl}}{k} = \frac{Nu^* D}{k_0 d_p \exp\left(-\dfrac{E}{RT}\right)} \tag{7-66}$$

由式（7-66）可见，影响 Sm 的因素有燃烧温度 T、压力 p、气体流速 w、颗粒粒径 d_p 及燃料的反应特性 E 和 k 等。当燃料的颗粒粒径和传质条件确定时，随着温度的升高，Sm 变小，燃烧由动力控制转入扩散控制。如果燃烧温度和传质条件一定，颗粒粒径越小，Sm 越大。可见小尺寸的燃料颗粒，必须在较高的温度下，才有可能由动力控制转入扩散控制。同样，增加气体和颗粒之间的相对速度，也会使 Sm 变大。

因此，当碳粒粒径 d_p 减小，湍动增强（Nu^* 增大），燃烧温度不高时，Sm 增加，燃烧向动力控制的燃烧状态转变。必须注意的是，在煤粉燃烧时要在更高的炉膛温度下才有可能转入扩散燃烧。如无烟煤，当活化能 $E = 130kJ/mol$ 时，对于粒径 $d_p = 10mm$ 的煤粒，当温度 $T \geqslant$ 1200K 时即进入扩散燃烧区；而粒径 $d_p = 0.1mm$ 时，则需 $T \geqslant 2000K$ 才能进入扩散燃烧区。所以，对于粒径为 $0.05 \sim 0.1mm$ 的煤粉，燃烧一般处于动力控制或过渡区，特别在燃烧火焰中心以外及炉膛出口附近更是如此，因此，提高煤粉炉的燃烧温度可以大大提高燃烧反应速率。

例题 无烟煤粒 $d_p = 60\mu m$，炉膛温度为 1300℃，煤粒、气流间的相对速度为 1.6m/s。该煤的活化能 $E = 150kJ/mol$，频率因子 $k_0 = 14.9 \times 10^3 m/s$，0℃时湍流扩散系数 $D = 1.98 \times 10^{-5} m^2/s$，判断该燃烧状态处在哪个燃烧区，并计算碳的燃烧速率 w_C。

解 在燃烧中

$$D \approx 1.98 \times 10^{-5} \left(\frac{T}{T_0} \right)^2 = 1.98 \times 10^{-5} \times \left(\frac{1300+273}{273} \right)^2 m^2/s = 0.000657 m^2/s$$

查表得运动黏度

$$\nu = 2.34 \times 10^{-4} m^2/s$$

$$Re = \frac{wd_p}{\nu} = \frac{1.6 \times 60 \times 10^{-6}}{0.000234} = 0.41$$

由于 Re 很小，近似按 $Re \approx 0$ 处理。则

$$Nu^* = 2.0$$

$$\alpha_{zl} = \frac{D}{d_p} Nu^* = \frac{6.57 \times 10^{-4}}{60 \times 10^{-6}} \times 2\text{m/s} = 21.9\text{m/s}$$

计算反应速率常数 k

$$k = k_0 \exp\left(-\frac{E}{RT}\right) = 14.9 \times 10^3 \exp\left[-\frac{150 \times 10^3}{8.314 \times (1300+273)}\right]\text{m/s} = 0.156\text{m/s}$$

$$Sm = \frac{\alpha_{zl}}{k} = \frac{21.9}{0.156} = 140 > 9.0 \quad (\text{处于动力燃烧区})$$

$$K = \frac{1}{\dfrac{1}{\alpha_{zl}} + \dfrac{1}{k}} \approx k = 0.156\text{m/s}$$

在动力燃烧区，当温度为 1200~1300℃ 时，碳表面上的反应主要为

$$4C + 3O_2 = 2CO_2 + 2CO$$

C 和 O_2 的化学当量比 $\beta = \dfrac{4 \times 12}{3 \times 32} = 0.5$

1300℃ 下空气的密度为

$$\rho^{1300} = 1.293 \times \frac{273}{1300+273}\text{kg/m}^3 = 0.224\text{kg/m}^3$$

空气中氧气的质量分数为 23.2%，则

$$c_\infty = 23.2\% \times 0.224\text{kg/m}^3 = 0.052\text{kg/m}^3$$

碳的燃烧速率 w_C 为

$$w_C = \beta K c_\infty = 0.5 \times 0.156 \times 0.052\text{kg/(m}^2 \cdot \text{s)} = 4 \times 10^{-3}\text{kg/(m}^2 \cdot \text{s)}$$

第四节　碳的燃烧化学反应

煤在燃烧时首先析出挥发分，剩下的是固体焦炭，也称固定碳。其中还有一些矿物杂质，在燃烧结束时形成灰分。现在分析碳的燃烧。碳的燃烧是一个气固间的异相化学反应过程，这种反应过程可以用图 7-11 来描述。其存在以下几种可能性：

1）碳在表面的完全氧化反应（图 7-11a）。主要化学反应是碳和氧的直接反应，其反应产物是 CO_2，并放出一定的热量，即

$$C + O_2 = CO_2 + 40.9 \times 10^4\text{kJ} \tag{7-67}$$

烧掉的碳和消耗的氧的物质的量之比等于 1。

2）在碳表面仅氧化为 CO，并放出一定的热量（图 7-11b）。

$$2C + O_2 = 2CO + 24.5 \times 10^4\text{kJ} \tag{7-68}$$

烧掉的碳和氧的物质的量之比等于 2。

式（7-67）和式（7-68）所表示的碳和氧的反应，只是表示整个化学反应的物料平衡和热平衡而已。它并未说明碳和氧的燃烧化学反应机理。

3）实际上碳的燃烧化学反应要比式（7-67）和式（7-68）复杂得多，可能出现碳在表面反应后部分被氧化成 CO 和 CO_2（图 7-11c）。发生如下的化学反应，即

$$4C+3O_2 = 2CO_2+2CO \tag{7-69}$$

或

$$3C+2O_2 = 2CO+CO_2 \tag{7-70}$$

式（7-69）和式（7-70）是碳和氧燃烧化学反应过程的初次反应。这两个初次反应生成的 CO_2 和 CO 又可能与碳和氧进一步发生二次反应，即发生 CO_2 的还原反应或 CO 的燃烧反应。

$$C+CO_2 = 2CO-16.2\times10^4kJ \tag{7-71}$$

$$2CO+O_2 = 2CO_2+57.1\times10^4kJ \tag{7-72}$$

4）也可能出现氧到不了固体表面的情况，固体表面只有从气相扩散过来的 CO_2，所产生的是式（7-71）的还原反应，还原后的 CO 在向外扩散的过程中，在颗粒四周的滞流燃烧层按式（7-72）进行燃烧反应而生成 CO_2（图 7-11d）。

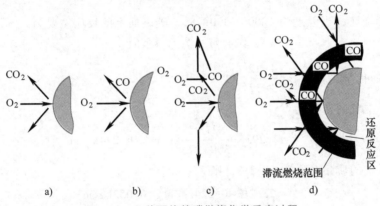

图 7-11　几种可能的碳燃烧化学反应过程

尽管碳的燃烧化学反应非常复杂，但式（7-69）~式（7-72）是基本反应过程，这四个反应在燃烧过程中同时交叉和平行地进行着，是碳燃烧过程的基本化学反应。

但是，上述反应并不是全部可能的反应，如果在燃烧过程还有水蒸气存在，还可能进一步发生下列反应，即

$$C+2H_2O = CO_2+2H_2 \tag{7-73}$$

$$C+H_2O = CO+H_2 \tag{7-74}$$

$$3C+4H_2O = 4H_2+2CO+CO_2 \tag{7-75}$$

$$C+2H_2 = CH_4 \tag{7-76}$$

另外，在靠近碳表面附近的气体层中，还可能有下面的化学反应发生：

$$2H_2+O_2 = 2H_2O \tag{7-77}$$

$$CO+H_2O = CO_2+H_2 \tag{7-78}$$

这些反应中究竟哪些反应是主要的，哪些反应是可以略去的，就要取决于温度、压力以及气体成分等燃烧过程的具体条件。例如常压高温下 CH_4 很容易受热而分解为 H_2 和 C，化学反应的平衡向左移动，因此式（7-76）的正向反应速率很低而可以忽略不计。但增加压力后如果气体中含 H_2 很多，就会加速式（7-76）的正向反应，生成更多的 CH_4，如在增压煤气发生炉的煤气中，CH_4 可达到 1.8%。

下面进一步讨论各种异相化学反应的机理。

一、碳的晶格结构

碳的燃烧反应是发生在碳的晶格结构的表面上，氧分子通过扩散和吸附进入碳晶格表面或晶格界面上，而碳是通过热分解或其他分子的碰撞使大的分子结构碎裂，形成一些小分子碎片，并进一步反应形成碳氧的中间络合物，然后通过与氧的化学反应生成 CO_2 和 CO 气体。为了了解这种异相化学反应的机理，就必须从碳的晶格结构特点来分析。

碳有两种结晶状态：金刚石与石墨。金刚石的晶格中碳原子排列紧密，原子之间键的结合力很大，这样金刚石的晶格十分稳定。因此金刚石硬度很高，活性极小，极不容易与氧发生燃烧反应。

石墨的晶格结构如图 7-12 所示，由六角形组成的基面叠加而成。在每个基面内碳原子分布于边长为 0.141nm 的正六角形顶点上。基面是平行叠置的，各基面之间相距 0.3345nm，相邻两基面互相错开一个位置，即依次错开 0.141nm，因此上层基面六角形的几何中心线就位于下层基面六角形的一个顶点的上面。

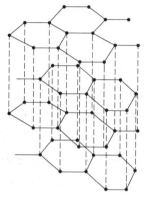

图 7-12 石墨的晶格结构

晶体内部每个碳原子的三个价电子在基面内与相邻碳原子形成稳固的键。第四个价电子则分布在基面之间的空间内。基面内组成六角形的碳原子之间的距离较近，键的结合很牢固，而基面之间的键的结合力就很弱，使得其他元素的原子就比较容易在基面之间的空间内溶入其间。

在常温下碳晶体表面会吸附一些气体分子，但当压力减小或温度略升高时，这种吸附分子会脱离晶体，而不改变气体分子的状态和性质，这是物理吸附。

当温度较高时，气体分子具有较高的运动速度，从而能浸入石墨表面层基面间的空间内，把基面间的空间距离撑大，这样碳和气体就形成了固溶络合物。如氧溶入碳晶格基面之间就会形成碳氧固溶络合物，固溶络合物可能会由于其他具有一定能量的氧分子的碰撞而结合形成 CO_2 和 CO 气体，经解吸而离开碳晶体。这是氧和碳发生异相反应的一种表现形式。

在温度很高时，单纯的物理吸附已不存在，固溶状态的气体也逐渐减少，但却增加了晶体周界对氧分子的化学吸附能力。石墨晶体周界上的碳原子只以 1~2 个价电子和基面内的其他碳原子结合，不像基面内晶格中的碳原子以三个价电子与其他碳原子结合，因而活性较大。但即使这种活性较大的碳原子的活化能也相当大，约为 $8.4×10^4 kJ/mol$，所以只有在温度很高时其化学吸附才很显著。因为氧在碳晶体周界上发生化学吸附时温度很高，有可能在吸附成一定的碳氧络合物后又离解成 CO_2 和 CO 气体，或者被其他分子碰撞而离解，并离开晶体为自由的气体。这是氧和碳的另一种反应表现。

碳由许多晶体组合而成，晶体之间彼此交错叠合，晶体表面和边缘处碳原子的活性最大，因而晶格结构不同的碳，其反应活性也不一样。

二、碳与氧的反应机理

虽然对碳和氧的反应机理研究有上百年的历史过程，也积累了丰富的研究资料，但是对碳和氧的一次反应产物究竟是什么，由于不同的研究者各以自己的实验条件为基础，从而得出不同的结论。总体有以下三种理论：

1）CO_2 是一次反应产物，而燃烧反应产物中的 CO，只是 CO_2 和 C 二次反应的产物。

2）CO 是一次反应产物，反应产物 CO 在碳表面附近与 O_2 接触被氧化成 CO_2。

3）碳和氧反应首先生成不稳定的碳氧络合物，即

$$xC+\frac{y}{2}O_2=C_xO_y \tag{7-79}$$

然后络合物或由于分子的碰撞而分解，或由于热分解同时生成 CO_2 和 CO，即

$$C_xO_y=mCO_2+nCO \tag{7-80}$$

两者的比例随反应温度的不同而不同，在 730～1170K 之间，两种反应产物浓度的比值约为以下的关系

$$\frac{c_{CO}}{c_{CO_2}}=2500\exp\left[-6240/(RT)\right] \tag{7-81}$$

到目前普遍接受的是第三种观点，即碳和氧的反应首先生成中间碳氧络合物，络合物或由于分子的碰撞而分解，或由于热分解同时生成 CO_2 和 CO。Mayer 进行了著名的碳和氧一次反应机理的实验，结果表明：

1）当温度略低于 1300℃ 时，固体碳表面首先几乎全部被溶入表层的氧分子所占据，然后，一部分（其份额设为 q）将发生络合。其余部分（$1-q$）已盖满了络合物，将在另一氧分子撞击下发生离解。化学反应方程式为

络合 $3C+2O_2=C_3O_4$ (7-82)

离解 $C_3O_4+C+O_2=2CO_2+2CO$ (7-83)

在反应产物比例 $c_{CO}/c_{CO_2}=1$ 时，总的简化反应式是

$$4C+3O_2=2CO_2+2CO$$

燃烧反应由溶解、络合、离解等诸多环节串联而成。溶解这个环节的速率常数很大，反应主要受络合和离解过程控制。于是表面上的氧消耗速率（即燃烧速率）为

$$w_{O_2}=k_1q=k_2c_{O_2}(1-q) \tag{7-84}$$

式中，k_1 是络合速率常数 $[kg/(m^2\cdot s)]$；k_2 是撞击下离解的速率（m/s）；c_{O_2} 是氧的表面质量浓度（kg/m^3）。

消去 q 得到

$$w_{O_2}=\frac{q}{\dfrac{1}{k_1}}=\frac{1-q}{\dfrac{1}{k_2c_{O_2}}}=\frac{q+1-q}{\dfrac{1}{k_1}+\dfrac{1}{k_2c_{O_2}}}=\frac{1}{\dfrac{1}{k_1}+\dfrac{1}{k_2c_{O_2}}} \tag{7-85}$$

当表面的 c_{O_2} 浓度很小时，$\dfrac{1}{k_2c_{O_2}}$ 很大，$\dfrac{1}{k_1}\ll\dfrac{1}{k_2c_{O_2}}$，则

$$w_{O_2}=k_2c_{O_2} \tag{7-86}$$

这是一级反应，即碳表面上不仅氧的溶解顺利，固溶络合也很顺利，反应就取决于频率不很高的氧的分子撞击而引起离解的速率。

当表面上的氧质量浓度 c_{O_2} 很大时，$\dfrac{1}{k_2 c_{O_2}}$ 很小，$\dfrac{1}{k_1} \gg \dfrac{1}{k_2 c_{O_2}}$，则

$$w_{O_2} = k_1 \tag{7-87}$$

这是零级反应，即碳表面上虽然氧分子的撞击频率很大，但反应则取决于较慢的固溶络合速率，而与氧质量浓度及氧分子的撞击频率无关。

碳在略低于1300℃的温度下，用空气作为氧化剂燃烧时，由于空气中的氧的质量分数为23.2%，碳表面的氧质量分数比23.2%还要小，可以说 c_{O_2} 不会很大。所以这时如果氧的扩散不很快，碳的化学反应速率可以认为是一级反应，可用式（7-86）表示。

2）当温度高于1600℃时，虽然以高能量碰撞碳晶体基面之间的空间的氧分子份额增多了，但是溶解了的氧分子的离解作用也增大了，氧分子几乎不溶解于石墨晶体内。因此，碳和氧的反应是通过晶体边界的棱和顶角的化学吸附来进行的。吸附的氧与晶体边缘棱角的碳原子形成络合物，即

$$3C + 2O_2 = C_3O_4$$

这种络合物在高温下就会自行热分解，进行零级反应，即

$$C_3O_4 = 2CO + CO_2 \tag{7-88}$$

因此，在反应产物的比例 $c_{CO}/c_{CO_2} = 2$ 时，其总反应式可写成

$$3C + 2O_2 = 2CO + CO_2$$

此时的燃烧化学反应最慢的是吸附，络合和热分解都很顺利。吸附是一个与表面氧浓度成正比的一级反应，因此仿照式（7-86）可得

$$w_{O_2} = k_1' c_{O_2} \tag{7-89}$$

式中，k_1' 是吸附的速率常数。

3）当温度在1300~1600℃之间时，碳和氧的反应情况将同时有固溶络合和化学吸附两种反应机理，反应产物的比例 $\dfrac{c_{CO}}{c_{CO_2}}$ 将由实际发生的反应方程所决定。但在此温度范围内，若气体处于常压下而碳表面氧浓度又不很高时，其反应也接近于一级反应。

通常煤和焦炭的燃烧是在常压下进行的，燃烧温度大多处在1300~1600℃之间，此时反应速率均可用式（7-86）的一级反应来表示。

碳的晶格结构对活化能的影响很大，矿物杂质会使晶格扭曲变形，提高碳的活性，所以不同的焦炭由于晶格结构和所含杂质不同，其活化能的差别也很大。一般碳和氧在高温下的反应活化能为 $12.5 \times 10^4 \sim 19.9 \times 10^4 \mathrm{kJ/kmol}$，两者在500℃以上、常压下的反应活化能实验数据见表7-3。

表7-3　$C + O_2$ 在500℃以上、常压下的反应活化能实验数据

碳的种类	活化能 $E/(\mathrm{kJ/kmol})$	频率因子 $k_0/\mathrm{s^{-1}}$
电极碳	12.4×10^4	—
	16.8×10^4	2.94×10^9
无烟煤焦炭	14×10^4	1.5×10^8
电刷炭	19.9×10^4	
褐煤焦炭	8.4×10^4	
木柴焦炭	14×10^4	
烟煤焦炭	12.6×10^4	0.7×10^8

三、碳与二氧化碳的反应机理

碳与二氧化碳的反应如式（7-71）所示，发生在气化反应或二氧化碳的还原反应中，是一个吸热反应。在这个反应的进行过程中，二氧化碳也是首先要吸附到碳的晶体上，形成络合物，然后络合物分解成 CO 解吸逸走。由于 CO_2 的化学吸附活化能很高，为 $37.7×10^4 kJ/kmol$，因此，络合物的分解可能是自动进行的，也可能是在二氧化碳气体分子碰撞下进行的。

研究表明，在温度低于 400℃ 时，CO_2 仅以物理吸附的形式吸附在碳表面上。当温度超过 400℃ 时，CO_2 的固溶络合和化学吸附络合开始显著起来，但还不能发现有 CO 气体产生。当温度超过 700℃ 以后，开始有少量的络合物发生热分解而产生 CO 分子，此时反应属于零级反应。

在温度超过 700℃ 以后，虽然 CO_2 的物理吸附几乎已完全不存在，但却有相当数量的 CO_2 分子浸入碳晶格基面间形成固溶络合物，其溶解量是和 CO_2 的浓度成正比的。固溶络合物扭曲了原来碳的晶格结构，减弱了原来原子间的结合，使晶界上的络合物易于分解。

当温度继续提高时，固溶络合物的分解和高能分子的碰撞作用更为显著，此时反应速率和 CO_2 的浓度间的关系也就更大。当温度超过 950℃ 时，反应就由零级反应转为一级反应。当温度更高时，碳和二氧化碳的反应速率完全取决于化学吸附及其解吸的能力，反应仍为一级反应，即

$$w_{CO_2} = k_{CO_2} c_{CO_2} \qquad (7-90)$$

式中，c_{CO_2} 是碳表面 CO_2 的浓度；k_{CO_2} 是二氧化碳和碳反应的速率常数，服从阿累尼乌斯定律。

由于各种碳晶格结构不同，因而其活化能也不同，一般在 $(16.7 \sim 30.9)×10^4 kJ/kmol$ 之间，碳和二氧化碳在 950℃ 以上、常压下反应的活化能见表 7-4。

表 7-4 $C+CO_2$ 在 950℃ 以上、常压下反应的活化能

碳的种类	活化能 $E/(kJ/kmol)$	频率因子 k_0/s^{-1}
电极碳	$16.8×10^4$	$3×10^6$
	$18.5×10^4$	$6.9×10^6$
	$21.4×10^4$	$7.9×10^6$
	$21.8×10^4$	$3.7×10^6$
	$24.7×10^4$	$1.6×10^6$
	$31×10^4$	$3.1×10^6$
天然石墨	$18.4×10^4$	$4×10^6$
人造石墨	$21.8×10^4$	$2.5×10^6$

四、碳与水蒸气的反应

碳和水蒸气的反应是水煤气发生炉中的主要反应。高温下碳与水蒸气发生的主要反应为

$$C+H_2O = CO+H_2 - 131.5×10^3 kJ/mol$$

$$C+2H_2O = CO_2+2H_2 - 90.0×10^3 kJ/mol$$

一般认为碳与水蒸气的反应是一级反应，活化能为 $37.6×10^4 kJ/kmol$。

当反应温度升高时，正向反应进行得比较完全。在 1000℃ 以上则可视为不可逆反应，生成 CO 的反应速率明显地大于生成 CO_2 的反应速率。水蒸气分解反应的速率比二氧化碳还

原反应速率快些，但它们是同一数量级。

研究认为，对于活性高的煤，在 $1000 \sim 1100℃$ 以上，水蒸气分解反应进入扩散区。对于活性低的煤，在 $1100℃$ 时，水蒸气分解反应仍处于动力区。反应速率主要受温度的影响。

有人认为，碳遇到水蒸气时要比碳遇到二氧化碳时更迅速地烧掉。问题不在于化学反应速率，而在于扩散速率。从化学中知道，二氧化碳、水蒸气、一氧化碳和氢的相对分子质量分别是 44、18、28 和 2。由分子物理学可知，在同样温度下，相对分子质量越小的气体，分子平均速度越大，因而分子扩散系数越大。水蒸气的分子扩散系数比二氧化碳大，氢的分子扩散系数更远大于一氧化碳，因此式（7-74）中的反应物扩散到碳表面的迁移作用比反应式（7-71）迅速，反应产物扩散离开碳表面的迁移作用也比反应式（7-71）迅速。结果碳颗粒与水蒸气在一起起反应而被烧掉的速度就要比与二氧化碳在一起起反应而被烧掉的速度约高 3 倍。

五、表面反应的碳球燃烧速率

假定以上讨论的燃烧反应是在表面上进行的扩散燃烧。就像第三节中讲到的，当燃烧处于扩散燃烧区，氧扩散到碳球表面时就与碳一起烧掉，此时碳球表面上的氧浓度很小，$c_{O_2} \approx 0$。在假定碳球表面上的化学反应是 $C + O_2 = CO_2$，燃烧所产生的 CO_2 向外扩散而并没有发生二次反应，碳球与周围气体之间无相对运动的情况下，按照式（7-59）和式（7-64）可以得到碳球的燃烧速率为

$$w_C = \beta \alpha_{zl} c_\infty = 2\beta \frac{Dc_\infty}{d_p} \tag{7-91}$$

由于碳球直径 d 随着表面燃烧的进行会渐渐变小，根据质量守恒定律，整个碳球表面的燃烧率（单位时间烧掉的碳的质量数）$w_C \pi d^2$ 应该等于单位时间碳球因燃烧使半径减小而引起的质量变化 $-\rho_p \dfrac{\pi d^2}{2} \dfrac{d(d)}{d\tau}$ $\left[\rho_p$ 为碳球的密度，$-\dfrac{1}{2}\dfrac{d(d)}{d\tau}$ 为半径的减小率$\right]$，即有

$$\frac{d(d)}{d\tau} = -\frac{2w_C}{\rho_p} = -\frac{4\beta Dc_\infty}{\rho_p}\frac{1}{d}$$

积分

$$\int_{d_p}^{d} d \cdot d(d) = -\int_0^\tau \frac{4\beta Dc_\infty}{\rho_p} d\tau$$

式中，ρ_p 是碳球的密度；d_p 是碳球的初始直径；d 是经过燃烧时间 τ 之后碳球的直径。

设 c_∞ 等均不变，积分得

$$\frac{d^2 - d_p^2}{2} = -\frac{4\beta Dc_\infty}{\rho_p}\tau$$

整理得

$$d^2 = d_p^2 - K_k \tau \tag{7-92}$$

式中，K_k 是比例常数

$$K_k = \frac{8\beta Dc_\infty}{\rho_p} \tag{7-93}$$

式（7-92）称为碳球燃烧的直径平方-直线定律。当碳球完全燃烧时，$d=0$，即得

$$\tau_k = \frac{d_p^2}{K_k} \tag{7-94}$$

可见在扩散燃烧时，碳球的燃烧时间与碳球直径的平方成正比。因此在煤粉燃烧中，过粗的煤粉会因为所需的燃烧时间长而造成飞灰含碳量高，通常人们会用提高煤粉细度的方法来提高燃烧效率，降低飞灰含碳量。

在温度不很高而又不考虑内部空隙时，燃烧为外部动力控制，此时单位时间、单位表面积上碳的燃烧速率可按式（7-60）计算，即

$$w_C = \beta k c_\infty = \beta c_\infty k_0 \exp\left(-\frac{E}{RT}\right)$$

整个碳球表面的燃烧率（单位时间烧掉的碳的质量数）为

$$w_m = w_C \pi d^2 = \beta c_\infty k_0 \exp\left(-\frac{E}{RT}\right) \pi d^2 \tag{7-95}$$

按式（7-95）计算的单位时间烧掉的碳球的质量数应该等于单位时间碳球因燃烧使半径减小而引起的质量变化 $-\rho_p \dfrac{\pi d^2}{2} \dfrac{d(d)}{d\tau}$ $\left[\rho_p$ 为碳球的密度，$-\dfrac{1}{2}\dfrac{d(d)}{d\tau}$ 为半径的减小率$\right]$，于是就有

$$-\rho_p \frac{\pi d^2}{2} \frac{d(d)}{d\tau} = \beta c_\infty k_0 \exp\left(-\frac{E}{RT}\right) \pi d^2$$

$$\frac{d(d)}{d\tau} = -\frac{2}{\rho_p} \beta c_\infty k_0 \exp\left(-\frac{E}{RT}\right) \tag{7-96}$$

对式（7-96）进行积分

$$\int_{d_p}^{d} d(d) = \int_0^\tau \left[-\frac{2\beta c_\infty k_0}{\rho_p} \exp\left(-\frac{E}{RT}\right)\right] d\tau$$

在燃烧时间内，化学反应速率常数为定值，积分可得

$$d - d_p = -\left[\frac{2\beta c_\infty k_0}{\rho_p} \exp\left(-\frac{E}{RT}\right)\right] \tau \tag{7-97}$$

令

$$K_d = \frac{2\beta c_\infty k_0}{\rho_p} \exp\left(-\frac{E}{RT}\right) \tag{7-98}$$

则

$$d - d_p = -K_d \tau \tag{7-99}$$

当碳球完全燃烧时，$d=0$，那么动力燃烧时的燃尽时间就是

$$\tau_d = \frac{d_p}{K_d} \tag{7-100}$$

在过渡燃烧时，按照式（7-58）可以得到以下的关系：

$$\frac{d(d)}{d\tau} = -\frac{2\beta c_\infty}{\rho_p \left(\dfrac{1}{k} + \dfrac{1}{\alpha_{zl}}\right)} \tag{7-101}$$

令 $A = \rho_p/(2\beta c_\infty)$，并积分式（7-101）得

$$\int_0^\tau d\tau = -\left[A\int_{d_p}^d \frac{1}{k}d(d) + A\int_{d_p}^d \frac{1}{\alpha_{zl}}d(d) \right] = \tau_k + \tau_d \qquad (7\text{-}102)$$

在过渡燃烧时，燃烧时间为扩散燃烧时间 τ_k 和动力燃烧时间 τ_d 之和。

上面的讨论没有考虑斯蒂芬流的影响下碳球的燃烧时间。若考虑斯蒂芬流的影响，则可根据扩散方程和能量方程计算出碳球扩散燃烧时的燃烧常数 K_k，而碳球扩散燃烧的燃尽时间的计算公式为

$$\tau_k = \frac{d_p^2}{K_k} = \frac{d_p^2}{8D\ln(1+\beta c_\infty)} \qquad (7\text{-}103)$$

其中
$$K_k = 8D\ln(1+\beta c_\infty) \qquad (7\text{-}104)$$

六、二次反应对碳燃烧过程的影响

碳球的初次反应是 $C+O_2 = CO_2$ 及 $2C+O_2 = 2CO$。实际上，除碳与氧的初次反应外，一氧化碳可能还要与氧在碳球周围的空间内燃烧，在温度较高时，二氧化碳在碳球表面还会发生气化反应。也就是说，碳球在燃烧过程中还存在着二次反应，即

$$C+CO_2 = 2CO$$
$$2CO+O_2 = 2CO_2$$

在不同的反应温度、不同的流动状态以及不同的反应气氛下，一次反应和二次反应共同组成了碳球的燃烧过程。

1. 在静止空气中（或者对应碳球与空气之间相对速度的 $Re < 100$）**碳球表面的燃烧**

碳球在静止空气中燃烧时，燃烧过程主要受反应温度的影响。

当温度低于 700℃ 时，碳球的燃烧机理如图 7-13 所示。氧扩散到碳球表面，按下式进行化学反应，即

$$4C+3O_2 = 2CO_2+2CO$$

由于反应温度较低，二氧化碳和碳球之间还不能发生气化反应，一氧化碳也不能与氧在空间内燃烧。反应生成的二氧化碳与一氧化碳浓度相等，都向外扩散出去。如图 7-13 所示，氧的浓度由远到近逐渐降低，直至碳球表面；二氧化碳和一氧化碳浓度则由近到远逐步减小。

当温度在 800~1200℃ 范围内时，反应方程仍为上式。如图 7-14 所示，一氧化碳此时由碳球表面向远处扩散时，与氧相遇即发生燃烧，形成火焰锋面。只有与一氧化碳燃烧后剩余的氧才能继续扩散到碳球表面与碳发生反应。由于环境温度不够高，反应生成的二氧化碳仍不能与碳球发生气化反应，其在向外扩散过程中，汇合了一氧化碳空间燃烧生成的二氧化碳，一并向远处扩散。从图 7-14 中可以

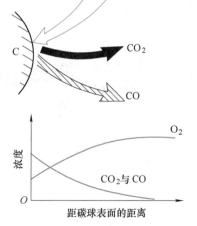

图 7-13　静止碳球周围的燃烧情况
（温度低于 700℃）

看出，一氧化碳浓度由碳球表面到火焰锋面一路递减，火焰锋面以外已经没有一氧化碳。氧的浓度则由远处到碳球表面一路递减。其质量流的方向是向内指向碳球表面的，火焰锋面以

外，氧的质量流率大；火焰锋面内，氧的质量流率小一些。二氧化碳则与氧相反，浓度由碳球表面向远处一路递减。其质量流的方向向外，火焰锋面以外，二氧化碳的质量流率大；火焰锋面以内，二氧化碳的质量流率小。

当温度大于 1200~1300℃ 时，碳球表面上的反应随温度升高而加速，产生更多的一氧化碳，同时开始转向式（7-70）所表示的反应

$$3C+2O_2 = CO_2 + 2CO$$

另一方面，二氧化碳与碳球的气化反应也因为温度升高而开始显著进行。

上述一系列反应的结果使得一氧化碳向外扩散的质量流率明显增加。一氧化碳在火焰锋面处就将从远处向碳球表面扩散来的氧完全消耗掉，并生成二氧化碳。如图 7-15 所示，一氧化碳的火焰锋面上二氧化碳的浓度最高。与一氧化碳不同，二氧化碳同时向远处及向碳球表面扩散。向表面扩散的二氧化碳到达碳球表面后就和碳发生气化反应。此时，碳球表面由于得不到氧而只能与二氧化碳进行气化反应，反应生成的一氧化碳又由碳球表面扩散到火焰锋面，并与自远处扩散而来的氧发生燃烧反应。此时，碳球表面和火焰锋面之间已经没有分子氧了，但二氧化碳由火焰锋面扩散到碳球表面就起了运输化合状态氧的作用而使碳气化。该气化反应是吸热反应，但由于火焰锋面离碳球不远，锋面处的燃烧反应释放的热量传递到碳球表面供给了气化反应所需的热，因此可以保证碳球表面的温度维持在 1200~1300℃ 以上。

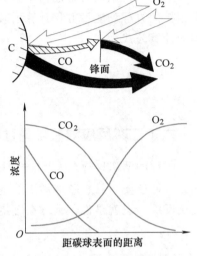

图 7-14　静止碳球周围的燃烧情况
（温度在 800~1200℃ 之间）

根据上述碳球的燃烧机理，碳球表面的燃烧速率 w_C 和温度的关系如图 7-16 中实线所示。

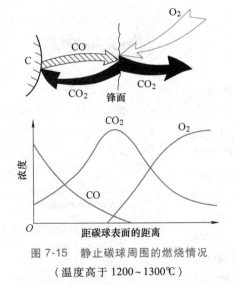

图 7-15　静止碳球周围的燃烧情况
（温度高于 1200~1300℃）

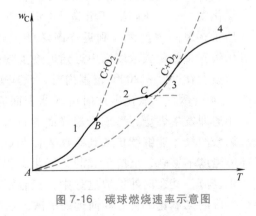

图 7-16　碳球燃烧速率示意图

图 7-16 中，曲线 1 是碳和氧之间按式（7-69）进行反应的速率。当温度不高时，燃烧

速率就沿着曲线 1 进行。曲线 2 是氧气扩散速率的曲线，如前文所述，当温度逐渐升高后，燃烧反应进入扩散区，燃烧速率由氧的扩散速率控制，沿曲线 2 变化。

温度进一步升高时，氧不能扩散到碳球表面，碳球表面只能发生气化反应。燃烧速率取决于气化反应的反应速率，即进入了气化反应的动力控制区。此时，燃烧速率又发生转折，如曲线 3 所示。

若温度再继续升高，也会进入气化反应的扩散区。图 7-16 所示曲线 4 就反映了这个反应现象。

图 7-17 所示为实验测得的无烟煤（粒度为 15mm）固定碳颗粒被不同相对速度的空气流冲刷时的燃烧速率。其中曲线 1 的相对雷诺数 $Re \approx 200$。虽然大于 100，但相当接近。从曲线 1 可以看出，燃烧速率在 1300~1400℃ 之间出现了图 7-16 中曲线 2 向曲线 3 过渡的转折现象。

2. 在流动介质中（对应碳球与空气之间相对速度的 $Re > 100$）碳球表面的燃烧

当碳球受到空气气流冲刷，相对雷诺数 Re 超过 100 时，不仅湍流扩散加强，燃烧机理也发生变化。

如图 7-18 所示，空气流冲刷的碳球迎风面上发生式（7-69）及式（7-70）的反应，生成的二氧化碳也可能再引起碳球表面的气化反应，如式（7-71）所示。

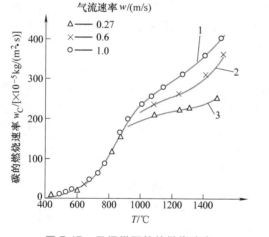

图 7-17　无烟煤颗粒的燃烧速率

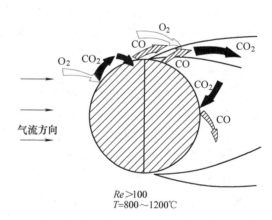

图 7-18　流动介质中碳球表面的燃烧

由于空气流的冲刷，一氧化碳来不及与氧进行空间燃烧即被气流带走。这些一氧化碳在碳球尾迹回流区的边缘处已积累了相当的浓度，同时又受到回流区的稳焰作用，因此在碳球尾迹处形成了一氧化碳的火焰锋面。

碳球背风区所面临的回流区被一氧化碳的火焰锋面所包围，得不到氧的补充，回流区中充满着二氧化碳和一氧化碳。其中，二氧化碳也有可能在碳球的背风面上引起气化反应，因而在尾迹中也起着输送化合状态氧的作用。当温度低于 1200~1300℃ 时，气化反应不显著，碳球背面不参与燃烧。反之，若温度很高，碳球背面也将参与燃烧，发生气化反应，从而使燃烧得到强化。

无论碳球的背风面是否参与燃烧，迎风面的燃烧由于气流冲刷而被大大加强，因此，只要温度不很低，碳球的燃烧速率总是随着相对速度的提高而加强。但是，当温度低于700℃时，燃烧反应处于动力区，反应速率主要取决于碳球表面的化学反应速率，所以通过提高空气和碳球的相对速度强化混合扩散并不能强化燃烧。图7-17也已证实。

在实际的工程应用中，加强煤颗粒和空气之间的相对运动是强化燃烧的重要手段。

煤粉炉中，煤粉随空气气流运动，进行悬浮燃烧。由于空气和碳粒之间的相对速度极小，因此可以认为碳球在静止的空气中燃烧。为了强化燃烧，若像液态排渣炉一样提高炉温，虽然在一定程度上可以强化燃烧，但是如图7-17所示，这种作用是十分有限的。而且炉温提高之后，将会引起排烟中NO_x浓度增大，加剧了大气污染，此外还将在锅炉中引起高温腐蚀、升华灰增加而加剧积灰等一系列问题。因此，根据理论分析，煤粉炉中靠提高炉温来强化燃烧的方法并不可行。更好地强化燃烧的方法应该是加强煤颗粒和空气之间的相对运动。

旋风炉是一种使煤颗粒和空气之间发生相对运动而强化燃烧的方法。但是，旋风炉中温度过高，燃烧强度过大，难以解决结渣问题，因此必须采用液态排渣，从而引起了积灰和大气污染等许多问题。另外，燃烧得到强化后，旋风炉内传热并没有得到加强，因而炉膛体积并没有得到缩小。由此看来，旋风炉并不能算是很成功的燃烧方法。

在流化床燃烧技术中，煤颗粒在炉内上下翻滚，与空气之间的相对运动很强。另外，床层温度一般控制在900~1000℃，从而避免了旋风炉中存在的温度过高的问题。因此，流化床燃烧锅炉是一种在较低温度下，靠煤颗粒和空间气流之间的相对运动来强化燃烧的方法。

在较低温度下，通过加强煤颗粒与空气之间的相对运动从而强化燃烧的技术，称为低温燃烧技术。该技术对减轻大气污染、高温腐蚀和积灰等问题有重要意义。

3. 碳球在还原性气氛下的燃烧

前面介绍的碳球的二次反应多是在有氧存在的氧化性气氛中进行的，当碳球处于还原性气氛（没有氧而只有二氧化碳、水蒸气、一氧化碳和氢存在）时，碳球得不到氧，它至多只能和二氧化碳与水蒸气相遇而发生式（7-71）和式（7-74）的气化反应。这两个气化反应都是吸热反应，反应过程中碳球的温度下降，反应减慢。因此，如果要组织好碳球在还原性气氛中燃尽，一定要保证有充足的热量去供给这两个反应的吸热。在实际的应用中，液态排渣炉中炉膛温度非常高，气化反应能够得到足够的热量而顺利进行。例如，在卧式旋风炉中，喇叭形出口锥四周的死角里聚集了许多碳颗粒，形成了一个气化区，如图7-19所示。气化区中产生的一氧化碳和氢回流到旋风炉出口处与另一股中心气流相遇。该中心气流中充满着氧。这样，在出口处形成了火焰锋面。火焰锋面离气化区很近，因此能把充足的热量传递到气化区供给气化反应的吸热。一般的锅炉炉膛中，过量空气总是有限的，到了燃尽阶段，烟气中的氧已经不多，而水蒸气和二氧化碳比较多，接近还原性气氛。此时，虽然碳粒遇到二氧化碳和水蒸气的机会要比遇到氧的机会大得多，但是由于燃尽阶段的火焰温度只有1000℃左右，式（7-71）和式（7-74）的气化反应都不能剧烈地进行。

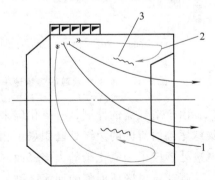

图7-19　卧式旋风炉死角气化的示意图
1—喇叭形出口锥　2—死角　3—火焰锋面

七、具有空间二次反应的碳球燃烧速率

根据以上分析，综合考虑碳颗粒在空间的一次反应及二次反应，一氧化碳的空间燃烧，碳球表面的化学反应、吸附和扩散效应，以及碳球的多孔性特点，通过推导，可以得到具有空间二次反应的多孔性碳球的燃烧速率。

由于碳球在空间内的燃烧十分复杂，为了便于推导公式，需要对碳球的燃烧过程进行适当简化。假设碳球处于静止空气中，整个反应系统为一元系统，碳球及其周围气体的温度分布均匀，碳球以外的一切同心球面上，各组分浓度分布均匀，只沿半径方向变化。此外，忽略由于反应过程中气体分子数增加所引起的那股由碳球表面向外流动的质量流（即斯蒂芬流），各组分气体的迁移完全依靠分子扩散而非宏观流动。

根据上述假设，在碳球以外，以碳球中心为中心作两个同心球面，半径分别为 x 和 $x+dx$，取两个球面之间的球壳型体积为计算微元。设计算微元内某一点的氧浓度为 c_{O_2}，一氧化碳浓度为 c_{CO}，二氧化碳浓度为 c_{CO_2}，三种气体的扩散系数都为 D，那么经过半径 x 的第一个球面由无穷远处向碳球表面扩散的氧气量即为

$$4\pi x^2 D \frac{dc_{O_2}}{dx} \tag{7-105}$$

通过泰勒展开，经过半径 $x+dx$ 的第二个球面由无穷远处向碳球表面扩散的氧气量则为

$$4\pi x^2 D \frac{dc_{O_2}}{dx} + \frac{d}{dx}\left(4\pi x^2 D \frac{dc_{O_2}}{dx}\right)dx \tag{7-106}$$

式（7-106）和式（7-105）相减，得到流入这两个球面之间的球壳型微元体积的氧气增量为

$$\frac{d}{dx}\left(4\pi x^2 D \frac{dc_{O_2}}{dx}\right)dx \tag{7-107}$$

在该微元内，反应按式（7-72）进行。设其空间反应速率为 $f(c_{O_2}, c_{CO})$，则球壳微元中消耗掉的氧量为 $4\pi x^2 f(c_{O_2}, c_{CO})dx$。

那么，球壳型微元中氧量的物质平衡方程式可以写为

$$\frac{d}{dx}\left(4\pi x^2 D \frac{dc_{O_2}}{dx}\right)dx - 4\pi x^2 f(c_{O_2}, c_{CO})dx = 0 \tag{7-108}$$

设 D 为常数，可得

$$D\left(\frac{d^2 c_{O_2}}{dx^2} + \frac{2}{x}\frac{dc_{O_2}}{dx}\right) - f(c_{O_2}, c_{CO}) = 0 \tag{7-109}$$

同理，对于球壳型计算微元内一氧化碳和二氧化碳浓度，有以下物质平衡方程式：

$$D\left(\frac{d^2 c_{CO}}{dx^2} + \frac{2}{x}\frac{dc_{CO}}{dx}\right) - 2f(c_{O_2}, c_{CO}) = 0 \tag{7-110}$$

$$D\left(\frac{d^2 c_{CO_2}}{dx^2} + \frac{2}{x}\frac{dc_{CO_2}}{dx}\right) + 2f(c_{O_2}, c_{CO}) = 0 \tag{7-111}$$

式（7-109）~式（7-111）共同组成了一个描述计算微元内反应过程的方程组。

上述方程组的边界条件为：

1）$r = \infty$ 处，$\varphi_{O_2} = 21\%$，$\varphi_{CO} = 0$，$\varphi_{CO_2} = 0$。

2）碳球表面上，进行着反应式（7-69）或式（7-70）和反应式（7-67）。

为了考虑碳球表面对氧、一氧化碳与二氧化碳等气体的吸附性以及碳球内部孔隙对化学反应的影响，设反应式（7-69）或反应式（7-70）的反应气体交换常数为 α_b，反应式（7-71）的反应气体交换常数为 α_{21}。

碳球表面每平方米面积上每秒所获得的氧量可以表示为 $D\left(\dfrac{dc_{O_2}}{dx}\right)_b$，其中 b 表示碳球表面。另外，碳球表面上由于反应式（7-69）而每秒每平方米所消耗掉的氧为 $3\alpha_b c_b$，其中 c_b 表示碳球表面上的氧浓度，而系数 3 来自式（7-69）左端 O_2 项的系数。因此可以得到，碳球表面上氧的物质平衡式为

$$D\left(\frac{dc_{O_2}}{dx}\right)_b = 3\alpha_b c_b \tag{7-112}$$

同理，碳球表面上一氧化碳与二氧化碳的物质平衡式，可分别写为

$$D\left(\frac{dc_{CO}}{dx}\right)_b = -2\alpha_b c_b - 2\alpha_{21} c_{2b} \tag{7-113}$$

$$D\left(\frac{dc_{CO_2}}{dx}\right)_b = -2\alpha_b c_b + \alpha_{21} c_{2b} \tag{7-114}$$

式中，c_{2b} 是碳球表面上的二氧化碳浓度；$\alpha_{21} c_{2b}$ 是反应式（7-67）的反应速率。

方程式（7-112）~式（7-114）右端各项中的系数都来自化学方程式（7-69）~式（7-71）各对应项的系数，正号表示消耗，负号表示生成。这三个方程可以作为方程式（7-112）~式（7-114）的第二个边界条件。

因此，上述方程组共有三个未知数，三个方程，且具有完备的边界条件，理论上可以求解。通过求解，首先可以得到碳球周围空间的浓度分布 c_{O_2}、c_{CO}、c_{CO_2}。随后，碳球表面的反应式（7-67）与式（7-69）的化学反应速率 $\alpha_b c_b$ 与 $\alpha_{21} c_{2b}$ 也都可以求出。最后就可以求出碳球表面的燃烧速率，即

$$w_C = 12(4\alpha_b c_b + \alpha_{21} c_{2b}) \times 10^3 \tag{7-115}$$

其含义为每秒每平方米碳球表面上烧掉的碳的质量，而系数 12×10^3 是碳的摩尔质量数。

上述求解过程十分复杂，这里不再赘述。

以上是理论求解碳球表面燃烧速率的方法，推导过程十分繁复，在工程实际应用中，常用如下比较简单而粗略的公式：

$$w_C = \beta \frac{c_\infty}{\dfrac{1}{\alpha_{zl}} + \dfrac{1}{\alpha_b}} \tag{7-116}$$

式中，w_C 是每秒每平方米碳球表面上碳球的质量消耗量；β 是燃烧过程中的耗氧量换算到耗碳量的比率，反映了在碳球表面和空间中进行一系列燃烧反应所造成的综合后果。

式（7-116）可以从以氧的消耗率表示的碳的燃烧速率式（7-58）推导得到。

图 7-20 所示为碳球燃烧中的 β 系数随温度变化的曲线。β 是式（7-109）～式（7-111）联立求解得到的结果。在不同燃烧条件下，β 有不同的取值。

对于粗粒（粒径 $\delta > 5$mm），当温度较低时，氧扩散到碳球表面产生式（7-69）的碳与氧的反应。反应产生的一氧化碳向外扩散时，因为环境温度低于 700℃，因此不能在空间与氧燃烧，如图 7-13 所示。因此，每三个氧分子将消耗四个碳原子，按照式（7-69）的化学当量比，可以得到

$$\beta = \frac{4 \times 12}{3 \times 32} = 0.5$$

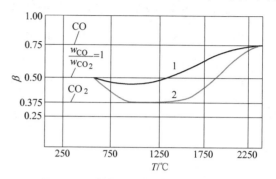

图 7-20 碳球燃烧速率计算的 β 系数
1—$\delta < 500\mu m$（细颗粒） 2—$\delta > 5$mm（粗颗粒）

当温度达到 800℃ 左右时，一氧化碳一遇到氧便开始在空间内燃烧（图 7-14）。氧从远处扩散来以后，部分将与一氧化碳发生反应，不能全部到达碳球表面。反应初始，与一氧化碳发生反应的氧较少，很多剩余的氧仍然能够扩散到碳球表面，并与碳球发生反应，生成一氧化碳和二氧化碳。后来，碳球表面生成的一氧化碳越来越多，一氧化碳消耗的氧也越来越多，碳球表面所能获得的氧则越来越少，因此碳球的燃烧速率显著降低。此时，碳球表面虽然已经存在二氧化碳，但是由于环境温度不够高，二氧化碳仍然不能与碳球发生气化反应。从图 7-20 可以看出，此时 β 值降低。

当环境温度在 900~1200℃ 范围内时，β 将降低到一个稳定的数值。这时，每四个从远处扩散到碳球表面的氧分子中，就有一个在扩散途中与一氧化碳反应，剩余三个氧分子则到达碳球表面，消耗掉四个碳原子，生成两个二氧化碳分子和两个一氧化碳分子。这两个一氧化碳分子向外扩散时与扩散而来的那一个氧分子发生反应，又生成两个二氧化碳分子，因此共有四个二氧化碳分子从一氧化碳的火焰锋面扩散到无穷远处，如图 7-14 所示。这样，每四个氧分子从远处扩散来时，到达碳球表面的只有三个氧分子，将消耗掉四个碳原子，因此 β 可以从四个碳原子对四个氧分子的质量比求出

$$\beta = \frac{4 \times 12}{4 \times 32} = 0.375$$

当温度进一步升高到 1300~2200℃ 时，气化反应加速进行，二氧化碳开始与碳球发生反应，碳球表面的燃烧速率显著回升。与此同时，β 值也随之增大，并一直持续到温度非常高（超过 2200℃）的时候，最终趋近于 0.75。下面对该过程进行简要分析，以便对碳球在高温下燃烧的扩散控制物理模型有所了解。

根据前面建立的计算模型，在 r_1 与 r_2 之间取某一半径为 r 的球面，某种气体成分从半径 r_1 的球面向半径 r_2 的球面进行扩散时，通过该球面向碳球表面扩散的摩尔流量为

$$q_m = 4\pi r^2 D \frac{dc}{dr} \tag{7-117}$$

式中，q_m 是扩散的摩尔流量。

显然，对于不同半径 r，q_m 均为同一数值。对上式进行积分

$$\int q_m \frac{dr}{r^2} = \int 4\pi D dc \qquad (7\text{-}118)$$

设半径 r_1 和 r_2（$r_2 > r_1$）上的气体浓度分别为 c_1 和 c_2。从 r_1 到 r_2 进行积分，可得

$$q_m \left(\frac{1}{r_1} - \frac{1}{r_2} \right) = 4\pi D (c_2 - c_1) \qquad (7\text{-}119)$$

因此向内扩散的气体摩尔流量可以写为

$$q_m = \frac{4\pi D (c_2 - c_1)}{\dfrac{1}{r_1} - \dfrac{1}{r_2}} \qquad (7\text{-}120)$$

当 $r_2 = \infty$ 时，由上式就可以求得 $Nu_{zl} = 2$。

由图 7-15 所示的反应机理可知，若某一氧分子从无穷远处向内扩散到火焰锋面，那么根据总的物质平衡关系，必然有一个二氧化碳分子从一氧化碳火焰锋面向外扩散至无穷远处。另外，根据火焰锋面上的反应方程式（7-72），从碳球表面向外扩散至火焰锋面的一氧化碳对应的必为两个分子，而生成的二氧化碳除了有一个分子离开火焰锋面向外扩散外，还有一个二氧化碳分子离开火焰锋面向内扩散到碳球表面。

由于此时温度很高，无论火焰锋面还是碳球表面上的空间燃烧反应都已经处于扩散反应区，火焰锋面上的氧浓度与一氧化碳浓度可以认为等于 0。同理，碳球表面上的二氧化碳浓度也可以认为等于 0。无穷远处的氧浓度应按具体情况取值，这里可以暂时取为空气中氧的摩尔分数 21%。无穷远处的二氧化碳浓度等于 0。

由于无穷远处与火焰锋面之间进行着氧与二氧化碳的逆流扩散，两者摩尔流量相等，条件（指半径和扩散系数 D）相同，因此火焰锋面上的二氧化碳摩尔分数也应为 21%。同理，火焰锋面与碳球表面之间的一氧化碳与氧也存在逆向扩散，且条件相同，流量之比为 1：2，因此浓度比也应为 1：2。由此可以推出，碳球表面上的一氧化碳摩尔分数为 2×21%。

通常在计算时假设整个反应系统内的物质的量浓度 c_z 为常量，那么各组分的浓度是每立方米内的该组分的物质的量，即分别等于总的物质的量浓度 c_z 和该组分摩尔分数的乘积。

根据上面的讨论，二氧化碳离开火焰锋面后，将分别向内、向外进行扩散。根据二氧化碳向内和向外扩散摩尔流量相等，根据式（7-120）可以得到

$$-\frac{4\pi D (0 - 0.21)}{\dfrac{1}{R} - \dfrac{1}{\infty}} = \frac{4\pi D (0.21 - 0)}{\dfrac{1}{r_0} - \dfrac{1}{R}} \qquad (7\text{-}121)$$

式中，以向内扩散为正。

左端指向外扩散，因而摩尔流量为负。以此可以解得

$$R = 2r_0 \qquad (7\text{-}122)$$

取 $c_2 = 0.21c_z$，$c_1 = 0$，$r_1 = r_0$，$r_2 = 2r_0$，则从火焰锋面向碳球表面扩散的二氧化碳摩尔流量可以写为

$$q_m = \frac{4\pi D \times 0.21 c_z}{\dfrac{1}{r_0} - \dfrac{1}{2r_0}} = 8\pi D r_0 \times 0.21 c_z \tag{7-123}$$

每一个二氧化碳分子在气化反应式（7-71）中可以与一个碳原子发生反应，由此即可求得碳球的燃烧速率。

同理，从无穷远处向火焰锋面扩散的氧量也可以按式（7-116）取 $c_2 = c_\infty$，$c_1 = 0$，$r_1 = 2r_0$，$r_2 = \infty$，计算得

$$q_{m0} = 4\pi D c_\infty \Big/ \left(\frac{1}{2r_0} - \frac{1}{\infty} \right) = 8\pi D r_0 c_\infty \tag{7-124}$$

根据气体扩散的摩尔流率与化学反应速率之间的关系，可得

$$w_{O_2} = \frac{q_{m0}}{4\pi r_0^2} = 2D\frac{c_\infty}{r_0} = 2c_\infty \alpha_{zl} \tag{7-125}$$

其中

$$\alpha_{zl} = \frac{D}{r_0}$$

上述推导过程基于摩尔单位制，显然有 $q_{m0} = q_m$。对于质量单位制，上述推导过程同样成立，根据碳球燃烧速率与氧消耗速率的关系，碳的质量消耗量可以写为

$$w_C = \frac{12}{32} \times 2\alpha_{zl} c_\infty = 0.75 \alpha_{zl} c_\infty \tag{7-126}$$

对比式（7-116），考虑到此时已经进入扩散区，即可得

$$\beta = 0.75$$

上面通过公式推导，得到了高温下 β 的取值。从反应机理来看，当温度极高时，氧从无穷远处扩散到半径为 $2r_0$ 的火焰锋面上，通过与一氧化碳反应，转入化合态后再由二氧化碳输运到半径为 r_0 的碳球表面上。此时，作为扩散动力的浓度差仍然不变。这种化合状态的输运，使氧扩散的距离缩短，扩散摩尔流率增加到原来的两倍。因此 β 就比通常的 $12/32 = 0.375$ 增加了一倍而达到 0.75。但是，对于粉粒（粒径 $\delta < 500\mu m$，图 7-20 曲线 1），当温度处于 $750 \sim 1800℃$ 之间时，从图中可以看到，β 值变化的幅度比粗粒小得多。这主要是因为粉粒的质量交换系数 $\alpha_{zl} = D/r_0$ 很大，一氧化碳在空间中的燃烧对氧向碳球表面的扩散摩尔流率影响不大。

图 7-20 上对应于 $\beta = 0.375$ 有一道水平线，标有 CO_2。这表示如果碳球表面上的初次反应是 $C + O_2 = CO_2$，则计算得到的 $\beta = 0.375$。对应于 $\beta = 0.5$ 也有一条水平线，标有 $w_{CO}/w_{CO_2} = 1$，这表示初次反应若为 $4C + 3O_2 = 2CO_2 + 2CO$，生成的一氧化碳与二氧化碳之比为 $1:1$。此外，还有一条水平线对应于 $\beta = 0.75$，标有 CO。这表示如果初次反应是 $2C + O_2 = 2CO$，那么计算得到的 $\beta = 0.75$。

上面的推导过程不需要考虑碳球在空气中的流动特性。若碳球与空气之间存在着相对运

动，那么碳球表面与空气之间的质量交换系数 α_{zl} 可以用下列公式计算：

$$
\left.
\begin{aligned}
Nu_{zl} &= 2 + 0.978 \left(Re_\delta Sc \right)^{\frac{1}{3}} \\
Nu_{zl} &= \frac{\alpha_{zl} d}{D}
\end{aligned}
\right\}
\tag{7-127}
$$

式中，Nu_{zl} 是传质的努塞尔数；d 是碳球直径；D 是扩散系数；Re_δ 是相对运动的雷诺数；Sc 是施密特数，$Sc = \nu/D$。

这样可将式（7-116）改写成

$$
w_C = \beta \frac{c_\infty}{\dfrac{d}{D Nu_{zl}} + \dfrac{1}{\alpha_b}}
\tag{7-128}
$$

求得了具有空间二次反应的碳球的燃烧速率，进一步可以通过计算得到碳球在等温下的燃尽时间。由式（7-116），碳球的燃烧速率可以写作

$$
w_C = \beta \frac{c}{\dfrac{1}{\alpha_{zl}} + \dfrac{1}{k}}
\tag{7-129}
$$

其中，将式（7-116）中的 c_∞ 改写为 c（某一时刻下的氧浓度）。反应气体交换常数 α_b 改用符号 k。

设碳球随气流运动，相对速度为 0，则 $Nu_{zl} = 2$，$\alpha_{zl} = D/r$，代入式（7-129）可得

$$
w_C = \beta \frac{c}{\dfrac{r}{D} + \dfrac{1}{k}}
\tag{7-130}
$$

设碳球的初始半径为 r_0。随着燃烧的进行，半径 r 逐渐减小。设某一时间 τ 时的半径为 r，令 $y = r/r_0$，则碳球残存的份额为 y^3，烧掉的份额为 $1 - y^3$。

设周围气体中的初始氧浓度为 c_∞，碳球与空气混合物的原始过量空气系数为 α。碳球燃烧过程中，氧浓度逐渐降低。当过量空气系数为 $\alpha - (1 - y^3)$ 时，设此时的氧浓度为 c_0，则有

$$
\frac{c_\infty}{c_0} = \frac{\alpha - (1 - y^3)}{\alpha} = \frac{(\alpha - 1) + y^3}{\alpha}
\tag{7-131}
$$

代入式（7-130），可得

$$
w_C = \beta \frac{c_0 \dfrac{(\alpha - 1) + y^3}{\alpha}}{\dfrac{r_0 y}{D} + \dfrac{1}{k}}
\tag{7-132}
$$

当碳球表面以速度 w_C 燃烧时，碳原子被消耗，碳球半径减小，可得

$$
w_C = -\rho_r \frac{dr}{d\tau} = -\rho_r r_0 \frac{dy}{d\tau}
\tag{7-133}
$$

式中，ρ_r 是碳球的密度。

由以上两式可以得到

$$\frac{dy}{d\tau} = -\frac{\beta c_0 \dfrac{(\alpha-1)+y^3}{\alpha}}{\rho_r r_0 \left(\dfrac{1}{k} + \dfrac{r_0 y}{D}\right)} \tag{7-134}$$

当 $\tau=0$ 时，碳球半径为 r_0，则 $y=1$；当 $\tau=\tau_r$（τ_r 即为碳球燃尽时间）时，碳球半径为 0，则有 $y=0$。

由式（7-134）可得

$$\tau_r = \int_0^{\tau_r} d\tau = \int_1^0 \frac{\rho_r r_0 \left(\dfrac{1}{k} + \dfrac{r_0 y}{D}\right)}{\beta c_0 \dfrac{(\alpha-1)+y^3}{\alpha}} dy$$

$$= \frac{\rho_r r_0^2}{2\beta c_0 D} \left[\frac{2D}{k r_0} \int_0^1 \frac{\alpha}{(\alpha-1)+y^3} dy + \int_0^1 \frac{2\alpha y}{(\alpha-1)+y^3} dy\right] \tag{7-135}$$

令

$$\int_0^1 \frac{\alpha}{(\alpha-1)+y^3} dy = \Phi_1(\alpha) \tag{7-136}$$

$$\int_0^1 \frac{2\alpha y}{(\alpha-1)+y^3} dy = \Phi_2(\alpha) \tag{7-137}$$

则有

$$\tau_r = \frac{\rho_r r_0^2}{2\beta c_0 D} \left[\frac{2D}{k r_0} \frac{\Phi_1(\alpha)}{\Phi_2(\alpha)} + 1\right] \Phi_2(\alpha) \tag{7-138}$$

函数 $\Phi_1(\alpha)$、$\Phi_2(\alpha)$ 的数值如图 7-21 所示。由于两者非常接近，因此可以近似地认为

$$\frac{\Phi_1(\alpha)}{\Phi_2(\alpha)} = 1 \tag{7-139}$$

因此可以推出

$$\tau_r = \frac{\rho_r r_0^2}{2\beta c_0 D} \left(\frac{2D}{k r_0} + 1\right) \Phi_2(\alpha)$$

$$= \frac{\rho_r d_0^2}{8\beta c_0 D} \left(\frac{2D}{k r_0} + 1\right) \Phi_2(\alpha) \tag{7-140}$$

式中，d_0 是碳球的初始直径。

若过量空气系数 α 趋于无穷大，则燃尽时间最小，称为最小燃尽时间 τ_{min}。

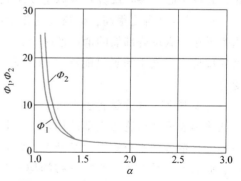

图 7-21　函数 $\Phi_1(\alpha)$、$\Phi_2(\alpha)$ 的数值

$$\tau_{min} = \frac{\rho_r d_0^2}{8\beta c_0 D} \left(\frac{2D}{k r_0} + 1\right) \tag{7-141}$$

若过量空气系数为有限值，则燃烧过程中，氧浓度逐渐减小，燃烧速率逐渐降低，燃尽时间为

$$\tau_r = \tau_{min} \Phi_2(\alpha) \tag{7-142}$$

若反应温度非常高，则有 $k \gg D/r_0$。此时

$$\tau_{min} = \frac{\rho_r d_0^2}{8\beta c_0 D} \tag{7-143}$$

由于氧浓度 c_0 与环境压力成正比，扩散系数 D 与环境压力成反比，因此最小燃尽时间与环境压力没有关系。

第五节　多孔性碳球的燃烧

前面讨论碳的燃烧速率，是在假定燃烧反应只在碳粒表面上进行，这种情况只适应碳粒内部很密实，表面很平滑而气体不渗入内部的情况。事实上碳是多孔性物质，其化学反应表面积可以大致分为内表面积和外表面积。在一定温度条件下，碳的燃烧和气化不仅在碳颗粒外表面上进行，随着反应气体向碳颗粒内部孔隙的渗透扩散，反应过程也逐渐扩展到碳颗粒内表面。据统计，单位体积，木炭的化学反应内表面积为 $(57 \sim 114) \times 10^4 \, m^{-1}$，电极碳为 $(70 \sim 500) \times 10^4 \, m^{-1}$，无烟煤约为 $100 \times 10^4 \, m^{-1}$，可见，碳颗粒的化学反应内表面积远大于外表面积，内表面对化学反应的影响在有些情况下是不可忽略的。

从宏观上讲，多孔性碳球的燃烧反应可以分为三个阶段。

1）温度较低时，反应速率较慢，氧的扩散速率远远大于碳球孔隙所构成的内表面上的反应速率，反应气体逐步扩散到多孔性碳球的内部孔隙中，直至碳球中心。此时，碳球内外氧浓度基本相同，化学反应十分均匀，碳球内外颗粒密度差异不大。

2）随着温度上升，反应速率加快，反应消耗速率开始大于反应气体的扩散速率。这时，扩散到多孔碳球内部一定区域内的反应气体被消耗掉，反应气体无法到达碳球中心，因此，碳球中心不参与反应。碳球密度从表面到中心，变化较大。

3）若碳球温度很高，碳与氧的化学反应速率很快，以至于氧渗入碳球内部孔隙的扩散速率远小于碳球内部氧的消耗速率，此时内表面上的氧浓度几乎为零，碳球内部停止了碳和氧的反应，空气中的氧只能在碳球外表面和碳发生反应。此时，碳球内部的密度几乎没有变化。

在微观上，部分学者也进行了细致的研究。例如，Thiele 将多孔物体中的孔隙看作是一组从物体表面通入物体内部的均匀、平行的圆筒形孔。孔的轴线与物体外表面垂直，与物体内部的扩散方向平行。在此基础上，学者们研究了许多圆筒形孔的不同变形，包括非圆筒形孔、曲折孔、具有平均半径分布的均一孔、孔径及长度有变化的非均一孔以及交叉孔等。

为了在计算中考虑碳球的多孔性对碳球燃烧速率的影响，引入碳球内部单位体积所含的内表面积 A_{Sn}，单位为 m^{-1}，则碳球全部内表面积即为 $\frac{1}{6} \pi d_p^3 A_{Sn}$，碳球内外总表面积就是 $A_S + \frac{1}{6} \pi d_p^3 A_{Sn}$。

在实际反应中，从低温到高温，由于反应条件的不同，多孔性碳球的内表面参与化学反应的面积也不同，这里引入渗入深度 ε，则实际参加燃烧反应的面积为

$$A_S + \frac{1}{6}\pi d_p^3 A_{Sn} = A_S\left(1 + \frac{d_p}{6}A_{Sn}\right) = A_S(1 + \varepsilon A_{Sn}) \tag{7-144}$$

在反应时，若氧能完全渗入碳球内部，各处浓度均相同，此时氧的实际渗入深度 $\varepsilon = d_p/6$；反之，若氧不能渗入内部，实际渗入深度 $\varepsilon = 0$。

与外表面积 A_S 相比，由于碳球内表面参加燃烧反应，反应总表面积相当于乘上了一个因数 $1 + d_p A_{Sn}/6$。通常将反应表面积增加的这个因数折算到反应速率常数 k 上，等价于 k 扩大为原来的 $1 + d_p A_{Sn}/6$ 倍，把包括碳球内、外表面反应的速率常数用 k^* 来表示，则有

$$\left.\begin{array}{l} k^* = k\left(1 + \dfrac{d_p}{6}A_{Sn}\right) = k(1 + \varepsilon A_{Sn}) \\[2mm] k^*/k = 1 + \varepsilon A_{Sn} \geqslant 1 \end{array}\right\} \tag{7-145}$$

或

称 k^* 为包括内外碳球表面上的总反应速率常数，或称反应气体交换常数，用以表征折算后的化学反应速率。当氧气能完全渗入碳球内表面，使内、外表面的氧浓度均等于周围环境中远处的氧浓度 c_∞ 时的有效渗入深度 $\varepsilon = d_p/6$。

实验测定的无烟煤的反应气体交换常数如图 7-22 所示。按照阿累尼乌斯定律，反应速率常数 k 应该在 $\lg k$-$1/T$ 坐标图上表现为一条直线。但是，在多孔性碳球燃烧时，考虑到碳球内部的孔隙效应，反应气体交换常数 k^* 只有在高温时，也就是 $1/T$ 很小时，才等于反应速率常数 k；当 $1/T$ 很大时，k^* 大于 k，其相差的倍数为 $1 + \varepsilon A_{Sn}$。

图 7-22 的横坐标为 $1/T$，但其标尺改用双曲线上的摄氏温度来表示。从图中可以看出，$\lg k^*$-$1/T$ 曲线在温度降至 $1100 \sim 600 ℃$ 时，出现一个跳跃，说明在 $600℃$ 以下无烟煤颗粒内部的孔隙全部有氧扩散渗入；在 $600 \sim 1100℃$ 之间的温度范围内，氧不能渗入孔隙深处，且随着温度升高，有效渗入深度越来越小；在 $1000℃$ 以上的温度范围内，氧气根本不能渗入孔隙的内部。图 7-22 说明碳与氧的多相化学反应不仅在碳的外表面进行，而且在碳颗粒内部进行。

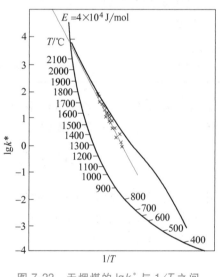

图 7-22 无烟煤的 $\lg k^*$ 与 $1/T$ 之间的关系

图 7-22 所示的无烟煤的活化能为 $141 kJ/mol$。一般而言，对于煤粉炉里的无烟煤粉，$k^* = (1.2 \sim 1.3)k$。

用反应气体交换常数代替反应速率常数后，就可以采用质量交换系数 α_{zl} 和反应气体交换常数 k^* 之比（α_{zl}/k^*）作为判断动力区或扩散区的特征数。α_{zl}/k^* 很大时，反应处于动力区；α_{zl}/k^* 很小时，反应处于扩散区。对于煤粉锅炉中的无烟煤粉，若取炉温为 $1427℃$，煤粉直径为 $1000\mu m$，则 α_{zl}/k^* 之值为 $0.6 \sim 0.7$，反应处于动力区和扩散区之间的过渡区且

接近扩散区。

根据上面的讨论，在同时存在内表面和外表面的扩散燃烧时，其内外表面总的反应速率为

$$A_S w_{O_2} = k^* A_S c_{O_2} \tag{7-146}$$

当温度很高时，碳和氧的化学反应速率很快，以至氧向碳球内部的扩散速率远远跟不上碳球内部的化学反应的需要时，内表面上的氧浓度几乎等于零。此时碳球内部停止了碳和氧的一次反应，而只有碳球外表面能和氧发生反应，这样，氧在碳表面上的总反应速率为

$$A_S w_{O_2} = k A_S c_{O_2} \tag{7-147}$$

在不同燃烧控制区下的反应速率变化见表 7-5。

表 7-5　内孔表面积对燃烧反应速率的影响

燃烧区	ε	k^*/k	w_C
动力区	$\dfrac{d_p}{6}$	$1+\varepsilon A_{Sn}$	$w_C = \beta c_\infty (1+\varepsilon A_{Sn}) k_0 \exp\left(-\dfrac{E}{RT}\right)$
过渡燃烧区	$0 \sim \dfrac{d_p}{6}$	$1 \sim (1+\varepsilon A_{Sn})$	$w_C = \dfrac{\beta c_\infty}{\dfrac{1}{(1+\varepsilon A_{Sn}) k_0 \exp\left(-\dfrac{E}{RT}\right)} + \dfrac{1}{\alpha_{zl}}}$
扩散燃烧区	0	$\dfrac{1}{k} \ll \dfrac{1}{\alpha_{zl}}$	$w_C = \beta \alpha_{zl} c_\infty = \beta \dfrac{Nu^* D}{d_p} c_\infty$

现在来讨论一下厚度为 δ 的平行平面碳板的内部反应过程，如图 7-23 所示。若反应仅为 $C+O_2$ 的一次反应，侧平板内部任一单元层中，进出该层的气体物质的量之差为

$$D_i \frac{dc}{dx} - D_i \left(c + \frac{dc}{dx}dx\right) = -D_i \frac{d^2 c}{dx^2}dx \tag{7-148}$$

式中，D_i 是多孔性物质内部扩散系数。

在此单元厚度体积内被化学反应所消耗的氧量为 $k A_{Sn} c dx$，因此，在稳定情况下，平板内部氧的质量守恒方程为

$$-D_i \frac{d^2 c}{dx^2} = k A_{Sn} c \tag{7-149}$$

边界条件是：

当 $x=0$ 时，$c=c_{O_2}$；$x=\delta$ 时，$dc/dx=0$，积分式（7-149）得

$$c = c_{O_2} \left(\frac{e^{-x/\varepsilon_0}}{1+e^{-2\delta/\varepsilon_0}} + \frac{e^{-x/\varepsilon_0}}{1+e^{2\delta/\varepsilon_0}}\right) \tag{7-150}$$

式中，$\varepsilon_0 = \sqrt{\dfrac{D_i}{k A_{Sn}}}$。

碳板内反应氧浓度分布规律如图 7-24 所示。

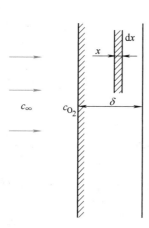

图 7-23 平面碳板内部反应过程

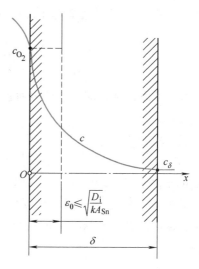

图 7-24 平面碳板内反应氧浓度沿厚度的分布

把总的反应速率，从 $x=0$ 至 $x=\delta$ 整个厚度加以积分，则可以看成等于在浓度 c_{O_2}（壁面浓度）相应深度 ε 下的反应速率，即

$$kA_{Sn}\varepsilon c_{O_2} = \int_0^{\delta} kA_{Sn} c \mathrm{d}x \tag{7-151}$$

当 δ/ε 很小，也就是板很薄时，$\varepsilon=\delta$，此时，可以认为全部体积都参与一样的反应。当 δ/ε 很大，也就是板很厚时

$$\varepsilon = \varepsilon_0 = \sqrt{\frac{D_i}{kA_{Sn}}} \tag{7-152}$$

此时，反应只在表面附近进行，其有效深度为 ε_0。

从式（7-152）可以看出，对于给定的 D_i 值：

1）温度越低，也就是反应速率常数越小，反应越慢，单位体积反应表面积越小，则 ε_0 值越大，反应渗透越深。

2）温度越高，k 值越大，单位体积内部反应表面积越大，反应进行得越快，ε_0 就越小，反应集中到外表面上进行，所以反应渗透的深度取决于内部扩散速率与空隙表面上的化学反应速率之比。

在这种情况下，总的有效反应表面积是一个变量。由于计算总的有效反应表面积非常困难，所以，通常把这种燃烧过程，当作是一种纯粹的表面燃烧过程，其所产生的总效应，也认为是纯动力因素引起的。

对于碳球，可用同样的方法建立类似的内部质量守恒方程

$$D_i \frac{\mathrm{d}}{\mathrm{d}r}\left(4\pi r^2 \frac{\mathrm{d}c}{\mathrm{d}r}\mathrm{d}r\right) = 4\pi r^2 kA_{Sn}c \tag{7-153}$$

边界条件为：当 $r=r_0$ 时，$c=c_{O_2}$；当 $r=0$ 时，$D_i(\mathrm{d}c/\mathrm{d}r)_{r=0}=0$。

对式（7-153）积分得碳球中反应氧浓度分布规律为

$$c = c_{O_2} \frac{r_0}{r} \frac{e^{r/\varepsilon_0} + e^{-r/\varepsilon_0}}{e^{r_0/\varepsilon_0} - e^{-r_0/\varepsilon_0}} \tag{7-154}$$

同理，可以得到碳球单位外表面积的内部反应速率，即

$$k\varepsilon A_{Sn} c_{O_2} = \sqrt{kA_{Sn}D_i} \left(\frac{e^{r_0/\varepsilon_0} + e^{-r_0/\varepsilon_0}}{e^{r_0/\varepsilon_0} - e^{-r_0/\varepsilon_0}} - \frac{\varepsilon_0}{r_0} \right) c_{O_2} \tag{7-155}$$

当 $r_0/\varepsilon_0 \gg 1$ 时，$\varepsilon = \varepsilon_0 = \sqrt{D_i/(kA_{Sn})} \approx 0$，反应几乎在表面进行；当 $r_0/\varepsilon_0 \ll 1$ 时，氧浓度几乎到处保持为 c_{O_2}，$\varepsilon \approx 1$，反应在内外表面进行。

煤粉燃烧常属于 $r_0/\varepsilon_0 \ll 1$ 的情况，氧的有效渗入深度约为 $r_0/3$，碳粒中心的氧浓度约为 $0.66c_{O_2}$。

第六节　灰分对焦炭燃烧的影响

煤中不可燃的成分构成了煤的灰分，目前已从典型煤的灰分中识别了 35 种元素之多，主要成分包括 SiO_2、Al_2O_3、TiO_2 等酸性氧化物和 Fe_2O_3、CaO、MgO、Na_2O、K_2O 等碱性氧化物。它们的含量随煤种不同而变化，见表 7-6。

表 7-6　灰分随煤种的变化

煤种	灰分含量(%，质量分数)							
	SiO_2	Al_2O_3	Fe_2O_3	TiO_2	CaO	MgO	Na_2O	K_2O
无烟煤	48~68	25~44	2~10	1.0~2	0.2~4	0.2~1	—	—
烟煤	7~68	4~39	2~44	0.5~4	0.7~36	0.1~4	0.2~3	0.2~4
贫煤	17~58	4~35	3~19	0.6~2	2.2~52	0.5~8	—	—
褐煤	6~40	4~26	1~34	0~0.8	12.4~52	2.8~14	0.2~28	0.1~0.4

灰分的性质不同，燃烧温度不同，燃烧时灰分在碳粒中堆积状态就不同，对燃烧的影响也不同。为了分析灰分对焦炭燃烧的影响，首先要对碳粒燃烧过程有一个初步的认识。

一、碳粒燃烧过程的物理模型

按结构特征，可以把碳粒分为多孔性碳粒和密实碳粒两种类型。人们对两种类型碳粒建立了两种不同的反应模型：均匀反应模型和不均匀反应模型。

1. 均匀反应模型

该模型基于多孔性碳粒，且氧气在碳粒内部扩散阻力很小，扩散作用远远大于反应速率，燃烧速率取决于化学反应的快慢，处于动力燃烧区。在这种情况下，燃烧在整个碳粒的所有位置均匀地发生燃烧反应，未反应的碳与反应产物灰完全混在一起无法区分，只是随着燃烧的进程，两者的含量之比不断减小，当燃烧完成，碳粒就变成了灰粒，如图 7-25 所示。

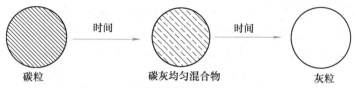

图 7-25　均匀反应模型燃烧反应示意图

2. 不均匀反应模型

当碳粒为密实固体，反应时氧气在碳粒内部的扩散阻力很大，氧气在碳粒内部的扩散速率大大低于碳粒燃烧速率。燃烧产生的灰聚集在碳粒表面形成灰层，该灰层孔隙率较高，氧气可以从灰层通过，扩散到碳粒表面。因此燃烧只能发生在固体反应产物层和未燃烧的碳粒内核的狭窄边界区域。如果将部分燃烧的焦炭颗粒做剖面观察，不难发现，未反应的碳与燃烧生成的灰层之间存在鲜明的边界线，随着反应的进行，未反应碳核不断缩小直到消失，如图 7-26 所示。

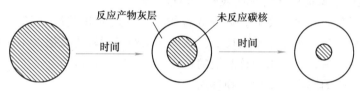

图 7-26　不均匀反应模型燃烧反应示意图

基于这种物理现象，提出了不均匀反应模型。该模型又被称为未反应核模型、核收缩模型、缩核模型或壳模型。

在反应时，氧气由周围气氛通过碳粒外部边界层及燃烧反应产物灰层，扩散至燃烧界面，进行燃烧反应生成 CO_2 或 CO 等气体反应产物，该气体反应产物通过固体反应产物灰层，及边界层扩散到周围气氛中。因此，在边界层和固体反应产物灰层中，反应物 O_2 及反应产物 CO_2 等均存在浓度梯度。在燃烧过程中，由于燃烧反应界面不断变动，所以在边界层和反应产物层中的浓度分布也随时间而变化。

以球形颗粒为例，燃烧反应中反应气体 O_2 和 CO_2 等产物的浓度分布如图 7-27 所示。

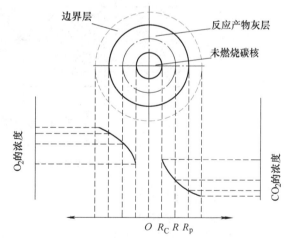

图 7-27　球形碳粒燃烧时的气体浓度分布
R_C—未燃烧碳核的半径　R—燃烧界面的半径　R_p—灰层的半径

3. 微粒模型

上述两个模型较为极端，煤粉颗粒既非密实性固体，存在的空隙也不能实现碳粒的均匀燃烧。相比之下微粒模型更接近实际的燃烧情况。

微粒模型假设碳粒是由一定形状和大小的微粒所组成的，是一种具有一定机械强度的微粒集合体。

该模型中，碳粒可以看成多孔性固体，但组成碳粒的微粒则是密实固体，氧气可以深入到碳粒内部进行反应，但是该扩散速率相对于反应速率是不可忽略的，且氧气在碳粒内部的浓度分布由外到内是逐渐减小的，因而反应速率也是由外到内逐渐减小的。燃烧实际上处于扩散区。

在该模型中，未反应碳与反应产物灰之间也没有明显的界限，但从外到内灰分的质量分数逐渐变小。

不管是均相反应模型、非均相反应模型，还是微粒模型，都说明灰分的存在对焦炭燃烧是一个障碍，含有一定灰分的煤颗粒在不同的介质中和不同的温度下，灰分对燃烧过程产生的影响也不同。

二、不同燃烧温度下灰分对燃烧的影响

燃烧温度不同，灰的物理特性也不同，会对燃烧产生不同的影响。

1. 燃烧温度低于灰的软化温度时灰分对燃烧的影响

燃烧温度低于灰的软化温度时，燃煤碳粒的外表形成松积灰层（见不均匀燃烧模型），且随着燃烧的进行，灰层的厚度不断增加。虽然灰层的堆积较为松散，不能完全阻止氧气向碳粒与灰层界面的扩散，但是由于该灰层的存在，给氧气的扩散增加了额外的阻力。灰层扩散的大小取决于灰层的厚度、密度等物理因素。

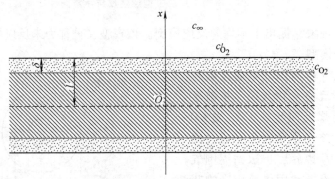

图 7-28 板形煤层示意图

c_∞—周围介质中的氧浓度　c_{O_2}'—灰层表面的氧浓度　c_{O_2}—碳层表面的氧浓度

l—煤层厚度的一半　δ—灰层厚度

为了近似地估计灰分对燃烧的影响，在不均匀燃烧模型的基础上增加以下假设：

1）燃烧反应过程为准稳态过程。

2）灰在灰层中的分布是均匀的。

3）燃烧着的含灰煤粒的温度是恒定的。

图 7-28 所示为板形煤层。

单位时间内，通过单位面积的氧气扩散量等于氧气与碳反应的消耗量，即

$$m_{O_2} = \alpha_{zl}(c_\infty - c_{O_2}') = D_a \frac{c_{O_2} - c_{O_2}'}{\delta} = k c_{O_2} = k_t c_\infty \tag{7-156}$$

式中，m_{O_2} 是单位时间的氧气消耗量 $[\text{mol}/(\text{m}^2 \cdot \text{s})]$；$\alpha_{zl}$ 是质量交换系数；D_a 是气体在灰层中的扩散系数；k 是碳层表面反应速度常数；k_t 是总化学反应速度常数。

由式（7-156）得

$$m_{O_2} = \cfrac{c_\infty}{\cfrac{1}{\alpha_{zl}} + \cfrac{\delta}{D_a} + \cfrac{1}{k}} \tag{7-157}$$

从式（7-157）可以发现反应物交换总的阻力为三个部分的和，即

$$\frac{1}{k_t} = \frac{1}{\alpha_{zl}} + \frac{\delta}{D_a} + \frac{1}{k} \tag{7-158}$$

也就是说燃烧反应的进行，受到氧气向颗粒外表面的扩散阻力、氧气通过灰层的扩散阻力以及燃烧表面上的化学反应阻力三个因素的共同影响。

已知氧气的扩散速率正比于碳的燃尽速率，即

$$\beta m_{O_2} = \rho_p \frac{dc}{dx} \tag{7-159}$$

式中，ρ_p 是碳的密度；β 是 C 与 O_2 燃烧反应化学当量比，即碳单位质量消耗量/氧单位质量消耗量。

由边界条件（$\tau = 0$ 时，$x = l$；$\tau = \tau_0$ 时，$x = 0$）得到板形碳粒燃烧到灰层厚度为 δ 时的时间 τ 和完全燃烧时间 τ_0 为

$$\tau = \frac{\rho_p \delta}{\beta c_\infty} \left(\frac{1}{\alpha_{zl}} + \frac{\delta}{2D_a} + \frac{1}{k} \right) \tag{7-160}$$

$$\tau_0 = \frac{\rho_p l}{\beta c_\infty} \left(\frac{1}{\alpha_{zl}} + \frac{l}{2D_a} + \frac{1}{k} \right) \tag{7-161}$$

同样对于球形颗粒燃烧也有类似的氧气消耗量表达式与碳球完全燃烧时间的表达式，即

$$m_{O_2} = \cfrac{c_\infty}{\cfrac{1}{\alpha_{zl}} \left(\cfrac{r_i}{r_o} \right)^2 + \cfrac{\delta}{D_a} \cfrac{r_i}{r_o} + \cfrac{1}{k}} \tag{7-162}$$

$$\tau_0 \approx \frac{\rho_p r}{\beta c_\infty} \left(\frac{1}{3\alpha_{zl}} + \frac{r}{6D_a} + \frac{1}{k} \right) \tag{7-163}$$

在只考虑扩散反应时，式（7-162）和式（7-163）中的化学反应阻力 $1/k$ 就可去掉，由于裹灰现象而阻止了氧气通过灰壳向中心部分焦炭燃烧面的扩散，从而减慢了在扩散燃烧下的燃烧速率，延长了燃烧时间。根据式（7-162）可以得到在裹灰条件下焦炭球核心表面上的燃烧反应速率为

$$\left. \begin{array}{r} (w_C)_h = \cfrac{\cfrac{2\beta D}{d} c_\infty}{\cfrac{1}{\varepsilon_h} + \cfrac{d}{d_p} \left(1 - \cfrac{1}{\varepsilon_h} \right)} \\[4mm] \varepsilon_h = \cfrac{100 - A_{ar}}{100} \end{array} \right\} \tag{7-164}$$

式中，ε_h 是裹灰灰壳层的孔隙率；A_{ar} 是燃烧焦炭球所含收到基灰分的质量分数（%）；d_p 是原始焦炭球的直径；d 是燃烧时间为 τ 时，包在灰壳内的焦炭核的直径。

与无裹灰焦炭核扩散燃烧速率计算式（7-91）相比，则得

$$\frac{(w_C)_h}{w_C} = \frac{1}{\frac{1}{\varepsilon_h} + \frac{d_p}{d}\left(1 - \frac{1}{\varepsilon_h}\right)} < 1 \tag{7-165}$$

根据式（7-163），其裹灰条件下焦炭球的燃尽时间为

$$\tau_h = \frac{\rho_p d_p^2}{8\beta D c_\infty}\left(\frac{2}{3} + \frac{1}{3\varepsilon_h}\right) \tag{7-166}$$

与无裹灰焦炭核燃尽时间计算式（7-94）相比，则得

$$\frac{\tau_h}{\tau_k} = \frac{2}{3} + \frac{1}{3\varepsilon_h} > 1 \tag{7-167}$$

从式（7-162）可知，焦炭球中含灰量越多，即灰壳层的孔隙率越小，此时氧气的扩散阻力越大，裹灰对焦炭球燃烧反应速率和燃尽时间的影响越大。裹灰对焦炭球燃烧速率及燃烧时间影响的计算结果见表 7-7。

表 7-7 裹灰对焦炭球燃烧速率及燃烧时间的影响

类　　别	焦炭燃尽率（%）	焦炭含灰的质量分数（%）			
		10	20	30	40
由于裹灰导致焦炭球燃烧速率减少的百分数	90	-5.6	-11.8	-18.7	-26.3
	70	-3.5	-7.6	-12.4	-18.0
	50	-2.3	-4.9	-8.3	-12.1
燃尽时间增加的百分数	100	+3.7	+8.4	+14.3	+22.3

2. 燃烧温度高于灰的熔化温度时灰分对燃烧的影响

当燃烧温度高于灰的熔化温度时，燃烧产生的不再是松积的灰层，而是具有一定流动性的熔渣。

实验发现若灰分较少，熔渣的绝对量就会减少，表面张力与黏性力相对较大时，熔渣仍附着在碳粒上，阻碍氧气向颗粒内部的扩散。

若灰分含量较多，熔渣会聚集并与碳粒分离，有利于未燃烧碳粒与氧气的接触，促进燃烧的进行。

在层燃炉中燃烧时，汇集的熔渣将堵塞通风孔隙，不利于燃烧的进行。

三、灰分对焦炭燃烧的其他影响

除了上述灰分对氧气向颗粒内部扩散的阻碍作用之外，还存在以下几方面的潜在影响：

（1）热效应　大量的灰改变了煤粒的热效应，当灰加热到高温时，会消耗一定的能量，还可能发生相变。

（2）辐射特性　灰的辐射特性不同于焦炭，因此灰的存在给碳的燃尽提供了一个辐射传热的固态介质。

（3）颗粒尺寸　焦炭燃烧过程中，会发生破裂，变成几个更小的颗粒进行燃烧，焦炭的破裂特性与灰分的种类、性质有着密切的联系。

（4）催化效应　焦炭中某些矿物质已经证明能使焦炭的反应性增强，尤其是在低温条件下。

第七节 煤粉燃烧

一、煤粉气流的着火

携带煤粉的一次风气流喷入炉膛后受到对流传热与辐射传热而升温着火，之所以忽略导热，是因为煤粉的燃烧速率要比气体燃料与空气可燃混合物的燃烧速率低得多，火焰锋面十分厚，故火焰锋面内的温度梯度相当小，火焰锋面向新鲜的煤粉与一次风混合物的导热就很小。

煤粉气流着火的实质是：辐射传热直接到达煤粉表面而被煤粉吸收。对流传热则是烟气与一次风混合，先传热给一次风，再由一次风传给煤粉。

由于蒸发水分、挥发分的析出及加热过程煤粒传热热阻等一系列因素的影响，煤粉要达到着火所需的温度就会有一个相当长的孕育期，煤粉炉里只能允许有 0.01～0.02s 的孕育期。为了缩短着火所需的孕育期，一定要把煤粉气流加热到远远高于着火温度的状态。现在来分析煤粉气流在炉内的着火过程。

图 7-29 所示为煤粉气流着火过程的示意图，当煤粉气流喷入炉膛后，由于受到高温烟气的卷吸与加热，在边界层内的温度由射流核心的初始温度 T_0 上升到周围烟气温度 T_T，而煤粉与氧气浓度则由初始值降低到周围介质中的数值，在湍流边界层中强烈的对流辐射加热下，煤粉被预热和干燥以至析出挥发分着火燃烧。

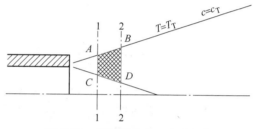

图 7-29 煤粉气流着火过程示意

在炉内，温度和燃烧反应速率这两个因素之间存在着复杂的关系。燃烧加强能使温度升高，温度升高又加快燃烧反应速率。而在温度较低时，这两个因素的作用又朝反方向进行。如气流速度过高，回流区内的产热和散热不平衡，散热大于产热，回流区内气体温度下降。气体温度下降以后，反应速率就减慢，回流区内的产热更少，更使温度下降。这样恶性循环会导致火焰熄灭。

假设炉膛内气体具有强烈的掺混使炉内温度、浓度和速度等物理参数非常均匀。炉膛体积为 V（m^3），进入炉膛的燃料和空气混合物的体积流量为 q_V（m^3/s），则气流在炉内的停留时间为

$$\tau_0 = \frac{V}{q_V} \tag{7-168}$$

假设这个炉膛进口处的气流温度是 T_0，燃料或氧浓度是 c_0，炉膛中的气体温度是 T，燃料或氧浓度是 c，那么炉膛出口由于强烈掺混的缘故温度也应该是 T，浓度也应是 c，由于燃烧反应炉膛温度瞬间会从 T_0 上升到 T，而浓度会由 c_0 下降到 c，因此会将进一步燃烧产生的热立即传递给后续的气流，同时会有一些气体在 T 和 c 的参数下流出炉膛。

再假设燃料与空气混合物的反应热为 Q，气流的密度为 ρ，比定压热容为 c_p。炉膛容积中的产热率可根据一级反应的质量作用定律和阿累尼乌斯定律写出

$$Q_1 = k_0 c V \exp\left(-\frac{E}{RT}\right) Q \tag{7-169}$$

265

另根据气流可燃成分的消耗计算产热率为

$$Q_1 = q_V(c_0 - c)Q \tag{7-170}$$

从式（7-169）与式（7-170）中消去 c 就得到

$$Q_1 = \frac{cQ}{\dfrac{1}{k_0 V \exp\left(-\dfrac{E}{RT}\right)}} = \frac{(c_0 - c)Q}{\dfrac{1}{q_V}} = \frac{cQ + (c_0 - c)Q}{\dfrac{1}{k_0 V \exp\left(-\dfrac{E}{RT}\right)} + \dfrac{1}{q_V}}$$

$$= \frac{c_0 Q}{\dfrac{1}{q_V} + \dfrac{1}{k_0 V \exp\left(-\dfrac{E}{RT}\right)}} = \frac{c_0 Q}{\dfrac{1}{q_V} + \dfrac{\exp\left(\dfrac{E}{RT}\right)}{k_0 V}}$$

1m^3 流过炉膛的气体的产热率，即单位产热量为

$$q_1 = \frac{Q_1}{q_V} = \frac{c_0 Q}{1 + \dfrac{\exp\left(\dfrac{E}{RT}\right)}{k_0 \tau_0}} \tag{7-171}$$

单位产热量 q_1 与温度 T 的关系如图 7-30 所示。当温度趋于无穷大时，$\exp\left(-\dfrac{E}{RT}\right)$ 趋于 1，所以 q_1 曲线逐渐接近于 $q_1 = k_0 \tau_0 c_0 Q/(1 + k_0 \tau_0)$；当 τ_0 增加时，这根渐近线上移。最后当 τ_0 趋于无穷大时，q_1 渐近线达到 $q_1 = c_0 Q$ 的位置。这就是说，假如燃烧反应瞬间就能完成，那么单位产热量就等于可燃成分浓度 c_0 与反应热 Q 的乘积，所有可燃成分一下就完全燃烧，没有不完全燃烧损失。当温度 T 仅为一有限值，燃烧化学反应只能在一定的时间内以有限的速率进行。温度越低，燃烧反应时间越长，炉膛残余的未燃燃料与氧就越多。由于以上的计算是在假设具有强烈掺混的零元系统下进行的，炉膛中残存的可燃成分浓度 c 到处一样，所以气流流出炉膛时就不可避免地携带了一些可燃成分而引起不完全燃烧损失。这样炉膛中的产热率要打上一个折扣，单位产热量 q_1 在 T 低时就要低一些。如图 7-30 所示的每一根曲线都是在 $k_0 \tau_0$ 值一定的条件下绘出的。当气流在炉膛内的停留时间 τ_0 延长时，由式（7-171）就可以看出，q_1 值增加，q_1-T 曲线向上移动。这个关系的物理意义可解释成：当停留时间 τ_0 增加时，燃烧时间更充分，炉膛内残存的可燃物浓度减少一些，所以流出炉膛的气流携带的可燃物成分减少一些，不完全燃烧损失减少一些，结果单位产热量在 τ_0 增加时可少许增加一些。

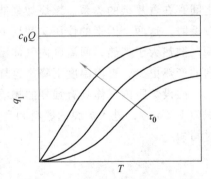

图 7-30　煤粉气流单位产热量与温度的关系

现在来分析气流的散热情况。若忽略不计炉膛内气流向炉壁的散热，则只考虑气流所带走的散热量，那么单位散热量 q_2 为

$$q_2 = \rho c_p(T - T_0) \tag{7-172}$$

可见单位散热量 q_2 与 T 的关系是一根倾斜的直线。图 7-31 所示为 q_1 与 q_2 两直线的综

合结果。一般情况下，q_2 曲线的位置大约在 q_2^2 线上，此时 q_1 与 q_2 曲线有三个交点 A、B 和 C。当温度 T 处于 A 与 B 之间时，q_2 值比 q_1 值大，散热大于产热，炉膛中的气体温度就下降；当温度比 C 点还高时，q_2 值也比 q_1 值大，气体温度也要下降。当温度在 A 点以下或在 B 和 C 之间时，q_1 值比 q_2 值大，产热大于散热，炉膛中的气体温度就升高。因此，虽然 q_1 与 q_2 曲线有三个交点，但其中交点 B 是不稳定的。如果工作点在 B，只要稍一离开 B 点，工作点就要上升到 C，或下降到 A。交点 A 和 C 都是稳定的。如果工作点在 A 或 C，那么假使温度离开它们，工作点还会恢复到这两个交点。

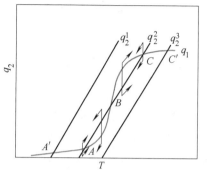

图 7-31　煤粉气流热平衡关系

如果 q_2 曲线在 q_2^1 位置，它与 q_1 曲线就只有一个交点 A'。如果 q_2 曲线在 q_2^3 位置，也只有一个交点 C'。A 点与 A' 点都处于很低的温度。这时气流在炉膛中根本没有燃烧，因而这是火焰熄灭的状态。交点 C 和 C' 的温度很高，这时气流在炉膛内着火燃烧，是正常状态。综合上面的分析可得：如果产热和散热的曲线处于 q_1 和 q_2^1 的位置，气流熄火；如果产热和散热的曲线处于 q_1 和 q_2^3 的位置，气流正常燃烧；而当产热和散热的曲线处于 q_1 和 q_2^2 的位置，是不稳定状态，气流可能熄火，也可能正常燃烧。

在炉内燃烧时，气流的停留时间 τ_0 增加，火焰燃烧的稳定性改善；发热量 Q 增加或气流的初始温度 T_0 升高，可使燃烧稳定性改善。

在实际的炉膛燃烧过程中，燃料燃烧所放出的热量是依靠水冷壁的吸热来加热工质的，所以分析煤粉气流的燃烧，不能不考虑水冷壁所吸收的热量。如果把火焰对水冷壁的辐射散热考虑进去，则散热量为

$$Q_2 = q_V \rho c_p (T - T_0) + 4.9 \times 10^{-8} \varepsilon_{lt} \zeta A_{Syx} T^4 \qquad (7\text{-}173)$$

式中，ε_{lt} 是炉膛黑度；ζ 是水冷壁的污垢系数；A_{Syx} 是有效辐射受热面积（m^2）。

单位散热量为

$$q_2 = \frac{Q_2}{q_V} = \rho c_p (T - T_0) + \frac{4.9 \times 10^{-8} \varepsilon_{lt} \zeta A_{Syx} T^4}{q_V} = \rho c_p (T - T_0) + \tau_0 \sigma T^4 \qquad (7\text{-}174)$$

式中，$\sigma = 4.9 \times 10^{-8} \varepsilon_{lt} \zeta A_{Syx}/V$，取决于炉膛结构。

当负荷降低时，气体在炉膛内的停留时间 τ_0 增加，图 7-31 的 q_1 曲线将向上移动，而 q_2 曲线由式（7-174）可见也要向上移动，因此当负荷降低到一定程度以下就会出现熄火。

当煤粉与一次风混合物以直流射流或旋转射流的形式喷进炉膛后，不管是组织炉内四角切圆燃烧还是前后墙对冲燃烧，其射流与周围高温烟气的卷吸混合使气流受到十分强烈的对流传热，同时也吸收炉内高温的辐射传热。炉内通过对流、辐射达到煤粉气流着火所需要的热量时，煤粉气流就可以实现着火并进行连续的燃烧化学反应，产生燃烧热。燃烧产生的热量一部分通过水冷壁传递给工质，一部分用以维持和保证炉内有足够高的温度水平，使燃烧连续不断地进行下去。可见获得足够的着火热是保证煤粉气流稳定着火和燃烧的必要条件。

上述的热工况分析只假设了系统内的各种工况均匀，属于零元系统的热平衡分析。零元热工况分析也曾用于煤粉炉下部的局部空间，如切向布置炉的燃烧器区域以及化工工业上的

气化炉，在中国享有专利的煤粉加压气化装置都获得满意的效果。

将煤粉气流从燃烧器喷口喷出的气流近似地按一元系统来处理。加热煤粉气流及对煤粉中的水分进行蒸发和过热所需的着火热为

$$Q_{zh} = B_r \left(V^0 \alpha_r r_1 c_{1k} \frac{100 - q_4}{100} + c_d \frac{100 - M_{ar}}{100} \right)(T_{zh} - T_0) +$$

$$B_r \left\{ \frac{M_{ar}}{100}[2510 + c_q(T_{zh} - 100)] - \frac{M_{ar} - M_{mf}}{100 - M_{mf}}[2510 + c_q(T_0 - 100)] \right\} \quad (7\text{-}175)$$

式中，B_r 是每只燃烧器的燃煤量（以原煤计，kg/s）；V^0 是理论空气量（m^3/kg）；α_r 是由燃烧器送入炉中并参与燃烧的空气所对应的过量空气系数；r_1 是一次风风率；c_{1k} 是一次风比热容[kJ/（$m^3 \cdot$ K）]；（$100 - q_4$）/100 是由燃料消耗量折算成计算燃料量的系数；q_4 是固体不完全燃烧热损失；c_d 是煤的干基比热容[kJ/（kg·K）]；M_{ar} 是煤的收到基水分（%）；T_{zh} 是着火温度（K）；T_0 是煤粉与一次风气流的初温（K）；[$2510 + c_q(T_{zh} - 100)$]与[$2510 + c_q(T_0 - 100)$]是煤中水分蒸发成蒸汽，并过热到着火温度或一次风初温所需的焓增（kJ/kg）；c_q 是过热蒸汽的比热容[kJ/（kg·K）]；（$M_{ar} - M_{mf}$）/（$100 - M_{mf}$）是原煤在制粉系统中蒸发的水分；M_{mf} 是煤粉水分百分数（%）。

由式（7-175）可见，着火热随燃料性质（着火温度，燃料水分、灰分、煤粉细度）和运行工况（煤粉气流初温、一次风率和风速）的变化而变化，当煤粉与一次风通过对流与辐射传热获得的热量等于或大于着火热时，在过了孕育期时，它就着火了。

下面按一元系统中煤粉气流着火过程的物理模型，分析影响煤粉气流着火的主要因素。

1）煤的干燥无灰基挥发分 V_{daf} 降低，煤的着火温度提高（见表7-8），这时煤粉气流就必须加热到很高的温度才能正常着火。原煤水分增大时，所需着火热也随之增大，同时水分的加热、汽化、过热都要吸收炉内的热量，致使炉内温度水平降低，从而使煤粉气流卷吸的烟气温度以及火焰对煤粉气流的辐射热也相应降低。这对着火显然也是更加不利的。

表7-8 不同煤种煤粉气流中煤粉颗粒的着火温度

煤 种	褐 煤	烟 煤			贫 煤	无 烟 煤
干燥无灰基挥发分(%)	50	40	30	20	14	—
着火温度/℃	550	650	750	840	900	1000

268

2）原煤灰分在燃烧过程中不但不能放热，而且要吸热。特别是当燃用高灰分的劣质煤时，由于燃料本身发热量低，燃料的消耗量增大，大量灰分在着火和燃烧过程中要吸收更多热量，因而使得炉内烟气温度降低，同样使煤粉气流的着火推迟，而且也影响了着火的稳定性，灰分对火焰传播速度的影响如图7-32所示。

3）煤粉气流的着火温度也随煤粉的细度而变化，煤粉越细，着火越容易。这是因为在同样的煤粉浓度下，煤粉越细，进行燃烧反应的表面积就会越大，而煤粉本身的热阻却减小，因而在加热时，细煤粉的温升速度要比粗煤粉明显提高。

4）提高煤粉与一次风的初温 T_0 可减少着火热，使着火时间缩短。如提高预热空气的温度，采用热风送粉系统。

5）增大煤粉-空气混合物中的一次风量 $V^0 \alpha_{r1}$ 将增大着火热，着火点推迟，如图7-33所

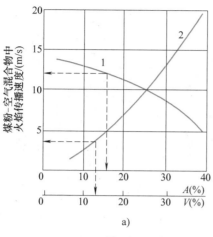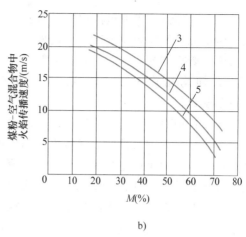

图 7-32　水分、灰分和挥发分对合理一次风的影响

a）烟煤、无烟煤　b）褐煤

A—灰分　V—挥发分　M—水分

1—灰分的影响　2—挥发分的影响　3—灰分 0～5%　4—灰分 5%～10%　5—灰分 10%～20%

示；减小一次风量，会使着火热显著降低。但一次风量不能过低，否则会由于煤粉着火燃烧初期得不到足够的氧气，而使化学反应速率减慢，阻碍着火燃烧的继续扩展。另外，一次风量还必须满足输粉的要求，否则会造成煤粉堵塞。

6）一次风速对着火过程也有一定的影响。若一次风速过高，则通过单位截面面积的流量增大，势必降低煤粉气流的加热速度，使着火距离加长。但一次风速过低时，会引起燃烧器喷口被烧坏，以及煤粉管道堵塞等故障，故有一个最适宜的一次风速，它与煤种及燃烧器形式有关。

7）煤粉浓度对着火的影响。参考文献[16]通过实验证实了对于每一种煤来说，煤粉浓度都有一最佳值，在此浓度下，煤粉的着火温度最低。Sakai 和徐明厚等人分别在一维混合过程控制炉上进行了实验，研究表明，对实验煤种，存在一最佳煤粉浓度，使煤粉着火距离最短，此值约为 1.0～1.5kg/kg，比目前电

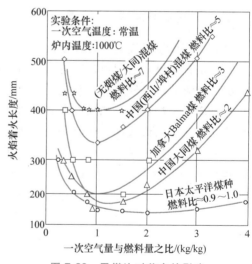

图 7-33　风煤比对着火的影响

厂一次风管内的煤粉浓度高。参考文献[7]也给出了 ABB-CE 公司所提供的资料，资料表明对不同煤种，都存在一个最佳煤粉浓度，在该浓度下火焰传播速度最大，如图 7-34 所示。

上述研究说明，对湍流扩散煤粉火焰，存在一最佳煤粉浓度，使其火焰传播速度最大，着火温度最低，着火距离最短。Hertzberg 对此的解释是：类似于气体预混燃料在化学当量比等于 1 或稍大于 1 时火焰传播速度最大，煤粉气流的最佳浓度是析出的挥发分与环境空气匹配达到化学当量比时对应的浓度。

Hertzberg 的解释也从侧面反映了他认为高浓度煤粉气流的着火是以均相方式进行的，

即挥发分着火。盛昌栋等通过高浓度煤粉着火阶段特性的实验研究,发现煤粉浓度在一定程度上决定了煤粉气流的着火方式,浓度升高,煤粉气流由多相着火方式向均相着火方式转变,从而证明了Hertzberg 的解释。

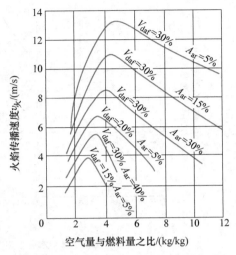

图 7-34 风煤比对火焰传播速度的影响

由于湍流扩散煤粉火焰中火焰锋面变厚而且剧烈抖动,很难定义与测量类似于气体火焰的所谓火焰传播速度,也就很难确定与最大火焰传播速度相对应的最佳煤粉浓度,并且,Hertzberg 等人只对提高煤粉浓度有利于挥发分着火给出了解释,而实际上煤粉燃烧包括挥发分着火和煤焦燃烧两个方面,挥发分的着火有利于煤焦的着火,但是不能保证煤粉气流的稳定燃烧,只有煤焦的着火才能发展成为煤粉气流的稳定燃烧,故阎维平等从工程煤粉火焰实际应用的角度出发,建议用燃烧温度水平来定义最佳煤粉浓度,即在一定煤种和工况下,使燃烧达到最高温度水平时对应的煤粉浓度为最佳煤粉浓度,并根据实验得出结论:煤种对最佳煤粉浓度的影响最大,挥发分和热值越大,最佳煤粉浓度越小;一次风温度越高,最佳煤粉浓度也越高。其结论对实际过程中如何组织起高温度水平的燃烧具有指导意义。

二、旋转射流中煤粉的着火

目前组织煤粉燃烧的方式大多数为以下两种:一是旋流燃烧器前后墙布置的对冲燃烧,另一方式是直流燃烧器四角布置的炉内切圆燃烧。

旋转射流通过各种形式的旋流器来产生。气流在出燃烧器之前,在圆管中做螺旋运动,当它一旦离开燃烧器后,如果没有外力的作用,它应当沿螺旋线的切线方向运动,形成辐射状的环状气流,其流线如图 7-35 所示。旋转射流不但具有轴向速度,而且有较大的切向速度,从旋流燃烧器出来的气体质点既有旋转向前的趋势,又有从切向飞出的趋势,这样的流动过程形成中心负压区,由于中心负压的作用就产生高温烟气的回流。图 7-36 所示为410t/h 锅炉旋流燃烧器出口的气流速度分布。

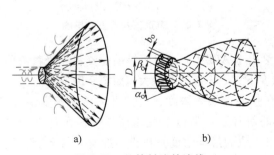

图 7-35 旋转射流的流线

a)理想流线 b)实际流线

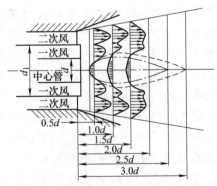

图 7-36 旋流燃烧器出口的气流速度分布

图 7-37 所示为旋流燃烧器烟气回流卷吸和煤粉着火过程的示意图。煤粉与一次风气流喷入炉膛后与回流来的高温烟气混合（图中以 3 表示），并受到火焰的辐射，紧靠一次风的二次风同时也混入一次风中（图中以 5 表示），增大了着火需热量。在这样三个因素起作用的条件下，煤粉空气流迅速升温到着火温度而着火。着火后一部分煤粉与一次风气流转而流入回流区，其他部分继续与二次风混合而燃烧，并向下游流去。回流区里除了有这些煤粉与一次风流入之外，还有一部分高温烟气从炉膛深处摄取来（图中以 4 表示），它们汇合后在回流区中燃烧升温到相当高的温度再作为回流烟气（图中以 3 表示）将后续的煤粉与一次风气流点燃。二次风外缘也卷吸一些烟气（图中以 6 表示），这些烟气加热二次风减少着火所需要的热量。

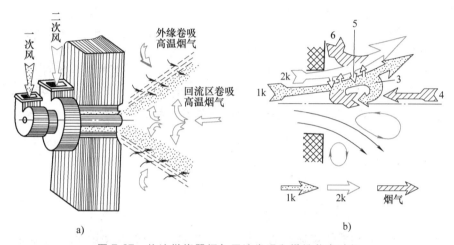

图 7-37 旋流燃烧器烟气回流卷吸和煤粉着火过程

参考文献 [4] 根据燃料中挥发分和固定碳的份额及热值、一次风量、冷态实验所得回流烟气量与一次风量之比、某一相对距离 l/d 处气流剩余温度与一次风原始剩余温度之比、回流气体与二次风的剩余温度建立热平衡方程，并在假定回流区挥发分全部烧掉，固定碳烧掉 20% 等的条件下，提出双蜗壳型旋流燃烧器燃烧无烟煤的着火过程计算方法，用计算着火所需回流气体量来判断旋流燃烧器着火特性。但计算必须建立在实验研究数据的基础上进行。

参考文献 [12] 提出煤粉气流着火的代数模型，并得到一个可以描述煤粉气流着火过程的控制参数。在这个控制参数中，将把影响煤粉着火的因素统一进行考虑，建立着火过程特性参数与控制参数之间的函数关系，指导热态运行过程。

不论多么复杂的物理过程，总是遵守热力学第一定律。所以，对煤粉气流的着火燃尽，以一次风为研究对象，各种物理模型总是基于热力学第一定律的如下形式（见参考文献 [4]）：

$$Q_c + Q_{re} - Q_V = 0 \tag{7-176}$$

式中，Q_c 是煤粉气流从卷吸烟气中得到的对流吸热量和炉膛高温烟气辐射吸热量；Q_V 是煤粉气流以及烟气升温所需的吸热量，包括一次风和混入的二次风气流以及烟气的显热等；Q_{re} 是煤粉气流中的化学反应放热量，包括挥发分和焦炭的燃烧放热以及其他化学反应的放热量。

描述着火过程的物理模型如图 7-38 所示。已知流量 1kg/s 的一次风，初始温度为 $T_1(\mathrm{K})$，煤粉浓度为 c，卷吸温度为 T_l，高温烟气量为 f_{re}，温度 T_{2k} 的二次风量为 f_{2k}，以速度 w 流动经过特征长度 l，达到着火温度 T_{zh}。着火的代数模型的目标就是建立起温度 T_{zh} 与各影响因素之间的关系。

对能量守恒方程式（7-176），令煤粉气流从卷吸烟气中得到的对流吸热量 Q_c 为

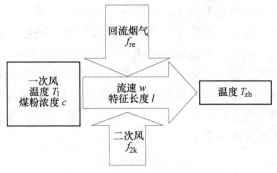

$$Q_c = f_{\mathrm{re}} c_{py}(T_l - T_{\mathrm{zh}}) \qquad (7\text{-}177)$$

式中，c_{py} 是烟气的比热容；T_l 是炉膛中的烟气温度，不妨认为 $T_l = k_q q_F$，k_q 为系数，q_F 为炉膛的截面热负荷。

图 7-38　着火过程的物理模型

煤粉气流的辐射吸热量 Q_{ra} 占总着火热的 10%～30%（见参考文献 [4]），对旋流燃烧方式取下限，暂时忽略不计。

假设着火阶段的燃烧反应仅由挥发分与氧气发生化学反应，而挥发分的发热量取煤的低位发热量 $Q_{\mathrm{net,v,ar}}$，则煤粉气流中的化学反应放热量 Q_{re} 为

$$Q_{\mathrm{re}} = \tau w_{\mathrm{re}} Q_{\mathrm{net,v,ar}} \qquad (7\text{-}178)$$

式中，τ 是特征停留时间，不妨令 $\tau = l/w$；w_{re} 是化学反应速率。

$$w_{\mathrm{re}} = k_t k_0 \left(\frac{V_{\mathrm{ar}} c}{1 + V_{\mathrm{ar}} c + f_{\mathrm{re}} + f_{2k}} \right)^{\alpha} \left[\frac{0.21(1 + f_{2k})}{1 + V_{\mathrm{ar}} c + f_{\mathrm{re}} + f_{2k}} \right]^{\beta} \mathrm{e}^{-\frac{E}{R\bar{T}}} \qquad (7\text{-}179)$$

式中，k_t 是考虑气流湍动对燃烧速率的系数；k_0 是燃烧反应的频率因子；α、β 是反应指数；E 是活化能；R 是摩尔气体常数；$\bar{T}$ 是平均温度，$\bar{T} = \dfrac{T_1 + T_{\mathrm{zh}}}{2}$；$\dfrac{V_{\mathrm{ar}} c}{1 + V_{\mathrm{ar}} c + f_{\mathrm{re}} + f_{2k}}$ 和 $\dfrac{0.21(1 + f_{2k})}{1 + V_{\mathrm{ar}} c + f_{\mathrm{re}} + f_{2k}}$ 分别是可燃物和氧气的浓度。

煤粉气流与烟气升温所需的吸热量 Q_V 包括一次风和混入的二次风气流的显热，Q_V 可写为

$$Q_V = f_{2k} c_{p2k}(T_{\mathrm{zh}} - T_{2k}) + c_{p1k}(T_{\mathrm{zh}} - T_0) \qquad (7\text{-}180)$$

式中，c_{p1k}、c_{p2k} 分别是一次风和二次风的比热容。

假定二次风和一次风温度相同，$T_{2k} = T_1$，将式（7-177）～式（7-180）代入式（7-176），得

$$\tau Q_{\mathrm{net,v,ar}} k_t k_0 \left(\frac{V_{\mathrm{ar}} c}{1 + V_{\mathrm{ar}} c + f_{\mathrm{re}} + f_{2k}} \right)^{\alpha} \left[\frac{0.21(1 + f_{2k})}{1 + V_{\mathrm{ar}} c + f_{\mathrm{re}} + f_{2k}} \right]^{\beta} \mathrm{e}^{-\frac{E}{R\bar{T}}} + f_{\mathrm{re}} c_{py}(T_l - T_{\mathrm{zh}})$$

$$= f_{2k} c_{p2k}(T_{\mathrm{zh}} - T_{2k}) + c_{p1k}(T_{\mathrm{zh}} - T_0) \qquad (7\text{-}181)$$

式中，$\mathrm{e}^{-\frac{E}{R\bar{T}}}$ 一项导致这个方程不能求解，为简化问题，把这一项作为 T 的函数，在 $T = T_1$ 进行泰勒级数展开

$$\mathrm{e}^{-\frac{E}{R\bar{T}}} \approx \mathrm{e}^{-\frac{E}{RT_1}} + \frac{E}{RT_1^2} \mathrm{e}^{-\frac{E}{RT_1}} (\bar{T} - T_1) \qquad (7\text{-}182)$$

再代入式（7-181），则可以求得

$$T_{zh} = T_1 + \cfrac{K + f_{re}c_{py}(T_l - T_1)}{-\cfrac{E}{2RT_1^2}K + f_{re}c_{py} + f_{2k}c_{p2k} + c_{p1k}} \tag{7-183}$$

其中

$$K = \tau Q_{net,v,ar}k_t k_0 \left(\frac{V_{ar}c}{1 + V_{ar}c + f_{re} + f_{2k}} \right)^{\alpha} \left[\frac{0.21(1 + f_{2k})}{1 + V_{ar}c + f_{re} + f_{2k}} \right]^{\beta} e^{-\frac{E}{RT_1}} \tag{7-184}$$

将式 (7-183) 略做变化，得到一个量纲一的数，并定义其为燃烧特征数 Co，则

$$Co = \frac{T_{zh} - T_1}{T_1} = \cfrac{K + f_{re}c_{py}(T_l - T_1)}{T_1 \left(-\cfrac{E}{2RT_1^2}K + f_{re}c_{py} + f_{2k}c_{p2k} + c_{p1k} \right)} \tag{7-185}$$

这个特征数的物理意义是表征煤粉气流在着火阶段的升温与煤粉气流初温的比值。看等号最右端的分式，分子表示的是化学反应的放热和卷吸高温烟气提供的热量，分母表示的是气流升温所需要的吸热。在这个特征数中，包含了煤种、煤粉浓度、空气动力场特性、炉膛热负荷等因素的影响。以下对这个特征数进行一些讨论。

（1）关于 f_{re} 的讨论　忽略 K 中 f_{re} 的影响，把式 (7-185) 对 f_{re} 求导，得

$$\frac{d(Co)}{d(f_{re})} = \cfrac{c_{py}(T_l - T_1)T_1 \left(-\cfrac{E}{2RT_1^2}K + f_{re}c_{py} + f_{2k}c_{p2k} + c_{p1k} \right) - T_1 c_{py}[K + f_{re}c_{py}(T_l - T_1)]}{T_1^2 \left(-\cfrac{E}{2RT_1^2}K + f_{re}c_{py} + f_{2k}c_{p2k} + c_{p1k} \right)^2}$$

$$\tag{7-186}$$

由于分母恒大于 0，只要满足分子大于 0，该导数值就大于 0，Co 就随 f_{re} 的增大而增大，此时，增大烟气回流量有利于提高着火区的温度水平。事实上，分子大于 0 的条件式 (7-186) 经过推导简化后成为

$$T_l \geqslant T_{zh} \tag{7-187}$$

只要卷吸的烟气温度高于着火点的温度，Co 就随 f_{re} 的增大而增大。显然，这对于只研究挥发分燃烧的物理模型是自动成立的。因此，在有物理意义的范围内，增大烟气回流量都利于提高着火升温的速度。

（2）关于 f_{2k} 的讨论　同样忽略 K 中 f_{2k} 的影响，从式 (7-186) 显然可以看出，增大 f_{2k} 将导致 Co 下降，在挥发分燃烧阶段混入冷的二次风不利于温度水平的提高。

（3）关于 K 的讨论　当 Co 为正值的时候，随着 K 值的增大，式 (7-185) 中分子增大，分母减小，Co 增大，着火点的温度上升。

根据 K 的定义式 (7-184)，显然，煤粉气流的初温 T_1 增大，流场的湍动影响 k_t 增大，停留时间 τ 变长，煤种发热量 $Q_{net,v,ar}$ 增大，这些因素都有利于化学反应热 K 的增大。

把式 (7-184) 对 c 求导，可以获得使 K 达到极大值的条件，即

$$V_{ar}c = \frac{\alpha}{\beta}(1 + f_{2k} + f_{re}) \tag{7-188}$$

式 (7-188) 就是最佳煤粉浓度的计算式，当煤粉浓度满足这个条件的时候，化学反应放热量 K 达到最大值，Co 也达到最大值，着火点的温度 T_{zh} 达到最大值。显然，当二次风

混入量增加或卷吸量增加的时候，最佳煤粉浓度会提高，而煤的挥发分增加的时候，最佳煤粉浓度下降。

尽管这个代数模型对物理问题进行了比较大的简化处理，但它较清楚地阐明了影响着火的各个因素之间的关系，推导出可以与着火温度之间建立函数关系的控制参数。直接用式（7-183）来计算着火点温度还是有困难的，但是只要通过冷态实验获得了 f_{re}、f_{2k}、k_t 这些空气动力场的特性参数，并通过一些测量手段获得 k_0、E、α、β 等数值，就可以用特征数 Co 来整理热态实验的数据和预报热态燃烧的着火状况。

三、直流射流中煤粉的着火

四角布置的直流燃烧器喷出的煤粉气流按一定的假想切圆进入炉内，形成炉内切圆燃烧，如图 7-39 所示。图 7-40 所示为角置直流燃烧器煤粉气流在空间受热着火过程的示意图。上邻角燃烧器喷出的火炬顺着炉内旋转火焰方向喷到下邻角一次风煤粉气流的向火一侧的侧面，这样就给它提供了高温烟气。同时背火侧的气流也可从另一侧卷吸炉墙附近的热烟气。与此同时，一、二次风之间也进行着混合，为着火后的气流提供氧气。

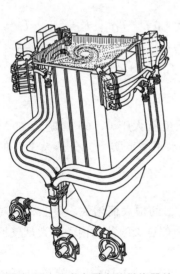

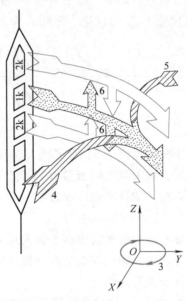

图 7-39　四角布置直流燃烧器炉
内切圆燃烧示意图

图 7-40　角置直流燃烧器煤粉气流在
空间受热着火过程的示意图

1k——一次空气　2k—二次空气　3—旋转
火焰的方向　4—上邻角的火焰送到向火
面的高温烟气　5—背火面卷吸的热烟气
6——、二次风的过早混入

对于四角布置的直流燃烧器喷出的煤粉气流的着火，仍然是依靠炉内高温烟气的对流和辐射热来加热煤粉气流和混进的二次风，使携带煤粉的一次风和为燃烧提供氧量的二次风在离开喷口一定距离后达到着火温度而着火燃烧。对着火的计算也是建立在实验的基础上，通过冷态模拟实验，用一次风、二次风、高温炉烟的初始温度（或剩余温度）和某截面各点的混合温度，按温度场比拟浓度场的方法，求出距燃烧器喷口一定距离处各点一、二次风及炉烟的浓度分布,然后按照实际燃烧时一次风、二次风的温度、浓度和不同燃料的着火温度,用热量方程计算出混合气体着火所需要的热量,用高温炉烟的温度和浓度计算出提供燃烧的热量。当提供燃烧的热量大于着火所需要的热量时,就可以实现稳定的着火。

对于四角布置的直流燃烧器煤粉着火的计算,仍可根据参考文献 [12] 提出的煤粉气流着火的代数模型进行,并可以根据描述煤粉气流着火过程的控制参数,对燃烧过程进行调节和控制。

四、煤粉气流的燃尽过程

煤粉气流着火后,火焰会以一定速度向逆着气流方向扩展,若此速度等于从燃烧器喷出的煤粉气流某处的速度时,则火焰稳定于该处。反之,则火焰被气流吹向下游,在气流速度衰减到一定程度的地方稳定下来,此时,可能会导致火焰被吹灭,或出现着火不稳定的现象。一次风煤粉气流的速度低,在相同的距离内会吸收更多的热量,有利于着火稳定。提高煤粉浓度和煤粉细度,提高一、二次风温,都有利于着火稳定。

当煤粉气流达到稳定着火后,将会有更多的空气混入煤粉气流,提供足够的氧气使燃烧继续进行。为使煤粉完全燃烧,除应有足够的氧气外,还必须保证火焰有足够的长度,即煤粉在高温的炉膛内有足够的停留时间。煤粉气流一般在喷入炉膛 0.3~0.5m 处开始着火,到 1~2m 处大部分挥发分已析出燃尽。不过余下的焦炭却往往到 10~20m 处才燃烧完全或接近完全。

图 7-41 所示为一台烧无烟煤的 200MW 机组锅炉的温度与煤粉燃尽率随炉内火焰长度的变化而变化的示意图。在离燃烧器出口 4m 处,煤粉气流所形成火焰温度已升到最高值。在 20m 处燃尽率已达 97%,到炉膛出口 28m 处燃尽率只增加不到 1%。进入对流受热面后烟气温度迅速下降,氧的浓度已很低,未燃尽的焦炭颗粒不再继续燃烧,成为固体不完全燃烧损失。不同煤种的煤粉燃尽率沿炉膛长度的变化情况的统计结果见表 7-9。

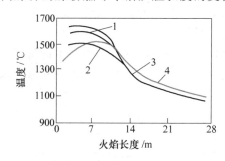
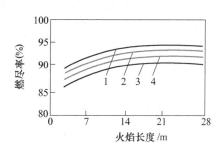

图 7-41 煤粉炉的温度与燃尽率随火焰长度的变化

(200MW,186kg/s,旋流燃烧器,无烟煤)

1—α=1.27 2—α=1.1 3—α=1.21 4—α=1.32

表 7-9 不同煤粉燃尽率沿炉膛长度的变化情况

燃料种类	沿炉膛的相对长度					
	0.15	0.20	0.30	0.40	0.50	1.0
无烟煤、贫煤	0.72~0.86	0.86~0.90	0.92~0.95	0.93~0.96	0.94~0.97	0.96~0.97
烟煤	0.90~0.94	0.92~0.96	0.95~0.97	0.96~0.98	0.98~0.99	0.98~0.995
褐煤	0.91~0.95	0.93~0.97	0.96~0.98	0.97~0.98	0.98~0.99	0.99~0.995
煤和重油混燃(α=1.02)	—	—	0.94~0.96	0.96~0.98	0.97~0.99	0.995

图 7-42 所示为无烟煤煤粉炉燃烧过程中沿火焰流动方向各种气氛和飞灰碳的质量分数 $w_{C_{fh}}$ 等变化工况。着火后的初始阶段，由于温度很高、氧气充足、混合也很强烈，故燃烧进行得很猛烈，飞灰碳的质量分数在相对火焰位置 $x = 0.1$ 处开始急剧下降。这时燃烧放出的热量比散热多，所以整个过程是在温度不断升高的情况下进行的。当温度和放出热量达到最大值时，燃烧达到最佳

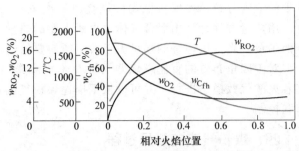

图 7-42　无烟煤煤粉炉燃烧过程中沿火焰流动方向各种
气氛和飞灰碳的质量分数的变化

状态。随后因氧气被大量消耗，湍流混合逐渐减弱，煤粉颗粒也被逐渐燃尽，燃烧反应速率开始减慢，放出的热量也就减少，放热小于散热，炉内温度开始下降。温度的下降反过来引起燃烧速率的减慢，这时燃烧进行得就很缓慢，飞灰碳的质量分数降低得也较少，这就是燃尽区。燃尽区占据了火焰长度的很大一部分。研究表明，对于煤粉的燃烧，在 25%～30% 的时间内大约可以烧掉 90% 以上，而剩余的煤粉即在 70%～75% 的时间内燃尽。根据煤粉气流燃烧过程，沿着火炬长度大致可分为三个区域，即着火区、燃烧区和燃尽区。在着火区，煤粉气流被干燥、预热、着火并燃烧；在燃烧区，大量的可燃质析出燃烧；在燃尽区，只有少量的未燃尽的可燃质被继续燃尽。由于燃烧是一个复杂的化学反应过程，上述几个阶段也并非有明显的界限而依次进行，而是有些交叉的，大致在靠近燃烧器喷口为着火区，而后在最上层喷口或稍高些的炉膛中心为燃烧区（或称燃烧火焰中心），再往后直到炉膛出口的大部分区域为燃尽区。

从上面的分析可以看出，煤粉气流的燃烧过程是很复杂的，要对燃烧过程进行计算，必须建立合理的物理模型，而迄今为止，对燃烧过程的认识还处在进一步的研究和深入中。尽管燃烧过程十分复杂，计算的影响因素甚多，但随着计算方法和计算机技术的发展，燃烧的数值模拟计算科学近年来有很快的发展。而之前所取得的一些研究成果对建立数值模拟的物理模型和数学模型有积极的推动作用。

早期在进行燃烧模拟时，将燃尽过程归结为单组成煤颗粒在逐渐减少的氧浓度下燃烧。燃烧过程的气体分子数变化被忽略不计。煤粉的原始直径一律均为 d_0。

假如燃烧过程的某一时刻煤粉烧掉的份额为 η，那么单位质量的原始煤粉还剩下 $1 - \eta$，残余直径为

$$d = d_0 \sqrt[3]{1 - \eta} \tag{7-189}$$

如果把煤粉看成是圆球形的，其表面积与体积之比为

$$\frac{\pi d^2}{\dfrac{\pi d^3}{6}} = \frac{6}{d} \tag{7-190}$$

于是残余煤粉的外表面积为

$$A_{S_{wb}} = (1 - \eta) \frac{6}{d \rho_C} \tag{7-191}$$

由式（7-64）和式（7-129）可知，单位外表面积上碳球的燃烧速率为

$$w_C = \frac{\beta c}{\dfrac{d}{2D} + \dfrac{1}{k}} \tag{7-192}$$

燃尽过程中氧的浓度可根据式（7-131）的关系得到

$$c = c_0 \frac{T_0}{T} \frac{\alpha - \eta}{\alpha} \tag{7-193}$$

式中，T_0 是气流起始温度；T 是当时气流温度；c_0 是起始状态下的氧浓度；T_0/T 是温度修正；α 是气流的起始过量空气系数；$\alpha - \eta$ 是耗掉了理论空气量的 η 倍以后残余的过量空气系数值。

综合以上诸式得到

$$\frac{d\eta}{d\tau} = A_{S_{wb}} w_C = (1 - \eta) \frac{6}{d\rho_C} \frac{\beta c_0 \dfrac{T_0}{T} \dfrac{\alpha - \eta}{\alpha}}{\dfrac{1}{k} + \dfrac{d}{2D}} \tag{7-194}$$

时间的微分 $d\tau$ 与气流的路程 x 之间存在以下关系，即

$$\frac{dx}{d\tau} = w = w_0 \frac{T}{T_0}$$

式中，w 是当时气流速度；w_0 是起始的气流速度。

即可得到

$$\frac{d\eta}{dx} = \frac{1}{\rho_C w_0} \left(\frac{T_0}{T}\right)^2 \frac{6}{d} c_0 (1 - \eta) \frac{\beta}{\dfrac{1}{k} + \dfrac{d}{2D}} \frac{\alpha - \eta}{\alpha} \tag{7-195}$$

令

$$\Delta = \frac{1}{\rho_C w_0} \left(\frac{T_0}{T}\right)^2 \frac{6}{d} c_0 (1 - \eta) \frac{\beta}{\dfrac{1}{k} + \dfrac{d}{2D}}$$

于是就得到

$$\frac{d\eta}{dx} = \Delta \frac{\alpha - \eta}{\alpha} \tag{7-196}$$

当 $x = 0$ 时，$\eta = 0$，解方程式（7-196）得

$$\eta = 1 - \exp\left(-\frac{\Delta}{\alpha} x\right) \tag{7-197}$$

当完全燃烧时，$\eta = 1$，此时用式（7-197）解出的 x 就是火炬的长度，即

$$l_{hy} = \frac{\alpha}{\Delta} \ln \frac{\alpha}{\alpha - 1} \tag{7-198}$$

对于式（7-198），当 $\alpha \to \infty$ 时，火焰长度 $l_{hy} = 1/\Delta$。因而把式（7-198）中的 $\alpha \ln \dfrac{\alpha}{\alpha - 1}$ 视为火炬相对长度，而把过量空气系数趋于无穷大时的火炬长度当作假想基数。由于燃烧过程的复杂性，通常 l 和 α 之间存在着 n 次方的关系。上面就是粗略地计算燃尽率和火焰长度的一些分析。在燃烧过程中，最小火炬长度一般出现在 $\alpha = 1.2 \sim 1.4$ 的范围内。

知道了火炬中煤粉的燃尽率以后，可以根据能量方程及热平衡方程近似地计算沿火炬长

度的温度分布。但都是非常近似的一些估计，这里就不再细说了。

从 20 世纪 70 年代初开始，随着燃烧理论和实验研究的不断深入，人们可以利用计算机通过数值模拟方法将燃烧过程中各独立的方程联合起来系统地求解，以得到对燃烧过程的清楚认识，这就是新发展起来的计算燃烧学。近十几年来，计算燃烧学从气体燃烧模拟求解开始，发展到计算气液两相、气固两相的燃烧过程，通过燃烧模拟计算，可对炉膛任意燃烧区域的温度、气体组分、气流速度等进行较为全面的描述。但计算的准确性要靠物理数学模型的建立和边界条件的确定以及实验的验证。有关燃烧模拟的详细内容将在第九章中介绍。

思考题和习题

7-1 浅谈煤热解反应的过程及每个反应过程的作用。

7-2 分析活化能对煤燃烧过程的作用和影响。

7-3 论述煤粒非均相热力着火的特点和条件。

7-4 写出碳燃烧过程的吸附速率与表面覆盖分数和表面氧浓度之间的关系。

7-5 煤热解平行反应双方程模型有何特点？说明对于中温热解起主要作用的是方程中的哪些项。

7-6 活化能 $E = 120\mathrm{kJ/mol}$，频率因子 $k_0 = 15 \times 10^3 \mathrm{m/s}$，粒径为 $50\mu\mathrm{m}$ 的褐煤，在炉膛温度为 $1250℃$，气流间相对速度为 $1.5\mathrm{m/s}$，$0℃$ 时湍流扩散系数为 $1.98 \times 10^{-5}\mathrm{m^2/s}$ 的条件下燃烧，判断该燃烧状态处在哪个区，并计算碳的燃烧速率 w_C。

7-7 试计算 $0.5\mathrm{mm}$ 的煤粉颗粒在 $300℃$ 的气流中不发生沉积的最小速度。

7-8 假设在其他燃烧条件相同的情况下，比较 $50\mu\mathrm{m}$ 和 $100\mu\mathrm{m}$ 的碳颗粒在动力控制燃烧和扩散控制燃烧时的燃烧时间变化，并从燃烧的原理进行分析。

7-9 比较颗粒直径为 $50\mu\mathrm{m}$、$A_\mathrm{ar} = 25\%$ 的碳粒在裹灰和无裹灰情况下燃烧时间的变化。

7-10 根据煤燃烧的基本原理，论述提高无烟煤着火和燃烧稳定性的措施。

7-11 有人鉴于劣质烟煤的干燥无灰基挥发分 V_daf 不低而收到基挥发分 V_ar 较低，主张用 V_ar 作为判据来预测煤燃烧过程。请评论之。

7-12 某无烟煤的内孔隙比表面积为 $A_{S_\mathrm{n}} = 3 \times 10^4 \mathrm{m}^{-1}$，试计算在温度较低氧能扩散渗入内部空隙的条件下，粒径 $100\mu\mathrm{m}$ 无烟煤粒的内表面积与外表面积之比。

7-13 煤粉火炬的燃烧过程中，$\beta = 0.75$，$c_\infty = 4 \times 10^{-2}\mathrm{kg/m^3}$，$D = 10^{-4}\mathrm{m^2/s}$，$\rho_\mathrm{p} = 1200\mathrm{kg/m^3}$。计算直径平方-直线定律中的系数 K_k。

7-14 把一块赤红煤块从正在燃烧的炉膛中取出后放在大气中让它燃烧，它一般要熄灭；把木炭稍稍点燃后也放在大气中燃烧，它就可能渐渐旺盛地燃烧起来，为什么？

7-15 根据燃烧的基本要求，总结角置直流煤粉燃烧器的一、二次风速选用原则。

参 考 文 献

[1] 岑可法，姚强，曹欣玉，等. 煤浆燃烧、流动、传热和气化的理论与应用技术 [M]. 杭州：浙江大学出版社，1997.

[2] 谢克昌. 煤的结构与反应性 [M]. 北京：科学出版社，2002.

[3] 王同章. 煤炭气化原理与设备 [M]. 北京：机械工业出版社，2001.

[4] 许晋源，徐通模. 燃烧学 [M]. 北京：机械工业出版社，1980.

[5] 徐旭常，毛健雄，曾瑞良，等. 燃烧理论与燃烧设备 [M]. 北京：机械工业出版社，1990.

[6] 傅维镳. 煤燃烧理论及其宏观通用规律 [M]. 北京：清华大学出版社，2003.

[7] SOLOMN P R, CARANGELO R M, et al. Very Rapid Coal Pyrolysis [J]. Fuel, 1986, 65 (2)：182.

[8] 徐通模，金定安，温龙. 锅炉燃烧设备 [M]. 西安：西安交通大学出版社，1990.

[9] 徐旭常，周力行. 燃烧技术手册 [M]. 北京：化学工业出版社，2008.

[10] FIELD M A, GILL D W, MORGAN B B, 等. 煤粉燃烧 [M]. 章明川，许方洁，许传凯，译. 北京：水利电力出版社，1989.

[11] 赵跃民. 煤炭资源综合利用手册 [M]. 北京：科学出版社，2004.

[12] 周屈兰. 径向浓淡式双调风旋流燃烧器的试验研究与数值模拟 [D]. 西安：西安交通大学，2001.

[13] 林宗虎，徐通模. 实用锅炉手册 [M]. 2 版. 北京：化学工业出版社，2009.

[14] 岑可法，姚强，骆仲泱，等. 燃烧理论与污染控制 [M]. 北京：机械工业出版社，2004.

[15] 惠世恩，庄正宁，周屈兰，等. 煤的清洁利用与污染防治 [M]. 北京：中国电力出版社，2008.

[16] 阎维平. 着火前区域中煤粉气流非稳态加热过程分析 [J]. 动力工程，1996 (4)：15-18；59.

[17] 韩才元，高琴，袁建伟，等. 电站锅炉劣质煤燃烧的稳定和强化 [J]. 华中理工大学学报，1995 (S1)：160-162.

[18] 魏小林. 浓淡煤粉燃烧的试验研究与数值模拟 [D]. 西安：西安交通大学，1995.

[19] 何佩鏊，赵仲琥，秦裕琨. 煤粉燃烧器设计及运行 [M]. 北京：机械工业出版社，1987.

第八章

航空发动机中的燃烧

航空发动机中的燃烧是燃料燃烧化学反应、湍流流动、传热传质共同作用的多相、多尺度、多组分复杂物理化学过程，涉及喷雾、流动、混合、着火、燃烧、火焰传播等，涵盖化学动力学、流体力学、热力学、传热传质学等多学科科学问题。航空发动机燃烧主要涉及高能或高温、高压（超临界）、高速（超声速）、强湍流、强旋流等条件下的燃烧。本章主要介绍航空发动机内有关燃烧的基本知识，包括航空发动机燃烧室、加力燃烧室的结构、工作原理及性能等。

第一节　航空发动机主燃烧室

一、概述

航空发动机是飞机的心脏，燃烧室是发动机的心脏，它是燃烧组织的场所，也是航空发动机三大核心部件之一。航空发动机燃烧室工作的优劣直接影响发动机的性能。一个好的燃烧室应满足发动机各种工况的要求，在恶劣的条件下也能高效正常工作，把燃料中的化学能释放出来，加热工质，推动涡轮做功。飞机发动机一般采用航空燃气轮机，如图 8-1 所示，包含三大核心部件：压气机（Compressor）、主燃烧室（Combustion Chambers）以及燃气涡轮部分（Turbine）。此外，进气道（Inlet Duct）和尾喷管（Nozzle）的设计也是关键。军用航空发动机还设有加力燃烧室等，如图 8-2 所示。主燃烧室是发动机的核心部件，其作用是实现燃油和经过压气机压缩的空气混合燃烧，释放热量，燃烧烟气迅速膨胀并加速，推动后面的涡轮机高速旋转并排气。主燃烧室必须保证在宽范围运行工况下保持稳定而有效地燃烧，同时尽量减少尾气污染物排放。其性能及稳定性决定整个发动机的性能和可靠性。

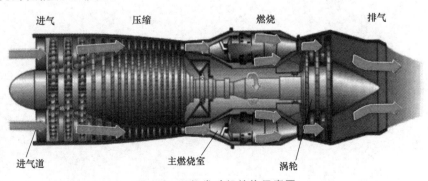

图 8-1　飞机发动机结构示意图

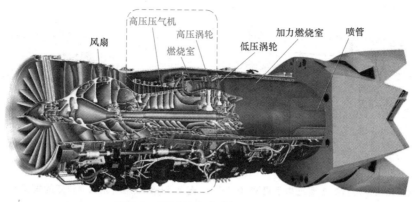

图 8-2 军用航空发动机结构示意图

　　燃气轮机中，燃烧室位于压气机和涡轮之间，燃烧室中供入的燃油，与来自压气机的高压空气相混合，形成可燃混合气并进行充分有效的燃烧。经过燃烧过程，燃料中的化学能释放出来并转变为热能，使得燃气温度大大升高。这些高温、高压燃气首先流经涡轮，在涡轮中膨胀，推动涡轮做功，然后进一步在尾喷管中膨胀加速，从而产生推力。

　　图 8-3 所示为燃气轮机循环 p-V 图与工作系统示意图，工作流体（空气）在压缩阶段（1~3）和膨胀阶段（4~5）之间存在一个等压膨胀的阶段（3~4）。这一等压膨胀过程就是通过在燃烧室中喷油燃烧实现的。发动机输出的有用功与 p-V 循环围成区域的大小有关。例如，膨胀程度越大，点 3 和 4 之间的水平间隔越大，输出的功就越多。虽然燃气可以通过加温膨胀，但膨胀程度受发动机部件所能承受的最高温度限制，尤其是涡轮部件。

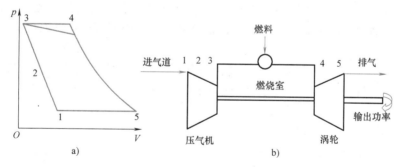

图 8-3 燃气轮机循环 p-V 图与工作系统示意图
a）燃气轮机循环 p-V 图　b）燃气轮机工作系统示意图

二、燃烧室的结构

　　以目前最广泛采用的环形燃烧室为例，航空燃气轮机燃烧室的主要结构如图 8-4 和图 8-5 所示，包括扩压器（Diffuser）、燃烧室机匣（Case）、帽罩（Snout）、燃油喷嘴（Fuel Injector）、旋流器（Swirler）、头部（Dome）、点火器（Igniter）、火焰筒（Liner）等。为了实现需要的气流量分配，火焰筒壁面上还开有各种进气孔和缝槽结构，如主燃孔、中间孔、掺混孔、气膜冷却孔以及缝隙等。

　　各结构部件的主要功能如下。

　　（1）燃烧室机匣　机匣是燃烧室内、外两侧的壳体，包括内机匣和外机匣，在前部与

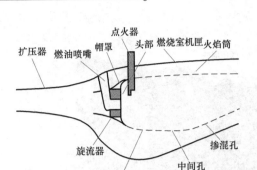

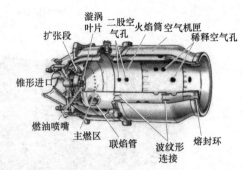

图 8-4 航空燃气轮机燃烧室的主要结构示意图（一）　　图 8-5 航空燃气轮机燃烧室的主要结构示意图（二）

压气机相连接，在后部与涡轮相连接，其结构非常简单。机匣与火焰筒一起构成燃烧室内、外两侧环腔两股气流的通道。机匣基本上不需要维护，因为它不受其内部气流热载荷的影响，但它要承受燃烧室内外压差的作用，因而机械载荷（而非热载荷）是其设计过程中需要考虑的关键因素。

（2）扩压器　扩压器是由燃烧室内外机匣和火焰筒头部构成的一个环形扩张通道，用来降低进入燃烧室的气流流速，提高气流静压，以利于燃烧过程组织。扩压过程必然会带来总压的损失，因此其设计难点之一就是尽可能减小压力损失；而且，扩压器设计必须限制由边界层分离等流动影响引起的流场畸变。此外，与其他发动机部件一样，扩压器也必须设计得短而轻。

（3）火焰筒　燃烧过程在火焰筒内部进行，因而其要承受极高的燃烧温度，在火焰筒壁面上开有大量大小不等、形状各异的孔和缝，用以通过不同用途的气流，保证燃烧充分、掺混均匀并使壁面得到冷却。火焰筒由高温合金制成，如镍基合金等，有些火焰筒也使用了热障涂层。

（4）帽罩　帽罩是燃烧室头部向前延伸的部分，实际上是位于燃烧室前部的气流流场分配器。它使得空气按流量设计要求分别流入内、外两股气流通道以及火焰筒内，并且不发生流动分离，以减小流动损失。

（5）头部/旋流器　头部/旋流器是使燃烧室主燃气流进入燃烧区的部件。旋流器装在火焰筒头部中间，由多个以一定角度安装的叶片组成，使气流旋转，形成回流区，强化湍流、实现燃油与空气的快速掺混，并保证火焰稳定。

（6）燃油喷嘴　用来向燃烧室中供入燃油，使燃油雾化，并与旋流器一同实现油气掺混及燃油的空间浓度分布。

（7）点火器　用于对火焰筒内油气混合物的点火，一般是电火花点火器，就像汽车火花塞一样。点火器必须安装在燃烧区内燃油与空气已进行混合的位置，但需要远离燃烧室上游位置，以避免其自身被燃烧区烧坏。一旦燃烧开始并能自持，点火器便不再工作了。单管燃烧室和环管燃烧室各火焰筒之间有联焰管来传播火焰和均衡压力，因此，在这两种类型的燃烧室中，并不是每个火焰筒上都安装了点火器。有些飞机在高空再点火时，向点火区域喷入氧气助燃，这是一种极为有效的方法。

三、燃烧室的类型

选择燃烧室结构主要从航空燃气涡轮发动机的性能要求和可以利用的空间两方面来考

虑，燃烧室典型的类型主要有三种，分别是单管燃烧室、环管燃烧室和环形燃烧室。环管燃烧室是介于单管燃烧室和环形燃烧室之间的一种过渡形式。

1. 单管燃烧室

单管燃烧室用于离心压气机发动机和早期轴流压气机发动机中，如 Whittle W2B、JU-MO004、RR Nene、Dart、Derwent、涡喷-5甲发动机等。单管燃烧室中，每一个管形火焰筒外侧都包有一个单独的燃烧室机匣，构成一个独立的燃烧室，如图 8-6 所示。在发动机周围环绕发动机轴线均匀地安装多个（通常 6~16 个）单管燃烧室，从压气机出口把气流分成均等的若干份进入各单管燃烧室。已燃烧完的高温燃气通过燃气导管组成环形通道与涡轮导向器连接。各燃烧室彼此间用"联焰管"联通，保证在起动时，将火焰从带有点火器的火焰筒传递到其他火焰筒，并使各火焰筒的压力趋于均衡。

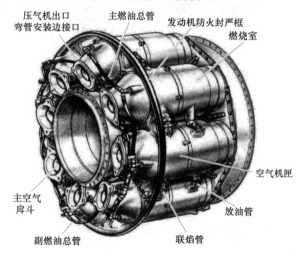

图 8-6 单管燃烧室结构简图

单管燃烧室的优点如下：

1）旋流进气与喷嘴配合较好，便于组织燃烧。

2）调试用气量少，装拆维护方便。

3）燃烧室本身强度和刚性好。

单管燃烧室的缺点如下：

1）总压损失大。

2）迎风面积大，使飞行阻力增加。

3）燃烧室出口温度分布不均匀。

4）火焰筒表面积和燃烧室之比较大，用于冷却的空气流量大。

5）环形截面积的利用率低（仅 70%~80%），因而燃烧室内气流平均速度大，不利于稳定燃烧。

6）起动性能差，在高空依靠联焰管传递起动火焰。

7）长度长、承受载荷依靠内壳体，刚度差，燃烧室较重。

2. 环管燃烧室

20 世纪 40 年代末期，随着发动机压比的提升，环管燃烧室逐渐受到欢迎。在环管燃烧室中，若干个（7~14 个）管式火焰筒沿圆周均匀安装在内、外机匣间的同一个环腔内，相邻火焰筒之间采用联焰管来联通火焰，如图 8-7 所示。环管燃烧室兼有单管燃烧室易于维修调试以及环形燃烧室紧凑性的优点，同时也克服了它们的某些缺点。因此在 20 世纪 50 年代，这类燃烧室在大中型发动机中广为采用。多种燃气轮机中开始采用环管燃烧室，其中包括 Allison 501-K、GE J73 和 J79、P&W J57 和 J75、RR Avon、Conway、Olympus、Tyne、Spey 以及我国涡喷 6 和涡喷 7 发动机等。

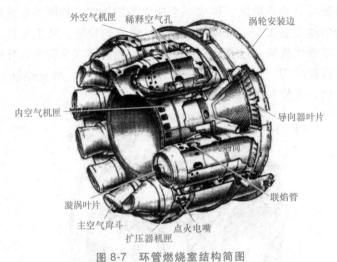

图 8-7　环管燃烧室结构简图

环管燃烧室的优点：

1）迎风面积较小。

2）调试只用包含 1~3 个火焰筒的实验件即可，不需要很大的气源。

3）油与气匹配较好。

4）发动机的强度和刚性较好。

环管燃烧室的缺点：

1）气动布局较差，扩压器设计较困难。

2）有联焰管，点火性能较差。

3）出口周向温度场不如环形燃烧室好。

4）比环形燃烧室结构质量大。

3. 环形燃烧室

环形燃烧室实际上由 4 个同心圆筒组成，最内和最外的 2 个圆筒为燃烧室的内、外机匣，中间 2 个圆筒构成了火焰筒，如图 8-8 所示。环形燃烧室中不仅两股气流是相通的，用于燃烧的一股气流也是相通的，这种简洁的气动布局使其在相同的几何及气动条件下比其他类型的发动机具有更小的压力损失。但由于燃烧室及火焰筒刚性差，因此，在早期低压比发动机中并不使用环形燃烧室。到 20 世纪 60 年代，环形燃烧室成为几乎所有航空燃气轮机的必然选择。在这段时期和整个 20 世纪 80 年代，环形燃烧室安装在 GE CF6、P&W JT9D 和 RR RB211 上，这些发动机在技术性和经济性上都很成功。

环形燃烧室的优点：

1）能够与压气机配合获得最佳的气动设计，压力损失最小。

2）结构紧凑，空间利用率最高，总体长度、质量和直径最小。

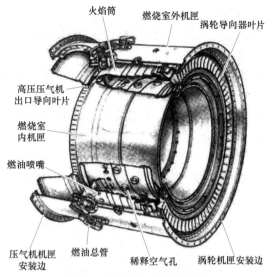

图 8-8 环形燃烧室结构简图

3）冷却空气量少，燃烧效率高，燃油燃尽率高，大幅减少 CO 排放。

4）出口周向温度场均匀。

5）不需要联焰管，起动性能好，消除了各燃烧室之间的燃烧传播问题。

环形燃烧室的缺点：

1）调试困难，需要大型气源。

2）燃油-气流结构配合不够好。

3）对进口流场敏感，易于引起出口温度场变化。

4）燃烧室及火焰筒刚性差。

5）装拆维修困难。

就上述三种燃烧室的发展而言，单管燃烧室已不再适合新的航空燃气轮机设计要求，但其对于工业燃气轮机仍然很有吸引力。环管燃烧室在一些中等压比的发动机中仍有应用。几乎所有现代的高压比航空燃气轮机中都使用了环形燃烧室。

四、油气比、余气系数及当量比

与通常情况的燃烧过程不同，燃气轮机燃烧室中油气混合物配比总体是贫油，这是为了满足对燃烧室出口平均温度的限制需求，但这种贫油配比通常超出煤油的可燃范围。因此，燃烧室中采用了空气分股、燃烧分区的解决方案，燃油只在火焰筒头部主燃区中与部分空气进行混合，形成适合燃烧的油气混合物。随着混合气向燃烧室下游流动，不断有空气掺混进来，因而燃烧室中的油气配比逐渐减小，燃气温度不断降低。

燃烧室中通常采用油气比 f、余气系数 α 和当量比来描述燃油和空气的配比，其中后两个参数更为直观地表示了油气混合物的贫富。

285

1. 油气比 f

油气比是指燃油和空气组成的混合气中油与气的质量流量之比，即

$$f = \frac{\dot{m}_f}{\dot{m}_a} \tag{8-1}$$

式中，$\dot{m}_f$ 和 $\dot{m}_a$ 分别代表油和气的质量流量。

用 f_0 表示化学当量油气比，f_0 可以根据燃料的化学反应计量方程式计算得出，对航空煤油来说，它的值约为 0.068。

1）若 $f > f_0$，则表明燃烧后氧被用完，而油有富余，故称为富油。f 大于 f_0 越多，表示越富油。

2）若 $f < f_0$，则表明燃烧后油被烧完，但氧有富余，故称为贫油。f 小于 f_0 越多，表示越贫油。

2. 余气系数 α

余气系数是指实际空气质量流量与实际燃油按化学当量比燃烧所需理论空气质量流量之比，其定义为

$$\alpha = \frac{\dot{m}_a}{\dot{m}_f L_0} \qquad (8\text{-}2)$$

式中，L_0 为理论空气量，即完全燃烧 1kg 燃料理论上需要的空气量，对于航空煤油来说 L_0 约为 14.7（kg）空气/（kg）燃油。

1）当 $\alpha = 1$ 时，说明单位时间内燃烧 $\dot{m}_f$（kg）燃油理论上所需要的 $\dot{m}_f L_0$（kg）空气恰好与所供给的 $\dot{m}_a$（kg）空气相等，即燃烧后燃气中既无燃油剩余，也无空气剩余，刚好匹配。

2）当 $\alpha > 1$ 时，说明空气 $[\dot{m}_a(\text{kg})]$ 多于单位时间内燃烧 $\dot{m}_f$（kg）燃油理论上所需要的 $\dot{m}_f L_0$（kg）空气，因此为贫油混气。

3）当 $\alpha < 1$ 时，说明空气 $[\dot{m}_a(\text{kg})]$ 少于单位时间内燃烧 $\dot{m}_f$（kg）燃油理论上所需要的 $\dot{m}_f L_0$（kg）空气，因此为富油混气。

α 和 f 的关系为

$$f = \frac{\dot{m}_f}{\dot{m}_a} = \frac{1}{\alpha L_0} \qquad (8\text{-}3)$$

$$\alpha = \frac{1}{f L_0} \qquad (8\text{-}4)$$

当 $\alpha = 1$ 时，$f = f_0 = \dfrac{1}{L_0}$，可见化学当量油气比与理论空气量互为倒数。

3. 当量比

实际燃油质量流量与实际空气按化学当量比燃烧所需理论燃油质量流量之比，其定义为

$$\phi = \frac{\dot{m}_f}{\dot{m}_a f_0} = \frac{\dot{m}_f L_0}{\dot{m}_a} = \frac{1}{\alpha} \qquad (8\text{-}5)$$

可见，ϕ 与 α 互为倒数，$\alpha = \phi = 1$ 表示燃油和空气是按化学当量比混合的。当 $\phi > 1$ 时表示为富油混气；当 $\phi < 1$ 时表示为贫油混气。

例题

某推重比为 10 的一级燃烧室设计点进口空气压力为 2.6MPa，进口空气流量为 70kg/s，进口空气温度为 800K，燃烧室温升 1000K，煤油进入燃烧室前加热到 440K，假设煤油的分子式为 $C_{12}H_{23}$，低热值为 44000kJ/kg，燃烧效率为 100%，燃烧过程无离解，混合气的平均

比定压热容 $c_{pg}=1.42\text{kJ}/(\text{kg}\cdot\text{K})$。该发动机每小时消耗多少燃油？该燃烧室的总油气比、空燃比、当量比和余气系数是多少？若主燃孔截面、掺混孔截面的余气系数分别为 1.0、1.7，请问各截面混气的当量比和燃气温度分别是多少？

解 燃料与空气完全燃烧的化学计算方程可表示为

$$C_xH_y+\left(x+\frac{y}{4}\right)\left[O_2+\frac{79}{21}N_2\right]\to xCO_2+\frac{y}{2}H_2O+\frac{79}{21}\left(x+\frac{y}{4}\right)N_2$$

采用当量比表示的一般化学反应计算方程可表示为

$$\phi C_xH_y+\left(x+\frac{y}{4}\right)\left[O_2+\frac{79}{21}N_2\right]\to 产物$$

则本例中煤油与空气反应的化学计算方程式可表示为

$$\phi C_{12}H_{23}+17.75\left(O_2+\frac{79}{21}N_2\right)\to 产物$$

根据能量守恒方程简化形式，

$$\dot{m}\text{LHV}=(\dot{m}_a+\dot{m}_f)c_p\Delta T_{t34}$$
$$167\phi\times44000=(167\phi+17.75\times137.3)\times1.42\times1000$$

于是，燃烧室总当量比 $\phi=0.487$，总余气系数 $\alpha=2.05$。

总油气比

$$f=\frac{1}{\alpha L_0}=\frac{1}{2.05\times14.6}\approx0.033$$

总空燃比

$$A/F=\frac{1}{f}=30.3$$

$$\dot{m}_f=\dot{m}_a f=70\times0.033\text{kg/s}=2.31\text{kg/s}=8316\text{kg/h}$$

主燃孔截面 $\alpha=1.0$，则当量比 $\phi=1$，能量守恒方程简化为
$$167\phi\times44000=(167\phi+17.75\times137.3)\times1.42\times(T-800)$$
则平均燃气温度 $T=2787\text{K}$。

主燃孔截面 $\alpha=1.7$，则当量比 $\phi=0.588$，能量守恒方程简化为
$$167\phi\times44000=(167\phi+17.75\times137.3)\times1.42\times(T-800)$$
则平均燃气温度 $T=2000\text{K}$。

五、主燃烧室燃烧过程的组织

1. 火焰筒分区燃烧

燃气轮机燃烧室总油气比是在发动机总体设计方案中根据循环参数确定的。由于涡轮叶片的工作温度受材料和冷却技术的限制，因此设计工况总油气比明显偏离化学当量油气比，相应的空燃比一般为 30~80。这种贫油混合气实际上已明显超越了燃料的可燃范围，因此为了确保燃烧室的高效可靠运行，必须在结构上采取措施，由此发展了火焰筒分区燃烧概念。

如图 8-9 所示，火焰筒沿轴向从前向后依次划分为主燃区、补燃区（二次或过渡区）和掺混区（稀释区）三个部分。通过火焰筒上的各种进气装置（包括旋流器、进气孔或缝

将全部空气按照设计的要求依次供入火焰筒，使空燃比沿轴向逐渐增高，这样既保证了燃烧室在各种工况下实现高效和稳定燃烧，又能保证要求的燃烧室出口温度及分布在可控范围。

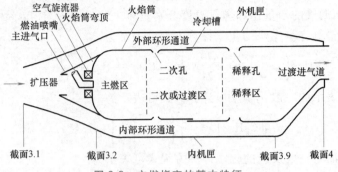

图 8-9　主燃烧室的基本特征

（1）主燃区　主燃区是指火焰筒头部至主燃孔的一段空间，燃油通过喷嘴直接喷入主燃区，与进入该区的空气进行混合及燃烧。主燃区的主要功能是驻定火焰和提供足够的燃烧时间、温度及湍流度以使进入的燃料空气混合物基本上达到完全燃烧。虽然不同类型的燃烧室在火焰筒头部采用了不同的流动模式，但一个共同特点是所有设计中都形成了一个回流区，回流的高温燃气能够连续点燃进入主燃区的空

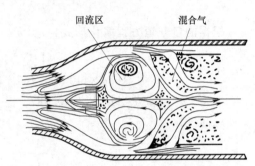

图 8-10　主燃区空气流动形式

气和燃料。图 8-10 所示为主燃区空气流动形式。对于航空燃气轮机燃烧室，通常要求巡航状态的主燃区油气比保持在化学当量比附近（而在起飞状态，主燃区油气比将变得略富些；相反地，在高空飞行时却变得略贫些）。这样一来，不仅可以使燃烧过程在最有利的油气比下进行，而且可使主燃区的气流速度明显降低，这对于获得高效和稳定燃烧是非常有利的。

表 8-1 给出了主燃区空燃比对燃烧室性能的影响。设计时应根据飞机的技术要求选定主燃区油气比的具体数值。例如，对于机动性高的空中格斗机，往往要突出火焰稳定性要求，因此选用近于化学当量比的主燃区；而对于民用飞机，则应有较高的燃烧效率和低排气污染，因此宜选用偏贫油的主燃区。

表 8-1　主燃区空燃比对燃烧室性能的影响

主燃区类型	优　　点	缺　　点
富油主燃区	1) 速度低, 稳定性好 2) 容易点火	1) 燃烧"不干净" ①产生烟 ②产生发光火焰 ③产生碳沉积物 2) 出口温度分布一般不好
化学当量比下的主燃区	1) 燃烧效率高 2) 释热率高 3) 燃烧干净 ①几乎没有烟 ②非发光火焰 ③无碳沉积物	火焰温度高，因此对壁面的换热率高

（续）

主燃区类型	优 点	缺 点
贫油主燃区	1) 燃烧非常干净 ① 无烟 ② 无发光火焰 ③ 无碳沉积物 2) 火焰温度低，因此换热率低 3) 有良好的出口温度分布	气流速度高，对稳定性和点火性能有不利影响

（2）中间区 中间区又称补燃区，位于主燃区下游。从中间区进入火焰筒的空气主要是使主燃区的未燃成分继续燃烧，充分燃尽。主燃区温度通常超过 2000K，热解反应会导致燃气中出现大量的 CO 和 H_2。如果这些气体直接进入稀释区，并迅速冷却，就不能充分燃尽。气体成分中 CO 是大气中重要的污染组分，也是低效燃烧的产物。因而需要在稀释区前加入少量空气使温度降低到一个中级水平，从而使 CO 和其他任何未燃烧烃（碳氢）进行完全燃烧。从中间区进入火焰筒的空气不宜过多，否则会导致燃气温度急剧降低，不利于补燃及充分燃尽。经验表明，对于航空发动机燃烧室，中间区末端的平均空燃比宜控制在 23~27。

在早期的燃烧室设计中，设计中间过渡区会带来问题，当压比增加时，燃料燃烧和火焰筒壁面冷却需要更多的空气，可用于中间级的空气量因此减少。约在 1970 年，传统形式的中间级设计已基本消失。然而，随着火焰筒壁面冷却技术的发展，允许一些空气变得可以利用，中间级设计方案得以恢复。

（3）掺混区（稀释区） 主燃区和中间区统称为燃烧区。在满足燃烧和壁面冷却之后，剩余的空气进入火焰筒后部掺混区。用来稀释的空气流量通常是燃烧室总气流量的 20%~40%，通过空气与燃烧产物的混合，获得要求的燃烧室出口温度及其分布。掺混区的空气量只接受中间区末端空燃比和燃烧室总空燃比的制约。随着燃烧室温升的提高，燃烧和冷却空气量增加，剩余的掺混空气量越来越少，中间区和掺混区的界线也变得模糊起来。理论上，可以通过一个长的稀释区或承受很高的进气压力损失来实现任何需要的燃烧室出口温度分布。然而，实践中发现，随着混合长度的增加，混合度最初迅速改善，但随后混合速度逐步放缓。因此，掺混区的长径比一般只介于 1.5~1.8 的狭窄范围内。

2. 空气流动组织与流量分级掺混

（1）空气流动组织 气动过程在燃气轮机燃烧室的工作中起着至关重要的作用。燃烧室工作及性能的好坏，归根到底要看是否获得了适合于燃烧的气流流场和燃油浓度场。良好的气流结构能够促进燃料与空气的混合，并有利于在燃烧区内得到需要的燃油浓度场，这也是实现可靠点火和稳定燃烧的关键。

燃烧室的空气动力特征：扩压器以及环形通道的设计，主要目的是降低气流速度，并且将空气流量按要求分布到燃烧室的各个区域中，同时保持气流均匀而不引起附加的流动损失；在火焰筒的设计中，重点在于建立用于稳定火焰的大尺度回流区，并且对于燃烧产物进行有效的掺混降温，以及采用冷却空气对于火焰筒壁面进行有效的冷却。

掺混过程在燃烧区与稀释区中最为重要。在主燃区中，良好的掺混对于实现高燃烧速率以及降低碳烟和氮氧化物的形成十分重要。在稀释区中，空气与燃烧产物的混合程度决定了是否能够获得良好的燃烧室出口温度及其分布。

下面分别讨论燃烧室中扩压器和环腔中的外部流动以及火焰筒中的内部流动的过程和设计特点。

1）扩压器及其气流流动。在轴流压气机中，静压的升高与气流轴向速度紧密相关，为了在最小的级数下达到设计压比，高的轴向速度是至关重要的；在许多航空发动机中，压气机出口速度能达到 170m/s 以上，在如此高速的气流中燃料燃烧显然是不切实际的，而且高速引起的基本压力损失也会很大。当压气机出口马赫数在 0.25~0.35 时，动压头将会占到进口总压的 4%~8%，目前，高性能航空燃气轮机压气机出口动压头占来流总压的 10%。扩压器的作用就是将高速气流的动压头尽可能大地恢复成静压，然后进入火焰筒。否则，燃烧过程中引起的过大压力损失最终将导致发动机燃油消耗的显著增大。

理想的扩压器应该能够在尽可能短的距离内以最小的总压损失实现所需的速度降低，并能够在其出口形成均匀稳定的流动。扩压器的具体性能要求如下：

① 压力损失低，一般而言，扩压器的损失要小于压气机出口总压的 2%。

② 长度短，扩压器的长度应尽量短，以减小发动机的长度和质量。

③ 出口气流在周向和径向都均匀。

④ 在所有工况下运行稳定。

⑤ 对压气机出口流场变化不敏感。

在前置扩压器中气流速度通常可以降低 60% 左右，其扩张角度通常介于 6°~12°。在前置扩压器的下游是突扩扩压器，进入突扩扩压器后流通面积发生了突然扩张，气流被火焰筒帽罩分成 3 份，外部两侧的气流分别进入内、外环腔通道，中心气流则流入燃烧室头部区域，如图 8-11 所示。

突扩扩压器通常是现代环形燃烧室设计的首选，因为它们更能适应不同入口速度条件和硬件尺寸。

2）环腔及其气流流动。环腔是指火焰筒壁面与燃烧室内、外机匣之间形成的环形气流通道，它的作用是作为气流进入火焰筒前的分布腔。环腔内的流动状况对于火焰筒内的气流流形具有实质性的影响，如果气流在环腔中分布合理，压力损失小，就可以为火焰筒内燃烧、掺混、壁面冷却创造良好的条件。图 8-12 所示为燃烧室中气流流动示意图。

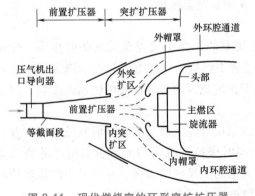

图 8-11　现代燃烧室的环形突扩扩压器

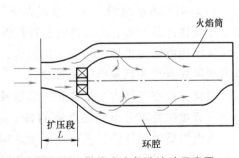

图 8-12　燃烧室中气流流动示意图

一般希望设计时有较低的环腔气流速度，可以使得火焰筒上同一排孔的进气量相同，空气掺入火焰筒的深度较深，压力损失较小。另外，环腔中的气流流动主要有两个位置要特别注意：①在上游火焰筒头部附近，当气流由扩压器进入环腔时有时具有很厚的附面层，有时也会出现流动分离，这不但会影响向火焰筒内部供气，也会对下游环腔的气流分布产生影响；②在后面掺混孔附近，如果气流被没有限制地放入稀释孔下游的环腔空间，该位置环腔中的流动就会变得紊乱，在环腔内产生间歇的、随机的从掺混孔下游向前的回流现象，这将导致火焰筒上的某些孔吸入来自各个方向的气流，从而产生一种不仅扭曲，而且随时间不规则变化的内部流动。改善这种不利流动的方法，就是在紧靠掺混孔的下游放置挡板，可以有效防止形成大的、随机的回流流动。

3）经火焰筒壁面上孔、缝的气流流动。火焰筒上孔、缝的功用可分为两大类：一类是大尺寸孔，主要是用来分配燃烧及掺混用气；另一类是小尺寸孔、缝，主要是用来冷却和保护火焰筒壁面。

进入火焰筒的空气一部分是通过旋流器进入的，另一部分则通过这些孔、缝进入火焰筒，设计要保证所需的空气流量按设计要求均匀进入火焰筒。火焰筒上的大尺寸孔主要可分为主燃孔、补燃孔和掺混孔。其中通过主燃孔的空气流量较大，使得射流有足够的湍流强度和穿透深度来强化燃烧过程。补燃孔是用作补燃的孔，进气量较少，因此流入的空气穿透深度也较小。通过掺混孔流入的掺混空气需要与高温燃气高效率地进行热量和动量交换，因此要有较大的穿透深度和较大的动量。一般来说，流量分配决定了火焰筒开孔面积，而穿透深度决定了孔径的大小，由此确定了孔的数目，并由强度条件确定孔的边距和排数。

在火焰筒内，燃烧温度可达1800~2500K，因此，为了延长火焰筒的使用寿命，除了采用耐高温合金材料外，还需要对火焰筒进行合理的冷却。解决冷却问题的途径有两个：一是在火焰筒内表面涂耐热、隔热涂层，可以有效地降低基体的工作温度，提高材料的热强度和热疲劳性能。二是通过冷却气流的作用，在火焰筒内表面形成一道冷却气膜及在火焰筒外表面加强气流散热。气膜冷却技术是燃烧室冷却的主要手段，因此，组织好经孔缝流动的冷却气流，对燃烧室的工作性能及火焰筒的保护至关重要。

用作壁面冷却的小孔缝不要求穿透深度，而是希望通过这些孔缝进入的气流能贴内壁壁面流动，在火焰筒内壁与燃气间形成一层均匀的冷却气膜保护层，使火焰筒壁温在允许值以下。冷却气膜随冷却气流与主流燃气的湍流掺混而逐渐衰减，因此在实际使用中，在大约每40~80mm的距离就要重新布置一道气膜。最常用的气膜冷却结构有波纹环带、堆叠环带、喷溅环带和机械加工环带，如图8-13所示。

（2）空气流量分配 空气进入燃烧室经扩压后传播速度仍高于煤油和空气的湍流火焰传播速度，火焰不能稳定。所以，必须在燃烧室中创造出一个低的轴向速度区，使火焰在发动机整个工作范围内都能稳定燃烧。另一方面，在发动机整个工作范围内，燃烧室总的空燃比在45：1~130：1，高于煤油有效燃烧的空燃比（15：1）。火焰筒有使气流沿着燃烧室按照要求分布的各种限流装置，可实现燃油仅和进入燃烧室的一部分空气在主燃室燃烧。

按照火焰筒内的功能，总空气流量分配按区划可分为主燃区流量、中间区流量和掺混区流量。其中，与燃烧有关的空气（即主燃区空气）包括旋流器空气或雾化空气、头部冷却空气、火焰筒在主燃区部分的冷却空气以及主燃孔射流的部分空气。

分配燃烧室空气流量时，主要的考虑因素有：高效、稳定的燃烧，适当的冷却保护火焰筒壁，以及适当的掺混气流调整出口温度场。因此，最为重要的是确定燃烧部分所用的空气流量分配、冷却空气流量分配和掺混空气流量分配。

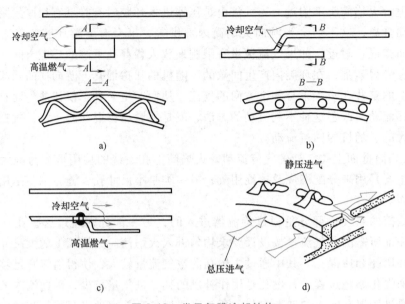

图 8-13　常见气膜冷却结构

a）波纹环带　b）堆叠环带　c）喷溅环带　d）机械加工环带

图 8-14 所示为某发动机主燃烧室空气流量分配大致比例图。图 8-15 所示为主燃烧室火焰稳定示意图。

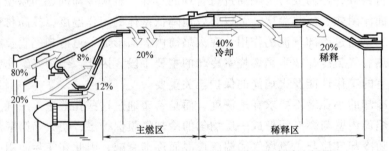

图 8-14　某发动机主燃烧室空气流量分配大致比例图

1）主燃区空气流量分配。燃烧室空气流量分配首先考虑的是主燃区的流量分配。主燃区的划分通常认为是从火焰筒的头部到主燃孔截面。

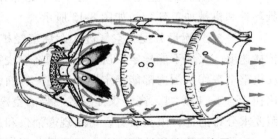

图 8-15　主燃烧室火焰稳定示意图

从燃烧室性能要求来看，要综合考虑两个工况：一是大负荷下的燃烧性能要求，如排气冒烟、污染排放、燃烧效率和出口温度分布。另一个是小负荷下的燃烧性能要求，

如稳定性和点火性能。对于军用飞机，需要其稳定性和高空再点火性能好；对于民用飞机，则需要其低污染排放性能好。主燃区油气比的选择是核心问题。

主燃区油气比选择对燃烧室的性能有很大影响。主要有三种主燃区的油气比选择方式：化学当量比下的主燃区、富油主燃区和贫油主燃区，其性能特点见表 8-1。

从图 8-14 可以看到,有 40% 的空气量进入主燃区,其中 20% 空气量通过旋流叶片及火焰筒头部开孔进入,另外 20% 的空气通过环形通道孔进入主燃区。从旋流叶片进入的空气形成呈回旋涡流形状的低速回流区,回流燃气将新喷入的燃油滴加热到点燃温度,促进其燃烧。从喷嘴喷出的燃油穿过回流区的中心,燃油进一步雾化和蒸发,并与主燃烧区的空气充分混合,形成可燃混合物。在发动机起动时,点火电嘴点燃可燃混合物,回流区中的低速区维持火焰稳定不灭。

2)冷却气流量分配。通常在完成火焰筒内的气流设计后,再根据发动机的尺寸,可大致确定火焰筒需要冷却的面积。按照冷却性能要求以及选择的某种冷却结构,可以确定火焰筒单位面积、单位压力下的冷却气流量。按照这个参数,可以确定火焰筒冷却空气量占总空气量的百分数。

从图 8-14 可以看到,冷却气流量也达到 40%,通过火焰筒中部稀释区的火焰筒体壁面上的冷却气膜结构间隙和孔洞进入。

3)掺混(稀释)空气量分配。掺混空气量可按出口温度分布的要求,以及掺混孔的掺混效果来确定。

由于燃烧后的燃气温度太高(1800~2000K),不适于进入涡轮导向叶片。因此,未用于主燃区燃烧的空气量(60%)的 1/3,即 20%(见图 8-14)通过火焰筒体壁面上的冷却气膜结构间隙和孔洞进入,用来降低稀释区燃气温度,然后再进入涡轮。

(3)燃油浓度场及燃烧组织 燃烧室中燃油浓度场反映的是余气系数或空燃比在燃烧室空间的分布,通过燃油喷嘴特性和空气流动特性的合理配合可以实现合理组织燃烧室中的燃油浓度场。

对于常规的离心喷嘴及预膜式气动雾化喷嘴,油雾为空心锥状,大部分燃油集中在锥体表面。在图 8-16 所示的流

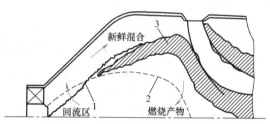

图 8-16 火焰筒头部燃烧过程示意图
1—油雾轨迹 2—回流区边界 3—火焰锋

场中,这种油雾锥受高温回流气体的挤压,使大部分燃油沿回流区边界外侧运动,恰好与主流空气相遇混合。在主流区中油雾尚未完全蒸发和扩散,在油雾运动轨迹附近,局部燃油浓度最高,或余气系数最小。在旋流器的作用下,新鲜空气都分布在火焰筒的外缘部分,火焰筒的中心部分则是一些缺氧的燃烧产物。而喷嘴造成的中空的锥形燃料流,正好能把大部分燃料集中地分配到位于火焰筒外侧的新鲜空气中去,这就有利于形成燃料与空气的可燃混合物。此外,这种分布不均的浓度场对改善燃烧稳定性是有利的,因为当工况变化时,燃烧空间总存在处于可燃浓度之内的局部区域,正是这些局部可燃区的存在,火焰才能维持和发展。

严格地说,燃油进入火焰筒后,在高温环境下蒸发很快,但不同尺寸的油珠,寿命差异很大,所以主流区中总是同时存在气液两相燃油。仅当气相油气比处于可燃范围时,着火和燃烧才能进行。此外,流动过程中气相燃油浓度不断提高,为了适应这个变化,一般应在火焰筒头部过渡锥上开孔,以便向主流区补给新鲜空气。通常情况下,火焰筒内的湍流度很高,油气混合过程剧烈,大部分燃油能够在主燃区内烧掉。

在燃烧室中组织燃料浓度场时,还应注意合理地选择喷雾锥角。一般来说,希望在起飞

等高负荷工况下喷雾锥角能够大些，这样对燃料与空气的充分混合有利，也能防止排气冒黑烟。但是，在慢车等低负荷工况下喷雾锥角则应该小些，这将有利于燃烧室的起动点火，并能改善燃烧稳定性。

（4）燃烧过程的组织　根据燃烧理论推断：燃烧火焰必然发生在燃料浓度处于可燃范围，同时气流速度又较低的区域内。当空气从火焰筒头部进入，燃油从喷嘴喷入后，空气与油雾迅速掺混，由安装在火焰筒头部的点火器点燃。火焰形成后，按照稳定条件，火焰前锋的位置一般只能处在图 8-16 所示的回流区边界与油雾锥之间的空间范围，即回流区顺流部分近零速度线的某个区域。因为回流区内缺乏氧气，不可能发生燃烧现象；而回流区边界上气流的轴向速度等于零，它不可能满足火焰稳定所要求的 $w_L = w\cos\varphi$ 的流动必要条件。其中，w_L 表示混合气的火焰传播速度，w 表示锥形火焰可燃混合气气流速度，φ 为锥形火焰可燃混合气气流与焰锋法线方向的夹角。

当混气基本燃烧完毕，有一部分燃烧产物进入回流区，另一部分则继续向下游流动，从燃烧室出口排出。进入回流区的高温燃气逆流到喷嘴附近，把刚刚喷入的油滴加热蒸发，形成燃油蒸气。燃油蒸气被带入顺流区中，与从旋流器进入的空气迅速掺混，进行扩散和湍流交换，经过短暂的着火感应期后着火、燃烧，并向周围的混合气传播，不断地向外扩展，形成如图 8-16 中所示的火焰锋。作为点火源的混合气团本身，则由于燃烧和向下游移动，而把它的位置和作用让位于一个来自上游的新混合气团。这一过程周而复始，连续发生，在火焰筒头部保持着稳定燃烧。

已经着火的高温混合气，有一部分在到达主燃孔射流处还没烧完，就和射流孔进入的新鲜空气混合，继续燃烧，使燃烧区扩大了。到达回流区尾部的燃烧着的混合气，进入回流区时已基本烧完。这样，进入回流区中的高温燃烧产物在喷嘴附近被主流带走，在尾部得到补充，回流区内的能量和质量就可以维持平衡。

综上所述，可把火焰筒头部工作情况描述如下：新鲜空气经旋流器不断进入，燃油不断喷入，依靠回流区供给热量，形成可燃混合气并着火燃烧。然后，小部分燃烧产物进入回流区，补充回流区消耗掉的气体质量和能量。大部分燃烧产物则流到火焰筒后段，并与两股空气掺混后流向涡轮输出功。这一过程连续不断，就可以使火焰在火焰筒头部保持稳定，从而可靠地组织了燃烧过程。

3. 燃烧室性能指标

（1）容积燃烧强度　燃烧室容积大小取决于燃烧区的设计容积燃烧强度，设计容积燃烧强度越大，燃烧室体积越小，对应容积内温度也越高。燃气轮机中容积很小，对应着极高的放热强度，以获得要求的高功率输出。

燃烧室容积燃烧强度指燃烧室在单位压力下、单位容积内每小时燃料燃烧所释放的热量，即

$$Q_V = \frac{3600 W_f H_u \eta_c}{p_{3t} V_c} \tag{8-6}$$

式中，W_f、H_u、η_c、p_{3t}、V_c 分别为燃料流量、燃料低热值、燃烧效率、燃烧室进口总压力及燃烧室体积。或以按火焰筒体积 V_f 来定义：

$$Q_{V,f} = \frac{3600 W_f H_u \eta_c}{p_{3t} V_f} \tag{8-7}$$

现代航空燃气轮机主燃烧室的容积燃烧强度 $Q_v = 700 \sim 2000 kJ/(m^3 \cdot Pa \cdot h)$；火焰筒的容积燃烧强度一般为 $1234 \sim 6500 kJ/(m^3 \cdot Pa \cdot h)$；而地面燃气轮机的容积燃烧强度 $Q_{v,f} = 79 \sim 207 kJ/(m^3 \cdot Pa \cdot h)$；燃烧室容积燃烧强度是反映其结构紧凑性的指标，容积燃烧强度大意味着燃烧室尺寸小、重量轻。

（2）燃烧效率　燃烧室的燃烧效率特性指燃烧效率随燃烧室空燃比等变化的规律。大多数燃气涡轮发动机在海平面起飞状态下的燃烧效率几乎是 100%，在高空巡航状态降低到 98%，如图 8-17 所示。在气流状况一定的情况下，有一个最高的燃烧效率值，偏离这个点所对应的空燃比和燃烧效率都将下降。

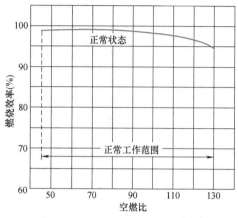

图 8-17　燃烧效率随空燃比的变化

在偏富油一侧：①过多的油吸热蒸发，头部温度下降，燃烧反应速度减慢，高温炽燃区就可能发生在回流区尾部和之后的区域，这里流速较高，部分油珠来不及燃烧，就会导致 η_c 下降；②较大油珠的数量增加，在走完火焰筒全程后，尚未燃烧；③容易产生积炭及冒烟，破坏气流结构，影响燃烧区的正常工作；④可能使炽热区脱离回流区而导致熄火，也容易引起振荡燃烧和温度过高烧坏火焰筒。

在偏贫油一侧：较多的冷空气较早地掺入，使得反应速度降低，导致 η_c 下降，但头部燃烧进行得较为充分，因此 η_c 下降得较为缓慢。同时，过低的供油量容易导致火焰熄灭。

（3）燃烧稳定性　燃烧室有空燃比的富油极限和贫油极限，超出极限火焰就会熄灭。燃烧稳定性是指在一定的进口气流条件下，能够稳定燃烧不被吹熄的燃烧室油气比范围，一般用燃烧室进口空气质量流量（速度）与油气比（空燃比）的关系曲线来表示，良好的稳定性意味着能够燃烧的油气比范围很宽。

燃烧室稳定工作包线一般通过实验测得，图 8-18 给出了典型燃烧室稳定工作包线。该工作包线采用了如下实验方法获得：在温度和压力不变的情况下，固定空气流量，逐渐调节供油量，可得到一组贫富油熄火点；然后调整到另一个空气流量，可以得到另一组熄火点，这样反复实验即可得到一条完整的稳定工作包线。在曲线包围的范围内即认为可以进行燃烧，在此范围之外则不能维持燃烧。可以看出，随着空气流量的增大，在富油和贫油极限之间的油气比范围逐渐减小，最后当空气质量流量增加到超过一定的值后，无论油气比如何变化都无法燃烧。

实际上，在燃烧室能够稳定燃烧的范围内，还需要考虑另外两个限制因素。一个因素是发动机总体性能对于燃烧室总压损失提出的限制要求，这就限制了燃烧室内参考截面的气流速度，给出了稳定工作范围的右边界或速度边界（图 8-19 中的竖直线）。另一个因素是燃烧室出口平均温度的限制。过高的火焰温度将导致火焰筒及燃烧室烧穿，同时会使涡轮叶片烧化、变形，以致涡轮无法正常工作。因此，燃烧室的总油气比必须小于工程允许的油气比数值，这就给出了稳定工作范围的上边界（图 8-19 中的水平线），而不必要做出前述理论上的燃烧室富油熄火边界。燃烧稳定工作范围的下边界就是贫油熄火边界。

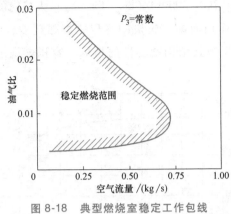

图 8-18 典型燃烧室稳定工作包线

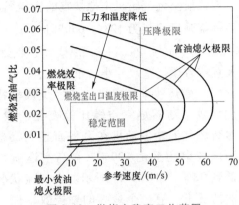

图 8-19 燃烧室稳定工作范围

（4）点火可靠性 在发动机起动和空中再点火时，要求燃烧室能可靠地点火、迅速起动并转入正常工作。点火性能的好坏用在一定的进口气流参数（压力、温度和流速）下，燃烧室能够实现可靠点火的富油极限及贫油极限的范围大小来表示。在燃烧室中，用油气比或余气系数来表示燃油-空气混合气贫油或富油的程度，该范围越宽，点火性能越好。燃烧室的点火性能一般用点火特性线来描述：在一定的进气条件下，顺利实现点火的混合气浓度（用余气系数 α 或油气比 f 表示）范围所形成的点火包线，如图 8-20 所示。

（5）出口温度场均匀度 燃烧室出口的涡轮叶片，要承受很大的应力和高温气流的冲击，所以要求燃烧室出口气流温度场符合涡轮叶片高温强度的要求，以保证涡轮的正常工作和寿命。燃烧室出口温度分布不仅关系到涡轮的工作环境，而且直接影响第一级涡轮导向叶片和工作叶片的寿命及其可靠性，是燃烧室的重要性能指标之一。在燃烧室设计时，既要限制燃烧室出口温度的平均值，也要给定要求的温度分布，使其符合涡轮叶片高温强度的要求，不要有局部过热点，以保证涡轮的正常工作和寿命。一般来说，对于燃烧室出口火焰及温度分布大体有如下要求：①火焰除点火过程的短暂时间外，不得超出燃烧室；②沿涡轮进口环形通道的圆周方向，温度尽可能均匀，在整个出口环腔内最高温度 $T_{4\max}^*$ 与平均温度 T_{4m}^* 之差 $\Delta T_{4\max}$ 不得超过 100~200K；③沿径向温度分布应符合"中间高两端低"的要求，如图 8-21 所示。

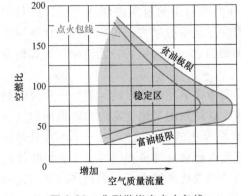

图 8-20 典型燃烧室点火包线

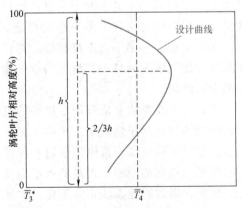

图 8-21 燃烧室出口温度分布曲线

通常用温度系数 δ_m 来衡量燃烧室出口截面温度分布的均匀度。δ_m 通常不得超过 20%。

$$\delta_\mathrm{m} = \frac{T^*_{4\max} - T^*_{4\mathrm{m}}}{T^*_4 - T^*_3} \tag{8-8}$$

式中，$T^*_{4\max}$ 和 $T^*_{4\mathrm{m}}$ 分别代表出口最高温度和出口平均温度；$T^*_4 - T^*_3$ 表示燃烧室的温升。

图 8-21 所示的温度分布曲线表明，燃烧室出口径向温度分布应遵循中间高，两端低的原则，其中温度最高值应安排在距离叶根 2/3 叶高处。这是因为叶根部分由于离心力的作用，涡轮盘榫头连接部位应力很大，温度过高将严重影响其强度；叶尖部分叶片很薄，散热条件也差，很容易被烧坏，温度过高将使得叶尖刚度和强度都变弱，因此叶根和叶尖部分温度都不能过高。经理论分析及实验判定，只有在离叶根 2/3 处温度允许高些，这是等强度原则在这里的具体运用。

（6）压力损失 气流流经燃烧室会产生不可避免的压力损失，压力损失会降低气流在涡轮及尾喷管内膨胀做功的能力，使得发动机的推力及经济性下降。根据造成损失的来源，可将其分为四部分：①扩压器中由于扩压作用而产生的流动损失；②火焰筒进气损失，从压气机经过增压的气流，进气时大都有因摩擦、冲击、转弯及突扩等引起损失；③火焰筒的总压损失；包括燃料喷射雾化掺混及燃烧后与冷却空气的掺混引起的总压损失，回流区强湍流扰动形成的损失，燃料燃烧使气流加热引起的总压损失，即热阻损失；④气流流过通道内的各种障碍物及通道表面产生摩擦造成的损失。

（7）燃烧排放污染物 航空发动机燃烧中，主要污染物包括未燃烧的碳氢化合物（未燃烧的燃油）、烟（碳粒）、一氧化碳和氮氧化物。

在主燃烧区的富油区中，碳氢化合物转化成一氧化碳和烟。在稀释区中空气将一氧化碳和烟氧化成无毒的二氧化碳。稀释区中的燃烧能减少该区中未燃烧的碳氢化合物，以确保完全燃烧。但是，在抑制其他污染物的同时会产生氮氧化物，火焰应尽快冷却下来并减少燃烧所用的时间。

（8）寿命 火焰筒壁面受高温燃气的侵蚀和高温燃气引起的热应力，导致火焰筒壁面产生裂纹、烧蚀、掉坎、变形等故障。现代航空燃气涡轮发动机的燃烧室内，火焰筒用高性能的耐热钢板制成，且火焰筒壁面都采用了有效的冷却措施，以保证在较长的寿命期内安全可靠地工作。

第二节 航空发动机的加力燃烧室

一、概述

加力燃烧室是现代发动机的一个重要部件，普遍应用于歼击机、战斗机上。对于战斗机而言，要求发动机在短时间内提供最大推力，以满足起飞、爬升、加速、追击等工作要求，增强飞行机动性，因此提出了"加力"的概念。发动机加力的方法有多种，但广泛应用的是复燃加力燃烧室，如图 8-22 所示。

加力燃烧室位于涡轮和尾喷口之间，加力燃烧（复燃）是指在发动机涡轮和喷管的推进喷口之间的喷油和燃烧，由于空气经主燃烧室燃烧后还有大量剩余氧气（占总量的 2/3 ~

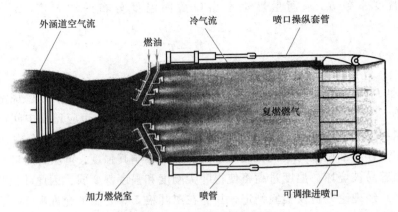

外涵道空气流　冷气流　喷口操纵套管

燃油

复燃燃气

加力燃烧室　喷管　可调推进喷口

图 8-22　加力燃烧室结构简图

3/4）未被利用（对涡轮风扇发动机来说，外涵道流过来的空气是纯新鲜空气），于是可以在涡轮后再喷油燃烧释放热量，显著提高燃气的温度和排气速度，从而提高发动机的单位推力和总推力。

对于大部分涡喷发动机，起动加力燃烧室后，总推力较原有最大状态推力可增加约50%，在高速或超音速飞行时增加更多，可达100%以上；对于涡扇发动机可增加推力70%以上，超音速飞行时可达150%以上。例如，美国 F-15 飞机上用的 F-100 发动机，其加力燃烧室内温度达 2000K，起动后推力提高了 70%。

然而，加力燃烧室发动机的经济性并不好，这是由于涡轮后的气流条件使得加力燃烧室中燃烧效率降低，仅为 90% 左右。此外，加力燃烧室工作时压力比低很多，导致热效率也低得多。所以当加力燃烧室工作时，整台发动机的热循环效率就降低了，从而使发动机的单位耗油率显著上升（增加 2~3 倍）。

二、加力燃烧室的结构

加力燃烧室由混合/扩压器、供油装置、点火器、火焰稳定器、防振隔热屏和加力燃烧室筒体等部件组成。图 8-23 为典型加力燃烧室结构示意图。

（1）混合/扩压器　从发动机涡轮出来的燃气流以 250~400m/s 的速度进入喷管，经过扩压降速后进入加力燃烧室的燃烧区。加力燃烧室的扩压器是由中心鼓筒和外壳构成，其面积扩压比一般在 2 左右，其目的是将高速气流减速，并使压力有所提高，这将有利于组织燃烧及降低流动损失。中心鼓筒由若干个整流支板支承，支板有一定的偏斜度，以扭正涡轮排气的旋转流动，有利于使稳定器截面处的流场均匀。加力燃烧室扩压器一般做成大扩张比和小扩张角，这有利于减小压力损失。

对于涡扇发动机加力燃烧室，通常采用混合/扩压器（混合器）将内外涵道两股压力、温度、速度不同的气流在进入加力燃烧室之前进行混合，其作用是：使内外涵道气流混合，使气流减速扩压，并改善加力燃烧室进口流场，从而利于燃烧过程的组织。此外，混合/扩压器还有降低噪声、减少红外辐射等功能，因此在加力燃烧室广泛使用。

（2）喷嘴及供油系统　喷嘴系统由几个环形同心输油总管组成，总管用喷管内的支板支撑。燃油通过在支板中的供油管供到输油总管，然后通过燃油总管下游的孔，把燃油喷射

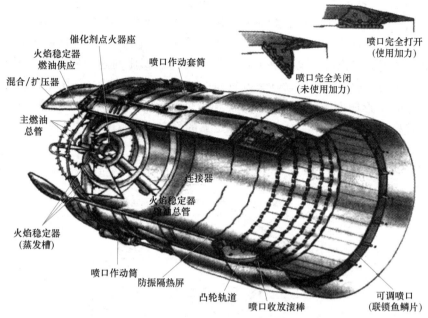

催化剂点火器座
火焰稳定器
燃油供应
混合/扩压器
喷口作动套筒
喷口完全打开
（使用加力）
喷口完全关闭
（未使用加力）
主燃油
总管
连接器
火焰稳定器
腐涵总管
火焰稳定器
（蒸发槽）
喷口作动筒
防振隔热屏
凸轮轨道
喷口收放滚棒
可调喷口
（联锁鱼鳞片）

图 8-23 典型加力燃烧室结构示意图

到火焰稳定器之间的火焰区。

（3）火焰稳定器　从发动机涡轮出来的燃气流以 $250\sim400\mathrm{m/s}$ 的速度进入喷管，加力燃烧室经扩压器扩压后的气流速度还有 $120\sim180\mathrm{m/s}$（对应 Ma 数约 0.2），经过扩压降速后进入加力燃烧室的燃烧区。但扩压后的气流速度仍高于正常燃油与空气混合比状态下的火焰传播速度，因此，需要设计火焰稳定器设计用于燃油喷嘴的下游，提供一个湍流旋涡帮助燃烧，使部分燃气速度进一步降低，保持火焰稳定。

火焰稳定器是加力燃烧室的关键部件之一。加力燃烧室对火焰稳定器的基本要求：①在规定的飞行包线内能保证加力燃烧室稳定燃烧；②流阻小，火焰稳定器的总压恢复系数不低于 $0.97\sim0.98$。

衡量火焰稳定器的流动阻塞特性的常用参数为堵塞比。火焰稳定器堵塞比的定义：火焰稳定器的迎风面积与加力燃烧室的横截面积之比。回流区的大小与堵塞比有直接关系：当堵塞比较小时，回流区过小，火焰不易稳定；当堵塞比逐渐增大时，回流区也随之增大，稳定火焰的作用明显加强。但若堵塞比过大，则流通截面积减小，流过稳定器边缘的气流速度加大。这不仅增大了阻力损失，而且容易把火焰吹走，对稳定火焰不利。因此，堵塞比存在最佳范围，在设计时应该综合火焰稳定效果、燃烧效率和总压损失三个方面的要求。目前，国内外各机种的加力燃烧室火焰稳定器的阻塞比大多为 $0.30\sim0.45$。

加力燃烧室最常用的火焰稳定器是 V 形槽火焰稳定器，其他还有蒸发式火焰稳定器、沙丘驻涡火焰稳定器等。火焰稳定器的布局方案有三种：环形布局、径向布局、环形与径向布局。

1）V 形槽火焰稳定器。加力燃烧室中 V 形槽火焰稳定器附近的流动结构如图 8-24 所示。图中，①为火焰稳定器前来流区域，②为回流区区域，③为回流区结束后流动恢复区，w_1 为火焰稳定器前来流速度，w_2 为气流流经火焰稳定器后外侧主流速度，D 为火焰稳定器宽度，θ 为火焰稳定器半角，L 为回流区长度，B 为回流区宽度，H 为通道高度。

　　V 形槽是一种 V 形钝体结构，其头部采用小圆角半径和张角为 25°~30° 的结构，其流体阻力接近于流线型。有的发动机上的 V 形槽火焰稳定器，其后缘还设计成带有波纹的裙边，这种结构既增加了火焰锋面，也解决了稳定器后缘的热膨胀问题。常规 V 形槽火焰稳定器的阻力系数并不高，但是它在流动马赫数较高的扩压器中工作时，总压损失就会变得很大。即使设计良好的 V 形槽火焰稳定器，其总压损失仍可达 1.5%~2%。V 形槽火焰稳定器的另一个缺点是其稳定工作范围窄，值班火焰稳定器的稳定工作范围扩大了很多，但其总压损失与常规 V 形槽火焰稳定器相当。

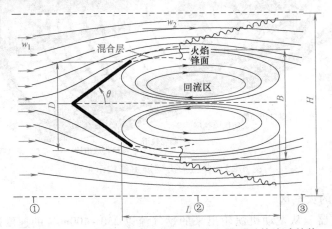

图 8-24　加力燃烧室中 V 形槽火焰稳定器附近的流动结构

　　2）蒸发式火焰稳定器。图 8-25 所示为斯贝发动机加力燃烧室中的蒸发式火焰稳定器。燃油流经位于燃气之中的蛇形管预热之后喷向溅油板（这部分燃油称为附加燃油），与进入蒸发管的小股空气掺混形成富油混气，从环形稳定器底部喷出。同时，从稳定器顶部均匀分布的长方形小孔进入稳定器内部的少量空气与蒸发管喷出的富油空气掺混，在稳定器内形成内回流区。由于这个回流区受到 V 形槽火焰稳定器的保护，因此基本上不受外部主流流动的干扰，并可单独控制附加燃油。无论附加燃油在贫油范围内如何变化，都能保证稳定器内的点火及燃烧，并保证点燃稳定器外的回流区。因此，这种稳定器起着值班火焰的作用，极大地扩展了加力燃烧室的点火和稳定燃烧的范围，特别是在来流温度低、流速高时，其优越性十分突出。蒸发式火焰稳定器贫油点火油气比可小到 0.003，而常规 V 形槽火焰稳定器则要大于 0.025，扩大了贫油点火范围近 10 倍。此外，蒸发式火焰稳定器还可以在很小的加

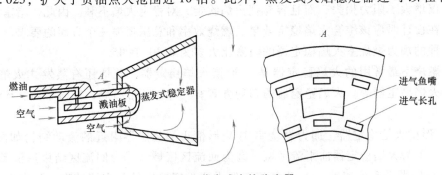

图 8-25　蒸发式火焰稳定器

力比下实现软点火（软点火的概念是缓慢增加加力比，避免突然加力引起风扇或压气机喘振，涡扇发动机对此要求特别严格），例如斯贝发动机的加力比可在 1.06~1.68 间进行无级调节。F100、RB199、EJ200、M88、AJI-31Φ 等涡扇发动机也都采用了蒸发式火焰稳定器。

3）沙丘驻涡火焰稳定器。沙丘驻涡火焰稳定器是北京航空航天大学的高歌于 20 世纪 80 年代初的研究成果。它采用了自然界中的沙丘在大风吹袭下呈现出的奇特形状，外形大致如新月且很稳定，沙丘外形实际上遵循了能量消耗最小的自然规律，如图 8-26 所示。

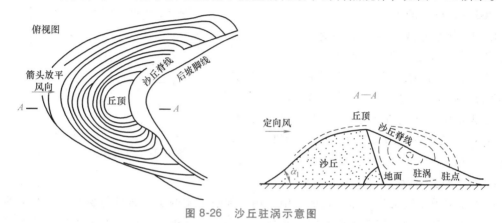

图 8-26　沙丘驻涡示意图

理论和试验研究表明：新月形沙丘驻涡火焰稳定器具有顽强的抗干扰性能。与同样堵塞比的 V 形槽火焰稳定器相比，它的阻力下降 75%~80%，贫油稳定性得到大幅度扩展，点火性能也得到改善，可点燃风速比 V 形槽火焰稳定器高出 40% 左右，而且燃烧效率也得到提高，在低温和低压下仍能保持其原有的性能。

沙丘驻涡火焰稳定器主要是利用良好的自然气流结构，既保证了良好的热量和质量交换，又减弱了 V 形槽火焰稳定器尾缘漩涡的周期性脱落，增强了稳定火焰的能力，延长了可燃微团的停留时间，并在一定程度上防止了由于漩涡周期性脱落带来的振荡燃烧的激振因素。沙丘驻涡火焰稳定器已在我国的涡喷 6 和涡喷 7 等发动机上得到应用，使这些发动机的加力和非加力性能都有相当程度的改进。

（4）防振隔热屏　加力燃烧室的温度已接近 2200K，早已超过了金属材料的耐热极限，因此加力燃烧室筒体过热是一个关键技术问题，解决这一问题的常见方法是采用所谓的防振隔热屏。防振隔热屏实际上起到两个重要作用：①在其前段起到防振作用，通过隔热屏形状及结构设计，起到抑制振荡燃烧作用，防止加力燃烧室因振荡燃烧而无法正常工作；②在其后段起到隔热作用，隔离燃烧室高温气流与燃烧室筒体间的热传递。

防振隔热屏结构上有两种基本型式：①沿周向呈波纹状而沿轴向直径不变，其断面波形，又分全波和半波两种；②沿轴向呈波纹状而沿周向直径不变，前段防振屏按声学消声设计要求开出各种不同孔径的圆孔，后段冷却衬套有多种冷却方式，有的冷却衬套还采用了隔热涂层或称热障涂层（TBC）。

三、加力燃烧室的主要性能

1. 加温比和加力比

加温比是加力燃烧室出口平均温度与进口平均温度之比。加力比是指主机状态相同

（涡轮前温度相同）时，开加力后的发动机推力 F_b 与不开加力时的推力 F 之比，它是加力燃烧的重要性能指标。

当发动机转速一定时，其推力完全取决于排气温度，加力温度越高，则推力越大。因此，发动机设计中要追求高的推重比，首先追求的就是加力温度。随着发动机技术水平的提高，加力温度已经从 20 世纪 50 年代 1430～1600K 的水平显著提高，现役及在研发动机的最高加力温度在 2050～2100K 的水平。

由加力燃烧造成的推力增加完全取决于燃油在燃烧前后的绝对温度之比。例如：假设加力燃烧前的燃气温度为 640℃（913 K），加力燃烧后为 1269℃（1542K），则温度比为 1.69（1542/913）。喷气流的速度按温度比的平方根增加。因此，增加倍数为 1.3，即喷气流的速度增加了 30%，发动机的静推力也增加了 30%，如图 8-27 所示。

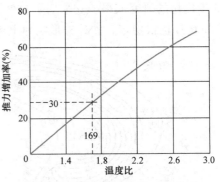

图 8-27　推力增加与温度比的关系

2. 加力燃烧效率

加力燃烧效率定义为：加力燃烧室中，用于加热工质的实际热量与燃料完全燃烧的理论放热量之比，其中用于加热工质的实际热量为加力燃烧室进、出口截面工质热焓的增加。

加力燃烧要求给燃气流增加额外的燃油以获得所要求的温度比。温度升高不是发生在压力的峰值状态，因此燃油不像在发动机燃烧室中燃烧得那么高效，造成耗油率较高。早期的加力燃烧室因为流速较高、压力较低，复燃燃烧技术水平低，故燃烧效率一般都较低，大多为 0.85 左右，现在的加力燃烧效率随着燃烧室内的压力和燃烧技术的提高而提高，一般在 0.9 以上。

思考题和习题

8-1　燃气轮机燃烧室的功能是什么？

8-2　燃烧室基本设计特征的发展思路是什么？

8-3　燃烧室由哪些部件组成？各部件的功用是什么？

8-4　简述单管燃烧室的结构特点和优缺点。

8-5　简述环管燃烧室的结构特点和优缺点。

8-6　简述环形燃烧室的结构特点和优缺点。

8-7　加力燃烧室的作用是什么？

8-8　加力燃烧室的主要部件有哪些？分别起什么作用？

参 考 文 献

［1］　张群，黄希桥. 航空发动机燃烧学 [M]. 2 版. 北京：国防工业出版社，2020.

［2］　彭泽琰，刘刚，桂幸民，等. 航空燃气轮机原理 [M]. 北京：国防工业出版社，2008.

［3］　徐旭常，周力行. 燃烧技术手册 [M]. 北京：化学工业出版社，2008.

［4］　侯晓春，季鹤鸣，刘庆国，等. 高性能航空燃气轮机燃烧技术 [M]. 北京：国防工业出版社，2002.

［5］　林宇震，许全宏，刘高恩. 燃气轮机燃烧室 [M]. 北京：国防工业出版社，2008.

第三篇

燃烧科学技术新发展

第九章

燃烧科学技术发展中的几个科学问题

燃烧科学技术在当今全世界范围内仍然在蓬勃地发展，产生了很多燃烧学的分支领域。其中，燃烧污染物的生成与防治、新型燃烧方式、燃烧实验技术以及燃烧过程数值模拟是最为活跃的几个领域。因此本章分别选择氮氧化物的生成机理及燃烧控制、催化燃烧、富氧燃烧、化学链燃烧、燃烧过程的相似与模化、燃烧过程数值模拟来介绍燃烧科学技术发展中的几个重要的科学问题。

第一节　氮氧化物的生成机理及燃烧控制

一、概述

近年来由能源利用而造成的环境污染越来越严重，其中由矿物燃料的燃烧而排放出来的氮氧化物（NO_x）已成为环境污染的一个重要方面。NO_x 是 N_2O、NO、NO_2、N_2O_3、N_2O_4 和 N_2O_5 的总称，其中污染大气的主要是 NO 和 NO_2。NO_x 吸收并散射光线，在空气中与光化学氧化剂、颗粒物以及日光发生一系列的复杂反应而形成光化学烟雾，不仅降低能见度，还是一种对眼睛和呼吸道有刺激的物质。NO_x 使织物染料褪色，并损害合成纺织纤维，引起儿童急性气管炎，增加呼吸道疾病发病率。同时 NO_x 也是引起酸雨的主要物质之一。我国能源以煤为主，燃煤所产生的大气污染物占污染物排放总量的比例较大，其中 NO_x 占 67%[1]。有关资料表明，电站锅炉的 NO_x 排放量占各种燃烧装置 NO_x 排放量总和的一半以上，而且 80% 左右是由煤粉锅炉排放的，因此，能否降低燃煤等矿物燃料锅炉气体污染物 NO_x 的排放已成为影响能源动力工程等行业可持续发展的关键因素之一。火电厂燃煤锅炉大气污染物排放浓度限值见表 9-1。

NO_x 的减排是与全球气候变暖紧密相关的，2009 年哥本哈根会议充分暴露了环境这一重大国际问题的矛盾。我国采取的原则立场和主动减排承诺获得了各方称赞，因此我们更应努力开展工作。

表 9-1　火电厂燃煤锅炉大气污染物排放浓度限值[2]　　（单位：mg/m³）

大气污染物	GB 13223—2011 《火电厂大气污染物排放标准》	2014 年国家发改委、环保部、能源局三部委 2093 号文[1]
NO_x	100/100[2]	50
SO_x	100/50	35
粉尘	30/20	10

注：对现役 W 型火焰锅炉、现役 CFB 锅炉的 NO_x 排放浓度可适当放宽。

① 适用于东部 13 省市。

② 分母为环保部对全国 47 个重点控制城市的特别限值。

二、煤燃烧过程中 NO_x 的生成机理

煤粉燃烧过程中所产生的 NO_x 主要是 NO 和 NO_2，其中 NO 质量分数约占 95%，而 NO_2 质量分数只占 5% 左右[3]，因而在研究燃煤锅炉的 NO_x 生成时，一般主要讨论 NO 的生成机理。从 NO 的生成机理来看，主要有热力型、燃料型和快速型三部分。

1. 热力型 NO_x

热力型 NO_x 是由于燃烧空气中 N_2 在高温下氧化而产生的。在燃料与空气的化学计量比 ϕ 小于 1 的火焰（燃料稀薄的火焰）中，NO 的生成过程是在火焰带的后端进行的，其生成机理是由苏联科学家捷里多维奇（Zeldovich）提出的。NO 的生成速率可用如下一组不分支链式反应来说明[4]，即

$$O_2 \xrightarrow{K_0} O + O \tag{9-1}$$

$$N_2 + O \underset{K_{-1}}{\overset{K_1}{\rightleftharpoons}} NO + N \tag{9-2}$$

$$N + O_2 \underset{K_{-2}}{\overset{K_2}{\rightleftharpoons}} NO + O \tag{9-3}$$

富燃料状态下发生的反应有

$$N + OH \longrightarrow NO + H \tag{9-4}$$

式（9-1）是氧气离解反应，形成一个原子氧所需的活化能是 $2.56 \times 10^5 \text{J/mol}$。式（9-2）是控制步骤，反应所需的活化能为 $2.86 \times 10^5 \text{J/mol}$。所以升温有利于 NO 的转化率，而降温会使热力型 NO 的形成受到明显的抑制。

热力型 NO_x 的生成速率和温度之间的关系按照阿累尼乌斯定律变化，即随着温度的升高，NO_x 的生成速率按指数规律迅速增加，所以当温度超过 1500℃ 时，温度才对 NO_x 生成量具有明显影响，而在温度低于 1300℃ 时，几乎不计热力型 NO_x 的生成量。温度在 1500℃ 附近变化时，温度每升高 100℃，反应速率将增大 6~7 倍。由此可见，温度对这种 NO_x 的生成具有决定性的影响，故称为热力型 NO_x。

除以上反应外，还有 NO_2、N_2O 等反应，由于这些反应都是独立的，对 NO 的生成过程几乎没有影响。根据式（9-2）、式（9-3），按质量作用定律可以写出 NO 生成速率的表达式，即

$$\frac{dc_{NO}}{dt} = K_1 c_{N_2} c_O - K_{-1} c_{NO} c_N + K_2 c_N c_{O_2} - K_{-2} c_{NO} c_O \tag{9-5}$$

$$\frac{dc_N}{dt} = K_1 c_{N_2} c_O - K_{-1} c_{NO} c_N - K_2 c_N c_{O_2} + K_{-2} c_{NO} c_O \tag{9-6}$$

式（9-5）所表示的 NO 生成速率表达式中，原子氮 N 的浓度比 NO 的浓度低 10^{-5}~10^{-8}。作为中间反应产物，由于它的浓度很低，根据"准定常近似"原理，可以假定在短时间内，氮原子的生成速率和消失速率达到平衡，浓度不再变化，即其生成速率等于 0。

$$\frac{dc_N}{dt} = 0 \tag{9-7}$$

整理式（9-6）、式（9-7）可得

$$c_N = \frac{K_1 c_{N_2} c_O + K_{-2} c_{NO} c_O}{K_{-1} c_{NO} + K_2 c_{O_2}} \tag{9-8}$$

将式（9-8）代入式（9-5），整理可得

$$\frac{dc_{NO}}{dt} = 2\frac{K_1 K_2 c_O c_{O_2} c_{N_2} - K_{-1} K_{-2} c_{NO}{}^2 c_O}{K_2 c_{O_2} + K_{-1} c_{NO}} \tag{9-9}$$

与 c_{NO} 相比，氧气的浓度 c_{O_2} 很大，而且 K_2 和 K_{-1} 的大小基本上是同一数量级，相差不大，所以可以认为 $K_{-1} c_{NO} \ll K_2 c_{O_2}$，这样式（9-9）可以简化为

$$\frac{dc_{NO}}{dt} = 2K_1 c_{N_2} c_O \tag{9-10}$$

如果认为氧气的离解反应处于平衡状态，则可得 $c_O = K_0 c_{O_2}{}^{\frac{1}{2}}$。代入式（9-10），可得

$$\frac{dc_{NO}}{dt} = 2K_0 K_1 c_{N_2} c_{O_2}{}^{\frac{1}{2}} \tag{9-11}$$

式中，按捷里多维奇的实验结果，$K = 2K_0 K_1 = 3 \times 10^{14} e^{-542000/(RT)}$。

最后可得

$$\frac{dc_{NO}}{dt} = 3 \times 10^{14} c_{N_2} c_{O_2}{}^{\frac{1}{2}} e^{-542000/(RT)} \tag{9-12}$$

式中，c_{O_2}、c_{N_2}、c_{NO} 是 O_2、N_2、NO 的浓度（mol/cm^3）；542000 是式（9-12）的反应活化能（J/mol）；T 是热力学温度（K）；t 是时间（s）；R 是摩尔气体常数 [$J/(mol \cdot K)$]。

式（9-12）就是捷里多维奇机理的生成速率表达式。对氧气浓度大、燃料少的预混合火焰，用这一表达式计算 NO 生成量，其计算结果与实验结果相当一致。但是当燃料过浓时，还需要考虑下式反应的影响，即

$$N + OH \underset{K_{-3}}{\overset{K_3}{\rightleftharpoons}} NO + H \tag{9-13}$$

式（9-2）、式（9-3）和式（9-13）一起称为扩大的捷里多维奇机理。在上面三个反应方程式中，式（9-2）的反应活化能最高，因而式（9-2）的反应速率决定了整个热力型 NO_x 的生成速率。鲍曼（Bowman）在 1975 年给出了扩大的捷里多维奇机理的 NO 生成速率。

捷里多维奇 NO_x 的生成特点是生成反应比燃烧反应慢，主要在火焰带下游的高温区生成 NO[5]。图 9-1 所示为生成热力型 NO 浓度与火焰温度之间的关系。

热力型 NO_x 生成机理比较适用于气体燃料的预混火焰，因为在气体燃料中一般没有氮的有机化合物。图 9-2 所示为 NO 的浓度和 α、停留时间的关系。实验是扩大的捷里多维奇机理对 CH_4 和空气混合物的计量结果。由图可见，NO 的生成量在 $\alpha < 1$ 时，随着氧气浓度增大而迅速增大，在 $\alpha > 1$ 时，生成量随氧气浓度增大而下降。温度、氧气浓度对 NO 的生成速率和生成量的这种影响是非常重要的。图 9-3 所示为停留时间和温度对 NO_x 生成浓度的影响[5]。图 9-3 的实验为 CH_4 与空气的燃烧，化学计量比等于 1。图 9-4 所示为扩散燃烧时热力型 NO_x 生成浓度与过量空气系数的关系。可以看出，推迟混合（即混合变差），火焰温度水平下降，最高温度移向 α 较大的方向。因此，NO_x 生成量随之降低，最大浓度也移向 α 较大的方向[6]。

燃烧过程中，影响 NO_x 生成量的主要因素是温度、氧气的浓度和停留时间。综合以上所述，可得到如下控制热力型 NO_x 生成量的方法：

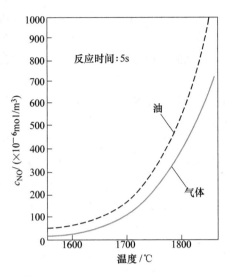

图 9-1　生成热力型 NO 浓度与火焰
温度的关系

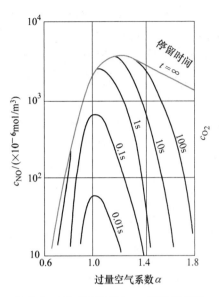

图 9-2　NO 的浓度和 α、停留时间的
关系

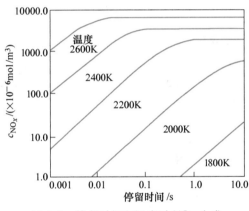

图 9-3　停留时间和温度对 NO_x 生成
浓度的影响

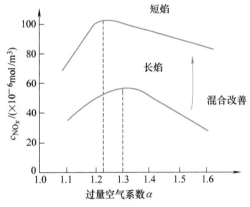

图 9-4　扩散燃烧时热力型 NO_x
生成浓度与 α 的关系

1）降低燃烧温度水平，并防止产生局部高温区。

2）降低氧浓度，在低过量空气条件下燃烧。

3）使燃烧在远离 $\alpha = 1$ 的条件下进行。

4）缩短烟气在高温区的停留时间。

5）降低氮浓度。

2. 燃料型 NO_x

NO_x 是燃料中含有的氮化物在燃烧过程中氧化而生成的，主要是在燃料燃烧的初始阶段生成。对于大型煤粉锅炉，NO_x 主要包括热力型 NO_x 和燃料型 NO_x，对于热力型 NO_x 的生成机理已经十分清楚，而燃料型 NO_x 在煤粉炉中大约占全部 NO_x 生成量的 $75\% \sim 95\%$，但其生成机理尚未完全定论，对其研究仍在继续深入。

煤中氮的质量分数一般在 0.5%~2.5%，以氮原子的状态与各种碳氢化合物结合成氮的环状或链状，属于胺族（N—H 和 N—C 链）或氰化物族（C≡N 链）等。煤中氮有机化合物的 C—N 结合键能比空气中氮分子 N≡N 链能小很多，氧容易首先破坏 C—N 链并与其中的氮原子生成 NO_x，这种从燃料中的氮化合物经热分解和氧化反应而生成的 NO_x，称为燃料型 NO_x。

（1）挥发分型 NO_x　燃烧时，燃料中的氮首先分解成氰化氢（HCN）、氨（NH_3）和 CN 等中间反应产物，随着挥发分氮释放出来，最终被氧化成 NO，残留在半焦中的氮化合物则是焦炭氮。在一般燃烧条件下，燃料型 NO_x 主要来自挥发分氮。这是因为焦炭氮生成 NO 反应的活化能较大，并且焦炭的还原作用以及催化作用促使 NO 还原。挥发分氮中最主要的氮化合物是 HCN 和 NH_3。当燃料氮与芳香环结合时，HCN 是主要的热分解初始反应产物。当燃料氮以胺的形式存在时，则 NH_3 是主要的热分解初始反应产物。HCN 和 NH_3 被氧化的主要反应途径如图 9-5 和图 9-6 所示。

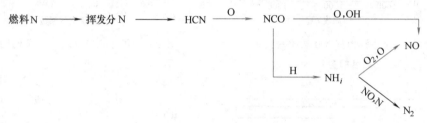

图 9-5　HCN 被氧化的主要反应途径

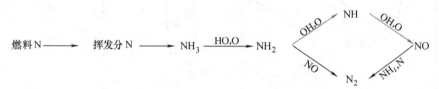

图 9-6　NH_3 被氧化的主要反应途径

影响氮在 HCN 和 NH_3 中分配的因素主要有以下几个。

1）煤的挥发分对 HCN 和 NH_3 的影响。HCN 和 NH_3 的产量在热解中随煤的挥发分变化。Johnsson 总结了大量实验结果得出结论[7]：高挥发分煤释放的 NH_3 高于或等于低挥发分煤释放的 NH_3；高挥发分煤比低挥发分煤有高的或相等的 NH_3/HCN 比；低挥发分煤比高挥发分煤的 HCN 的排放量高。

2）温度的影响。温度对 HCN 和 NH_3 的影响很复杂。一般认为高温下 HCN 是主要产物。但由于 HCN 的多相和多相催化反应很迅速，以致 HCN 的在线测量浓度较低。劳克林（ILaughlin）等用烟煤在气流床 1123K 热解发现 HCN 仍是主要含氮气体，因此普遍认为高温下 HCN 是主要的含氮气体[8]。

3）加热速率对 HCN 和 NH_3 的影响。HCN 和 NH_3 的相对分布依赖于加热模式。固定床慢速热解产生较多的 NH_3，快速加热的喷流床中产生较多的 HCN[9]。因此，通常认为 NH_3 是慢速加热的产物，HCN 是快速加热的产物[10]。

4）压力对 HCN 和 NH_3 形成的影响。加大压力时 NH_3 的形成量增加，在低的加热速率下，压力的影响更大[8]。提高压力会促进 NH_3 的形成，但只在 $T<873K$ 时才有意义，这个结果也被其他的实验证实。

（2）焦炭型 NO_x　焦炭中氮的释放比挥发分氮的析出复杂一些，这与 N—C、N—H 之间的结合状态有关，也就是说与煤的组织结构有关。如果煤的温度不超过热解的峰值温度，则焦炭氮就不再进一步挥发，此时焦炭氮发生非均相反应。参考文献［9］也提出焦炭中的（—CN）基与吸附于焦炭表面的氧反应而生成活性基，然后再生成 NO，即

$$(—CN)+O \longrightarrow (—CNO) \tag{9-14}$$

$$(—CNO) \longrightarrow NO+(—C) \tag{9-15}$$

但根据以上两反应进行的理论计算与实验值相比有较大的差距，说明煤焦燃烧中还存在其他的 NO 生成反应。

3. 快速型 NO_x

快速型 NO_x 是 1971 年弗尼摩尔通过实验发现的。当碳氢化合物燃料过浓燃烧时，在反应区附近会快速生成 NO_x，它与热力型、燃料型 NO_x 不同，它是先通过燃料燃烧时产生的 CH 原子团撞击 N_2 分子，生成 CN 类化合物，发生如下反应，即

$$CH+N_2 \longrightarrow HCN+N \tag{9-16}$$

$$C+N_2 \longrightarrow CN+N \tag{9-17}$$

$$CH_2+N_2 \longrightarrow HCN+NH \tag{9-18}$$

生成的中间反应产物 N、CN、HCN 再进一步被氧化而生成 NO_x。快速型 NO_x 有以下主要特点：

1）从 NO_x 的氮来源看，它类似热力型 NO_x，但其反应机理和热力型 NO_x 不同，和燃料型 NO_x 生成的机理非常相似。实际上，当 N_2 和 CH 反应生成 HCN 后，快速型 NO_x 和燃料型 NO_x 有着完全相同的反应途径。

2）快速型 NO_x 产生于燃烧时 CH 类原子团较多，N_2 分子反应生成氮化物的速率高的情况。快速型 NO_x 多产生于油气燃烧的情况。对煤粉燃烧而言，快速型 NO_x 与热力型和燃料型 NO_x 相比，其生成量少得多，一般占总 NO_x 生成量的 5% 以下。

三、煤燃烧过程中 NO_x 的破坏机理

煤燃烧过程中实际排放出的 NO 量远小于根据煤中氮含量计算出的 NO 理论排放量。原因是原煤中的氮并不都转化成 NO，还有相当一部分转化成对环境无害的 N_2。因为部分 NO 在煤的燃烧过程中还原生成了 N_2。

1. 挥发分燃烧阶段 NO_x 的破坏

在挥发分燃烧阶段，与 NO 可以发生反应的物质有氨类（NH_i，N）、烃根（CH_i）、H_2 等。需要指出的是，NH_i、HCN 等氮化合物既是 NO_x 的生成源，又是 NO_x 的还原剂。在还原性气氛中，有三条可能的途径破坏 NO_x。

（1）NO 与氨类（NH_i，N）生成 N_2　主要反应途径有

$$NO+NH \longrightarrow N_2+OH \tag{9-19}$$

$$NO+NH_2 \longrightarrow N_2+H_2O \tag{9-20}$$

$$NO+N \longrightarrow N_2+O \tag{9-21}$$

（2）NO 与烃根（CH_i）结合生成氰（HCN）　主要反应途径有

$$NO+CH \longrightarrow HCN+O \tag{9-22}$$

$$NO+CH_2 \longrightarrow HCN+OH \tag{9-23}$$

$$NO+CH_3 \longrightarrow HCN+H_2O \tag{9-24}$$

然后，HCN 与 O、OH 按下面的反应生成中间反应产物氰氧化物（NCO、HCNO），即

$$HCN+O \longrightarrow NCO+H \tag{9-25}$$

$$HCN+OH \longrightarrow HCNO+H \tag{9-26}$$

氰氧化物在还原性气氛中转化为氨类，即

$$NCO+H \longrightarrow NH+CO \tag{9-27}$$

$$HCNO+H \longrightarrow NH_2+CO \tag{9-28}$$

$$NH+H \longrightarrow N+H_2 \tag{9-29}$$

$$NH_2+NH_2 \longrightarrow NH_3+NH \tag{9-30}$$

NH_i 又由途径（1）把 NO 还原成 N_2。

（3）NO 生成 N_2O　主要反应途径有

$$NCO+NO \longrightarrow N_2O+CO \tag{9-31}$$

$$NH+NO \longrightarrow N_2O+H \tag{9-32}$$

N_2O 继而被还原成 N_2。

2. 焦炭燃烧阶段 NO_x 的破坏

关于 NO 与焦炭的反应，人们已进行了广泛的研究[11-14]。发现焦炭不仅可以直接作为还原剂，而且可以作为催化剂，对 NO 与 CO 等反应有良好的催化作用。其反应式为

$$NO+\alpha(-C) \longrightarrow 0.5N_2+(2\alpha-1)CO+(1-\alpha)CO_2 \tag{9-33}$$

式中，α 值与温度和碳粒种类有关。

式（9-33）的反应机理是，在两个碳原子位置上吸附 NO 分子而进行反应，一个碳原子化学吸附氧原子而生成 O—C，而另一碳原子化学吸附氮原子能力却较弱，即形成

$$\begin{matrix} -C \\ -C \end{matrix} +NO \longrightarrow \begin{vmatrix} -C-O \\ -C\cdots N \end{vmatrix} \tag{9-34}$$

随后快速扩散，N 原子重新结合生成 N_2，即

$$2(-C\cdots N) \longrightarrow 2(-C)+N_2 \tag{9-35}$$

如果还有还原性气体（H_2 和 CO），它将与 O—C 反应生成 H_2O 或 CO_2，而使 NO_x 减少。同时氢原子或氢分子直接与 NO_x 反应，或间接地生成中间反应产物 NH_3 和 HCN，然后它们再和 NO_x 反应生成 N_2，从而使 NO_x 减少。

研究表明，在煤粉炉内，前一种路线，即通过直接还原分解使 NO_x 减少的路线是主要的。这种还原分解反应的速率与 NO_x 分压力、焦炭反应表面积 A 以及温度 T 等因素有关。

另外，焦炭的结构对 NO 与焦炭反应至关重要。一般认为焦炭的表面积越大，对 O_2 的活性越高。但焦炭对 NO 的活性主要取决于实际的活性面积而不是总表面积。Suuberg 等[15]发现加热过程对焦炭的活性有较大影响。焦炭反应随热处理剧烈程度的提高而下降，这是因为热处理的剧烈程度越大，碳原子在焦炭中晶体化的程度越大，使得边缘碳原子和其他缺陷减少，而这些缺陷和边缘碳正是反应的主要活性点。

3. NO 与 CO 的反应

关于 NO 与 CO 表面催化反应的研究报道很多，其反应为

$$CO+NO \longrightarrow CO_2 + \frac{1}{2}N_2 \tag{9-36}$$

实验发现，焦炭、氧化铁和过渡金属氧化物、碳负载的碱金属、石灰石、氧化铝及石英等都对此反应有催化作用。CO 既是焦炭和 NO 的还原产物，又是反应物。

对于 CO 的存在能加快焦炭还原 NO 的另一种解释则认为，CO 可以帮助焦炭表面除去表面氧络合物，从而形成活性自由点。

$$CO + -C-O \longrightarrow CO_2 + -C \tag{9-37}$$

四、影响煤粉炉内 NO_x 生成的因素

1. 炉温对 NO_x 生成的影响

炉温主要影响热力型 NO_x 的生成量，从而影响到总的 NO_x 的生成量。图 9-7 所示为燃用不同燃料时炉内 NO_x 的生成情况[13]。

由图 9-7 可以看出，当 $T_{max} < 1500K$ 时，以燃料型 NO_x 为主。当 $T_{max} > 1900K$ 时，燃料型 NO_x 的比例减小。当 $T_{max} > 2200 \sim 2300K$ 时，燃料 N 对 NO_x 已无影响。

2. 煤的性质对 NO_x 生成的影响

（1）煤中含氮量对 NO_x 生成的影响　煤中含氮量对 NO_x 的影响是非常明确的，含氮量增加，总的 NO_x 含量大致呈线性增加。

（2）煤中挥发分含量对 NO_x 生成的影响　由于煤粉燃烧过程中产生的 NO_x 以燃料型为主，而挥发分型 NO_x 占燃料型 NO_x 的 60%~80%，所以挥发分含量对燃料中氮的释放影响较大，挥发分含量高，则氮的释放量大，更容易产生大量的 NO_x。另外煤中挥发分增加时，由于着火提前，温度峰值和平均温度均会有所提高，故热力型 NO_x 也会有所增加。因此，对于挥发分高的煤种，煤中的氮更易析出，但最终生成的 NO_x 含量受以下三个因素的影响：

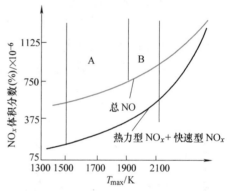

图 9-7 锅炉炉内 NO_x 的生成与炉温的关系
A—低温燃烧区　B—高温燃烧区

1）着火段挥发分的析出量。挥发分析出量越大，挥发分氮则越多，从而使生成的挥发分 NO_x 量也越大。由于挥发分析出量与煤种及热解温度有关，煤的挥发分越高，热解温度越高，则挥发分析出量越大，因而挥发分 NO_x 也越高。

2）着火段中的氧含量。氮化合物只有经过氧化反应才能生成 NO_x，因此，着火段的氧含量增加，则挥发分 NO_x 增加，实验表明氧含量增加时，挥发分 NO_x 份额增加，反之，当氧含量减小，挥发分氮不易转化为 NO_x，而且由于此时挥发分含量较高，挥发分氮的相互反应以及对 NO_x 的还原反应增强，从而使挥发分型 NO_x 减少。

3）在着火段的停留时间。在空气较多的情况下，因燃料氮释放并转变成 NO_x 需要一定的反应时间，若可燃组分在着火段中停留时间较长，则生成的 NO_x 增加。在富燃料工况下，挥发分氮化合物的还原分解或相互复合反应增强，也需要一定的反应时间，所以着火段中停留时间长，使 NO_x、HCN 和 NH_3 等得到充分分解和复合反应，则挥发分 NO_x 减少。

（3）煤化度对 NO_x 生成的影响　在煤粉燃烧过程中，煤中的有机氮化合物首先分解成

HCN、NH₃ 等中间反应产物。煤化度影响着热解过程中形成 HCN 的数量，煤化度高的煤种在热解过程中形成 HCN 的数量少，煤化度低的煤种形成 HCN 的数量则相对较多。而 NH₃ 的生成机理不同于 HCN，煤化度对 NH₃ 的形成没有明显的影响，所以 NO_x 排放浓度的高低主要受 HCN 的影响。随着煤化度的加深，焦炭的还原反应成为 NO_x 还原的主要因素。

（4）煤中水分对 NO_x 生成的影响　当煤中水分增加时，着火延迟。这样，一方面挥发分燃烧前燃料与空气之间的混合增加，也就是着火处的氧含量增加，而且燃料中的氮在着火段的停留时间增加，使 NO_x 的反应充分，故燃料型 NO_x 增加。另一方面，煤中水分增加，煤的发热量降低，炉内的温度水平与温度峰值降低，故热力型 NO_x 减少。通常，前者的影响较后者大，所以总的 NO_x 是随煤中水分的增加而增加的。

（5）燃烧工况对 NO_x 生成的影响

1）过量空气系数对 NO_x 生成的影响。过量空气系数对燃料型 NO_x、热力型 NO_x、快速型 NO_x 均有影响，但影响的趋势不一样。图 9-8 给出了炉内燃料型 NO_x、热力型 NO_x 和总 NO_x 随过量空气系数变化的规律。从图中可以看出，当 α 值从 0.8 开始增加时，热力型 NO_x 增加，当 $\alpha>1.1$ 时，由于炉温降低，热力型 NO_x 趋于下降。但是，燃料型 NO_x 则随 α 的增大而继续上升。因此总的 NO_x 随 α 的增大而增加，而后趋于平缓。这种情况表明，从降低 NO_x 的观点来说，最好是 α 接近于 1.0 的条件下燃烧[13]。

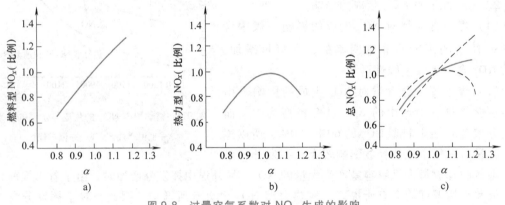

图 9-8　过量空气系数对 NO_x 生成的影响

2）一、二次风比值对 NO_x 生成的影响。相关研究表明[15]，随着一、二次风比值的增加，煤粉从富燃料燃烧转为富氧燃烧，由于氧含量的逐渐增多，煤中的氮转变为 NO_x 的程度在逐渐增加。

3. 煤粉细度对 NO_x 生成的影响

参考文献［13］认为在不考虑低 NO_x 的情况下，煤粉越细，NO_x 越多，其原因为煤粉越细，被加热得越快，燃烧加快，因而炉内温度峰值和温度水平提高，热力型 NO_x 增加。另外，煤粉加热快，温度峰值高，则释放出的挥发分多，煤的燃尽度高，而且此时挥发分射流容易与空气混合，因而燃料型 NO_x 增加。

许多相关研究[16-20] 却表明，在细颗粒和超细颗粒燃烧时，随着粒径的减小，其燃烧速率显著提高。由于 O_2 的加速消耗，颗粒表面附近 O_2 的分压力降低很快，从而生成了大量的 CO 气体。正因为如此，在燃烧过程中碳粒表面的还原性气氛加强，从而使得部分以焦炭形式（C—N）析出的燃料型 NO_x 被还原成较稳定的 N_2。另外，煤粉越细可使煤中更多的含氮官能团随挥发分析出，而使以焦炭氮形式析出的氮随之减少。同时由于细煤粉反应表面积增大，焦炭对 NO_x 的还原能力增强。

而参考文献［18］的研究结果表明，NO_x 的排放浓度与煤粉粒度存在一个煤粉粒度临界值，当煤粉粒径小于临界值时，随着煤粉粒度的减小，NO_x 排放浓度减小。当煤粉粒径大于临界值时，随着煤粉粒度的减小，NO_x 排放浓度增大。

第二节　催 化 燃 烧

催化燃烧是多相催化反应中的完全氧化反应，可燃气体借助催化剂的作用，能在低温下完全氧化。也就是说，催化燃烧是一种"弱火焰"过程。催化燃烧常常用于气体燃料的热值很低或者浓度很低的情况。

一、催化燃烧控制 NO_x 和 CO 生成的原理

催化燃烧由 Pfefferle 等[21] 在 20 世纪 70 年代提出。该方案一经提出就受到人们的广泛重视。与火焰燃烧相比，催化燃烧用于燃烧有机燃料提供能量时，具有以下突出的优势：

1）火焰燃烧法因为引发大量的自由基，反应加速很迅猛，反应过程难以有效控制。催化剂引入后，使燃烧成为一个可控制的过程。同时，由于燃烧机理的改变，自由基不在气相引发而在催化剂表面引发，不生成电子激发态产物，无可见光放出，避免了一部分能量损失。

2）火焰燃烧过程中，由于燃烧不完全，会有剩余的烃类或烟尘排放到大气中。而且，由于火焰燃烧温度高于 1400℃，会产生 NO_x 污染。而催化剂引入燃烧过程后，可在更低的燃料/空气范围（1%~5%）内稳定燃烧，加之催化剂表面活性氧参与，促进了含碳物质的完全氧化，因而大大降低了 CO 及烃类的生成。同时，在保证燃烧效率的前提下，使燃烧过程可在低于热力型 NO_x 生成温度下进行，NO_x 的产生被明显地抑制，如图 9-9 所示。

3）火焰燃烧需要考虑有机燃料的燃烧浓度范围和爆炸极限，而催化燃烧可通过使用适当的催化剂避免上述问题。

4）燃料和空气预混，避免形成富燃料区，有效预防了快速型 NO_x。

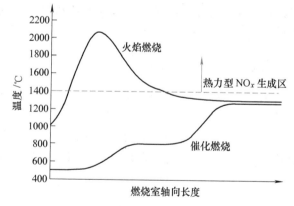

图 9-9　燃烧室中温度分布与 NO_x 排放情况

5）催化燃烧中温度的可操纵性与高空燃比燃烧的稳定性，使其具有节能和低 CO、NO_x 排放的特点，并且催化燃烧缓和安全，是一种非常理想的燃烧方式。

图 9-10 所示为燃气轮机常规火焰燃烧与催化燃烧系统的比较[22]。常规火焰燃烧系统（图 9-10a）中，高浓度甲烷在燃气轮机燃烧室中燃烧，释放大量热量，温度达 1600~1800℃。高温下，空气中的 N_2 和 O_2 反应生成热力型 NO_x。从燃烧室释放的高温气体，经旁路空气降温后进入燃气轮机。催化燃烧系统（图 9-10b）中，燃料和空气按一定比例预混后

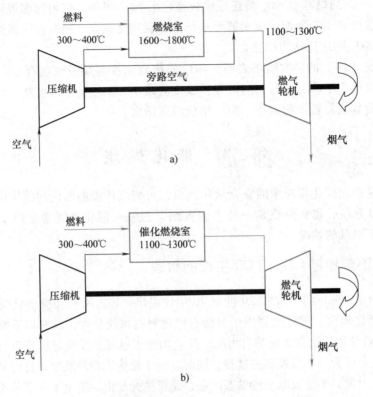

图 9-10　燃气轮机常规火焰燃烧与催化燃烧系统的比较
a）火焰燃烧　b）催化燃烧

进入燃烧室，控制空气量，使得燃气轮机的工作温度为 $1100 \sim 1300℃$，低于热力型 NO_x 的生成温度，确保低 NO_x 燃烧。

二、典型催化燃烧室

由图 9-10 可见，催化燃烧系统中，燃烧室入口处的气体温度为 $300 \sim 400℃$，燃烧室出口处的气体温度最高，达到 $1100 \sim 1300℃$，整个燃烧室内温度范围很宽。目前尚无催化剂能在这么宽的温度范围内兼顾活性和热稳定性。研究者们根据自身所使用的催化剂的特点组织燃烧，大体上有四类催化燃烧系统，如图 9-11 ~ 图 9-14 所示。

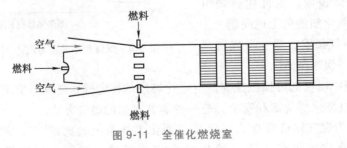

图 9-11　全催化燃烧室

1. 全催化燃烧室

全催化燃烧室由 Osaka Gas Company（大阪气体公司）提出[23,24]，是多催化剂联用的燃

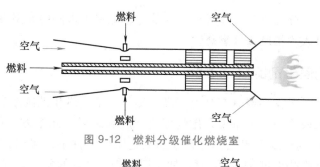

图 9-12 燃料分级催化燃烧室

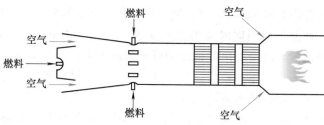

图 9-13 空气分级催化燃烧室

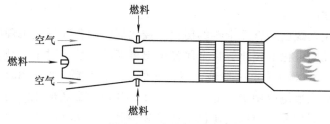

图 9-14 半催化燃烧室

烧室，所有燃料和空气混合均匀后依次经过各段催化剂。根据各种催化剂的工作温度特点，在燃烧室的不同温度区间布置不同种类的催化剂。在低温段则采用活性高但高温易烧结的 Pd 催化剂，经过预热的 CH_4/空气混合气在低温催化段上部分 CH_4 燃烧放出热量，使 CH_4、空气、烟气混合气的温度升高，达到高温催化剂的工作温度范围。在高温段使用活性较差但热稳定性高的六铝酸盐催化剂，在催化剂作用下，使剩余 CH_4 燃烧。

2. 燃料分级催化燃烧室

Tokyo Electric Power Company（东京电力公司）提出了燃料分级燃烧催化室[25]。在该种组织方式中，催化剂工作温度在 1000℃ 以下。只有部分燃料和空气混合均匀后进入催化段发生催化燃烧，燃烧后生成的高温烟气进入均相燃烧段。剩余的燃料和空气加入高温均相燃烧段。燃料分级催化燃烧室中，催化剂对下游均相燃烧起预热作用。

3. 空气分级催化燃烧室

Lyubovsky 等[26-28] 提出空气分级催化燃烧室。在低温着火段采用富燃料燃烧，在催化段过量空气系数为 0.2 ~ 0.5。由于富燃料燃烧，燃烧产生的烟气中不仅有 CO_2 和 H_2O，还有部分不完全燃烧生成的 CO、H_2，以及剩余的 CH_4。烟气进入均相燃烧段后，加入剩余空气，确保燃尽并达到最终温度。

4. 半催化燃烧室

日本的 HITACHI（日立公司）和美国的 Catalytica Energy System（催化能量系统公司）提出半催化燃烧室[29-31]。低温段和全催化燃烧室类似，全部燃料和空气混合均匀后进入催化段，在催化段发生部分燃烧，气体升温。半催化燃烧室中未使用高温催化剂，从低温段产生的高温烟气直接进入均相燃烧区燃烧。

三、催化燃烧催化剂的研究进展

催化燃烧催化剂的工作环境具有高温、高水蒸气含量、热和机械冲击力强的特点，因此对催化剂性能的要求较高。一般来说，燃烧催化剂应满足以下几个方面的要求：①高活性，尽可能使 CH_4 在较低的温度下起燃，并且在高空速工作条件下，也能保证完全燃烧。②高热稳定性，可满足在燃烧温度>1000℃时长期使用。③有良好的耐压、耐磨损等力学性能。

然而，很难有一种催化剂能同时满足上述要求，实际应用中根据对活性、稳定性的需求，使用不同种类催化剂。已经提出的催化剂可分为四大类：贵金属催化剂、非贵金属简单氧化物催化剂、钙钛矿催化剂、六铝酸盐催化剂。首先，常规的颗粒填充反应器的床层压降过大造成高能耗。其次，颗粒紧密装填造成传热效果差，容易引起催化剂烧结。再次，较大的温升容易导致催化剂破裂。为解决上述问题，实际应用时采用整体式催化剂，其已成为新的研究热点。

1. 贵金属催化剂

贵金属用于催化燃烧已经有几十年的历史，催化剂的制备和反应机理的研究已经取得了一些认识。与其他几类催化剂相比，贵金属显示出更高的活性。对于负载型贵金属催化剂主要有 Pd、Pt、Rh 和 Au 等元素。一般地，贵金属的氧化活性顺序是：Ru>Rh>Pd>Os>Ir>Pt。但在碳氢化合物的催化燃烧应用中，除 Pd 和 Pt 外，其他贵金属催化剂由于在燃烧反应中不稳定、易挥发、极易氧化和有限的资源供应而受到限制。Pt 和 Pd 对各种常见燃料均具有很好的完全氧化活性。贵金属的高活性来自于金属状态的原子对 O—O、C—H 键有较强的活化能力，使得原本很稳定的分子形成反应性能极强的自由基，从而触发链式反应。其中 Pd 较适用于 CO、天然气和烯烃类燃料，Pt 则对于长链烷烃（$n>3$）燃料具有较好的起燃活性。为节约贵金属并提高催化剂的高温稳定性，实际应用中，通常把贵金属负载到大比表面积的载体上制备成负载型催化剂。对于贵金属催化剂，如何提高低温活性和高温稳定性是最为关心的问题。目前，主要通过改变载体和添加其他元素来提高低温活性和高温稳定性。

（1）载体的影响　负载型催化剂的甲烷燃烧活性和稳定性与载体关系密切，寻找合适的载体以及研究它们对催化剂活性的影响，一直是催化燃烧研究工作者的热门课题。目前，应用于催化燃烧的载体种类繁多，主要有 Al_2O_3、SiO_2、ZrO_2、Si_3N_4、TiO_2、$LaMnO_3$、分子筛等。

Al_2O_3 具有良好的热稳定性、大的比表面积、抗热冲击、抗机械振动和经济可行性，在催化剂工业中被大量用作活性组分的载体，负载型 Pd、Pt 催化剂最早使用的就是 Al_2O_3。但 Al_2O_3 在 1000℃以上时，通过表面阴、阳离子空位迁移和羟基间脱水发生 $\gamma \rightarrow \alpha$ 转晶，使表面积大幅度下降。MgO 熔点较高，单晶 MgO 在 1500℃焙烧 4h 比表面积仍保持 $72m^2/g$，被认为是最有希望的热稳定性载体，但由于其在酸性气氛中（CO_2 气氛）的化学稳定性差而研究不多。

Widjaja 等[32] 对不同金属氧化物 MO_x（M = Al, Ga, In, Nb, Si, Sn, Ti, Y, Zr）的负载型 Pd 催化剂做了研究，所有催化剂在 800℃下焙烧而成，对 CH_4 的催化活性见表 9-2。Al_2O_3 和 SiO_2 的比表面积远远大于其他催化剂，但活性最高的是 SnO_2，T_{10}（CH_4 转化率为 10%时候的温度）仅 325℃，T_{90}（CH_4 转化率为 90%时候的温度）仅 440℃。但在高温酸性气氛中，SnO_2 较 Al_2O_3 活泼，容易和 CO_2 反应，参考文献中没有对其稳定性进行研究。

表 9-2　Pd 催化剂对 CH_4 的催化活性[32]

催化剂	比表面积/(m^2/g)	T_{10}/℃	T_{30}/℃	T_{70}/℃	T_{90}/℃
Pd/Al_2O_3	109.1	365	400	445	495
Pd/Ga_2O_3	—	365	420	765	815
Pd/In_2O_3	5.1	390	440	520	590
Pd/Nb_2O_3	—	565	665	840	875
Pd/SiO_2	108.3	420	585	680	860
Pd/SnO_2	6.4	325	355	390	440
Pd/TiO_2		400	720	840	885
Pd/Y_2O_3	—	505	565	635	700
Pd/ZrO_2	5.6	325	355	400	490

注：本表的反应条件为：CH_4 摩尔分数为 1%。空气摩尔分数为 99%。空速为 $13.333s^{-1}$。

分子筛是研究人员较多使用的另一类催化剂载体材料。自从 Firth 和 Holland 首次报道了 Pd/13X 分子筛催化剂用于 CH_4 催化燃烧反应以来[33]，有关分子筛负载 Pd 催化剂在这一领域的研究已有广泛的报道。迄今报道的用于负载 Pd 催化剂的分子筛载体主要有 ZSM-5、Mordenite、Ferrierite 和 SAPO。这些 Pd/分子筛催化剂主要采用离子交换法制备，催化剂表现了高的甲烷低温燃烧活性。目前，分子筛催化剂的主要缺点是水热稳定性差。Pd/HZSM-5 在水热条件下（500℃，气氛为体积分数 4% H_2O 和 He 的混合物）处理 18h 后，其 CH_4 燃烧活性温度 T_{50} 升高了 500℃，水热稳定性不好。所以，由于分子筛水热稳定性差，目前仅停留在实验室阶段。

近年来，部分研究人员使用钙钛矿类物质和六铝酸盐类物质作为贵金属催化剂的载体。由于钙钛矿和六铝酸盐本身是高温催化剂，高温下能保证结构稳定，用作贵金属的载体时能保证稳定性。但高温催化剂制备复杂，成本高于 Al_2O_3 等传统载体，限制了其工业应用前景。同时，高温催化剂种类繁多，选择合适的高温催化剂作为载体值得进一步研究。

（2）掺杂元素的影响　在载体中掺入其他组分或助剂是另一种提高活性或稳定性的方法。掺杂不仅能改变催化剂的催化活性，有时掺杂本身也具有一定的氧化活性。

Ahlström-Silversand[34] 用浸渍方法向 Al_2O_3 载体中添加 Si、La、Ba 等元素，以提高热稳定性。Si 是对热稳定性提高最多的元素。Si 添加量在 0.5% ~ 8%（原子数比例）范围内，热稳定性以指数关系提高。向 Pd 催化剂中添加 La 能提高热稳定性，但会使催化活性降低。

Persson[35,36] 研究了添加 Pt、Co 等元素对活性稳定性的影响。活性影响实验中，制备一系列 Pd 催化剂，Pd 占总质量的 2.5%，添加元素占 2.5%。制备过程中，Pd 和添加元素同时浸渍，300℃下干燥 4h，1000℃下焙烧 1h。活性改善实验结果见表 9-3，元素的加入没有提高活性，但 Pt 的加入能提高水热稳定性。Fraga[37] 和 Liotta[38] 采用浸渍法，向质量分数为 1% 的 Pd/Al_2O_3 催化剂中添加 La、Sn、Ba、Ce 等改善催化剂的活性和稳定性。结果表明：La 和 Sn 的加入提高了热稳定性，但对低温活性没有提高。稀土元素 La 通过与 Al_2O_3 特定空穴的作用，形成 $LaAlO_3$，从而有效地阻止铝离子在高温时的表面扩散。Ba 能大幅度提高热稳定性，含 12%（质量分数）的 Ba 稳定性最好。Ba 改性 Al_2O_3 主要是 Ba 进入 Al_2O_3 体相形成耐高温的 β-Al_2O_3（即六铝酸盐）相。

表 9-3 Pd/Al_2O_3 催化剂中添加其他元素对 CH_4 催化活性的影响[36]

催化剂	$T_{10}/℃$	$T_{30}/℃$	$T_{50}/℃$	催化剂	$T_{10}/℃$	$T_{30}/℃$	$T_{50}/℃$
PdCo	520	620	710	PdCu	750	840	900
PdRh	540	650	780	PdAg	570	700	930
PdIr	660	880	930	PdAu	680	920	930
PdNi	500	590	660	Pd	470	530	600
PdPt	500	600	660				

注：表中 Pd 催化剂的 Pd 负载量为 5%（质量分数），其余催化剂 Pd 负载量为 2.5%（质量分数）。

2. 非贵金属简单氧化物催化剂

贵金属催化剂价格昂贵，储备量少。相比之下，非贵金属简单氧化物催化剂具有原料丰富、价格低廉等优点。为降低催化剂价格，非贵金属氧化物是首先被考虑的对象。由于非贵金属氧化物催化剂具有多种价态，因而这类催化剂容易形成氧化还原循环，可以使晶格氧顺利释放和修复[39]，形成活性。参考文献 [40] ~ [45] 研究了非贵金属氧化物对 CH_4 的催化燃烧。Co、Cr、Mn、Fe、Cu、Ni 等氧化物活性较高，具有一定的应用前景。但由于催化燃烧一般都在较高温度下进行，并且容易产生局部升温现象，所以，和贵金属催化剂类似，非贵金属简单氧化物催化剂大都比较容易烧结，不能在高温下使用。为了研制出能在高温下长时间使用的催化剂，各国研究者把注意力集中到具有特定结构的复合氧化物催化剂上。

3. 钙钛矿催化剂

钙钛矿型复合氧化物开始是以缺电性、压电性、热电性、磁性及光电效应等多种物理性质引起人们的注意与研究。后来才逐渐认识到其重要的化学特性，如：化学结构适用于相当多种的阳离子、晶体结构中的阳离子可被其他阳离子部分取代、能稳定氧缺陷和过量氧等。1972 年 Voorhoeve 等将其用于汽车尾气处理，活性可与 Pt、Pd 催化剂体系相比。随后便被作为负载型催化剂活性组分广泛地用于催化燃烧研究中。

钙钛矿结构如图 9-15 所示，B 位过渡金属离子与周围六个氧离子组成八面体配位结构的 BO_6，A 位稀土离子处于以简单六方排列的共角连接的 BO_6 八面体的中心空隙内。

虽然对 CH_4 的催化燃烧已进行了部分研究，但由于各研究者的催化剂制备方法、活性测试条件的差异，对最佳活性金属氧化物的报道并不相同。此外，对 CO、H_2 以及多变组分混合气的催化燃烧研究极少。

○:A ●:B ○:O

图 9-15 钙钛矿结构

4. 六铝酸盐催化剂

钙钛矿催化剂的热稳定性较贵金属催化剂虽然有所提高，但仍存在高温烧结而引起的比表面积降低和甲烷燃烧活性下降的问题，使其应用受到限制，超过 900~1000℃ 时应该使用热稳定性更好的六铝酸盐催化剂。

六铝酸盐通式可以表示为 $AAl_{12}O_{19}$。六铝酸盐结构具有很高的热稳定性，过渡金属离子部分取代 Al^{3+} 离子后，所得到的取代型六铝酸盐同时具有很高的热稳定性和催化燃烧活性。

六铝酸盐结构有两种：磁铅石型（Magnetoplumbite）和 $β-Al_2O_3$（β-Alumina）型，如图 9-16 所示。

六铝酸盐是六方层状结构，尖晶石单元被层状分布的离子半径较大的阳离子分割。氧离子在尖晶石单元中填充得很紧密，在镜面层上填充较松散，使镜面层更有利于氧的扩散，因而六铝酸盐更容易沿垂直于 c 轴的方向生长，并且 c 轴方向的尖晶石单元被镜面分离，使晶体沿 c 轴方向的生长受到抑制。六铝酸盐具有各向异性，当 c/a 较大时，晶体不稳定，因为这会增加表面能，所以六铝酸盐晶体沿 a 轴方向的生长同样受到抑制，这就是六铝酸盐具有高热阻和高比表面

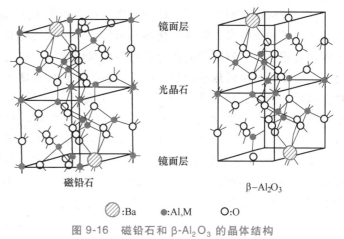

:Ba　　:Al,M　　:O

图 9-16　磁铅石和 β-Al$_2$O$_3$ 的晶体结构

积的主要原因。可以把六铝酸盐的结构分成两个部分：镜面层上的大阳离子（如 Ba^{2+}、La^{3+}）起着维持比表面积的作用，六铝酸盐晶格中的取代 Al^{3+} 的过渡金属离子提供催化活性。根据六铝酸盐的结构，一般具有很高的热稳定性，但活性较差。为了提高六铝酸盐的活性，最常用的方法是在不改变六铝酸盐晶型结构的情况下，向结构中引入掺杂离子来改善催化活性。

六铝酸盐催化剂的性质不仅取决于组成，还与制备方法密切相关。主要有如下制备方法：

1）固相反应法。采用氧化物、氢氧化物或碳酸盐作为原料，混合后高温焙烧即得到目标反应产物。固相反应法原料价廉易得，制备过程简单，存在的主要问题是固相反应中组分间混合的均匀性太差，得到的催化剂不仅含有六铝酸盐，还包含其他杂相，致使催化剂的比表面积大幅下降，着火温度升高。固相反应法在早期的六铝酸盐制备过程中经常使用，现在逐渐被其他方法代替。

2）基于醇盐水解的溶胶-凝胶法。该方法可以实现前驱体各组分间分子水平上的混合均匀，所制备的六铝酸盐催化剂具有较大的比表面积和较高的催化活性，是目前此类催化剂的主要制备方法之一。然而采用此法制备需要无水无氧条件，操作繁杂且原料价格昂贵，不利于工业上大规模应用。

3）反相微乳液合成法。由水、表面活性剂和有机溶剂配制成反相微乳液，分散在油相中的水胶束成为一个个"纳米反应器"，Ba 和 Al 的异丙醇盐在其中水解成纳米溶胶，陈化后溶胶凝聚成凝胶。凝胶经干燥、焙烧后生成六铝酸盐。实验表明，即使经过 1300℃ 的锻烧，获得的六铝酸盐仍具有高的催化活性和稳定性。但该方法存在溶胶-凝胶法的所有缺点。除此之外，大量表面活性剂与凝胶的分离也是影响此法应用的一个重要问题。

4）碳酸铵共沉淀法。此方法原料易得，无须在无水无氧条件下进行，易于工业上大规模使用。与固相反应法相比，碳酸铵共沉淀法制备过程中催化剂前驱体各组分间混合的均匀性大大提高，起燃温度降低，催化剂的活性和溶胶-凝胶法制备的样品接近。

5. 整体催化剂

燃气轮机燃烧室中，高空速的工作条件需要催化剂床层有较小的压力降，整体催化剂的出现满足了此项要求。整体催化剂作为传统的多相催化剂的良好替代品，与传统的颗粒填充床反应器相比，具有更多的优点和更高的实用价值。首先，整体催化剂床层压降低，浓度梯度小，可以明显降低床层过热点产生。其次，它具有良好的耐热性以及改善传质和传热等特性。最后，它的几何表面积较大，扩散距离短，有利于反应物的快速进入和反应产物的排出，适当应用还能强化化学过程，有助于形成低能耗、零排放的新催化工艺过程。因而使其成为汽车尾气处理、烟道气净化、高温催化燃烧等的理想催化剂。

图 9-17 所示为理想的整体催化剂反应模型。反应物进入孔道中，与孔道壁上的催化剂接触，反应后反应产物从孔道中流出。可以看出，整体催化剂一般由三个部分组成：载体、涂覆于载体上的多孔氧化物以及分散于氧化物表面上的活性组分。

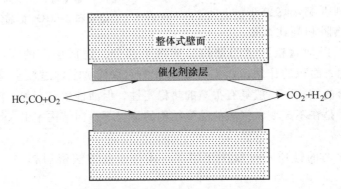

图 9-17　理想的整体催化剂反应模型

整体式催化剂中的载体起着承载涂层和活性组分的作用，并为催化反应提供合适的流体通道。常用的载体具有均一的平行孔道，开孔数多在 $31 \sim 62$ 孔/cm^2 之间，在它的直通道内存在有限的径向混合，而相邻通道之间几乎无任何传质作用。图 9-18 所示为常见的整体催化剂载体结构[46]。整体催化剂也可以加工成其他形状，这主要取决于反应的要求和加工成本、操作条件的综合权衡。

图 9-18　整体催化剂载体结构[46]

已经应用于工业的载体主要是陶瓷载体和金属载体。陶瓷载体材料主要有刚玉（α-Al_2O_3）、堇青石、富铝红柱石、ZrO_2、TiO_2、SiC、钛酸铝、硅酸镁等。在这些载体材料中，堇青石蜂窝载体（$2MgO \cdot 2Al_2O_3 \cdot 5SiO_2$）是使用最多的一种，汽车尾气净化转化器大多数使用这种载体。蜂窝载体的典型特点是具有纵向连贯通道，孔隙率高，排气阻力小。金属整体催化剂具有规则的开孔结构，可以在气相反应时产生较小的压力降，而且有很好的耐热和机械冲击性。金属载体常使用不锈钢或含铝的铁素体合金，尤其以耐高温的 FeCrAlloy 使用最为广泛。但金属载体的抗高温氧化性能和高温下的水热稳定性能还有待于进一步提高。同时，载体与催化剂或涂层之间的黏附性还需增强。还有其他类型的载体，如沸石分子筛载体、玻璃纤维载体、碳纤维载体等，不过多处于实验室研究阶段，距离实用还有一定差距。

由于载体的比表面积很小，而且与活性组分的作用力极弱，因此需要在载体表面涂覆一层高比表面积的多孔氧化物，以增加载体的比表面积。涂层质量的好坏直接影响整体催化剂的性能，好的涂层应满足以下要求：①高的比表面积。②高的热稳定性。③厚度均匀。④与载体结合牢固。常见的制备涂层的方法有：胶体溶液法、溶胶-凝胶法、悬浮液法。

在已有涂层的载体上负载活性组分的方法与通常在颗粒载体上负载活性组分类似，常见的有粉末涂覆法、浸渍法、离子交换法和沉积沉淀法。但由于整体催化剂结构的特殊性常常会导致活性组分分布不均，所以对于整体催化剂，活性组分的负载方法和后处理过程是很重要的步骤。

如果催化剂本身容易被加工成型，且具备足够的机械强度，就可以将催化剂与粘接材料均匀混合在一起，挤压成整体催化剂。采用六铝酸盐作为燃烧催化剂时，可以直接把六铝酸盐加工成蜂窝状。该方法的适用性取决于材料性质，并且成本要低，活性要高，且能够加工。

第三节　富 氧 燃 烧

富氧燃烧（Oxygen Enriched Combustion）技术在现有电站锅炉系统基础上，用高纯度的氧气代替助燃空气，同时辅助以烟气循环的燃烧技术，获得高达 80% 体积分数的 CO_2 烟气，从而以较小的代价冷凝压缩后实现 CO_2 的永久封存或资源化利用，具有相对成本低、易规模化、可改造存量机组等诸多优势，被认为是最可能大规模推广和商业化的 CCUS（Carbon Capture，Utilization and Storage 碳捕集、利用和封存）技术之一，其系统流程如图 9-19 所示：由空气分离装置制取的高纯度氧气（O_2 体积分数在 95% 以上），按一定的比例与循环回来的部分锅炉尾部烟气混合，完成与常规空气燃烧方式类似的燃烧过程，锅炉尾部排出的具有高浓度 CO_2 的烟气产物，经烟气净化系统净化处理后，再进入压缩纯化装置，最终得到高纯度的液态 CO_2，以备运输、利用和埋存。

富氧燃烧技术最早是由 Abraham 于 1982 年提出的，目的是产生 CO_2，提高石油采收率（EOR）。随着全球变暖的加剧以及气候的变化，作为温室气体主要因素的 CO_2 排放问题逐渐引起了全球的关注。因此，富氧燃烧技术作为最具潜力的有效减排 CO_2 的新型燃烧技术之一，成为全球研究者关注的热点。本章给出了从 20 世纪 80 年代以来各国研究机构从实验室规模到商业应用的历程（扫描图 9-19 对应的二维码查看）。

目前，富氧燃烧技术在美国、日本、加拿大、澳大利亚、英国、西班牙、法国、荷兰等国家都得到重视和发展。主要的研究机构和公司包括：美国的能源与环境研究中心（EERC）和阿贡国家实验室（ANL）、巴威公司（B&W）和空气产品公司（Air Products）以及阿尔斯通（Alstom）美国分公司，日本的石川岛播磨重工业（IHI）、日立公司（HITACHI），加拿大矿物与能源研究中心（CANMET），荷兰国际火焰研究基金会（IFRF），澳大利亚的必和必拓集团（BHP）和纽卡斯尔（Newcastle）大学、昆士兰能源公司（CS Energy），西班牙德拉城基金会

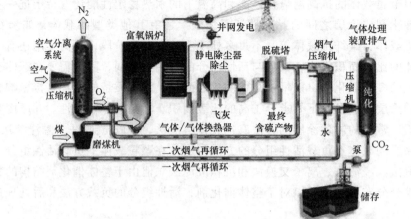

图 9-19　富氧燃烧技术系统示意图

仅举例，可根据实际情况选择二次再循环的位置

能源公司（CIUDEN），法国阿尔斯通公司（Alstom），英国斗山巴布科克公司（Doosan Bab-cock），以及瑞典大瀑布电力公司（Vattenfal）等。

2005 年以来，富氧燃烧的工业示范取得了突出的进展。瑞典大瀑布电力公司 2008 年在德国黑泵建成了世界上第一套全流程的热功率 30MW 富氧燃烧试验装置；2009 年，法国道达尔拉克热功率 30MW 天然气富氧燃烧示范系统投入运行；澳大利亚昆士兰能源公司 2011 年在卡利德（Callide）建成了目前世界上第一套也是容量最大的 30MW（电）富氧燃烧发电示范电厂；西班牙德拉成基金会能源公司建成了一套热功率 20MW 的富氧燃烧煤粉锅炉和世界上第一套热功率 30MW 富氧流化床试验装置。

一、煤粉在富氧燃烧条件下的着火和燃烧特性

富氧燃烧条件下，煤粉颗粒的着火和燃烧特性与常规空气燃烧有明显差异。通过分析烟煤颗粒燃烧光强分布曲线（图 9-20），揭示了低氧浓度条件下，用 CO_2 替代 N_2 导致着火时间的延长和脱挥发分燃尽的延迟的原因：由于富氧燃烧气氛下 CO_2 的大量存在，导致气相体积比热容上升，使得着火时间有所延长；同时高浓度 CO_2 还使得燃料和 O_2 扩散速率降低，进而影响挥发分的燃尽。

二、富氧燃烧污染物释放和控制

富氧燃烧方式下炉内钙基的脱硫效率较常规空气气氛高，高 CO_2 浓度对 CaO 烧结的抑制是钙基固硫效率显著提高的主要原因，高 CO_2 浓度抑制了 $CaCO_3$ 的分解，使得其直接脱硫效率大幅提高。

富氧燃烧方式下生成的 NO_x 比空气燃烧方式下少，循环 NO 的减少是富氧燃烧条件下低 NO 排放的主要原因（贡献率超过 70%）。各种因素对 NO 排放的贡献率如图 9-21 所示。

富氧燃烧气氛下颗粒物和重金属的排放也与常规空气燃烧有较大差异，高 CO_2 浓度使得脱挥发分过程中生成的焦颗粒尺寸更小，进而同等氧浓度水平下富氧燃烧气氛下将产生更

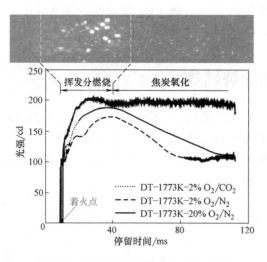

图 9-20　烟煤颗粒燃烧光强分布曲线

DT—大同煤　2% 和 20%—氧气在"氧气和二氧化碳混合物"或"氧气和氮气混合物"中所占的体积分数

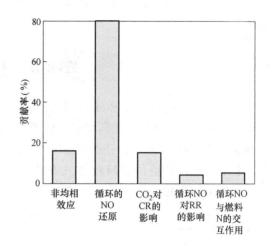

图 9-21　各种因素对 NO 排放的贡献率

（氧/燃料的化学当量比 = 0.7）

CR—Caputure Ratio（捕捉率）

RR—Removal Ratio（脱除率）

多的细灰颗粒。富氧燃烧气氛在一定程度上会抑制痕量元素的蒸发，同时 CO_2（气态用 g 表示）也会抑制痕量元素向气相氧化物及单质的转化，烟中 As（g）、Hg（g）、Sb（g）等稳定存在的温度范围变窄。

三、富氧燃烧方式下矿物质转化及灰熔融特征

富氧燃烧条件下高 CO_2 浓度会加剧灰沉积的形成，各种矿物质的迁移转化也有较大差异。与常规空气燃烧相比，富氧燃烧气氛下黄铁矿的分解氧化过程失重稍增加，CO_2 浓度的增加会导致黄铁矿分解过程缩短，氧化过程延长。Yu 等采用沉降炉研究了高 Fe 煤及掺铁煤样在富氧燃烧气氛下含铁矿物的迁移规律，与空气燃烧相比，富氧燃烧气氛下含铁矿物更倾向转化为赤铁矿（Fe_2O_3）；随着 O_2 体积分数由 21% 增加到 32%，灰中赤铁矿含量增加，而磁铁矿含量减少，这也对灰沉积产生重要影响。

四、经济性评价

富氧燃烧系统发电成本是传统燃烧系统的 1.39~1.42 倍，氧燃烧系统 CO_2 减排成本和 CO_2 捕获成本的范围分别为 160~184 元/t 和 115~128 元/t（2010 年左右核算的价格）。考虑到氧燃烧技术在燃烧效率、脱硫脱硝效率等方面的优势，如果对电厂排放的 CO_2 征收碳税和找到高浓度 CO_2 的销售出口，或对电厂建设的融资和原煤价格进行政策倾斜，或提高制氧系统和烟气处理系统的功耗价格比，富氧燃烧电站可望达到或接近传统电站的经济性。

富氧燃烧系统中组件产品的单位㶲成本约为传统燃烧系统中相应值的 1.1 倍，而单位热经济学成本是传统燃烧系统中对应值的 1.22 倍左右。当考虑环境因素的影响时，在环境损害模型下求得的组件产品单位环境热经济学成本最大，这表明对污染物质进行脱除是必要且有利的，减排 CO_2 的富氧燃烧技术不仅对环境友好，且具有经济竞争力。合理税收是将环

境损害的外部性内部化的有效措施，当前分析工况下的合理 CO_2 排放税收额为 140 元/t 左右[47]。

第四节 化学链燃烧

1983 年德国科学家 Richter 等首次提出化学链燃烧（Chemical-Looping Combustion，CLC）的概念，目的是降低热电厂气体燃烧过程中产生的熵变，提高能源使用效率。20 世纪 90 年代后期，许多学者开始把 CLC 作为一种 CO_2 捕捉和 NO_x 控制的新型工艺进行研究。其基本原理是将传统的燃料与空气直接接触的燃烧借助于氧载体的作用而分解为两个气固反应，燃料与空气无须接触，由氧载体将空气中的氧传递到燃料中，如图 9-22 所示。

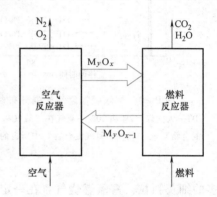

图 9-22　化学链燃烧原理示意图

CLC 系统包括两个连接的流化床反应器：空气反应器（Air Reactor）和燃料反应器（Fuel Reactor），固体氧载体在空气反应器和燃料反应器之间循环，燃料进入燃料反应器后被固体氧载体的晶格氧氧化，完全氧化后生成 CO_2 和水蒸气。由于没有空气的稀释，产物纯度很高，将水蒸气冷凝后即可得到较纯的 CO_2，而无需消耗额外的能量进行分离，所得的 CO_2 可用于其他用途。其反应式为

$$(2n + m)M_yO_x + C_nH_{2m} \longrightarrow (2n + m)M_yO_{x-1} + mH_2O + nCO_2 + Q（热量） \tag{9-38}$$

在燃料反应器中完全反应后，被还原的氧载体（M_yO_{x-1}）被输送至空气反应器中，与空气中的气态氧相结合，发生氧化反应，完成氧载体的再生。其反应式为

$$M_yO_{x-1} + 1/2O_2（气体） \longrightarrow M_yO_x - Q（热量） \tag{9-39}$$

综上可以看出，燃料反应器中没有空气的稀释，产物为纯的 CO_2 和水蒸气，可以通过直接冷凝分离，而不需消耗额外的能量；空气反应器中没有燃料，氧载体重新氧化在较低的温度下进行，避免了 NO_x 的生成（NO_x 生成温度通常在 1200℃ 以上），出口处的气体主要为氮气和未反应的氧气，对环境几乎没有污染，可以直接排放到大气中。

如从能量利用的角度来看，化学链燃烧过程中，氧化反应和还原反应的反应热总和与传统燃烧的反应热相同，化学链燃烧过程中没有增加反应的燃烧焓，但 CLC 过程把一步的化学反应变成两步化学反应，实现了能量梯级利用，且燃烧后的尾气可与燃气轮机、余热锅炉等构成联合循环，提高能量的利用率。

因此，这种对于 CO_2 具有内在分离特性，同时能避免 NO_x 等污染物的生成，有更高的燃烧效率的新型燃烧方式具有很好的经济和环保效益。

一、氧载体

化学链燃烧过程中，以氧载体在两个反应器之间的循环交替反应来实现燃料的燃烧过程，氧载体在两个反应器之间循环既传递了氧，又传递了反应生成的热量，是整个化学链燃烧过程中最重要的因素。化学链燃烧要得到大规模的应用，必须找到相匹配的氧载体。加拿大 Mohammad M. Hossain 等总结化学链燃烧过程指出，氧载体的性能可以从氧传递能力、氧化还原反应速率、力学性能（抗烧结、团聚、磨损、破碎）、抗积炭、生产成本、环境影响等方面来评价。氧载体按其成分可分为金属氧化物氧载体、硫酸盐氧载体、钙钛矿氧载体等。

二、化学链燃烧反应器

300W 反应器（图 9-23）中以天然气或合成气为燃料测试了镍基氧载体化学链燃烧，实验结果显示，对于两种镍基氧载体，天然气燃料转化率高达 99%，CH_4 转为 CO_2 的转化率取决于反应系统中的固体流量和温度。在稳定操作条件下，使用两种或三种不同的氧载体混合可得更好的甲烷转化率。

瑞典查尔姆斯（Chalmers）理工大学的 Lyngfelt 等在 2002 年搭建了世界上第一台连续运行的 10kW 串行流化床化学链燃烧系统，以天然气为燃料，NiO/Al_2O_3 为氧载体，完成了 100h 连续运行试验。试验结果表明燃料转化率达到 99.5%，无气体泄漏，氧载体基本不失活，磨耗率非常低，首次中试证明化学链燃烧具有高效率且可实现 CO_2 的内在分离。在此之后，Pröll 等设计了 120 kW 双流化床反应器（图 9-24），该装置由两个相互连接循环流化床反应器组成，材料为不锈钢。以天然气和合成气为燃料在反应器中进行了测试，结果表明，理想的合成气转化温度为 950℃，但甲烷的转化率较合成气低 30%~40%，甲烷的转化与钛铁矿的装填方式有关，在氧载体中加入天然的橄榄石，会使甲烷转化率有适当提高。

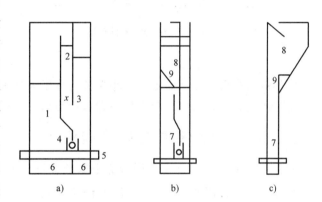

图 9-23　反应器主要结构
a）底端部分正视　b）全反应器正视　c）全反应器侧视
1—空气反应器　2—下导管　3—燃料反应器　4—狭槽　5—气体分布盘　6—风室　7—反应区　8—颗粒分离器　9—斜壁

上述几个类型的反应器均需要固体原料在两个反应器之间的循环，这不但会增加能耗，还容易造成粒子和反应器的磨损、颗粒的破碎等。为了解决该问题，希腊的 Nalbandian 等提出了致密膜反应器，它的原理是使用致密的混合传导膜在两侧同时实现氧化和还原反应（图 9-25）。反应器由两部分组成，中间由致密传导膜隔开。在燃料反应器中，CH_4 在没有氧气的状态下被从传导膜上"拉"过来的氧原子氧化，在膜的另一侧，由于化学势的存在，氧原子向燃料侧传递，从而在膜表面形成空位。如果在氧化反应器中加入气态氧或水蒸气，使其在膜表面分解填补膜表面氧原子空位，则可以在传导膜中形成一个从氧化反应器到燃料反应器的"净氧流"，保证反应的持续进行。如在氧化反应器中加入水，水分解后氧原子"被"传导膜带走，剩下较为纯净的氢气，可用于燃料电池中。致密氧化膜反应器和化学链燃烧反应器原理很相似，都是使用固体中的晶格氧而非气态氧分子来氧化燃料，都有一个可以通过空气或水再生固体的氧化反应器，不同之处是化学链燃烧反应器用的是粉末状氧载体，而致密膜反应器用的是膜本身，因此两个过程是相似的，但致密膜反应器优点是确保持续和等温的操作，并且不需要驱动固体循环的能量损耗。

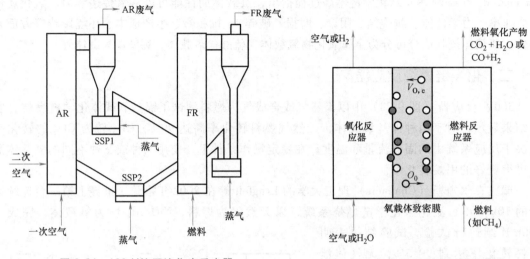

<table>
<tr><td>图 9-24　120 kW 双流化床反应器</td><td>图 9-25　化学链燃烧致密膜反应器</td></tr>
</table>

图 9-25　化学链燃烧致密膜反应器

$V_{O,e}$—氧空位　O_0—氧原子

化学链燃烧反应器从固定床、小型流化床发展到串行流化床反应器、致密膜反应器。总体而言，研究还不太成熟，缺乏反应器长期运行的数据，许多基础研究有待于进一步开展。

三、化学链燃烧系统与其他系统耦合

如将 CLC 系统与其他系统联合起来取长补短，不仅能实现 CO_2 内在分离，还能提高系统的整体效率。德国的 Fontina 等研究证实了这一点，通过对比具有 CO_2 捕捉系统和不带 CO_2 捕捉系统的电厂来评估化学链燃烧系统的经济效益和环境效益。结果表明，化学链燃烧系统联合电厂的燃气轮机循环不仅能降低发电成本，还能减少对环境的污染。日本的 Ishida 等研究表明，将化学链燃烧系统和燃气轮机相结合可使系统整体效率达 50.2%；将化学链燃烧系统和固体氧化物燃料电池相结合，系统效率可高达 55.1%；金红光等将化学链燃烧与空气湿化燃气轮机相结合，进行联合循环（燃气透平 GT 进口气体的温度为 1200℃，有 CO_2 分离装置，见图 9-26），与传统的循环相比，系统效率提高了 17%。

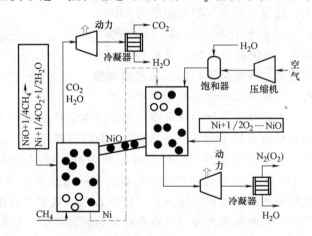

图 9-26　化学链燃烧燃气轮机循环示意图

中国科学院魏国强等提出了甲醇化学链燃烧中间冷却联合燃气轮机循环系统（图 9-27）。该系统使用氧化铁为氧载体，在两个反应器之间循环。系统的反应过程分为两个方面：一方面氧载体在还原反应器中被还原，保持没有空气混入，反应所需的热量由燃气轮机的压缩机冷却换热器提供；另一方面，氧载体在氧化反应器中发生氧化反应，反应热用来加热压缩空

气。该系统的热效率可达 56.8%，CO_2 的回收率达 90%。与相同的带 CO_2 捕捉的燃气轮机循环相比，热效率提高了 10.2%。实验结果证实，这种新颖的热力循环可有效利用甲醇的化学能而不用在 CO_2 分离上浪费能量。

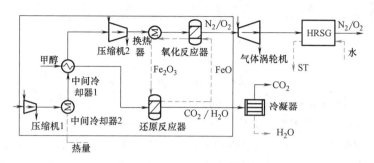

图 9-27　CLC 中间冷却联合燃气轮机循环系统

McGlashan 等提出基于液态金属 Na 在燃气轮机燃烧的化学链燃烧系统，该系统使用镍基氧载体化学链燃烧联合燃气轮机可同时发电和产氢。分析指出，该系统在理想的条件下，系统效率可以超过 75%。

总之，CLC 与其他系统相结合，可以达到取长补短的效果，既能使反应中的㶲损失大大减少，又使 CO_2 容易分离而不需过大的能耗，从而提高了系统的整体效率，对工业发展大有裨益[48]。

第五节　燃烧过程的相似与模化

一、相似理论在燃烧过程中的应用

大家知道，迄今热工技术中普遍应用着相似理论。为了解出某一热工过程，先要列出描述该过程的数学物理方程，然后应用积分类比等法把方程组里的参数整理成量纲一的特征数。最后在实验中把实验参数与结果都整理成量纲一的特征数函数关系的形式。

随着计算机技术的发展，现在在各科学技术领域中都趋向于直接求数学物理方程的数值解。但是在燃烧学领域，数值模拟还不能完全代替实验研究，因此，相似理论还起着很大作用。相反，由于直接求数值解要求提供可靠的热工过程基本规律及其有关实验数据，还要发展相似理论在燃烧过程中的应用[49]。

1. 积分类比法

在几何相似的两个系统中假设进行着流动，如果对应的速度场或其他各种有关物理量场符合在对应点上成比例的关系，那么就称为相似。当两个系统中的流动相似以后，它们的许多流动特性就相同，例如流动图谱和阻力系数都一样。

某一系统中的黏性不可压缩流体的恒定（或称定常）等温流动，是由下列微分方程组以及单值条件（包括边界条件、入口条件等）来决定的。

对于 x，y，z 三轴可写出运动方程组

$$\rho\left(w_x\frac{\partial w_x}{\partial x} + w_y\frac{\partial w_x}{\partial y} + w_z\frac{\partial w_x}{\partial z}\right) = \rho g_x - \frac{\partial p}{\partial x} + \mu\left(\frac{\partial^2 w_x}{\partial x^2} + \frac{\partial^2 w_x}{\partial y^2} + \frac{\partial^2 w_x}{\partial z^2}\right) \tag{9-40}$$

$$\rho\left(w_x\frac{\partial w_y}{\partial x}+w_y\frac{\partial w_y}{\partial y}+w_z\frac{\partial w_y}{\partial z}\right)=\rho g_y-\frac{\partial p}{\partial y}+\mu\left(\frac{\partial^2 w_y}{\partial x^2}+\frac{\partial^2 w_y}{\partial y^2}+\frac{\partial^2 w_y}{\partial z^2}\right) \tag{9-41}$$

$$\rho\left(w_x\frac{\partial w_z}{\partial x}+w_y\frac{\partial w_z}{\partial y}+w_z\frac{\partial w_z}{\partial z}\right)=\rho g_z-\frac{\partial p}{\partial z}+\mu\left(\frac{\partial^2 w_z}{\partial x^2}+\frac{\partial^2 w_z}{\partial y^2}+\frac{\partial^2 w_z}{\partial z^2}\right) \tag{9-42}$$

以及连续方程式

$$\frac{\partial w_x}{\partial x}+\frac{\partial w_y}{\partial y}+\frac{\partial w_z}{\partial z}=0 \tag{9-43}$$

式中，w_x、w_y、w_z 分别是 x、y 与 z 三方向的分速度；g 是重力加速度；下角标 x、y 与 z 则是其在三轴上的分量；ρ 是密度；μ 是动力黏度；p 是静压。

在上述运动方程式（9-40）~式（9-42）中，由左至右（不管等号，而且括号内算一项）第一项表示惯性力（由于流体位移而使速度变化所需的惯性力），第二项（已在等号以右）表示重力，第三项表示压力，而第四项表示黏性力。

上述方程组所求得的解答是对许多不同条件的系统都适用的通解。为了求得某一具体系统的特解，还必须给出称为单值条件的附加条件。单值条件包括以下诸项：

（1）物理条件 流体物理性质的具体数值及其随状态的变化关系。

（2）边界条件 流动现象必然受到与其直接接触的周围情况的影响，因此在边界上的情况也是单值条件。例如，壁面处的流速必与壁面相切，并且如考虑到边界层内的黏性力，壁面处的流速均为 0。

在边界条件中，入口条件尤为重要。入口处的速度平均值及速度分布状况都对流动具有很大影响。

现在用积分类比法来推导量纲一的特征数。

以下只需引用方程式（9-40）而可以不用方程式（9-41）~式（9-43）。对于两个系统分别写出其运动方程式。

$$\rho'\left(w_x'\frac{\partial w_x'}{\partial x'}+w_y'\frac{\partial w_x'}{\partial y'}+w_z'\frac{\partial w_x'}{\partial z'}\right)=\rho'g_x'-\frac{\partial p'}{\partial x'}+\mu'\left(\frac{\partial^2 w_x'}{\partial x'^2}+\frac{\partial^2 w_x'}{\partial y'^2}+\frac{\partial^2 w_x'}{\partial z'^2}\right) \tag{9-44}$$

以及

$$\rho''\left(w_x''\frac{\partial w_x''}{\partial x''}+w_y''\frac{\partial w_x''}{\partial y''}+w_z''\frac{\partial w_x''}{\partial z''}\right)=\rho''g_x''-\frac{\partial p''}{\partial x''}+\mu''\left(\frac{\partial^2 w_x''}{\partial x''^2}+\frac{\partial^2 w_x''}{\partial y''^2}+\frac{\partial^2 w_x''}{\partial z''^2}\right) \tag{9-45}$$

式中，上角标"'"和"''"分别表示第一个和第二个系统。

对于相似的这两个系统，在整个流场的每一个对应点上，式（9-44）与式（9-45）的各项都成比例。这个比例关系可以改写成

$$\frac{式（9\text{-}44）的第一项}{式（9\text{-}44）的第二项}=\frac{式（9\text{-}45）的第一项}{式（9\text{-}45）的第二项}$$

也可以说是对于这两个系统

$$\frac{式（9\text{-}40）的第一项}{式（9\text{-}40）的第二项}=\text{idem}$$

式中，idem 表示在两个系统中数值一样。

相仿地可得

$$\frac{式（9-40）的第三项}{式（9-40）的第一项} = \mathrm{idem}$$

$$\frac{式（9-40）的第一项}{式（9-40）的第四项} = \mathrm{idem}$$

再进一步改写为

$$\frac{第一项}{第二项} = \frac{\rho\left(w_x\dfrac{\partial w_x}{\partial x} + w_y\dfrac{\partial w_x}{\partial y} + w_z\dfrac{\partial w_x}{\partial z}\right)}{\rho g_x}$$

利用两个系统中的速度场等相似关系可以得到

$$\frac{\partial w_x}{\partial x} \propto \frac{w}{L}, \quad \frac{\partial w_x}{\partial y} \propto \frac{w}{L}, \quad \frac{\partial w_x}{\partial z} \propto \frac{w}{L}$$

$$w_x \propto w, \quad w_y \propto w, \quad w_z \propto w$$

$$x \propto L, \quad y \propto L, \quad z \propto L$$

$$g_x \propto g$$

这里需要解释的是导数 $\partial w_x/\partial x$ 等的比例关系式。速度场相似的关系存在于每一点，所以导数 $\partial w_x/\partial x$ 就与平均速度 w 成正比，而与定形尺寸 L 成反比。这里的平均速度是这一个系统中的某一速度名义值，只要它能够反映整个速度场的平均水平，例如研究炉内流动时常用炉膛截面积上的烟气上升平均速度作为平均速度。

代入以后就得到

$$\frac{第一项}{第二项} \propto \frac{\rho w \dfrac{w}{L}}{\rho g} = \frac{w^2}{gL} = Fr$$

式中，Fr 是弗劳德数，它应在两个系统中数值一样。

$$Fr = \frac{w^2}{gL} = \mathrm{idem} \tag{9-46}$$

同样地可得到下列关系（其中压力的导数 $\partial p/\partial x$ 与压差 Δp 成比例，而不是与压力 p 成比例），即

$$\frac{第三项}{第一项} = \frac{\dfrac{\partial p}{\partial x}}{\rho\left(w_x\dfrac{\partial w_x}{\partial x} + w_y\dfrac{\partial w_x}{\partial y} + w_z\dfrac{\partial w_x}{\partial z}\right)} \propto \frac{\dfrac{\Delta p}{L}}{\rho w \dfrac{w}{L}}$$

即欧拉数

$$Eu = \frac{\Delta p}{\rho w^2} = \mathrm{idem} \tag{9-47}$$

$$\frac{第一项}{第四项} = \frac{\rho\left(w_x\dfrac{\partial w_x}{\partial x} + w_y\dfrac{\partial w_x}{\partial y} + w_z\dfrac{\partial w_x}{\partial z}\right)}{\mu\left(\dfrac{\partial^2 w_x}{\partial x^2} + \dfrac{\partial^2 w_x}{\partial y^2} + \dfrac{\partial^2 w_x}{\partial z^2}\right)} \propto \frac{\rho w \dfrac{w}{L}}{\mu \dfrac{w}{L^2}} = \frac{\rho w L}{\mu}$$

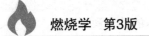

即雷诺数

$$Re = \frac{\rho w L}{\mu} = \frac{w L}{\nu} = \text{idem} \qquad (9\text{-}48)$$

式中，ν 是运动黏度。

以上积分类比法的程序可归结如下：

1）写出数学物理方程组和单值条件关系式。

2）用方程式的任意一项除其他各项。

3）所有导数用相应量的比值，即所谓积分类比来代替，换句话说，所有微分符号全部去掉，另外沿各轴向的分量用这个量的本身代替，坐标用定形尺寸代替，某一点的速度用平均速度代替，于是就得到量纲一的特征数。

2. 流动的相似

积分类比法的优点不仅在于简单，更在于可迅速看出各特征数的物理意义。前面已经讲过式（9-40）各项的物理意义，既然这些特征数是各项的比值，于是

$$Fr \propto \frac{惯性力}{重力}$$

$$Eu \propto \frac{压差}{惯性力}$$

$$Re \propto \frac{惯性力}{黏性力}$$

使流动相似的条件是：系统的几何相似是第一条，然后再要求单值条件相似。当流体质点以一定的进口条件流入一个系统时，它受到各种力的作用，这些力的综合作用使它按一定的轨迹运动。如果两个系统里这些力的比值一样，那么质点的轨迹就相似，这两个系统的流动就相似。因此质点所受力的比值在两个系统里数值一样这一条件是流动相似的重要前提。

雷诺数 Re 反映了惯性力与黏性力之比，弗劳德数 Fr 则反映了惯性力与重力之比，因此流动相似的条件是几何相似和单值条件相似，即

$$\left. \begin{array}{l} Re = \dfrac{\rho w L}{\mu} = \text{idem} \\[3mm] Fr = \dfrac{w^2}{g L} = \text{idem} \end{array} \right\} \qquad (9\text{-}49)$$

至于欧拉数 $Eu = \Delta p / (\rho w^2)$，当上述条件成立时，$Eu$ 就自然会在两个系统里数值一样。这一点可以从式（9-40）按如下的推理去理解：在流场的每一点，重力、黏性力、惯性力和压差四者的矢量和（按理论力学应把产生加速度所需的惯性力加上负号）为 0。当三个力成比例后，剩下的那一个力就自然地成比例。也就是说，当 Re 与 Fr 在两个系统中数值一样时，Eu 也自然地数值一样。

Re 与 Fr 称为决定性特征数。在流动中压差是由其他物理量来决定的一种物理量，包含有这种被决定量的特征数就是非决定性特征数。其他特征数包含的都是决定物理现象的物理量，称为决定性特征数。

既然 Eu 是由 Re 与 Fr 决定的函数，就得到

$$Eu = f(Re, Fr) \tag{9-50}$$

3. 对流传热的相似

（1）强制对流传热的相似　强制对流传热的相似首先要求两个系统的流动相似作为前提，这样就要求关系式（9-49）成立。

然后再写出定常受迫运动时对流传热的热量方程式

$$\rho c_p \left(w_x \frac{\partial T}{\partial x} + w_y \frac{\partial T}{\partial y} + w_z \frac{\partial T}{\partial z} \right) = \lambda \left(\frac{\partial^2 T}{\partial x^2} + \frac{\partial^2 T}{\partial y^2} + \frac{\partial^2 T}{\partial z^2} \right) \tag{9-51}$$

式中，T 是温度；λ 是热导率；c_p 是比定压热容。

边界条件（表面传热系数的定义）为

$$\alpha \Delta T = -\lambda \frac{\partial T}{\partial y} \tag{9-52}$$

式中，α 是表面传热系数；ΔT 是壁面与流体平均温度之差。

根据积分类比法，由式（9-51）得到量纲一的特征数为

$$\frac{流动直接带来的热传递}{导热引起的热传递} = \frac{\rho c_p \left(w_x \dfrac{\partial T}{\partial x} + w_y \dfrac{\partial T}{\partial y} + w_z \dfrac{\partial T}{\partial z} \right)}{\lambda \left(\dfrac{\partial^2 T}{\partial x^2} + \dfrac{\partial^2 T}{\partial y^2} + \dfrac{\partial^2 T}{\partial z^2} \right)} \propto \frac{\rho c_p w \dfrac{T}{L}}{\lambda \dfrac{T}{L^2}} = \frac{wL}{\dfrac{\lambda}{\rho c_p}} = \frac{wL}{a} = Pe \tag{9-53}$$

式中，a 是热扩散率，$a = \lambda / (\rho c_p)$；Pe 是贝克来数。

在上式推导中，对一次和二次导数都用与式（9-46）推导时相同的推理得

$$\frac{\partial T}{\partial x} \propto \frac{T}{L}, \quad \frac{\partial^2 T}{\partial x^2} \propto \frac{T}{L^2}$$

由式（9-52）得到量纲一的特征数为

$$\frac{对流换热}{导热} = \frac{\alpha \Delta T}{-\lambda \dfrac{\partial T}{\partial y}} \propto \frac{\alpha \Delta T}{\lambda \dfrac{\Delta T}{L}} = \frac{\alpha L}{\lambda} = Nu \tag{9-54}$$

式中，偏导数 $\partial T / \partial y$ 是与温差 ΔT 成比例的；Nu 是努塞尔数。

再把 Pe 和 Re 相除，得到普朗特数，即

$$Pr = \frac{Pe}{Re} = \frac{\dfrac{wL}{a}}{\dfrac{wL}{\nu}} = \frac{\nu}{a} = \frac{\mu c_p}{\lambda} \tag{9-55}$$

强制对流传热的相似条件为：几何相似与单值条件相似（特别要指出边界与入口的温度分布相似），即

$$\left. \begin{array}{l} Re = \text{idem} \\ Fr = \text{idem} \\ Pr = \text{idem} \end{array} \right\} \tag{9-56}$$

（2）自然对流传热的相似　在无限空间内自然对流放热时，运动方程式（9-40）~式（9-42）中要加上一项浮力 $\rho \alpha_V g \Delta T$，即

$$\rho\left(w_x\frac{\partial w_x}{\partial x}+w_y\frac{\partial w_x}{\partial y}+w_z\frac{\partial w_x}{\partial z}\right)=\rho g_x-\frac{\partial p}{\partial x}+\mu\left(\frac{\partial^2 w_x}{\partial x^2}+\frac{\partial^2 w_x}{\partial y^2}+\frac{\partial^2 w_x}{\partial z^2}\right)+\rho\alpha_V g_x\Delta T$$

$$\rho\left(w_x\frac{\partial w_y}{\partial x}+w_y\frac{\partial w_y}{\partial y}+w_z\frac{\partial w_y}{\partial z}\right)=\rho g_y-\frac{\partial p}{\partial y}+\mu\left(\frac{\partial^2 w_y}{\partial x^2}+\frac{\partial^2 w_y}{\partial y^2}+\frac{\partial^2 w_y}{\partial z^2}\right)+\rho\alpha_V g_y\Delta T$$

$$\rho\left(w_x\frac{\partial w_z}{\partial x}+w_y\frac{\partial w_z}{\partial y}+w_z\frac{\partial w_z}{\partial z}\right)=\rho g_z-\frac{\partial p}{\partial z}+\mu\left(\frac{\partial^2 w_z}{\partial x^2}+\frac{\partial^2 w_z}{\partial y^2}+\frac{\partial^2 w_z}{\partial z^2}\right)+\rho\alpha_V g_z\Delta T$$

$$(9\text{-}57)$$

式中，α_V 是流体的体膨胀系数。

对于无限空间内的自然对流，一般应把浮力项与黏性力项相除，提取量纲一的特征数，即

$$\frac{浮力}{黏性力}=\frac{\rho g\alpha_V\Delta T}{\mu\left(\dfrac{\partial^2 w_x}{\partial x^2}+\dfrac{\partial^2 w_x}{\partial y^2}+\dfrac{\partial^2 w_x}{\partial z^2}\right)}\propto\frac{\rho g\alpha_V\Delta T}{\mu\dfrac{w}{L^2}}=\frac{\rho g L^2\alpha_V\Delta T}{\mu w}$$

然后再乘上 Re 而得到格拉晓夫数，即

$$Gr=\frac{\rho g L^2\alpha_V\Delta T}{\mu w}Re=\frac{g L^3\alpha_V\Delta T}{\nu^2}\tag{9-58}$$

自然对流放热的条件为几何相似与单值条件相似，即

$$\left.\begin{array}{l}Pr=\dfrac{Pe}{Re}=\dfrac{\nu}{a}=\text{idem}\\[3mm]Gr=\dfrac{g L^3\alpha_V\Delta T}{\nu^2}=\text{idem}\end{array}\right\}\tag{9-59}$$

Nu 与 Re 这时都是非决定性特征数，因为这时的流速完全是由自然对流现象引起的。

4. 气-固两相流或载粉气流的相似

同上述一样，首先要求系统几何相似，其次气流的雷诺数相等，或利用自模化现象可允许两系统中的 Re 不相同，但是都要足够大，并超过临界值 Re_{lj}。此外要求数理方程的单值条件相似。以下直接应用积分类比法推导，假定流动恒定（即定常），在气体流场中，各个固体颗粒受到以下诸力的作用：

（1）惯性力或离心力　先讨论惯性力，其计算式为

$$F=\rho_r\frac{\pi}{6}\delta^3 w\frac{\mathrm{d}w}{\mathrm{d}L}\propto\rho_r\delta^3\frac{w^2}{L}\tag{9-60}$$

式中，δ 为固体颗粒直径。

其意义是"惯性力等于固体颗粒的质量乘以沿线加速度，因而在两个相似系统中各对应颗粒的惯性力与各自系统中的 $\rho_r\delta^3 w^2/L$ 成比例（ρ_r 是固体颗粒的密度）"。

离心力是速度方向变化所生的力。向心加速度为

$$\frac{w_\varphi^2}{r}\propto\frac{w^2}{L}$$

式中，w_φ 是某一点的切向速度；w 是系统中的平均速度（即反映速度水平的某一名义值）；

r 是曲率半径。

向心加速度的变化关系与沿线加速度的变化是一致的，所以离心力的变化关系也和惯性力一致。

（2）重力　气体对固体的浮力可忽略不计，于是重力为

$$G = \rho_r g \frac{\pi \delta^2}{6} \propto \rho_r g \delta^2 \tag{9-61}$$

颗粒在气体中相对运动时所受阻力为

$$R = \zeta \frac{\pi \delta^2}{4} \frac{\rho v^2}{2} = \frac{C}{Re_\delta^n} \frac{\pi \delta^2}{4} \frac{\rho v^2}{2}$$

颗粒与气体之间相对运动的雷诺数为

$$Re_\delta = \frac{v\delta}{\nu}$$

式中，v 是相对速度；ρ 和 ν 是气体的密度和运动黏度；C 是常数。

将 Re_δ 代入并认为相似系统中相对速度 $v \propto w$，可得

$$R \propto C\rho \nu^n w^{2-n} \delta^{2-n} \tag{9-62}$$

R 的起因是黏性力引起的边界层发生脱体以及黏性力本身引起的阻力。有人又称 R 为黏性力。

按照积分类比法，各力的比例就是量纲一的特征数，于是就得到两个特征数：

弗劳德数 Fr

$$\frac{F}{G} = \frac{w^2}{gL} = Fr \tag{9-63}$$

斯托克斯数 Stk

$$\frac{F}{R} \propto \frac{\rho_r w^n \delta^{n+1}}{C\rho \nu^n L} = Stk \tag{9-64}$$

式中，F 是引起颗粒分离的力；R 是阻止分离的力；Stk 是表征颗粒在气流转弯时是否容易从气流中分离出来的指标，Stk 越大，越容易分离。

此外，n 对于 Re_δ 的不同区间是具有不同数值的。式（9-64）中的指数 n 也是一个量纲一的相似特征数。要描绘流场中一大群颗粒在速度各不相等的各对应地点上的运动状态时，如果忽略了 $n = \text{idem}$，这一大群颗粒的运动就失去了共同规律，那就不可能相似。$n = \text{idem}$ 这一条件也可理解成为 Re_δ 在同一区间。

现在将气-固两相流的相似条件总结归纳如下：

$$\begin{cases} \text{流动相似} \begin{cases} \text{几何相似} \\ \text{单值条件相似} \\ Re = \text{idem 或 } Re > Re_{1j} \end{cases} \\ Fr = \text{idem} \\ Stk = \text{idem} \\ n = \text{idem 或 } Re_\delta \text{ 处于同一区间} \end{cases} \tag{9-65}$$

对于制粉系统的大部分设备，所讨论的是 $\delta = 96\mu m \sim 2.4mm$ 的煤粉粗颗粒，指数 $n = 0.625$。对于飞灰磨损问题，大多数飞灰颗粒的粒径只有 $20\mu m$ 左右，可以采用 $n = 1.0$。对于煤粉管道，粉粒粒径在 $100\mu m$ 左右。严格说，它们的相似条件不易实现。如果允许近似

地实现相似，那么应该把 $Re_\delta = 1$ 左右的 n 值另行回归求出一个具有代表性的数值来。

5. 燃烧过程的相似

燃烧过程总是在气体的流动中进行的。燃烧时伴随有传热和传质。所以燃烧过程的相似，首先要求流动与传热传质的相似。这样所应考虑的量纲一的特征数就应该有

雷诺数 $$Re = \frac{wL}{\nu}$$

普朗特数 $$Pr = \frac{\nu}{a}$$

施密特数 $$Sc = \frac{\nu}{D}$$

弗劳德数 $$Fr = \frac{w^2}{gL}$$

然后再考虑同相燃烧反应本身所要求保持的量纲一的特征数。这时原有的数学物理方程组中的某一组分（以 i 表示）的连续方程式与能量方程式都要增加化学反应的影响（加出了一个源或汇），例如对恒定（定常）状态下某一组分的连续方程式

$$D\left(\frac{\partial^2 c_i}{\partial x^2} + \frac{\partial^2 c_i}{\partial y^2} + \frac{\partial^2 c_i}{\partial z^2}\right) - \left[\frac{\partial}{\partial x}(c_i w_x) + \frac{\partial}{\partial y}(c_i w_y) + \frac{\partial}{\partial z}(c_i w_z)\right] = -w_m \tag{9-66}$$

式中，w_x、w_y、w_z 仍是流速；c_i 是该组分在某一点的物质的量浓度（如 1mol/m^3）；w_m 是燃烧速率（每秒每立方米烧掉的该组分的物质的量）；右端的负号表示汇（燃烧反应中该组分消耗掉）。

另一方面，此时的能量方程式为

$$\lambda\left(\frac{\partial^2 T}{\partial x^2} + \frac{\partial^2 T}{\partial y^2} + \frac{\partial^2 T}{\partial z^2}\right) - \left[\frac{\partial}{\partial x}(\rho c_p w_x T) + \frac{\partial}{\partial y}(\rho c_p w_y T) + \frac{\partial}{\partial z}(\rho c_p w_z T)\right] = Q w_m \tag{9-67}$$

式中，ρ 是密度；Q 是反应热。

对式（9-66）应用积分类比法变换时，第二个括号对第一个括号之比为

$$\frac{\text{对流所造成的物质输运}}{\text{分子扩散所造成的物质输运}} = \frac{\dfrac{\partial}{\partial x}(c_i w_x) + \dfrac{\partial}{\partial y}(c_i w_y) + \dfrac{\partial}{\partial z}(c_i w_z)}{D\left(\dfrac{\partial^2 c_i}{\partial x^2} + \dfrac{\partial^2 c_i}{\partial y^2} + \dfrac{\partial^2 c_i}{\partial z^2}\right)} \propto \frac{\dfrac{c_i w}{L}}{D\dfrac{c_i}{L^2}} = \frac{wL}{D}$$

然后除以雷诺数就得到施密特数

$$Sc = \frac{\dfrac{wL}{D}}{Re} = \frac{\dfrac{wL}{D}}{\dfrac{wL}{\nu}} = \frac{\nu}{D} \tag{9-68}$$

式（9-66）右端与第二个括弧之比

$$\frac{\text{燃料消耗率}}{\text{对流所造成的物质输运}} = \frac{w_m}{\dfrac{\partial}{\partial x}(c_r w_x) + \dfrac{\partial}{\partial y}(c_r w_y) + \dfrac{\partial}{\partial z}(c_r w_z)} \propto \frac{w_m}{\dfrac{c_r w}{L}} = \frac{w_m L}{c_r w} = Da_{\text{I}}$$

$$\tag{9-69}$$

式中，Da_I 是达姆可勒第一特征数；c_r 是燃料浓度。

又可规定：照这个反应速率 w_x 进行下去将某一组分烧完所需的时间为燃尽时间 τ_r，则 τ_r 为

$$\tau_r = \frac{c_r}{w_m} \tag{9-70}$$

代入式（9-69）后，得到

$$Da_I = \frac{L}{w\tau_r} \tag{9-71}$$

对式（9-67）应用积分类比法变换，第二个括弧与第一个括弧之比

$$\frac{\text{对流所造成的热传递}}{\text{导热所造成的热传递}} = \frac{\dfrac{\partial}{\partial x}(\rho c_p w_x T) + \dfrac{\partial}{\partial y}(\rho c_p w_y T) + \dfrac{\partial}{\partial z}(\rho c_p w_z T)}{\lambda \left(\dfrac{\partial^2 T}{\partial x^2} + \dfrac{\partial^2 T}{\partial y^2} + \dfrac{\partial^2 T}{\partial z^2} \right)} \propto \frac{\dfrac{\rho c_p w T}{L}}{\lambda \dfrac{T}{L^2}} = \frac{wL}{a}$$

然后除以雷诺数就得到普朗特数

$$Pr = \frac{\dfrac{wL}{a}}{Re} = \frac{\dfrac{wL}{a}}{\dfrac{wL}{\nu}} = \frac{\nu}{a}$$

式（9-67）右端与第二个括弧之比

$$\frac{\text{燃烧产热率}}{\text{对流所造成的热传递}} = \frac{w_m Q}{\dfrac{\partial}{\partial x}(\rho c_p w_x T) + \dfrac{\partial}{\partial y}(\rho c_p w_y T) + \dfrac{\partial}{\partial z}(\rho c_p w_z T)} \propto \frac{w_m Q}{\dfrac{\rho c_p w T}{L}} = \frac{w_m Q L}{\rho c_p w T} = Da_{III} \tag{9-72}$$

其中，Da_{III} 为达姆可勒第三特征数，又可化为

$$Da_{III} = \frac{QL}{\tau_r c_p w T} \tag{9-73}$$

其原因是 w_m 的定义可以规定成燃料消耗率，也可规定成氧消耗率，更可规定成燃料与空气的混合物消耗率等。与此相对应，反应热也可规定为上述各种反应物及其混合物每摩尔的反应热。说法纷繁，十分紊乱。因此干脆换用燃尽时间 τ_r。规定 Q 为每摩尔混合物的反应热，燃烧速率 w_m 为每秒每立方米中烧掉的混合物的物质的量，于是按照这个定义有

$$\tau_r = \frac{\rho}{w_m} \tag{9-74}$$

式（9-73）就是由式（9-74）求得的。

达姆可勒第一与第三特征数 Da_I 与 Da_{III} 是燃烧过程相似的条件。原来达姆可勒还根据式（9-66）与式（9-67）的右端与第一个括弧之比得到第二与第四特征数 Da_{II} 与 Da_{IV}，但是由上述可知

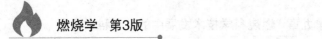

$$\frac{Da_{\text{III}}}{Da_{\text{I}}} = \frac{\dfrac{\text{燃烧消耗率}}{\text{分子扩散所造成的物质输运}}}{\dfrac{\text{燃烧消耗率}}{\text{对流所造成的物质输运}}} = \frac{\text{对流所造成的物质输运}}{\text{分子扩散所造成的物质输运}} = \frac{wL}{D} = Re \cdot Sc$$

$$(9-75)$$

$$\frac{Da_{\text{IV}}}{Da_{\text{I}}} = \frac{\dfrac{\text{燃烧产热率}}{\text{导热所造成的热传递}}}{\dfrac{\text{燃烧产热率}}{\text{对流所造成的热传递}}} = \frac{\text{对流所造成的热传递}}{\text{导热所造成的热传递}} = \frac{wL}{a} = Re \cdot Pr \qquad (9-76)$$

所以 Da_{II} 与 Da_{IV} 不是独立的量纲一的特征数，就不再使用了。

燃尽时间又可按质量作用定律与阿累尼乌斯定律写成

$$\tau_{\text{r}} = \frac{c}{\left| k_0 \exp\left(-\dfrac{E}{RT}\right) \right| c^n} = \frac{1}{k_0 c^{n-1} \exp\left(-\dfrac{E}{RT}\right)} \qquad (9-77)$$

代入式（9-71）得到

$$Da_{\text{I}} = \frac{L}{w\tau_{\text{r}}} = \frac{k_0 c^{n-1} L \exp\left(-\dfrac{E}{RT}\right)}{w} \qquad (9-78)$$

乘上 $Re \cdot Sc$ 后得到阿累尼乌斯特征数，即

$$Arr = Da_{\text{I}} Re \cdot Sc = \frac{k_0 c^{n-1} L \exp\left(-\dfrac{E}{RT}\right)}{w} \frac{wL}{\nu} \frac{\nu}{D} = \frac{k_0 c^{n-1} L^2 \exp\left(-\dfrac{E}{RT}\right)}{D} \qquad (9-79)$$

二、燃烧空气动力过程的物理模化

根据相似理论进行模化实验，这是常用的一种科学研究方法，也称为物理模化。从前述可知，如果模型与原型几何相似，单值条件（如进口截面上的速度、浓度和温度分布等）一样，各个量纲一的特征数在模型与原型上一样，那么两者中的工作过程就相似。但是即使对于前面所讨论的不太复杂的气-固两相流动，也已有四个量纲一的特征数要求保证在模型与原型中一样。为了使燃烧过程相似，应该保持一样的量纲一的特征数就更多了。这在实践上几乎是不可能办到的。

近似模化就是本着"注意于那些有关全局的关键"的原则，抓住对于全局有决定意义的因素和特征数，保证它们在模型与原型中所进行的物理模化一样。至于那些居于次要地位、起局部作用、不影响全局的因素与特征数只做近似保证或干脆忽略不计。

例如，气体燃料和氧气的混合只能靠分子扩散而十分缓慢的时候，就认为燃烧反应处于扩散区，燃烧速率受扩散所控制。化学反应速率这一环节就忽略不计。因此也可以说是一种近似模化。

目前对炉内燃烧过程还只能进行近似模化和局部模化。炉内流动与混合往往是燃烧过程中最重要的环节。因此燃烧空气动力过程的模化研究常能为改进燃烧提供很大的帮助。

炉内燃烧过程是在炉膛空间内的流动中进行的，不牵涉到炉壁面上的边界层，所以经常

可利用雷诺数 Re 的自模化现象。

我们知道，当 Re 很大时，流体的湍流流动可分成壁面附近的边界层和离壁面较远的主流两个区域。燃烧一般是在气流的主流区中进行的，因而通常不必考虑壁面边界层。然而对流放热一般都与壁面边界层中的状态有密切关系。大家都知道，表面传热系数是一直随 Re 增加而加大的，其原因是当 Re 增加时边界层厚度不断地减小。关于对流放热，不存在 Re 的自模化现象。

大量实验结果表明，当 Re 不断地增大直到超过某一临界值（Re_{1j}）后，气流主流中的流动图谱就不再受 Re 的影响。阻力系数也具有同样现象。这就是说，不管 Re 的数值是多少，只要 $Re > Re_{1j}$，主流中的流动图谱和阻力系数就总是一定的。这个现象称为自模化（即自动模化）。$Re > Re_{1j}$ 的区域称为自模化区，或湍流自模化区、第二自模化区。Re_{1j} 称为临界雷诺数。

Re 反映惯性力与黏性力的相对比值。Re 作为相似特征数的意义就在于"惯性力与黏性力的相对比值决定了流体质点的轨迹"。当 Re 非常大时，黏性力与惯性力相比已非常小，黏性力可忽略不计，这时流体质点的运动轨迹值取决于惯性力，因此 Re 就不再对流动工况有影响。这就是自模化现象的物理本质。

当 Re 非常大时，主流里的流动图谱的外貌就好像是无黏性的理想流体的流通，这种流动图谱不再受 Re 的影响。然而黏性力的影响在壁面边界层还是存在的，而且黏性力的流动只局限在壁面边界层的内部。当 Re 不断增大时，壁面边界层的厚度不断地减小，并且这种现象没有止境，所以一切关系到壁面边界层的物理过程不存在关于 Re 的自模化现象。对流放热就是通过壁面边界层进行的，所以前面已经讲过，对流放热现象不存在关于 Re 的自模化问题。

燃烧空气动力过程的物理模化只牵涉到气流主流的湍流流动，因而在模化技术中经常利用关于 Re 的自模化现象。在角置煤粉炉的多次模化研究中确定了炉膛燃烧器区域内流动临界雷诺数 Re_{1j} 大约为 2×10^4。在这个临界雷诺数计算中，取炉膛水平截面的当量直径为特征尺寸，而特征速度取为水平截面上沿垂直方向的平均速度（即平均上升速度）。

第六节　燃烧过程数值模拟

目前，对锅炉炉膛内的流动和燃烧过程的研究主要仍依靠实验测量的手段。但数值模拟可作为实验研究的有力补充，并随计算机技术和算法理论本身的发展而变得越来越重要，其原因如下：

1）在目前的实测条件下，全面地反映整个炉膛内的三维流动状况和温度场分布状况是很困难的，而数值模拟可以提供这方面的信息。

2）数值模拟可以提供许多难以测量的量的信息，如湍动能、湍动能耗散率等。

3）如果能把大量实验数据整理成为数值模拟使用的模型，从而提供工程预报，则实现了对实验数据的高层次的整理。

通常，一个完整的燃烧过程数值模拟的内容包括：

1）开发适用于整个炉膛的流动与燃烧过程算法，并编制与调试计算程序。

2）对程序进行优化和封装，便于开展全面的针对性数值分析。

3）建立数据后处理体系，包括数据可视化处理、数据与商用软件的挂接等。

4）对数值模拟的结果进行分析。

燃烧过程数值模拟可以由研究者自行编程完成，也可以用常用的商用软件（如 FLU-ENT）等来完成。本节重点介绍燃烧过程数值模拟的基本原理，并以一台 300MW 煤粉锅炉的炉膛中的燃烧过程为例进行分析讲解。

一、基本原理、算法与程序特点

1. 控制方程

数值模拟程序对炉内湍流流场采用工程上最常用的 K-ε 模型，其控制方程的通用形式为

$$\frac{\partial}{\partial x}(\rho w_x \phi) + \frac{\partial}{\partial y}(\rho w_y \phi) + \frac{\partial}{\partial z}(\rho w_z \phi) = \frac{\partial}{\partial x}\left(\Gamma \frac{\partial \phi}{\partial x}\right) + \frac{\partial}{\partial y}\left(\Gamma \frac{\partial \phi}{\partial y}\right) + \frac{\partial}{\partial z}\left(\Gamma \frac{\partial \phi}{\partial z}\right) + S \quad (9\text{-}80)$$

式中，ϕ 是通用变量；Γ 是广义扩散系数；S 是源项。Γ 和 S 的意义见表 9-4。

表 9-4　三维直角坐标系下的控制方程

ϕ	Γ	S
w_x	$\mu + \mu_t$	$-\frac{\partial p}{\partial x} + \frac{\partial}{\partial x}\left(\mu_{eff}\frac{\partial w_x}{\partial x}\right) + \frac{\partial}{\partial y}\left(\mu_{eff}\frac{\partial w_y}{\partial x}\right) + \frac{\partial}{\partial z}\left(\mu_{eff}\frac{\partial w_z}{\partial x}\right)$
w_y	$\mu + \mu_t$	$-\frac{\partial p}{\partial y} + \frac{\partial}{\partial x}\left(\mu_{eff}\frac{\partial w_x}{\partial y}\right) + \frac{\partial}{\partial y}\left(\mu_{eff}\frac{\partial w_y}{\partial y}\right) + \frac{\partial}{\partial z}\left(\mu_{eff}\frac{\partial w_z}{\partial y}\right)$
w_z	$\mu + \mu_t$	$-\frac{\partial p}{\partial z} + \frac{\partial}{\partial x}\left(\mu_{eff}\frac{\partial w_x}{\partial z}\right) + \frac{\partial}{\partial y}\left(\mu_{eff}\frac{\partial w_y}{\partial z}\right) + \frac{\partial}{\partial z}\left(\mu_{eff}\frac{\partial w_z}{\partial z}\right)$
K	$\mu + \dfrac{\mu_t}{\sigma_K}$	$G - \rho\varepsilon$
ε	$\mu + \dfrac{\mu_t}{\sigma_\varepsilon}$	$\dfrac{\varepsilon}{K}(c_1 G - c_2 \rho\varepsilon)$

注：1. $\mu_t = c_\mu \rho K^2 / \varepsilon$。

2. $\mu_{eff} = \mu + \mu_t$。

3. $G = \mu_t \left\{ 2\left[\left(\frac{\partial w_x}{\partial x}\right)^2 + \left(\frac{\partial w_y}{\partial y}\right)^2 + \left(\frac{\partial w_z}{\partial z}\right)^2 \right] + \left(\frac{\partial w_x}{\partial y} + \frac{\partial w_y}{\partial x}\right)^2 + \left(\frac{\partial w_z}{\partial w_x} + \frac{\partial w_x}{\partial z}\right)^2 + \left(\frac{\partial w_y}{\partial z} + \frac{\partial w_z}{\partial y}\right)^2 \right\}$。

模型常数的取值见表 9-5。

表 9-5　K-ε 模型中的系数

c_μ	c_1	c_2	σ_K	σ_ε
0.09	1.44	1.92	1.0	1.3

2. 基本算法

以上燃烧过程的控制方程组通常用 SIMPLE 算法进行求解，对复杂形状的计算区域用"区域扩充法"进行处理，固体壁面上的边界条件用高 Re 模型的"壁面函数法"[48]。

3. 网格剖分

程序对一个 300MW 煤粉锅炉的炉膛进行了数值模拟，为适应整个炉膛模拟的需求，使用非均分交错网格系统，将炉膛剖分为 $50 \times 32 \times 85 = 136000$ 个网格，如图 9-28 所示，其中高度方向上：

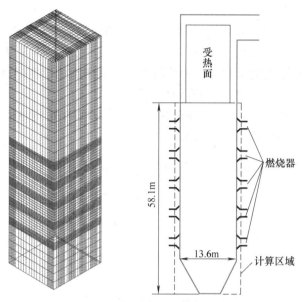

图 9-28　计算区域与网格剖分示意图

1）冷灰斗剖为 5 个网格。

2）每个燃烧器喷口剖为 10 个网格。

3）每个燃烧器喷口之间的炉膛剖为 5 个网格。

4）燃烧器以上到管式受热面之间的炉膛剖为 10 个网格。

在宽度方向上每个燃烧器喷口都剖为 10×10 的网格。在深度方向上，在炉膛内贴近燃烧器喷口的区域网格较密，而炉膛中央网格较稀。在所有粗细不同的网格中间，设置尺寸适中的过渡网格区，防止过大的网格尺寸差别，从而利于程序的收敛性。整个网格体系使用交错的非均分网格，在重点区域保证计算的精度，而在整体上尽量减少计算的工作量。

4. 边界条件

（1）壁面条件　用高 Re 的壁面函数法，将第一个内节点布置到旺盛湍流区，假设其速度分布为对数分布，计算出当量壁面扩散系数 μ_t。

（2）进口条件　根据燃烧器出口的各层风的速度及燃烧器的结构尺寸，计算出进口气流的方向角，从而得到燃烧器喷口流体速度在 x、y、z 方向的分量，然后在各相应的边界节点赋上相应的速度值。

（3）出口条件　为防止计算过程中出口截面出现回流区引起发散，使用"出口流速提升法"来设定速度场的出口条件，而其他物理量（如温度等）则使用"充分发展条件"。

5. 燃烧过程的数学模型和控制方程

（1）气体组分的化学反应模型　为简化问题从而利于把握问题的本质，将气体的组分划分为 O_2、N_2、可燃物（FUEL）和 CO_2 一共四种成分。四种成分的扩散过程用表 9-4 列出的控制方程描述。其化学反应模型就是要确定方程（9-80）中通用变量 ϕ 为组分 f 和温度 T 时的普通源项 S_f 和 S_T。

关于气体的燃烧模型大致可分为有限燃烧速率和极大燃烧速率模型两类。在本书中使用有限燃烧速率模型，而有限燃烧速率模型又可分为 PDF、涡旋破碎模型（EBU）、时均阿累尼乌斯模型等。

EBU 模型的本质是体现湍流混合的微观输运作用对湍流燃烧速率的影响,但是,因为一般的 EBU 模型与温度和化学反应动力学参数无关,所以不能体现温度以及其他化学反应动力学参数因素对燃烧速率的影响。而时均阿累尼乌斯模型可以很好地考虑煤种和燃烧温度对燃烧速率的影响,却不能体现湍流混合的作用。

因此,可以使用 EBU-阿累尼乌斯混合模型,用乘积的方式同时计入涡旋破碎和时均的化学反应动力学速率,燃烧速率和各源项的计算式为

$$w_{\text{FUEL}} = \frac{K}{\varepsilon} k_0 (\rho f_{\text{FUEL}})^\alpha (\rho f_{\text{O}_2})^\beta e^{-\frac{E}{RT}} \qquad (9\text{-}81)$$

$$S_{\text{FUEL}} = - w_{\text{FUEL}} \qquad (9\text{-}82)$$

$$S_{\text{O}_2} = - w_{\text{FUEL}} \frac{\beta}{\alpha} \qquad (9\text{-}83)$$

$$S_{\text{N}_2} = 0 \qquad (9\text{-}84)$$

$$S_{\text{CO}_2} = - (S_{\text{FUEL}} + S_{\text{O}_2}) = w_{\text{FUEL}} \left(1 + \frac{\beta}{\alpha} \right) \qquad (9\text{-}85)$$

$$S_T = w_{\text{FUEL}} Q_{\text{FUEL}} \qquad (9\text{-}86)$$

式中,w_{FUEL} 是燃料的消耗速率;α、β 是反应指数,β/α 为氧气与燃料的化学当量比;f_{FUEL} 是燃料的摩尔分数;f_{O_2} 是氧气的摩尔分数;S_{FUEL} 是燃料的普通源项;S_{O_2} 是氧气的普通源项;S_T 是温度的普通源项。

根据式 (9-81)~式 (9-86),方程 (9-80) 中的所有普通源项就可以计算出来了。

(2) 煤粉颗粒的运动和化学反应模型 鉴于轨道模型在两相流动模拟中的优点,同时考虑了计算机内存及运算速度的限制,在进行两相流动模拟时选用加入湍流扩散修正的固定轨道模型,即半随机轨道模型。

半随机轨道模型颗粒运动方程在拉格朗日坐标系下给出。与固定轨道模型不同的是,Boysan 等把颗粒运动的拉格朗日方程写为

$$\left. \begin{aligned} \frac{dw_{xp}}{dt} &= \frac{1}{\tau} (w_{xg} + w'_{xg} - w_{xp}) \\ \frac{dw_{yp}}{dt} &= \frac{1}{\tau} (w_{yg} + w'_{yg} - w_{yp}) \\ \frac{dw_{zp}}{dt} &= \frac{1}{\tau} (w_{zg} + w'_{zg} - w_{zp}) \end{aligned} \right\} \qquad (9\text{-}87)$$

$$\left. \begin{aligned} w'_{xg} &= \xi \sqrt{w'^2_x} \\ w'_{yg} &= \xi \sqrt{w'^2_y} \\ w'_{zg} &= \xi \sqrt{w'^2_z} \end{aligned} \right\} \qquad (9\text{-}88)$$

直接在颗粒运动方程中引入脉动速度 w'_{xg}、w'_{yg}、w'_{zg} 不失为简单而有效的办法。ξ 为正态分布的随机数,在涡旋生成期 τ_1 内 ξ 值保持不变,当该涡旋消失后(或者颗粒穿越了该涡旋后),ξ 变化为一新值。

假设湍流为各向同性时，可知对三维情况

$$\sqrt{w'^2_x} = \sqrt{w'^2_y} = \sqrt{w'^2_z} = \frac{2}{3}K \tag{9-89}$$

以上颗粒的运动方程用四级四阶的标准 Runge-Kutta 法求解，可以获得颗粒的运动速度，对运动速度再积分一次，就获得了颗粒的运动轨迹。

在获得颗粒的运动轨迹以后，挥发分析出速率和固定碳燃烧速率由下式计算，即

$$S_{\text{FUEL},p} = (V_0 - V)K_V e^{-\frac{E_V}{RT}} \tag{9-90}$$

$$S_{O_2,p} = \frac{32}{12}\dot{C} = -\frac{32}{12}f\rho c_{O_2} c_C \beta K_C e^{-\frac{E_C}{RT}} \tag{9-91}$$

$$S_{CO_2,p} = -\frac{44}{12}\dot{C} = \frac{44}{12}f\rho c_{O_2} c_C \beta K_C e^{-\frac{E_C}{RT}} \tag{9-92}$$

式中，V_0 是颗粒中初始的挥发分含量；V 是颗粒中当前的挥发分含量；K_V、E_V 是颗粒中挥发分析出的频率因子和活化能；K_C、E_C 是颗粒中固定碳燃烧反应的频率因子和活化能；$\dot{C}$ 是颗粒中固定碳燃烧反应速率；β 是氧气与固定碳的化学当量比；c_C 是颗粒当前的固定碳含量；c_{O_2} 是颗粒所处位置的氧气含量度；$S_{\text{FUEL},p}$ 是燃料的颗粒源项；$S_{O_2,p}$ 是氧气的颗粒源项；$S_{CO_2,p}$ 是 CO_2 的颗粒源项。

于是可以得到连续方程的颗粒源项和温度方程的颗粒源项，即

$$S_m = S_{\text{FUEL},p} + S_{O_2,p} + S_{CO_2,p} \tag{9-93}$$

$$S_{T,p} = \frac{Q_C}{c_p}\dot{C} = \frac{Q_C}{c_p}f\rho c_{O_2} c_C \beta K_C e^{-\frac{E_C}{RT}} \tag{9-94}$$

（3）辐射传热的模型 辐射传热的模拟方法有热流法、区域法、Monte-Carlo 法和离散传播法等。因为热流法可以用于计算形状比较复杂的区域的辐射传热过程，并且运算量比较小，所以本书采用的是热流法。

（4）燃烧过程的求解流程 在进行了以上建模工作以后，表 9-4 中所有的源项都有了计算式，方程组封闭。求解的流程大致为：

1）用 SIMPLE 算法求解方程式（9-80）和表 9-4 给出的气相方程组，达到粗收敛。

2）求解颗粒的运动轨迹、挥发分析出和固定碳燃烧，求出各颗粒源项。

3）求解整个计算区域内辐射传热过程的温度源项。

4）返回到流程第一步，反复进行气相场、颗粒相和辐射传热之间的耦合，直到收敛。

6. 数值模拟工况安排

燃烧器喷口风速及风温为：一次风风温 90℃，风速 19.5m/s；二次风风温 360℃，二次风 I 风速 29.8m/s，二次风 II 风速 35.6m/s。工况 1 和工况 2 的主要差异是各燃烧器出口气流的旋转方向不同，如图 9-29 所示。

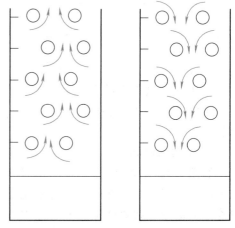

图 9-29 工况 1（左）和工况 2（右）的燃烧器旋转方向

二、数值模拟的结果

1. 流场图谱

如图 9-30 所示，工况 1 和工况 2 第一列燃烧器平面 x 方向流场图谱存在差异，工况 1 在炉膛出口的速度分布大致是"两边低，中间高"的形状，而工况 2 则在两边和中间共出现三个速度的峰值，速度分布的均匀性稍好。

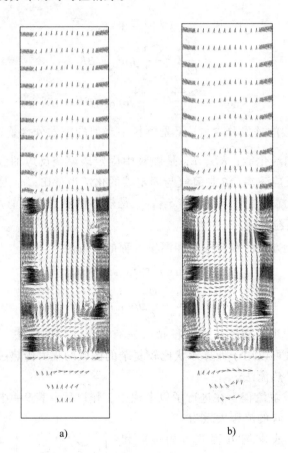

a)　　　　　　　　　　　　b)

图 9-30　第一列燃烧器平面 x 方向流场图谱

a）工况 1　b）工况 2

图 9-31 展现了工况 2 前墙 y 方向流场图谱的二维和三维放大图样。图中清晰地显示了前墙燃烧器喷口的喷射状况。工况 1 的射流旋转方向驱动整个前墙的流体向上流动，而工况 2 的射流方向驱动流体先向下流动，然后扩散到炉膛两侧后向上流动。

2. 炉内温度场分布

如图 9-32 所示为工况 1 和工况 2 第一列燃烧器平面 x 方向温度分布情况。可以看出，在炉膛的右半部分，在炉膛中央的温度水平相当的情况下，工况 1 的高温区域更接近于炉膛下方的第一排燃烧器，并且工况 2 的温度分布的均匀性更好。整体看来，工况 1 的火焰中心略高于工况 2，而工况 2 的温度场均匀性略优于工况 1，这与流场的分析结果是一致的。

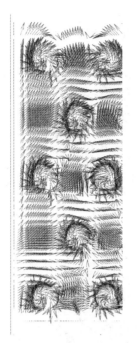

图 9-31　工况 2 前墙 y 方向流场图谱的
二维（左）与三维图样（右）

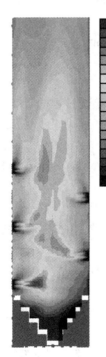

.1789E+04
.1655E+04
.1521E+04
.1388E+04
.1254E+04
.1120E+04
.9867E+03
.8530E+03
.7194E+03

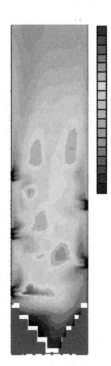

.1842E+04
.1703E+04
.1563E+04
.1424E+04
.1284E+04
.1145E+04
.1006E+04
.8662E+03
.7269E+03

a)　　　　　　　　　　　　　　　　b)

图 9-32　第一列燃烧器平面 x 方向温度分布（单位：K）
a）工况 1　b）工况 2

3. 壁面热负荷分布

图 9-33 所示为炉膛右墙壁面热负荷分布状况。这些数据可以为了解炉内燃烧状况、优化燃烧过程提供重要的帮助。

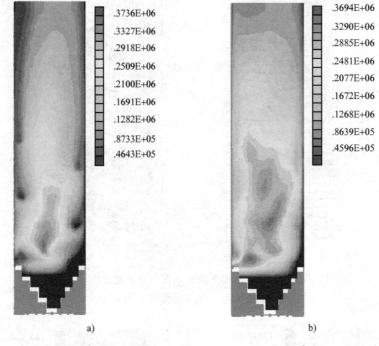

图 9-33　右墙壁面热负荷分布（单位：W/m^2）

a）工况 1　b）工况 2

数值模拟的结果可以定性并接近定量反映炉内热态流动和燃烧过程的状况，并在现代的燃烧科学研究中发挥着越来越重要的作用。

思考题和习题

9-1　有一种常用的现代煤粉燃烧技术是"高浓度煤粉燃烧技术"，在一次风中提高煤粉浓度，试分析高浓度煤粉燃烧技术如何实现降低 NO_x 的排放。使用该技术可能带来什么优点和缺点？

9-2　气体燃料（例如天然气）燃烧的时候，如何实现低 NO_x 的排放？

9-3　试讨论催化燃烧可能在哪些领域提高能源的利用率。

9-4　当建造一个缩小的模型对煤粉燃烧进行模化实验的时候，应该主要注意哪些特征数的选取？

9-5　如何使用数值模拟和实验测量结合的手段，研发一种新型的煤粉燃烧器？

9-6　试讨论富氧燃烧技术除了碳捕集方面之外，还有什么优势。碳封存技术受到哪些环节的制约？

9-7　试讨论化学链燃烧技术对能源利用效率的影响。

参 考 文 献

[1] 毛健雄，毛健全，赵树民. 煤的清洁燃烧 [M]. 北京：科学出版社，1998.

[2] 环境保护部. 火电厂大气污染物排放标准 GB 13223—2011 [S]. 北京：中国环境科学出版社，2011.

[3] 岑可法，周昊，池作和. 大型电站锅炉安全及优化运行技术 [M]. 北京：中国电力出版社，2003.

[4] ZELDOVICH J. The Oxidation of Nitrogen in Combustion and Explosion [J]. Acta Physiochim, 1964 (4)：21.

[5] 新井纪男. 燃烧生成物的发生与抑制技术 [M]. 赵黛青，等译. 北京：科学出版社，2001.

[6] 常弘哲，张永廉，沈际群. 燃料与燃烧 [M]. 上海：上海交通大学出版社，1993.

[7] JOHNSSON J E. Formation and Reduction of Nitrogen Oxides in Fluidized-bed Combustion [J]. Fuel, 1994, 73 (9)：1398-1415.

[8] LAUGHLIN K M, GAVIN D G, REED G P. Coal and Char Nitrogen Chemistry During Pressurized Fluidized Bed Combustion [J]. Fuel, 1994, 73 (7)：1027-1033.

[9] AHO M J, HÄMÄLÄINEN J P, TUMMAVUORI J L. Conversion of Peat and Coal Nitrogen Through HCN and NH_3 to Nitrogen Oxides at 800℃ [J]. Fuel, 1993, 72 (6)：837-841.

[10] HÄMÄLÄINEN J P, AHO M J. Conversion of Fuel Nitrogen Through HCN and NH_3 to Nitrogen Oxides at Elevated Pressure [J]. Fuel, 1996, 75 (12)：1377-1386.

[11] 赵宗彬，陈皓侃，李保庆. 煤燃烧过程中 NO_x 的生成和还原 [J]. 煤炭转化，1999，22 (4)：10-15.

[12] 付国民. 煤燃烧过程中 NO_x 的形成机理及控制技术 [J]. 工业安全与环保，2005 (7)：10-12.

[13] 岑可法，姚强，骆仲泱，等. 燃烧理论与污染控制 [M]. 北京：机械工业出版社，2004.

[14] THOMAS K M. The Release of Nitrogen Oxides During Char Combustion [J]. Fuel, 1997, 76 (6)：457-473.

[15] AARNA I, SUUBERG E M. The Role of Carbon Monoxide in the NO-Carbon Reaction [J]. Energy & Fuels, 1999, 13 (6)：1145-1153.

[16] 王正华，周昊，池作和，等. 不同煤种高温燃烧时 NO_x 排放特性的沿程分析 [J]. 电站系统工程，2003，19 (2)：19-20.

[17] 孟德润，赵翔，周俊虎，等. 煤在 O_2/CO_2 中燃烧的 NO_x 释放规律 [J]. 化工学报，2005，56 (12)：2410-2414.

[18] 金晶，李瑞阳，陈占军，等. 煤粉粒度对煤粉燃烧 NO_x 排放特性影响的试验研究 [J]. 热力发电，2004，16 (9)：16-18.

[19] 王永征，路春美，刘汉涛，等. 一维煤粉燃烧炉内氮释放特性试验研究 [J]. 煤炭学报，2004，29 (6)：726-730.

[20] 姜秀民，李巨斌. 超细化煤粉低温燃烧的 NO_x、SO_2 生成特性研究 [J]. 环境科学学报，2000，20 (4)：431-434.

[21] PFEFFERLE L D, PFEFFERLE W C. Catalysis in Combustion [J]. Catalysis Reviews-Science and Engineering, 1987, 29 (2-3)：219-267.

[22] FORZATTI P, GROPPI G. Catalytic Combustion for the Production of Energy [J]. Catalysis Today, 1999, 54 (1)：165-180.

[23] SADAMORI H, TANIOKA T, MATSUHISA T. Development of a High-temperature Combustion Catalyst System and Prototype Catalytic Combustor Turbine Test Results [J]. Catalysis Today, 1995, 26 (3-4)：337-344.

[24] SADAMORI H. Application Concepts and Evaluation of Small-scale Catalytic Combustors for Natural Gas

[J]. Catalysis Today, 1999, 47 (1-4): 325-338.

[25] OZAWA Y, FUJII T, SATO M, et al. Development of a Catalytically Assisted Combustor for a Gas Turbine [J]. Catalysis Today, 1999, 47 (1-4): 399-405.

[26] LYUBOVSKY M, ROYCHOUDHURY S. Novel Catalytic Reactor for Oxidative Reforming of Methanol [J]. Applied Catalysis B: Environmental, 2004, 54 (4): 203-215.

[27] LYUBOVSKY M, SMITH L L, CASTALDI M, et al. Catalytic Combustion Over Platinum Group Catalysts: Fuel-lean Versus Fuel-rich Operation [J]. Catalysis Today, 2003, 83 (1-4): 71-84.

[28] LYUBOVSKY M, PFEFFERLE L. Complete Methane Oxidation Over Pd Catalyst Supported on Alpha-alumina. Influence of Temperature and Ooxygen Pressure on the Catalyst Activity [J]. Catalysis Today, 1999, 47 (1-4): 29-44.

[29] DALLA BETTA R A, SCHLATTER J C, NICKOLAS S G, et al. International Gas Tarbine Conference, ASME [C]. Houston: 1995.

[30] DALLA BETTA R A. Catalytic Combustion Gas Turbine Systems: the Preferred Technology for Low Emissions Electric Power Production and Co-generation [J]. Catalysis Today, 1997, 35 (1-2): 129-135.

[31] DALLA BETTA R A, Schlatter J C, Yee D K, et al. Catalytic Combustion Technology to Achieve Utra Low NO$_x$ Emissions: Catalyst Design and Performance Characteristics [J]. Catalysis Today, 1995, 26 (3-4): 329-335.

[32] WIDJAJA H, SEKIZAWA K, EGUCHI K, et al. Oxidation of Methane Over Pd/mixed Oxides for Catalytic Combustion [J]. Catalysis Today, 1999, 47 (1-4): 95-101.

[33] FIRTH J G, HOLLAND H B. Catalytic Oxidation of Methane on Zeolites Containing Rhodium, Iridium, Palladium and Platinum [J]. Catalysis Today, 1969, 65 (559): 1891-1896.

[34] AHLSTRÖM-SILVERSAND A F, ODENBRAND C U I. Combustion of Methane Over a Pd-Al$_2$O$_3$/SiO$_2$ Catalyst, Catalyst Activity and Stability [J]. Applied Catalysis A: General, 1997, 153 (1-2): 157-175.

[35] PERSSON K, PFEFFERLE L D, SCHWARTZ W, et al. Stability of Palladium-based Catalysts During Catalytic Combustion of Methane: The Influence of Water [J]. Applied Catalysis B: Environmental, 2007, 74 (3-4): 242-250.

[36] PERSSON K, ERSSON A, JANSSON K, et al. Influence of Co-metals on Bimetallic Palladium Catalysts for Methane Combustion [J]. Journal of Catalysis, 2005, 231 (1): 139-150.

[37] FRAGA M A, SOARES DE SOUZA E, VILLAIN F, et al. Addition of La and Sn to Alumina-supported Pd Catalysts for Methane Combustion [J]. Applied Catalysis A: General, 2004, 259 (1): 57-63.

[38] LIOTTA L F, DEGANELLO G, SANNINO D, et al. Influence of Barium and Cerium Oxides on Alumina Supported Pd Catalysts for Hydrocarbon Combustion [J]. Applied Catalysis A: General, 2002, 229 (1-2): 217-227.

[39] HUTCHINGS G J, TAYLOR S H. Designing Oxidation Catalysts [J]. Catalysis Today, 1999, 49 (1-3): 105-113.

[40] ARNONE S, BAGNASCO G, BUSCA G, et al. Catalytic Combustion of Methane Over Transition Metal Oxides [J]. Studies in Surface Science and Catalysis, 1998, 119: 65-70.

[41] DJAIDJA A, BARAMA A, BETTAHAR M M. Oxidative Transformation of Methane Over Nickel Catalysts Supported on Rare-earth Metal Oxides [J]. Catalysis Today, 2000, 61 (1-4): 303-307.

[42] MIAO Q, XIONG G, SHENG S, et al. The Oxidative Transformation of Methane Over the Nickel-based Catalysts Modified by Alkali Metal Oxide and Rare Earth Metal Oxide [J]. Applied Catalysis A: General, 1997, 154 (1-2): 17-27.

［43］ FU G, XU X, WAN H. Mechanism of Methane Oxidation by Transition Metal Oxides: A Cluster Model Study ［J］. Catalysis Today, 2006, 117 (1-3): 133-137.

［44］ KHARTON V V, YAREMCHENKO A A, VALENTE A, et al. Methane Oxidation Over Fe-, Co-, Ni- and V-containing Mixed Conductors ［J］. Solid State Ionics, 2005, 176 (7-8): 781-791.

［45］ WANG H, LIU Z, SHEN J, et al. High-throughput Screening of HZSM-5 Supported Metal-oxides Catalysts for the Coupling of Methane with CO to Benzene and Naphthalene ［J］. Catalysis Communications, 2005, 6 (5): 343-346.

［46］ KAPTEIJN F, NIJHUIS T A, HEISZWOLF J J, et al. New Non-traditional Multiphase Catalytic Reactors Based on Monolithic Structures ［J］. Catalysis Today, 2001, 66 (2-4): 133-144.

［47］ 郑楚光, 赵永椿, 郭欣. 中国富氧燃烧技术研发进展 ［J］. 中国电机工程学报, 2014, 34 (23): 3856-3864.

［48］ 魏国强, 何方, 黄振, 等. 化学链燃烧技术的研究进展 ［J］. 化工进展, 2012, 31 (4): 713-725.

［49］ 许晋源, 徐通模. 燃烧学 ［M］. 2 版. 北京: 机械工业出版社, 1990.